CHANGE AND CONTINUITY

A STUDY OF NATURAL DISASTERS AND

SOCIETAL RESPONSES IN THE SUZHOU REGION

变与不变

苏州地区的
自然灾害与社会应对研究

（1912—1937）

王庆国　著

ZHEJIANG UNIVERSITY PRESS

浙江大学出版社

·杭州·

图书在版编目（CIP）数据

　　变与不变：苏州地区的自然灾害与社会应对研究：
1912—1937 / 王庆国著. -- 杭州：浙江大学出版社，
2025. 5. -- ISBN 978-7-308-26258-3

　　Ⅰ. X432.533

　　中国国家版本馆 CIP 数据核字第 2025PJ9891 号

变与不变：苏州地区的自然灾害与社会应对研究（1912—1937）

王庆国　著

责任编辑	丁沛岚	
责任校对	陈　翮	
封面设计	雷建军	
出版发行	浙江大学出版社	
	（杭州市天目山路 148 号　邮政编码 310007）	
	（网址：http://www.zjupress.com）	
排　　版	大千时代（杭州）文化传媒有限公司	
印　　刷	杭州钱江彩色印务有限公司	
开　　本	710mm×1000mm　1/16	
印　　张	23.25	
字　　数	392 千	
版 印 次	2025 年 5 月第 1 版　2025 年 5 月第 1 次印刷	
书　　号	ISBN 978-7-308-26258-3	
定　　价	98.00 元	

序

庆国是我在上海师范大学的关门弟子之一,待他毕业时我已是七十七岁高龄了。庆国是在职攻读的博士学位,三年时间往来于沪杭之间,既要承担繁重的教学工作,又要修完博士课程、撰写博士论文,他以惊人的毅力完成了博士的修为,同时也完成了这一阶段的人生修炼,成长为一名敦厚质朴、勤勉笃学的史学工作者。现在,这篇被答辩专家们评为优秀的博士论文即将出版,我向他致以祝贺!

庆国选择苏州灾荒史作为博士论文的研究对象具有一定的学术挑战性。中国是一个多灾多难的国家,自然灾害是形塑中国社会面相、影响中国历史进程的主要因素之一,自然而然进入了中国社会史研究的视野。中国灾荒史研究有着长期的学术积累,相关成果汗牛充栋,跨学科、多视野、高质量的研究成果不断涌现,因而该课题具有起点高、难度大的特点。怎样才能在前人研究的基础上找到可以突破的创新点呢?这是摆在庆国面前的难题,为此他十分认真地做了学术史的梳理和回顾。

作为明清以来中国社会经济文化的中心区域,江南地区的繁盛自然也离不开其对灾荒的有效治理。苏州地区民间社会力量强大,因此在自然灾害应对上形成了具有地方特色的治理体系。自北宋范仲淹创建范氏义庄以来,苏州社会保障事业不断发展。苏州地区的社会保障事业主要由民间社会承担,民间的自救组织有力弥补了自然灾害发生后国家政权在慈善救助方面的缺失。这其中包括血缘性的宗族保障、地缘性的善会善堂和同乡会组织、业缘性的会馆公所,它们共同形成苏州地区较为完备的民间社会保障体系,为应对自然灾害发挥了重要作用。进入民国后,传统社会保障力量得以延续,同时新的灾荒救助机制得到创新发展,现代化救灾技术得到广泛推行和应用,新兴阶层和社会群体及新型社会组织积极加入自然灾害应对体系中,灾荒救助手段呈现出"变"与"不变"的时代特征。

　　与民间慈善事业不同的是国家政权的荒政。荒政是我国传统社会(1840 年前)由国家政权通过一系列救济法令、制度与政策措施来组织实施的一种政府行为,是国家管理职能的具体体现,与国家的政治经济结构状况密切联系,其实施的对象是全体国民。中国是一个自然灾害频发的国家,但苏州作为一个经济繁荣、文化兴盛之地,通常被认为历史上鲜少遭受自然灾害的侵扰。然而,通过查阅历史资料,庆国发现,民国时期苏州地区频繁遭受水灾、旱灾、虫灾和疫灾等自然灾害,甚至还发生过数次百年一遇的特大水灾和旱灾。如 1934 年夏秋,长江中下游地区发生特大旱灾,水旱偏灾寻常不易侵及的苏州,当年遭遇了六十年未有的奇旱大热,天堂化为地狱,损失尤为严重,"以水乡遭大旱,为百年来所未有"。1934 年 7 月 14 日,《江南正报》记载:"苏州亢旱奇热,天堂化为地狱,河道干涸,农田戽水无从,城乡米价飞涨,饮料困难,甚至于往来城乡的小轮也已停驶。"另据《苏州地区自然灾害状况》记载,"1912 年至 1934 年间,苏州地区共发生水灾 11 次,旱灾 17 次,风灾 20 次,疫灾 10 次。其中,最严重的莫过于水、旱两灾,而水灾以 1931 年为重,旱灾以 1934 年最为严重"。苏州地区经济发达,社会发展相对比较成熟,对自然灾害的反应就不再仅仅是个人或者集体的行为了,它还涉及中央政府、地方官府和社会组织等。

　　然而,目前有关苏州地区自然灾害治理的相关研究成果相对较少,时段上也多偏重于明清时期,对民国时期的研究相对较少。另外,在现有的关于苏州地区自然灾害的研究成果中,大多集中于对一些水、旱大灾的个案研究,如对 1931 年和 1934 年长江中下游地区的特大水旱灾害的考察,缺乏对这一区域自然灾害的整体性研究。这是庆国研究论文的切入点,或者说是创新点。

　　目前呈现在读者面前的,是一本结构完整的著作。作者在全面总结前人研究成果的基础上,全面系统地整理了民国时期苏州地区自然灾害的各类历史资料,详细考察了自然灾害的种类、表现特点和形成因素,探讨了自然灾害对苏州地区人口、地方社会生活造成的冲击和影响以及带来的严重社会冲突,进而从传统与现代两个角度,考察了社会的救灾手段和应对措施,探讨了赈济与区域社会的互动。庆国指出,在分析传统与现代两种因素在推进社会转型过程中的作用时,不能仅注意到二者间的断裂,而忽略传统因素在现代化进程中的延续性。在近代社会转型中,传统与现代处于不断的缠绕与纠葛之中,存在着一种复杂的互动关系。例如,就民国时期苏州地区自然灾害的应对方式来看,在由传统荒政向建立现代防灾、减灾机制转变的过程中,传统因素发挥了不可或缺的重要作用,现代中蕴含着传统因子,变化中包含着不变的因素。在应对自然灾害时,传统和现代救灾方式交相杂糅,救灾思想相互碰撞,交错融合,传统与现代是继承和发展、并存和互补的关系,传承与创新构成了民国时期苏州地区自然灾害应对的主旋律。

在理论运用上,庆国采用"国家和社会"互动的理论模式来分析自然灾害发生后国家和地方社会如何调适它们之间的利益关系以应对灾荒、共渡难关的问题。全书对"强国家、弱社会"和"弱国家、强社会"两种自然灾害应对模式的作用进行了深入探讨,指出在"弱国家、强社会"的状态下,地方社会力量在自然灾害应对中往往起着关键的柔性作用;而在"强国家、弱社会"的自然灾害应对模式下,国家权力无序扩张,政府对社会资源强有力的控制不仅不能促进自然灾害应对方式的现代化发展,反而会造成国家和社会之间的平衡被打破,地方社会力量救灾济贫作用遭到削弱,从而导致社会系统失序和功能紊乱,给自然灾害应对方式的现代化转型带来重重阻碍,进而影响区域社会稳定和现代化发展的步伐。

此外,庆国还通过分析苏州地区自然灾害发生后国家政权和地方社会对自然灾害的反应,认为民国时期随着新生阶级的出现和对社会认知的变化,民间力量渐趋增强,在社会事务中发挥越来越大的作用,特别是在救灾、施善、教化等方面表现尤为突出。苏州地区面对自然灾害时采取的措施,展现了政府主导与社会力量广泛参与相结合的特色,救灾手段日趋专业化、现代化和多样化,治理模式从以政府为唯一主体转变为国家与地方协同治理,救灾主体也实现了从政府主导到政府与社会力量共同参与的多元化转变,其中地方社会力量扮演了核心角色。民间力量的增强有效弥补了政府在救灾方面的不足之处,从而出现民众受益、国家与社会双赢的局面。国家与地方社会共同应对自然灾害,二者最终在苏州地区形成一种多维互动、动态共生的关系,其做法亦值得其他地区借鉴。庆国的著作既有深刻的学术启迪,又有重大的现实意义,我乐于向读者推荐,是为序。

唐力行

2024 年 11 月 12 日于杭州中国美术学院象山之麓

目　录

绪　论

一、问题的缘起

自古以来,中国就是一个自然灾害频发的国家。"一部二十四史,就是一部中国灾荒史。"①自然灾害与人类社会的发展如影随形,它们与社会政治、经济以及文化生活紧密相连。自然灾害的应对效果,对政治稳定和社会进步具有深远的影响。正如夏明方所言:"可以毫不夸张地说,一部中华文明史,就是一部自然灾害连绵不断的历史,也是一部中华民族持续应对严重自然灾害频繁挑战的历史。"②历史上几乎每一次重大自然灾害的发生,都会给社会生活带来深远影响,造成经济的萧条、人员的伤亡和流离失所、次生灾害的蔓延,并进而冲击社会秩序的稳定。"在传统社会,水旱灾害是农业及人们生存的主要威胁,而人们缺乏抵御这些灾害的能力,一旦成灾,人们饥饿、流离、死亡便难以避免"③,与此相应,历史上发生的每一次群众斗争和农民起义也几乎都与自然灾害有着异常紧密的关系。

在中国漫长的历史长河中,民国时期显得尤为特殊。这段历时 38 年的历史,充斥着连绵不断的战争、频繁发生的自然灾害,以及不断出现的饥荒。民国时期,几乎无年不灾、无年不荒,甚至出现一年多灾发生或一灾连年发生的状况。李文海曾指出:"一旦接触到那么大量的有关灾荒的历史资料后,我们就不能不为近代中国灾荒的频繁、灾区之广大及灾情的

---

① 李文海、夏明方:《中国荒政全书》(第一辑),北京古籍出版社 2002 年版,"前言"第 1 页。
② 夏明方:《文明的"双相":灾害与历史的缠绕》,广西师范大学出版社 2020 年版,第 6 页。
③ 王笛:《跨出封闭的世界——长江上游区域社会研究(1644—1911)》,中华书局 2001年版,第 21 页。

严重所震惊。"①同时,在民国时期,国家治理逐渐向现代化迈进。在自然灾害救助方面,传统的荒政手段开始向现代化的防灾、减灾和救灾措施转变。这一时期的救荒理念和救灾方法,展现了对传统荒政思想及方法的继承及其与现代化特征的融合。在传统中国社会,一个统一的专制皇权国家主要依靠国家机器来执行对受灾民众的救济与援助。国家扮演着自然灾害救助的核心角色,并在灾荒救助中占据主导地位。"荒政,是我国传统社会(1840年前)主要的灾荒救治方式,它由国家政权通过一系列救济法令、制度与政策措施来组织实施,是一种政府行为,是国家管理职能的具体体现,并与国家的政治经济结构状况密切联系,其实施的对象是全体国民。"②换句话讲,"荒政就是政府救荒工作的指导和实施方法"③。民国肇始,受西学东渐以及民主革命带来的一系列新的社会思潮影响,现代化的救灾思想和救灾举措也开始在中国萌发,并逐步迈向制度化阶段。民国时期灾荒应对制度在传统社会基础之上产生了新的现代化特性,呈现出变与不变的时代特征。

目前学界对于自然灾害及社会应对的研究,大多侧重于宏观总体性的研究,有关区域灾荒史的研究,虽然近年来部分学者做出了相当努力,取得了一批较显著的成果,但仍显不足,关于城市灾荒史的研究更是寥若晨星,从整体上看灾荒史的研究呈现出区域不平衡的态势。正如张崇旺所言,关于灾荒的区域研究和时段研究还有许多空白,有待我们去填补。④

中国幅员辽阔,地大物博,各地区在经济、政治和文化方面表现出显著的不平衡性,对于自然灾害的抵抗能力以及防灾和救灾的能力也存在显著差异。选择特定区域,深入微观层面进行研究,探讨该区域的灾荒历史及社会应对机制,能够更深刻地揭示历史和地域的时空差异性。苏州位于江南的核心地带,拥有发达的水系和密集的河网。它北临长江,南接太湖,东部地区地势相对较低,因此该地区经常遭受旱涝灾害。自宋元时

---

① 李文海：《论近代中国灾荒史研究》,《中国人民大学学报》1988年第6期,第85页。

② 杨剑利：《晚清社会灾荒救治功能的演变——以"丁戊奇荒"的两种赈济方式为例》,《清史研究》2000年第4期,第59页。

③ 李伯重：《信息收集与国家治理：清代的荒政信息收集系统》,《首都师范大学学报》(社会科学版)2022年第1期,第5页。

④ 张崇旺：《明清时期江淮地区的自然灾害与社会经济》,福建人民出版社2006年版,第6页。

期起,随着江南地区的不断开发,中国的经济重心逐渐向南转移。到了明清两代,苏州崛起,成为江南地区的中心都市,商品经济十分繁荣,社会与文化方面亦呈现出一片兴盛景象。普遍认为,苏州作为一个经济繁荣、文化兴盛、人才荟萃的富饶之地,历史上鲜少遭受自然灾害,甚至似乎与之无缘。然而,通过对历史资料的深入研究,我们发现,在近代苏州的发展历程中,水灾、旱灾、虫灾和疫灾等自然灾害频繁出现,甚至发生过数次百年一遇的特大水灾和旱灾。事实上,苏州地区所遭受的自然灾害并不比国内其他地区少。据资料统计,"1912 年至 1934 年间,苏州地区共发生水灾 11 次,旱灾 17 次,风灾 20 次,疫灾 10 次。其中,最严重的莫过于水、旱两灾,而水灾以 1931 年为重,旱灾以 1934 年最为严重"①。

　　与此同时,作为明清以来江南地区重要的工商业城市,苏州经济文化繁荣,城内士商云集,各地商人络绎不绝,地方社会力量较为强大,"苏州为东南一大都会,商贾辐辏,百货骈阗,上自帝京,远连交广,以及海外诸洋,梯航毕至"②。民国时期国家荒政不断衰败,传统的官赈则因政府财政日绌、吏治腐败而渐趋废弛,以苏州地方士绅群体为主的社会力量在处理地方公共事务领域中的作用愈益重要,宗族义庄、工商业组织的会馆和公所也积极投入灾荒救助中。科举制度被废除之后,随着现代化城市的兴起和工商业的蓬勃发展,民间义赈活动应运而生,一批新兴阶层,如买办和绅商,以及社会力量顺势崛起。苏州商会、苏州商团、市民公社等组织和团体,在赈灾济贫事务中扮演着重要角色。民间救济活动展现出多层次的组织机构、多元化的资金募集渠道,以及趋向近代化的管理手段。另外,随着火车、轮船等新型交通工具的出现,以及电话、报纸和杂志等新闻媒介的发展,全国各地区和社会各阶层之间的联系得到了显著加强,这大大提升了广大民众对灾害信息的认知。这一点在经济繁荣、文化底蕴深厚的苏州表现得尤为突出,苏州地区的救灾措施和方法展现出更多的现代化特征。

　　此外,以往对于自然灾害的研究大多侧重于经济欠发达地区,对经济和文化发达的江南地区关注相对较少,更是缺少对民国时期苏州地区自然灾害及社会应对的专门研究。有鉴于此,本书选择苏州这样一个经济

---

① 《苏州地区自然灾害状况》(油印本),苏州市档案馆馆藏,内部发行,时间不详。

② 江苏省博物馆:《江苏省明清以来碑刻资料选集》,生活·读书·新知三联书店 1959 年版,第 375 页。

文化昌盛的地区,进行小区域、长时段的个案研究,探讨自然灾害发生的原因和对地方社会造成的影响,灾荒发生后国家和地方社会的应对举措,以及二者在防灾、减灾和救灾活动中的互动关系。

二、学术史回顾

有关自然灾害的研究从 20 世纪 20 年代起步后,一直是学术界关注的问题,许多有识之士涉足此领域,并在 30 年代形成了一个研究高潮。邓拓的《中国救荒史》可以说是这一时期最具代表性的研究力作。随后,因为社会大环境的变化,灾荒史的研究被迫中断,陷入停滞,研究成果几乎一片空白。20 世纪 80 年代以来,随着社会史研究的复兴,作为社会史研究重要内容的灾荒史研究进入了全新的发展阶段。国内外学者的研究视野开始下移,关注现实,体现人文关怀,重视历史研究与现实生活的结合,成为学术界关切的基点和史学研究的发展趋势。以李文海为首的灾荒史研究团队,"站在历史与未来的交汇处寻找历史与现实之间的结合点和切入点,开辟了新时期的中国近代灾荒史研究领域,并使之与时俱进,走向繁荣"①。四十多年来,在众多前哲时贤的辛勤耕耘下,灾荒史的研究取得了丰硕的成果,呈现出蔚为壮观的景象。任何一项研究成果的取得,都离不开前辈学人在相关领域的努力与耕耘。基于此,有必要对学术界关于近代灾荒史研究取得的相关成果做一梳理和回顾。

（一）整体灾荒史的研究

所谓整体灾荒史的研究,就是对灾荒史的研究内容进行宏观层面的概括,总结其总体特征,这既包括从整体上把握灾荒史研究的学术意义和学术价值,也包括从长时段的视角审视灾荒史发展和演变的历史轨迹。徐钟渭即从总体层面对中国古代的荒政进行了概述,认为荒政为"一国兴亡之所系",此外,他还从赈贷、移民、平粜、鬻爵、蠲减等方面分析了中国历代的荒政制度。②《中国救荒史》是国内第一部运用马克思主义唯物史观,全面总结和系统论述我国历史上救荒经验和措施的学术专著。该书将历代救荒思想分为"天命主义的禳弭论""消极救济论""积极预防论"三种类型进行了分析比较,并考察了历代救荒政策的实施,书中的许多观点

---

① 薛辉、陈亚南:《继承与创新:近 30 年来中国近代灾荒史研究概述——环境社会学的思考》,《防灾科技学院学报》2014 年第 2 期,第 84 页。

② 徐钟渭:《中国历代之荒政制度》,《经理月刊》1936 年第 2 卷第 1 期。

和主张直到今天仍具有借鉴意义。① 张水良在《中国灾荒史（1927—1937）》中运用大量的书报杂志等资料对第一次国共内战十年间国统区的灾荒问题进行了系统的分析，是继邓拓《中国救荒史》之后的又一部马克思主义的整体灾荒史研究的历史专著。② 除此之外，《中国历代民食政策史》《中国灾荒史记》等灾荒史著述对历代荒政措施均有粗略的论述。③进入 20 世纪 80 年代，以李文海为首的"近代中国灾荒研究"课题组在灾荒史的研究上取得了极其丰硕的研究成果，产生了一批关于近代中国灾荒史的总体性论著，有效地推动了整体灾荒史研究的深入发展。④《中国荒政全书》（第一、二辑）系统收集了我国不同历史时期有关灾荒和抗灾减灾的论著，对人们正确了解自然灾害的发展规律和减灾救灾的经验教训，进而为当今的减灾、防灾和救灾工作服务，具有重要的理论意义和学术价值。⑤

　　学者们除了对自然灾害资料进行系统挖掘和整理外，还对自然灾害的发展历史及规律进行了梳理，取得了一批颇有影响的研究成果。清代灾荒频仍，其时的减灾救灾经验是历代封建王朝荒政的集大成者，在自然灾害救助中发挥了良好作用。一些学者分别从救荒的基本程序、救荒备荒措施、荒政与财政、荒政与吏治，救灾、发赈、减粜、重建等方面对明清时期的救荒措施、荒政问题展开了全方位的研究。⑥ 康沛竹对晚清自然灾害进行了系统的研究，分析了晚清出现自然灾害的社会因素和政治因素、

---

① 邓拓：《中国救荒史》，北京出版社 1998 年版。

② 张水良：《中国灾荒史（1927—1937）》，厦门大学出版社 1990 年版。

③ 参见冯柳堂：《中国历代民食政策史》，商务印书馆 1998 年版；孟昭华：《中国灾荒史记》，中国社会出版社 1999 年版。

④ 参见李文海、林敦奎、周源等：《近代中国灾荒纪年》，湖南人民出版社 1990 年版；李文海、周源：《灾荒与饥馑：1840—1919》，高等教育出版社 1991 年版；李文海、林敦奎、程歗等：《近代中国灾荒纪年续编》，湖南教育出版社 1993 年版；李文海、程歗、刘仰东等：《中国近代十大灾荒》，上海人民出版社 1994 年版。

⑤ 李文海、夏明方：《中国荒政全书》（第一辑），北京古籍出版社 2002 年版；李文海、夏明方：《中国荒政全书》（第二辑），北京古籍出版社 2004 年版。

⑥ 参见李向军：《清代荒政研究》，中国农业出版社 1995 年版；倪玉平：《试论清代的荒政》，《东方论坛》2002 年第 4 期；倪玉平：《水旱灾害与清代政府行为》，《南京社会科学》2002 年第 6 期；［法］魏丕信：《十八世纪中国的官僚制度与荒政》，徐建青译，江苏人民出版社 2003 年版。

战争与灾荒的关系以及清代的仓储制度。①

　　同时,在有关民国时期灾荒状况的研究方面,也涌现出一批整体灾害史研究成果。吴德华《试论民国时期的灾荒》一文分析了民国时期灾荒发生的原因、特点以及造成的巨大损失,认为民国时期自然灾害危害严重且深远,究其原因,除自然和历史原因外,社会原因是主要的。② 曹峻一方面梳理了民国时期的灾荒特点以及造成的严重后果,另一方面则重点探讨了导致灾荒产生的自然条件和历史原因之外的人为因素。③ 这两篇文章对民国时期自然灾害的原因分析有异曲同工之处。夏明方综合考察和比较了民国时期的自然灾害和乡村经济、人口变迁及社会冲突等,进而对自然灾害与人类社会二者之间的互动进行了研究,在民国自然灾害研究领域取得了重大突破,其在研究中还采用定量分析和实证分析的方法考察了自然灾害对农村社会造成的深层次影响。④

　　灾荒救济立法和救助措施是民国救荒制度研究的又一内容,蔡勤禹、岳宗福等学者对此进行了深入的分析。⑤ 杨琪在《民国时期的减灾研究(1912—1937)》一书中对民国时期的灾荒问题、减灾的制度与立法、灾害的社会救济与政府救济、减灾工程与备荒防灾建设等进行了翔实的探讨,是民国减灾研究的重要著作。⑥ 而孙绍骋则考察了中国救荒制度的近代化转型问题并提出了自己的见解,认为中国救荒制度的近代化转型有积极的方面,具有一定的历史地位。⑦ 除此之外,张素欣、蔡元清对1912—

---

① 参见康沛竹:《晚清时期对灾因中社会因素的认识》,《社会科学辑刊》1997 年第 4 期;《晚清灾荒频发的政治原因》,《社会科学战线》1999 年第 3 期;《战争与晚清灾荒》,《北京社会科学》1997 年第 2 期;《清代仓储制度的衰败与饥荒》,《社会科学战线》1996 年第 3 期。

② 吴德华:《试论民国时期的灾荒》,《武汉大学学报》(社会科学版)1992 年第 3 期。

③ 曹峻:《试论民国时期的灾荒》,《民国档案》2000 年第 3 期。

④ 夏明方:《民国时期自然灾害与乡村社会》,中华书局 2000 年版。

⑤ 参见蔡勤禹:《民国社会救济立法述论》,《青岛海洋大学学报》(社会科学版)2002 年第 1 期;蔡勤禹:《民国社会救济行政体制的演变》,《青岛大学师范学院学报》2002 年第 1 期;岳宗福:《近代中国社会救济的理念嬗变与立法诉求》,《浙江大学学报》(人文社会科学版)2007 年第 3 期;岳宗福:《民国时期的灾荒救济立法》,《山东工商学院学报》2006 年第 3 期;岳宗福:《理念的嬗变,制度的初创——近代中国社会保障立法研究(1912—1949)》,浙江大学博士学位论文,2004 年。

⑥ 杨琪:《民国时期的减灾研究(1912—1937)》,齐鲁书社 2009 年版。

⑦ 孙绍骋:《中国救灾制度研究》,商务印书馆 2004 年版。

1931 年国民政府减灾机构和减灾法规进行了探讨,认为这一时期政府减灾机构的设置趋向专职化,减灾法规建设初步形成体系,但是机构变动频繁、减灾法规有名无实致使减灾不力。[①] 翁有为以赋税和灾荒为研究视角,考察了 1927—1937 年中国的农村和农民以及农村治理中出现的严重问题,认为农村经济并不存在南京国民政府所谓的"黄金十年"。[②]

　　自然灾害发生后,各慈善组织、团体和个人开展的一系列救助灾民和难民的活动,也对有效应对自然灾害起到了重要的作用。国内最早开展慈善事业研究的当属周秋光,1994 年他在《民国时期社会慈善事业研究刍议》一文中对慈善救助事业研究长期以来遭到冷落的境况、原因以及慈善事业在民国时期的社会地位和作用进行了深入的探讨,进而对慈善事业研究的基本内容进行了分析,[③]开启了他对中国慈善事业的研究,此后他在慈善事业方面的研究成果不断涌现。[④] 蔡勤禹、姜志浩研究了民国时期慈善组织在发展过程中出现的各自施政以及散而乱等问题,指出慈善组织在联合及联合后的运行过程中,存在横向与纵向交错互动、合作与矛盾相伴的特征,体现出慈善组织互动的多样性和复杂性,反映了慈善组织在个体自主性与联合统一性方面的张力。[⑤] 王林指出,南京国民政府成立后,为加强对慈善团体的监督和控制,国民政府和国民党中央先后颁布了一系列法规,合力编织了一套党部指导、政府监督的管理体制。[⑥] 郭

---

① 张素欣、蔡元清:《民国时期(1912—1931)的减灾机构与减灾法规》,《河北理工大学学报》(社会科学版)2006 年第 1 期。

② 翁有为:《民国时期的农村与农民(1927—1937)——以赋税与灾荒为研究视角》,《中国社会科学》2018 年第 7 期。

③ 周秋光:《民国时期社会慈善事业研究刍议》,《湖南师范大学学报》(社会科学版)1994 年第 3 期。

④ 参见周秋光、曾桂林:《近代慈善事业与中国东南社会变迁(1895—1949)》,《史学月刊》2002 年第 11 期;周秋光、曾桂林:《试论近代慈善事业兴起的社会历史背景》,《湖南师范大学学报》(社会科学版)2008 年第 4 期;周秋光:《关于近代中国慈善研究的几个问题》,《史学月刊》2009 年第 9 期;周秋光、王艳君:《近代中国慈善公益事业的运营机制及其形成原因探析》,《常州大学学报》(社会科学版)2015 年第 5 期;周秋光:《关于慈善义演研究与文献整理的思考》,《史学月刊》2018 年第 6 期;周秋光、庄细细:《重新发掘被遮蔽的另一半——抗战时期慈善活动中的妇女团体》,《南京社会科学》2020 年第 10 期。

⑤ 蔡勤禹、姜志浩:《民国时期慈善组织的联合与互动》,《安徽史学》2020 年第 6 期。

⑥ 王林:《慈善与政治:南京国民政府时期慈善团体立案问题研究》,《福建论坛》(人文社会科学版)2019 年第 2 期。

常英则通过梳理众多学者在慈善事业相关领域研究成果的基础上，将慈善义演与灾荒救助、慈善公益、都市娱乐和大众文化等融于一体进行研究，分析了晚清到民国时期慈善义演对中国近代慈善史、灾荒史和社会文化史研究的意义。[①]

在专著方面，蔡勤禹在《国家、社会与弱势群体——民国时期的社会救济(1927—1949)》中对民国时期慈善团体的活动、慈善观念及其和政府之间的关系进行了论述，认为在社会救济层面，中国社会不同于西方社会，国家与社会间不存在二元背离的情况，二者处于合作与互补的状况。[②] 另外，他在《民间组织与灾荒救治——民国华洋义赈会研究》一书中对华洋义赈会在近代中国兴起的社会背景、发展演变以及所开展的灾荒救治举措进行了详细的探讨，填补了近代中国民间组织灾荒救助研究中缺乏华洋义赈会相关内容所形成的空白。[③] 而郭常英、岳鹏星则在《中国近代慈善义演研究》中探讨了中国近代慈善义演的情状，旨在说明慈善义演是在中国近代社会结构错动的历史背景下兴起的一种赈灾济贫的救助方式，反映了慈善救助从传统一元化向近代多元化发展的演变历程。[④] 台湾学者梁其姿的《施善与教化——明清的慈善组织》一书是研究中国慈善组织的又一部鼎力之作，虽然作者的研究时段为明清时期，但其学术观点和分析问题的方法仍值得借鉴。[⑤] 在海外学者对于慈善组织的研究方面，日本学者关于中国慈善组织和慈善事业的研究也多集中于明清甚至更前时段。1997 年，夫马进出版了《中国善会善堂史研究》，该书是第一部系统考察和全面梳理中国善会善堂组织及历史的著作，对明末同善会以及清代我国各地广泛存在的保婴会、清节堂、育婴堂、恤嫠会等善会善堂组织做了详细介绍，是中国善会善堂研究中最系统、全面和深入的权威著作。[⑥] 另一位日本学者小浜正子在《近代上海的公共性与国家》一书中，以"社团"为中心，以近代上海城市社会为视角，揭示了中国近代地方

---

① 郭常英：《慈善义演：晚清以来社会史研究的新视角》，《清史研究》2018 年第 4 期。
② 蔡勤禹：《国家、社会与弱势群体——民国时期的社会救济(1927—1949)》，天津人民出版社 2003 年版。
③ 蔡勤禹：《民间组织与灾荒救治——民国华洋义赈会研究》，商务印书馆 2005 年版。
④ 郭常英、岳鹏星：《中国近代慈善义演研究》，社会科学文献出版社 2021 年版。
⑤ 梁其姿：《施善与教化——明清的慈善组织》，河北教育出版社 2001 年版。
⑥ ［日］夫马进：《中国善会善堂史研究》，伍跃、杨文信、张学锋译，商务印书馆 2005 年版。

社会结构及其公共性的特点,并对国家与社会二者之间的关系进行了系统考察。①

(二)区域灾荒史的研究

区域灾荒史研究是指将研究的视野放在某一个特定的区域或者聚焦于某一特定时段的研究。换言之,即以某一次重大自然灾害或某一种自然灾害作为研究对象或者以具体的行政区划单位为研究范围。自 20 世纪 80 年代以后,随着社会史研究的复兴,区域灾荒史的研究也随之掀起热潮。正如唐力行所言,"社会史的研究必然导向区域史研究"②。一些学者通过整理爬梳各类地方史料,采用以小见大的方法展开对区域灾荒史的研究,从研究理论和研究方法上进行思考和探索,有力推动了中国近代灾荒史研究的完善和发展,从而深化了对整体中国灾荒史的认识。同样,学者们也认识到区域灾荒史研究的深入离不开整体灾荒史研究的推进。因为"任何区域都是在国家权力的制约之下,因此从事社会史的研究不能从一个极端(只看中央不看地方)走向另一个极端(只看地方不看中央)。在区域史的研究中,应充分注意到国家与地方之间纵向的互动关系"③,此理论对区域灾荒史的研究同样适用。

近代以来,华北地区自然灾害连年发生,国内众多学者对此现象予以关注,学界涌现出一批高质量、高水平的研究成果。王建革考察了华北平原的蝗灾状况,以及清政府对蝗灾控制体系的运作及演变,指出中央集权对农业的管理愈到晚期,愈是明显。④ 王加华探讨了清末民国时期华北地区水旱灾害的具体情况,认为民间通过种植相应作物提高自身抗灾能力的机制虽然具有一定的局限性,但总体上来讲民间调控机制还是有意义的、积极的,一定程度上改变了华北地区的微观作物布局,对抵御自然灾害具有一定的积极意义。⑤ 除了对应对灾荒的机制进行探讨外,学术界也对灾荒中产生的社会群体予以关注。刘海岩在系统考察近代华北地

---

① 〔日〕小浜正子:《近代上海的公共性与国家》,葛涛译,上海古籍出版社 2003 年版。

② 唐力行:《从区域史研究走向区域比较研究》,《上海师范大学学报》(哲学社会科学版)2008 年第 1 期。

③ 唐力行:《论题:区域史研究的理论与实践》,《历史教学问题》2004 年第 5 期。

④ 王建革:《清代华北的蝗灾与社会控制》,《清史研究》2000 年第 2 期。

⑤ 王加华:《清季至民国华北的水旱灾害与作物选择》,《中国历史地理论丛》2003 年第 1 期。

区的自然灾害后,认为灾荒导致灾民大规模进入城市,是形成贫民阶层的主要因素。① 此外,学者们还从其他方面关注河北地区的近代灾荒。任云兰探讨了民国时期华北灾荒对天津粮食市场的影响。王纪鹏考察了天津华洋义赈会在1920年华北地区旱灾中,配合政府对灾民进行钱物资助。桑慧荣考察了在民国初年华北地区自然灾害频繁发生的情况下,京津地区文艺界同仁纷纷加入社会救助事业,通过义演举行筹资助赈活动的现象。② 池子华、李红英等分别对晚清时期直隶地区灾荒的时空分布、造成影响、减灾措施,灾荒、流民与义和团之间的关系,以及政府在赈济灾荒中的作用进行了探讨。③ 此外,池子华等在专著《近代河北灾荒研究》中运用多学科融合的方法,对近代以来河北省的历次灾荒情况进行了统计,分析了导致河北地区水、旱、蝗等自然灾害产生的自然和人为因素。④

　　河南身处中原腹地,近代以来战争频仍,各种自然灾害频繁发生。苏全有即指出,民国时期河南"灾情种类之多,地域之广,时间之长,均为全国之冠",为全国"集灾荒之大成"的省份。⑤ 河南地区自然灾害的研究也为学界所关注,涌现出一批学术成果。苏全有、李风华分析了民国时期河南灾荒发生的原因,认为灾荒虽然与当时整体气候背景及河南特殊的地理特征有关,但灾荒背后的社会原因更应引起关注。⑥ 崔铭系统考察了抗日战争战略相持阶段河南旱灾、风灾、蝗灾的发生情况,认为1942—1943年河南灾情的严重性和光绪初年的"丁戊奇荒"不相上下。⑦ 苏新留

① 刘海岩:《近代华北自然灾害与天津边缘化的贫民阶层》,《天津师范大学学报》(社会科学版)2004年第2期。
② 参见任云兰:《民国时期华北灾荒与天津粮食市场(1912—1936)》,《中国农史》2006年第2期;王纪鹏:《天津华洋义赈会与1920年华北地区旱灾救助》,《天中学刊》2019年第6期;桑慧荣:《民国初年华北灾荒与京津艺界赈灾义演》,载张利民:《城市史研究》(第41辑),社会科学文献出版社2020年版。
③ 参见池子华、李红英:《晚清直隶灾荒及减灾措施的探讨》,《清史研究》2001年第2期;《灾荒、社会变迁与流民——以19、20世纪之交的直隶为中心》,《南京农业大学学报》(社会科学版)2004年第1期;池子华、刘玉梅:《民国时期河北灾荒防治及成效述论》,《中国农史》2003年第4期。
④ 池子华、李红英、刘玉梅:《近代河北灾荒研究》,合肥工业大学出版社2011年版。
⑤ 苏全有:《有关近代河南灾荒的几个问题》,《殷都学刊》2003年第4期。
⑥ 苏全有、李风华:《论民国时期河南灾荒的社会成因》,《防灾技术高等专科学校学报》2005年第4期;李风华:《民国时期河南灾荒频发的社会因素》,《江汉论坛》2011年第9期。
⑦ 崔铭:《河南省1942～1943年旱、风、蝗灾害略考》,《灾害学》1994年第1期。

对民国时期河南水旱灾害的研究用力颇巨,取得了一系列丰硕成果。他对河南水旱灾害的等级序列、变动和趋势,旱灾发生时河南灾民采取的祈雨活动,1929 年河南赈务会组织灾民移垦东北的情况,水旱灾害对河南乡村和社会稳定的危害及威胁等相关问题进行了系统的考察。① 1942—1943 年,河南发生了特大旱灾,苏新留对这一时期的大旱荒进行了专题研究,取得了丰硕成果。② 刘刚则撰文对 1942 年河南大灾荒进行了重新审视,认为政府的救灾工作虽有遗憾和不足,但也值得肯定,其开展了多方面的救灾工作,也取得了相应效果。③ 卢徐明、石涛独辟视角,考察了在战争和灾荒相互交织状态下,1942—1943 年河南大灾荒期间陕西对河南的粮食接济。④ 而王鑫宏则以《新华日报(重庆版)》对 1942—1943 年河南灾荒的宣传为切入点,考察了全面抗战时期中国共产党的舆论救灾动员行动,认为其通过宣传取得了较好的动员效果,是全面抗战时期中国共产党救灾动员的一个剪影,彰显了中国共产党关注民生的价值追求,赢得了民众的信任与肯定。⑤ 除此之外,武艳敏对 1927—1937 年十年内战期间河南省自然灾害的特点、发生原因和历史影响进行了详细的考察。⑥ 孙训华对民国时期河南省灾荒救助体系和措施进行考察后认为,河南省政府为应对灾荒建立了救灾组织机构、构建了救灾组织体系等,虽然发挥

①　参见苏新留:《民国时期河南水旱灾害初步研究》,《中国历史地理论丛》2004 年第 3 期;《1929 年河南灾民移垦东北述论》,《史学月刊》2004 年第 9 期;《民国时期河南水旱灾害与乡村社会》,黄河水利出版社 2004 年版;《略论民国时期河南水旱灾害及其对乡村地权转移的影响》,《社会科学》2006 年第 11 期;《民国时期河南水旱灾害及其政府应对》,《史学月刊》2007 年第 5 期;《民国河南灾荒时期之乡村民生述略——以水旱灾害为中心》,《南都学坛》(人文社会科学学报)2007 年第 3 期;《试论民国时期河南灾荒对河南社会的影响》,《南阳师范学院学报》(社会科学版)2013 年第 7 期。

②　参见苏新留:《1942 年河南大旱灾对地权异动的影响》,《南都学坛》(人文社会科学学报)2009 年第 4 期;《报刊与 1942 年河南大旱荒》,《史学月刊》2009 年第 10 期;《1942 年河南大旱荒与政府应对》,《南都学坛》(人文社会科学学报)2011 年第 2 期;《〈前锋报〉对 1942 年河南旱灾的关注》,《南都学坛》(人文社会科学学报)2017 年第 6 期。

③　刘刚:《1942 年河南大灾荒再认识》,《农业考古》2015 年第 6 期。

④　卢徐明、石涛:《战争与饥荒交织下的邻省粮食调剂——以 1942~1943 年河南灾荒中陕西对豫为中心》,《历史教学》(下半月刊)2017 年第 9 期。

⑤　王鑫宏:《全面抗战时期中国共产党的舆论救灾动员——以〈新华日报(重庆版)〉对 1942—1943 年河南灾荒的宣传为中心》,《农业考古》2021 年第 3 期。

⑥　武艳敏:《河南省自然灾害的历史考察(1927~1937 年)》,《郑州航空工业管理学院学报》(社会科学版)2010 年第 4 期。

了主导作用,但救助成效有限。① 陈鹏飞、安介生从灾荒性移民的角度,探讨了民国时期河南移民运动的状况,以及相应的社会救助举措与特点。②

江淮地区历来自然灾害严重,素有"十年倒有九年荒"之称,对这一区域关注的学者较多。陈业新长时段地考察了明代至民国时期皖北地区的灾害环境与社会应对。③ 李焱对北洋政府时期安徽地区的灾荒赈济机构进行了深入探讨。④ 李姗分析了十年内战期间安徽的灾荒救治,认为这一时期安徽灾荒连年发生,波及面广,持续时间长,南京国民政府和安徽地方政府均制定了相应政策,救灾程序和措施逐步规范化。⑤ 梁诸英对民国时期淮河流域灾荒救助中民间社会力量的救济成效进行了系统探讨,进而分析了民间社会力量与灾荒救济二者之间互动的有利条件和不足之处。⑥ 房利以近代淮河流域为中心分别考察了灾荒冲击下的乡村社会冲突和水、旱、蝗、震、疫等自然灾害对乡村社会生活环境的影响。⑦ 与之相对应,汪志国从自然灾害与人口变化、民间自救与灾荒赈济的视角考察了灾荒对近代安徽社会的影响。⑧ 黄升永、徐元德则从推力机制和拉力机制两个方面对民国时期灾荒下的安徽社会流动问题进行了考察。⑨

---

① 孙训华:《民国时期河南省灾荒救助体系措施及成效》,《郑州轻工业学院学报》(社会科学版)2013 年第 5 期。

② 陈鹏飞、安介生:《1920 年～1937 年河南灾荒性移民与社会救助》,《中北大学学报》(社会科学版)2013 年第 2 期。

③ 陈业新:《明至民国时期皖北地区灾害环境与社会应对》,上海人民出版社 2008 年版。

④ 李焱:《北洋政府时期安徽地区的灾荒救济》,《江淮论坛》2008 年第 2 期。

⑤ 李姗:《民国时期安徽的灾荒救治(1927—1937)》,《黑龙江史志》2009 年第 4 期。

⑥ 梁诸英:《民国时期淮河流域的民间灾荒救济》,《华北水利水电大学学报》(社会科学版)2017 年第 6 期。

⑦ 参见房利:《灾荒冲击下的乡村社会冲突——以近代淮河流域为中心的考察》,《中国农史》2017 年第 2 期;《晚清和民国时期自然灾害对乡村生活环境的破坏——以淮河流域为中心的考察》,《安徽工业大学学报》(社会科学版)2018 年第 4 期。

⑧ 参见汪志国:《近代安徽自然灾害与人口的变化》,《安徽大学学报》(哲学社会科学版)2008 年第 5 期;《自救与赈济:近代安徽民间社会对灾荒的救助》,《中国农史》2009 年第 3 期。

⑨ 黄升永、徐元德:《民国安徽灾荒与社会流动的动力机制研究》,《黑龙江史志》2010 年第 9 期。

马俊亚对淮河流域的水利建设与自然灾害成因及影响进行了深入研究。①

　　另外，和淮河流域邻近的苏北地区也有学者关注。张红安详细分析了苏北灾荒发生的原因、特点及其对社会经济的影响，认为灾荒是造成苏北现代化道路起步较晚、步伐迟缓的重要因素。② 汪汉忠则以民国时期为中心，对灾害和苏北社会的相互作用进行了考察，深入分析了灾害、社会和现代化三者间的关系。③

　　近代山西灾害频仍，最严重的灾荒当属"丁戊奇荒"，众多学者对此进行了深入探讨，对今天区域灾荒史的研究具有重要的借鉴意义。赵矢元是国内最早对"丁戊奇荒"进行研究的学者。他详细分析了"丁戊奇荒"涉及省份的具体灾况，认为不能简单地把灾荒归结于社会原因，自然现象的反常也是引发这次灾荒的重要原因。④ 随后，一大批学者从不同视角对"丁戊奇荒"进行了全方位的系统考察。王金香认为造成"丁戊奇荒"的原因，除长期干旱外，主要是人为因素，必须大力发展农业生产和商品经济。⑤ 夏明方分析了"丁戊奇荒"的灾情状况和形成的社会原因以及灾后中国社会的赈灾实践和善后救助活动，认为"丁戊奇荒"在客观上为近代中国赈灾史提供了重大变迁的历史契机。⑥ 赵英霞、董虹廷和王国棉则分别考察了"丁戊奇荒"中教会和来华传教士的救灾活动、"丁戊奇荒"对山西人口素质和救灾模式近代化转型的影响。⑦

---

① 参见马俊亚：《治水政治与淮河下游地区的社会冲突（1579—1949）》，《淮阴师范学院学报》（哲学社会科学版）2011 年第 5 期；《被牺牲的"局部"：淮北地区社会生态变迁研究》，四川人民出版社 2023 年版；《区域社会经济与社会生态》，生活·读书·新知三联书店 2013 年版；《区域社会发展与社会冲突比较研究：以江南淮北为中心（1680—1949）》，南京大学出版社 2014 年版。

② 张红安：《民国时期苏北灾荒及其影响》，《江苏社会科学》2000 年第 5 期。

③ 汪汉忠：《灾害、社会与现代化——以苏北民国时期为中心的考察》，社会科学文献出版社 2005 年版。

④ 赵矢元：《丁戊奇荒述略》，《学术月刊》1981 年第 2 期。

⑤ 王金香：《山西"丁戊奇荒"略探》，《中国农史》1988 年第 3 期。

⑥ 参见夏明方：《也谈"丁戊奇荒"》，《清史研究》1992 年第 4 期；《清季"丁戊奇荒"的赈济及善后问题初探》，《近代史研究》1993 年第 2 期。

⑦ 参见赵英霞：《"丁戊奇荒"与教会救灾——以山西为中心》，《民国档案》2005 年第 3 期；董虹廷：《"丁戊奇荒"对山西人口素质的影响》，《防灾科技学院学报》2019 年第 1 期；王国棉：《"丁戊奇荒"的社会应对与传统救灾模式的近代化转型》，《东岳论丛》2021 年第 10 期。

朱浒通过考察"丁戊奇荒"对江南社会的影响,认为江南士绅救助外来灾民的直接动机,仍是其应对当时外来难民潮的一种努力,是江南地方性救荒传统的某种延伸。[①] 他在另一篇文章中则考察了"丁戊奇荒"对李鸿章洋务运动的影响。[②] 郝平和周亚就"丁戊奇荒"对山西粮价的影响、政府赈务官员在"丁戊奇荒"中开展的救荒活动进行了全面考察。[③] 此外,郝平在其专著《丁戊奇荒:光绪初年山西灾荒与救济研究》中,利用档案、报纸等一手资料生动刻画了晚清山西社会面貌,为我们再现了"丁戊奇荒"期间山西灾情的时空分布情况及社会救济机制。[④]

此外,除了对上述区域的研究外,其他地区如东北、山东、西北、华中、西南等区域也引起了国内外学界同仁的关注,民国灾荒史的相关研究硕果累累,并呈现出方兴未艾的势头。限于篇幅,无法对这些成果进行全面的回顾,在此不再一一罗列。

(三)江南灾荒社会史的研究

江南研究向来是学术界情有独钟的热点研究区域。和国内其他区域相比,无论是中国经济史的研究还是区域社会史的研究,江南所受到的关注程度都是其他地区难以望其项背的。虽然目前学术界对江南具体范围的讨论仍未达成一致的看法,但国内一些学者如李伯重、周振鹤、徐茂明等曾撰文就明清时期江南的空间地域范围作出系统论述。[⑤] 基于前辈学者对江南地域范围的讨论,本部分学术史回顾所论及的江南灾荒社会史的时段及地域范围,主要是指明清时期的苏州、松江、杭州、嘉兴、湖州五府以及太仓直隶州,即"五府一州"。与其他区域相比,江南区域灾荒史的研究起步相对较晚,但仍然取得了一批具有学术影响和分量的研究成果。下面从三个方面对江南区域灾荒史的研究进行回顾与梳理。

---

① 朱浒:《"丁戊奇荒"对江南的冲击及地方社会之反应——兼论光绪二年江南士绅苏北赈灾行动的性质》,《社会科学研究》2008 年第 1 期。

② 朱浒:《赈务对洋务的倾轧——"丁戊奇荒"与李鸿章之洋务事业的顿挫》,《近代史研究》2017 年第 4 期。

③ 参见郝平、周亚:《"丁戊奇荒"时期的山西粮价》,《史林》2008 年第 5 期;郝平:《力禁"花田"重农桑——李用清"丁戊"救荒活动考察》,《古今农业》2010 年第 3 期。

④ 郝平:《丁戊奇荒:光绪初年山西灾荒与救济研究》,北京大学出版社 2012 年版。

⑤ 参见李伯重:《简论"江南地区"的界定》,《中国社会经济史研究》1991 年第 1 期;周振鹤:《释江南》,载钱伯城:《中华文化论丛》(第四十九辑),上海古籍出版社 1992 年版;徐茂明:《江南的历史内涵与区域变迁》,《史林》2002 年第 3 期。

　　1. 对江南地区灾荒状况与应对措施的勾勒

　　明清以来的江南地区经济快速发展，文化繁荣昌盛，位居全国之冠。受到气候环境、地理位置等因素的影响，江南地区成为国内自然灾害频发的区域之一。周章森系统梳理了 20 世纪三四十年代杭州所遭受的旱灾、虫灾、火灾和五次严重水灾以及政府采取的灾荒救助措施，认为杭州对常有的自然灾害，不重视预防，灾害发生时才急于应付，这是造成灾荒的重要因素。① 龙国存和贾彦敏分别对民国时期浙江灾荒的状况、灾荒产生的后果、灾荒发生的原因以及灾荒救济情况进行了历史考察，均对杭州在这一时期的灾况和救助手段有所论及。②

　　苏州为明清时期江南区域经济文化的中心，是经济史研究的热点地区。明清以来苏州地区自然灾害频繁发生并造成严重影响，为学界所关注。段伟、邹富敏从清末苏州地区发生的饥荒情况切入，考察了这一时期苏州府常昭地区和长、元、吴地区赈灾方式的差异，提出这种差异主要受地理环境的影响。③ 王军、王庆国则以近代苏州地区为中心，考察了宗族义庄、会馆公所以及商会等地方社会力量在灾荒救济中发挥的社会整合作用。④ 胡孔发等考察了民国时期苏南地区的自然灾害，相关论文中涉及部分苏州地区的自然灾害状况、特点以及造成的影响。⑤

　　陈茂山对清末民国时期太湖流域的水旱灾害进行了总体性的分析，并专门考察了吴县庞山湖地区的庞山场灌排系统。⑥ 李扬全面梳理了民国时期太湖流域的灾荒状况，整理了民国政府和民间社会组织的赈济灾荒策略，并分析了灾荒影响之下政治、经济、社会因素和自然灾害间的互

① 周章森：《三四十年代杭州的自然灾害和救灾救荒》，《杭州大学学报》（哲学社会科学版）1992 年第 4 期。
② 参见龙国存：《试论民国时期浙江的灾荒》，《文史博览（理论）》2009 年第 4 期；贾彦敏：《民国时期浙江灾荒救济研究（1912—1937 年）》，浙江大学硕士学位论文，2008 年。
③ 段伟、邹富敏：《赈灾方式差异与地理环境的关系——以清末苏州府民间赈济为例》，《安徽大学学报》（哲学社会科学版）2018 年第 4 期。
④ 王军、王庆国：《地方社会力量在灾荒救济中的社会整合作用——以近代苏州地区为中心的考察》，《江苏大学学报》（社会科学版）2009 年第 5 期。
⑤ 胡孔发、曹幸穗、张文教：《民国时期苏南水灾研究》，《农业考古》2010 年第 3 期；胡孔发：《民国时期苏南自然灾害述论》，《池州学院学报》2013 年第 4 期。
⑥ 陈茂山：《试论清末民国时期太湖流域的水旱灾害和减灾活动的时代特征》，《古今农业》1993 年第 2 期。

动关系,试图通过对民国太湖流域自然灾害和应对措施的探究,为国家应对自然灾害提供历史启示。① 董强在博士论文《近代江南公共危机与社会应对》中以近代上海地区的鼠疫、南汇县的风灾概况为考察对象,分析了民国初年江南地区以绅商为主体的灾荒应对机制及其取得的成效和影响。②

1934 年,长江中下游地区发生了百年不遇的大旱灾,众多学者从区域灾荒史的视角考察了江南地区灾荒发生的状况。王方中是国内较早对此次旱灾进行考察的学者,他在《1934 年长江中下游的旱灾》一文中对浙江杭州、湖州、嘉兴和江苏苏南等地的旱情进行了论述,认为此次旱灾之所以严重,不仅有久旱不雨的原因,更与水利不修、生态恶化等有关。③夏明方、康沛竹也对这次旱灾进行了全局性的介绍,文中附有农民烈日下戽水、张天师设坛祈雨等图片,生动形象地再现了当时的灾情状况。④ 张帆基于此次大旱灾,分析了东南江浙沪地区的灾情、民众面临的生存危机以及政府和社会力量对灾荒的应对措施。此外,他还考察了旱灾带来的大量流民与当地民众之间的矛盾与摩擦,认为地方政府和社会力量应兼顾流民和当地民众两方面的利益,对流民群体应该既积极救助又加强管控,做好救助流民和稳定地方社会秩序两方面工作。⑤ 而王加华则在对1934 年江南地区这次百年不遇的特大旱灾的考察基础上,探讨了农民、屠户、地主和政府各阶层之间因利益分歧而造成的矛盾冲突。⑥ 除是著外,其在另外一篇文章中将研究视角侧重于 1934 年旱灾中的农事补救上,当时针对水旱灾的严重威胁,为减轻损失,民众采取了一系列手段如

① 李扬:《民国太湖流域的自然灾害与应对策略研究(1912—1937)》,南京师范大学博士学位论文,2014 年。
② 董强:《近代江南公共危机与社会应对》,苏州大学博士学位论文,2012 年。
③ 王方中:《1934 年长江中下游的旱灾》,载丁日初:《近代中国》(第九辑),上海社会科学院出版社 1999 年版。
④ 夏明方、康沛竹:《是岁江南旱——一九三四年长江中下游大旱灾》,《中国减灾》2008年第 1 期。
⑤ 张帆:《民国地方社会的生存危机应对——基于 1934 年东南大灾荒的考察》,苏州大学博士学位论文,2017 年;《赈济与管控:1934 年东南旱灾流民问题的应对》,《防灾科技学院学报》2016 年第 1 期。
⑥ 王加华:《1934 年江南大旱灾中的各方矛盾与冲突——以农民内部及其与屠户、地主、政府间的冲突为例》,《中国农史》2010 年第 2 期。

补种、改种相关农作物。①

  2.对江南慈善救济事业的考察

  有关江南地区慈善组织及救济事业的研究时段,多集中于有清一代,民国时期的研究相对较少。慈善活动的实施主体有宗族义庄、会馆公所、士绅、绅商、商会和市民公社等组织群体。

  宗族义庄在救荒济贫中发挥了重要作用。洪璞从社会救助项目的确立和社会救助基金的运筹两个方面考察了宗族义庄在社会救助中的具体实施状况,认为明清时期,义庄作为宗族的经济实体,已经超越偶发的、单纯的济贫性质,具备了初级形态的社会救助性质。② 李学如、曹化芝通过族谱记忆考察了清代义庄在济贫乏、赡孤寡、助学业等方面担负的宗族社会保障责任,认为在与灾害长期斗争的过程中,江南义庄形成了一套成熟的备荒机制。③ 刘宗志分析了清代苏南地区义庄发展较好的原因,认为社会结构、经济条件,尤其是好善风气是苏南地区救济活动产生发展的决定性因素。义庄同时也开展其他慈善活动,并和其他慈善机构在救助方法上相互借鉴,促进了清中后期苏南地区慈善事业的全面繁荣。④ 吴琦、黄永昌的《清代江南的义葬与地方社会——以施棺助葬类善举为中心》从人物、机构与活动对象三个不同视角对清代江南地区的慈善事业进行了全新的探讨。⑤ 余新忠则通过对苏州丰豫义庄的个案考察,探讨了清中后期乡绅领导的民间社会救济事业的发展、乡绅的社会救济行为与宗族的关系,以及乡绅在社会救济活动乃至地方社会事务中的目的、地位和作用。⑥

  吴滔对明清时期苏州、松江地区的乡村救济进行了考察,认为“苏、松地区乡村救济延伸及各种相互交错的社会经济关系和社区关联,从而构

①　王加华:《农事的破坏与补救——近代江南地区的水旱灾害与农民群众的技术应对》,《中国农史》2006 年第 2 期。

②　洪璞:《试述明清以来宗族的社会救助功能》,《安徽史学》1998 年第 4 期。

③　李学如、曹化芝:《清代江南宗族义庄的备荒制度——以族谱为考察中心》,《齐齐哈尔大学学报》(哲学社会科学版)2017 年第 10 期。

④　刘宗志:《清代苏南义庄发展原因探析》,《黄河科技大学学报》2012 年第 4 期。

⑤　吴琦、黄永昌:《清代江南的义葬与地方社会——以施棺助葬类善举为中心》,《学习与探索》2009 年第 3 期。

⑥　余新忠:《清中后期乡绅的社会救济——苏州丰豫义庄研究》,《南开学报》1997 年第 3 期。

成施展社会救济职能的'乡村救济网络'"①。此外,他还考察了清代江南地区赈济行为的社区化发展倾向,以及社区赈济与地方仓储、交通水平、宗族、基层社会构成之间的多维联系。②在另外两篇文章中,吴滔分别以嘉定和宝山地区为个案,考察了清至民国初年江南地区的乡镇赈济和社区发展模式以及由赈济饥荒到乡镇自治的转变。③

关于苏州民间慈善团体及其活动的研究也是学术界关注的重点之一。冯筱才、夏冰以苏州隐贫会为考察对象,结合其他慈善团体的活动,探讨了民国初年江南民间慈善事业的发展变化。④曾桂林考察了清末民初,苏州商会通过救济本地贫民、协办救火龙社与济良所等慈善公益设施,组织的国内外重大自然灾害募捐赈济活动。⑤黄鸿山以晚清江南为中心,对中国近代的慈善事业进行了俯瞰式研究,并对近代慈善事业发展过程中体现的"教养兼施"、国家与社会的关系、传统与现代的关系等问题进行了再探讨。⑥

王卫平对清代以来江南地区的慈善组织和慈善事业的研究用力颇勤,其研究内容涉及市镇慈善事业、乡村社会救济、士绅善举等方面,发表了一系列具有影响力的研究成果。王卫平对清代苏州地区的慈善事业进行了系统考察,认为清代苏州的慈善事业不仅表现为慈善团体即善会、善堂的数量众多、规模宏大,还表现为工商业者的广泛参与。另外,他还系统梳理了慈善机构在江南市镇的分布状况、市镇慈善事业的特点和形成原因,并选择南浔镇作为个案进行专门探讨,认为市镇在江南地区慈善事

---

① 吴滔:《明清时期苏松地区的乡村救济事业》,《中国农史》1998年第4期。

② 参见吴滔:《清代江南地区社区赈济发展简况》,《中国农史》2001年第1期;《清代江南社区赈济与地方社会》,《中国社会科学》2001年第4期。

③ 参见吴滔:《清代嘉定宝山地区的乡镇赈济与社区发展模式》,《中国社会经济史研究》1998年第4期;《清至民初嘉定宝山地区分厂传统之转变——从赈济饥荒到乡镇自治》,《清史研究》2004年第2期。

④ 冯筱才、夏冰:《民初江南慈善组织的新变化:苏城隐贫会研究》,《史学月刊》2003年第1期。

⑤ 曾桂林:《义利之间:苏州商会与慈善公益事业(1905—1930)》,《南京社会科学》2014年第6期。

⑥ 黄鸿山:《中国近代慈善事业研究——以晚清江南为中心》,天津古籍出版社2011年版。

业网络体系中处于沟通城乡的节点位置,发挥了重要的作用。① 他通过考察明清时期江南地区慈善事业的发展状况,认为这一时期的慈善事业由官营向民营转移,呈现出从个别富人的义举发展到有组织的团体机构等特点,民间慈善组织数量众多,种类齐全,财力充足,参与阶层广泛,活动频繁及义庄盛行等。② 育婴事业也是江南慈善事业的重要内容,王卫平以苏州、松江等城市为核心,从市场共同体的角度分析了江南地区育婴事业的兴起原因、分布构成以及育婴事业圈的生成机制。③ 另外,王卫平、黄鸿山等还考察了清代江南地区市镇中政府、宗族和民间慈善三种类型的乡村社会救济模式及清代社仓兴废的原因以及清代江南士绅的慈善义举活动。④

除此之外,还有一些学者对江南其他区域的慈善救济事业或慈善组织进行了专题研究。⑤

---

① 参见王卫平:《清代苏州的慈善事业》,《中国史研究》1997 年第 3 期;《清代江南市镇慈善事业》,《史林》1999 年第 1 期。
② 王卫平:《明清时期江南地区的民间慈善事业》,《社会学研究》1998 年第 1 期。
③ 王卫平:《清代江南地区的育婴事业圈》,《清史研究》2000 年第 1 期。
④ 参见王卫平、黄鸿山:《清代江南地区的乡村社会救济——以市镇为中心的考察》,《中国农史》2003 年第 4 期;黄鸿山、王卫平:《清代社仓的兴废及其原因——以江南地区为中心的考察》,《学海》2004 年第 1 期;王卫平、马丽:《袁黄劝善思想与明清江南地区的慈善事业》,《安徽史学》2006 年第 5 期;葛慧晔、王卫平:《清代文化世家从事慈善事业的原因——以苏州彭氏为例》,《苏州科技学院学报》(社会科学版)2007 年第 3 期;王卫平:《清代江南地区的慈善家系谱——以潘曾沂为中心的考察》,《学习与探索》2009 年第 3 期;王卫平、黄鸿山:《继承与创新:清代前期江南地区的慈善事业——以彭绍升为中心的考察》,《苏州大学学报》(哲学社会科学版)2011 年第 3 期;王卫平:《明代吕坤的社会保障思想——明清江南地区慈善家系谱研究》,《学习与探索》2012 年第 7 期;王卫平:《富民与养民:唐甄的社会保障思想》,《苏州大学学报》(哲学社会科学版)2015 年第 2 期;王卫平:《慈风善脉:明末清代江南地区的慈善传承与发展》,《苏州大学学报》(哲学社会科学版)2016 年第 3 期。
⑤ 参见张礼恒:《略论民国时期上海的慈善事业》,《民国档案》1996 年第 3 期;朱雪薇:《近代昆山慈善公益事业研究》,苏州大学硕士学位论文,2019 年;胡勇、隋雪丽、杨翰林:《民国时期江南地区苦儿院初探(1912—1937)》,《东方论坛》2018 年第 2 期;袁海洋:《民国济良所研究——以江浙地区为中心的考察(1927—1937)》,苏州大学硕士学位论文,2018 年;庞超飞:《近代南浔慈善事业研究》,杭州师范大学硕士学位论文,2018 年;钱楠:《江南慈善机构的近代转型——以松江三善堂为例(1912—1937)》,苏州大学硕士学位论文,2016 年;吴小娣:《苏州近代基督教慈善事业研究(1850—1937)》,苏州科技学院硕士学位论文,2014 年;朱雯:《地方精英与民国太仓地方社会》,上海师范大学硕士学位论文,2013 年。

3.对江南地区祈神禳灾活动的梳理

传统社会大旱祈雨、祛疫求神成为上至国家下至民间的传统。禁屠祈雨、迎神赛会等祈雨禳灾方式成为一种惯性的延续。即使进入民国后科学思想得到广泛传播,传统的祈雨求神活动被视为落后和迷信行为而遭到打击,但作为一种民间社会长期形成的信仰仍广泛存在于地方社会。

小田在《在神圣与凡俗之间——江南庙会论考》一书中介绍了1934年旱灾肆虐下江南各地的祈雨活动,他认为在近代化的过程中,虽然人们祈雨的狂热逐渐消退,但神圣仍蛰伏在人们的思想深处,一旦出现人类无法克服的事情,人们还是会无奈地把意志不能自由支配的时空让位给神圣。[①] 沈洁则以1934年旱灾发生时苏州城内一场大规模的祈雨仪式为考察中心,分析了求雨游行过程中民间信仰、现代政府和地方各种势力群体之间的互动,以一个求雨故事勾勒出时代变迁下社区传统的延续与重构。[②] 张帆就祈雨信仰、祈雨参与者和祈雨方式考察了1934年亢旱中的江南祈雨场景,认为祈雨呈现多样化,不同宗教信仰的祈雨对象各有侧重,但殊途同归。[③] 在另一篇文章中,张帆和燕董娇通过解读民国知识人观察当时祈雨活动后所留下的各种历史记忆史料,分析了1934年江南旱灾和各地祈雨场景以及当时的知识人对祈雨事件的思考。[④] 胡勇军则考察了民国知识分子利用报纸和杂志等传媒工具,对在1934年旱灾期间社会民众、宗教和慈善团体以及地方绅商,甚至政府官员加入的祈雨迷信行为进行尖锐的讽刺和批判,同时还大力宣扬科学知识和社会改良。[⑤] 另外,他还通过考察1934年江南大旱灾期间苏州城内各社会团体组织的祈雨活动,探究了民国时期江南地方政权与民间信仰活动之间的关系。[⑥]

---

① 小田:《在神圣与凡俗之间——江南庙会论考》,人民出版社2002年版。

② 沈洁:《反迷信与社区信仰空间的现代历程——以1934年苏州的求雨仪式为例》,《史林》2007年第2期。

③ 张帆:《1934年亢旱中的江南祈雨——以信仰、参与者和方式为中心的考察》,《宁波大学学报》(人文科学版)2015年第6期。

④ 张帆、燕董娇:《论知识人笔下的1934年江南祈雨》,《绍兴文理学院学报》(哲学社会科学)2017年第3期。

⑤ 胡勇军:《"狂欢"中的"异声":民国知识分子对民间祈雨信仰的态度与认知》,《兰州学刊》2017年第7期。

⑥ 胡勇军:《仪式中的国家:从祈雨看民国江南地方政权与民间信仰活动之关系》,《江苏社会科学》2017年第1期。

黄庆庆以《申报》1934年的旱灾记载为中心,考察了民国时期的巫术救荒思想和行为,认为从传统社会向现代社会转型过程中出现祈雨活动不能完全否认迷信、巫蛊思想的根深蒂固,但也不能简单地加以否定和取缔。① 除了对1934年江南大旱灾期间出现的求神祈雨等行为进行考察外,一些学者对传统社会后期江南各地祈雨习俗的地域差异和民国时期抗灾御患的江南神灵及灾害信仰进行了专题研究。②

通过上述回顾,可以看到前辈学者在灾荒社会史领域的研究成果,无论是学术成果的数量抑或质量,都取得了卓越的成绩。但从整体上来看,灾荒社会史的研究仍略显薄弱,研究的历程也相对短暂。诸如从研究的深度来看,无法与区域政治史或者区域经济史相提并论;从研究的时段来看,学者们对明清时期灾荒的关注度要远远高于民国时期,呈现出研究时段的不均衡性等。由此可见,灾荒社会史的研究还存在一些值得深入探讨的问题,尚待提升和完善。

首先,整体研究单一并且不均衡,研究的深度不够。从灾荒的研究内容来看,大多数是就灾荒的基本状况、发生原因和产生影响等方面进行表层描述,对因应灾荒而展开的各层次救助措施缺乏体系性的递进研究,或者说缺乏对灾害应对机制的深入考察,呈现出片面、零碎和分散的现象。

其次,区域研究的力度不够大、范围不够宽广,缺乏对区域的整体性思考。目前区域灾荒史的研究,多为就某次灾荒谈救济,缺乏针对某一区域的,长时段、整体性的思考和分析。另外,从研究内容来看,多表现为对某一种自然灾害的专门研究,针对多种自然灾害的系统性、全局性考察相对较少。在区域灾荒史的研究中要做到将区域放入整体中进行考察,同样在研究整体灾荒史时,也应该注意充分挖掘区域特色,不能将二者截然割裂。

而在有关民国时期江南地区自然灾害及社会应对的研究成果中,关于苏州地区的研究成果相对较少,缺乏对该区域的专题性研究。从研究

① 黄庆庆:《从1934年旱灾看民国时期的巫术救荒——以〈申报〉为中心》,《古今农业》2010年第3期。
② 参见林涓:《祈雨习俗及其地域差异——以传统社会后期的江南地区为中心》,《中国历史地理论丛》2003年第1期;周启航:《民国时期江南灾害信仰研究》,苏州科技学院硕士学位论文,2010年。

的时段来看,明清时期的研究较多,民国时期的研究相对较少。另外,现有的关于苏州地区自然灾害的研究,大多集中于对一些水、旱大灾的个案研究,如1931年和1934年长江中下游地区的特大水旱灾害,缺乏对这一地区自然灾害的小区域、长时段的整体性考察。本书在充分收集史料的基础上,对史料进行了整理、分析和归纳,通过小区域、长时段的微观研究,力争全面、客观地梳理民国时期苏州地区的自然灾害面貌,以及自然灾害对苏州地域社会带来的影响及社会应对举措。

此外,本书的研究目的不在于就自然灾害的表象本身进行研究,而是在分析史料的基础上,深入探析灾害形成的原因,归纳总结灾害的具体表现特征、造成的影响以及灾后赈济与区域社会的互动,重点分析在社会转型过程中应对灾害措施的近代化表现,传统和现代两种救灾方式在自然灾害应对中的关系和作用,以及灾害发生后国家和社会如何协调二者之间的关系以应对灾害,从而达到双赢的目的,进而阐述灾害应对举措在继承传统的同时,不断创新完善,传统和现代两种救灾方式是继承和发展、并存和互补的关系,不能简单地将二者割裂。国家和社会之间只有通力配合、协同合作,才能实现自然灾害救助过程中两者之间的良性互动,从而在推进现代化进程中构建一种国家与社会之间多维互动、动态共生的关系。本书为今天国家及地方社会的防灾、减灾应对机制和社会保障制度的建设、完善提供了有益的借鉴,并有助于大众理性认识自然灾害对社会历史发展产生的影响和作用。

三、研究方法与主要内容

(一)研究方法

史料是史学研究的基础,充分挖掘资料是史学研究取得成功的保障。本书除了广泛收集大量传统的政府公报、官方统计、历史文献等资料外,还深入挖掘地方志、碑刻、地方档案、地方报刊等史料,运用历史研究法系统了解民国时期苏州地区的政治、经济和社会状况,进而分析自然灾害发生的原因及社会应对机制。

自然灾害的影响涉及政治、经济和文化等多个层面,灾害发生后会对人、国家、社会和环境产生复杂的影响。本书对灾荒史的研究运用多学科、多视角的方法,并结合历史地理学、社会学、生态学、灾害学以及心理学等学科进行交叉研究。对收集到的资料进行归纳统计,分析自然灾害对民国时期苏州城乡经济和社会生活造成的影响，勾勒出自然灾害频发下的社会形态。

另外，本书还尝试采用"国家和社会"互动的理论模式来分析民国时期苏州自然灾害发生后国家与地方社会如何调适二者之间的关系以共同应对灾荒，并阐明了在传统的"弱国家、强社会"的状态之下，地方社会力量在自然灾害应对中往往起着关键的柔性作用。相反，"强国家、弱社会"的自然灾害应对模式，则使政府权力过度膨胀，国家权力的无序扩张不仅不能促进现代化发展，反而会导致国家和社会之间的平衡被打破，造成社会系统的失序和功能紊乱，给自然灾害应对方式的现代化转型带来重重阻碍，进而影响区域社会稳定和现代化发展的步伐。

（二）主要内容

本书从区域灾荒史的视角出发，重点考察民国时期苏州地区的自然灾害状况及其对区域社会造成的影响，以及为应对自然灾害苏州社会所采取的各种举措。除绪论和结语外，全书共分为四个章节。

第一章主要对民国时期苏州地区的自然灾害做了整体性的考察。在本章中，笔者对苏州地区的自然生态环境和人文社会环境、灾害的基本种类和特点以及自然灾害形成的自然、社会因素和战争影响进行了论述。通过研究可以看出，苏州虽然地处江南水乡，自然生态环境和人文社会环境与全国其他区域相比较为优越，但民国时期，水、旱、虫、疫等自然灾害多灾并发且危害巨大。造成灾害频发的原因既有自然因素也有社会原因，而战乱则进一步破坏了生态环境，提高了自然灾害发生的频率，导致人祸相继。

第二章重点论述了自然灾害频繁发生之下的苏州地方社会生活。首先，自然灾害对苏州地区的人口结构产生了重要的影响，灾荒导致人口数量下降，大量灾民死亡或流徙，部分灾民为求生存而离村他适并带来社会的不稳定。其次，自然灾害导致农业发展阻滞、各种疫病流行城乡、缺水少粮，使城市正常生活秩序受到冲击；为禳除灾害，各种迷信活动在各地次第展开，从而出现祛灾信仰多重叠合的现象。最后，自然灾害造成严重的地方社会冲突。灾区民众请赈减赋无果，掀起抗粮抗租活动；为争夺赖以生存的水源，灾民频繁发生水利纷争；粮价高涨，政府抑制无效之下，受灾民众展开抢米风潮；自然灾害还致使部分灾民铤而走险为匪为盗，引发匪患猖獗。

　　第三章主要探讨了自然灾害发生后，苏州地区传统社会力量举行的灾荒应对活动，主要包括：民间慈善组织的基本概况及其举行的赈灾活动；苏州地区传统的血缘组织、地缘组织和业缘组织以及传统士绅阶层开展的多元化的赈灾举措；传统和现代两种救灾思想在社会转型过程中发生碰撞和融合，灾民在面对自然灾害时内心展现出理性和迷信两种心理并存的特征，在政府的积极引导下，其对政府救灾政策和措施的态度从最初的排拒转向认同。由此可见，在社会转型过程中，传统的因素仍在发挥重要作用，甚至在一定时期和阶段起到主导作用。在应对自然灾害的具体措施上，表现为现代中蕴含着传统、变化中包含着不变。

　　第四章主要从政府力量、社会组织、技术手段和社会群体四个方面分析了民国时期苏州地区自然灾害应对机制的现代化发展路径。自然灾害发生后，政府通常会及时介入救助，完善救助法规、制定相应的救助方案并开展防灾、减灾和救灾等活动。当政府力量不足时，灾害的应对主体向社会力量倾斜，一批新型社会组织次第建立并在自然灾害救助中发挥重要作用，成为近代苏州社会转型过程中的新变化。各类社会合作组织在这一时期出现并投入灾荒救助活动，如银行机构向灾民发放贷款、金融组织发行公债募集资金等，近代交通和通信技术也被运用到抗灾、救灾活动当中。与此同时，一方面，一批现代化的救灾技术也开始在灾赈中得到运用，新式救灾工具得以广泛使用和推广，新型粮食仓储备荒体系得以建构，现代化水利工程得以筹建用以疏浚河道，这些都对自然灾害的有效应对产生了积极的效果。另一方面，近代以降，以绅商为代表的新兴阶层和社会群体逐渐兴起，形成遍布苏州城乡的救灾网络，他们不仅拥有丰富的物力和人力资源，还具有先进的救灾理念，并渗透到社会生活的众多领域。此外，传教士群体的"寓教于乐"、娱乐明星的"慈善义演"，以及曲艺组织的"演剧助赈"，都在灾后救助中取得了良好的社会效应。

第一章　苏州地区自然灾害的历史考察

中国是一个多灾多难的国家,历史上自然灾害频繁发生,"自民国元年至民国二十六年这一段历史时期中,单说各种较大的灾害,就有七十七次之多。计水灾二十四次;旱灾十四次;地震十次;蝗灾九次;风灾六次;疫灾亦六次;雹灾四次;歉饥两次;霜雪之灾两次。而且各种灾害,大都是同时并发"①。可以说,民国以来,中国的灾荒更为繁剧。几乎是"无年无灾,无省无灾",或是第一年闹水灾,第二年又闹旱灾。或是同在一年,在这里闹水灾在那里又闹旱灾,水旱灾往往在一个地方之内,同时并发。②苏州地区的情况同样如此,史料中关于自然灾害的记载连篇累牍,据统计,1912—1937 年,苏州地区共遭受各种自然灾害 140 次,其中,水灾 32次,旱灾 19 次,虫灾 43 次,风灾 22 次,疫灾 19 次,地震 5 次。③

自然灾害频发导致水、旱、虫、疫等灾害相继。民国时期即有"我们中华民国,可以说得年年有灾荒了。不是旱灾,定是水灾;不是水灾,便是兵灾"④之说。甚至于,"以江浙天赋之区,尤且年年荒歉,饥民载途,贫瘠之区固无论矣"⑤。频发的自然灾害对社会生活和农业生产造成严重破坏,导致人口大量流徙、死亡,美国学者马罗立在其《饥荒的中国》一书中称中

---

① 邓拓:《中国救荒史》,北京出版社 1998 年版,第 44 页。
② 李振院、郑作勋:《一年来的中国灾荒》,《三民主义月刊》1936 年第 7 卷第 1 期,第 52 页。
③ 根据《太湖流域十年内各县灾情表(1920—1929)》,《太湖流域水利季刊》1930 年第 3卷第 4 期;李文海、林敦奎、周源等:《近代中国灾荒纪年》,湖南教育出版社 1990 年版;李文海、林敦奎、程歗等:《近代中国灾荒纪年续编》,湖南教育出版社 1993 年版等资料统计。
④ 戴菊泉:《十七年中之伤心语(三)》,《申报》1929 年 1 月 15 日,第 3 版。
⑤ 孙棐忱:《太湖流域之灌溉事业》,《太湖流域水利季刊》1931 年第 4 卷第 2-3 期,"论著"第 3 页。

国为"饥荒的国度"①。

第一节　苏州地区的自然生态环境和人文社会环境

　　自然灾害的发生与其所在区域的环境紧密相关。水灾、旱灾、虫灾以及疫情等自然灾害的发生,是多种因素纵横交错、相互作用的结果,其中核心因素在于该区域的气候、地貌、地形以及水文等自然生态条件。此外,自然生态要素与当地人文社会环境之间的相互作用和影响,对自然灾害的发生也具有显著影响。自然灾害具有自然属性和社会属性,水灾、旱灾、疫情、虫灾等灾害不单单是由一些极端的自然生态环境所造成的,也和人类社会的防灾意识、减灾能力以及灾后救助措施等因素及其所生存的人文社会环境息息相关。可以说,这些因素对自然灾害的发生以及灾情的加剧有时甚至起到推波助澜的作用。

一、自然生态环境

　　地理环境对一个地区经济社会发展所起的作用至关重要。以苏州为中心的太湖流域拥有得天独厚的自然条件,苏州位于杭嘉湖平原中心、太湖流域的核心地带,北枕长江,南抵太湖,东邻上海,西傍无锡,地形呈现出由北向南、由西向东倾斜的特点,平均海拔为 2.5—3.5 米。从地形上看,苏州境内以平原和低山丘陵为主,地势低平,土地肥沃,太湖东南沿岸为全区域地势最低的水网平原,如境内的吴江县海拔仅 1.7 米,为水稻和桑树的重要种植基地,由于地势较低,故易遭洪涝之害。太湖北岸地区地势略微偏高,平均海拔为 4—5 米,水利条件相对较差,尤其是沿江沿海的冈身地带,土壤含沙量较大,适合于棉花、豆类等耐旱性作物的种植,但稍微遇到干旱的天气,就比较容易发生旱灾情形。黄宗智认为:"在长江三角洲的特殊地形之上,经过长时期的演变,构成了一个中心与边缘地带相互依赖的经济系统。在清代,长江三角洲外围的高地主要种植棉花……中心区域则发展成一个水旱作物相辅的系统,田地中间种植水稻,堤圩上植桑以供养蚕……在中心区域和边缘地带之间的地方,地势既未低到非

---

① 　[美]马罗立:《饥荒的中国》,吴鹏飞译,上海民智书局 1929 年版,第 12 页。

筑圩不可,又没高到引起灌溉困难,所以田间几乎无一例外地种植水稻。……这样的生态系统与旱作的华北平原形成鲜明的对照。"①

　　苏州是一座江南水城,地处长江三角洲腹地,是太湖洪水下泄入江的必经区域。大运河伴城而过,城乡内外河汉纵横,水网密布,大小湖泊交错相应,素称"水乡泽国",所谓"苏之为州,水国也,水环其城外,而周流灌通于城内,故舟楫之利,倍于车马"②。苏州境内的太湖面积大约为三万六千顷③,"中有洞庭东西两山,并群山罗列,天然形胜,洵为东南重镇"。④太湖流域周边的主要水系为荆溪、苕溪(东、西)、黄浦江和江南运河四大水系,而苏州境内湖荡密布,"周边地区除有太湖(约占三分之二的面积)外,还有石湖、独墅湖、黄天荡、金鸡湖、阳澄湖等较大的湖泊"⑤,长江及京杭大运河从市区之北贯穿而过,吴淞江、娄江和太浦河连接东西。苏州境内江南运河的开凿历史,可以追溯到春秋时代,此后经过历代政府的不断开挖和疏浚,至隋朝时正式修建完成。大运河将钱塘江、长江、淮河、海河与黄河五大水系连接起来,"苏州境内的运河为江南河重要的一段,自今望亭至盛泽东南,全长大约80公里,占江南河的30%弱"⑥。苏州的发展与大运河的修拓有着极为密切的关系,京杭大运河对苏州地区的水量起着调节和承转的作用。分布在苏州周边的这些大大小小的湖泊,加上胥溪、盐铁塘、元和塘等人工水体,通过为数众多的河港沟渠联结成一个"或五里、七里为一纵浦,又七里或十里而为一横塘"⑦的河网湖泊水系整体,构成了苏州地区特有的江南水乡格局。密布的水网体系给水上交通创造了便利条件,苏州人以舟楫为艺,"出入江湖,动必以舟,故老稚皆善操舟,又能泅水"⑧。丰富的水资源既有利于社会经济的发展,同时也会带来不利的影响,春夏雨季苏州地区降水量丰沛,然而一旦泄水不畅,大部分地区辄遭水患,因此经常出现涝重于旱的状况。春季涝灾主要由连

---

① [美]黄宗智:《长江三角洲小农家庭与乡村发展》,中华书局2000年版,第29页。

② 金天翮:《整理苏城河道之商榷》,《苏州市政月刊》1929年第1卷第4-6号,第8页。

③ 1顷约合6.7万平方米,后文不再另注。

④ 黄蕴深:《吴县县政概况》,《江苏》1930年第49卷,第17页。

⑤ 王国平、唐力行:《苏州通史·清代卷》,苏州大学出版社2019年版,第83页。

⑥ 王国平:《苏州史纲》,古吴轩出版社2009年版,第137页。

⑦ 范成大:《吴郡志》卷十九《水利·上》,江苏古籍出版社1999年版,第268页。

⑧ 曹允源、李根源:《民国吴县志(一)》卷五十二《风俗》,江苏古籍出版社1991年版,第851页。

续阴雨所致,夏季涝灾主要因梅雨及台风所形成,"昆新两县地处低洼,而以新阳为尤甚。本年夏秋之交,淫雨连县,水势继长增高,最低之区已有未经插秧者。不料七月初狂风猛雨,数昼夜不息,禾苗被淹,室庐漂流,西北乡一带道路积水一二尺,行人断绝"①。

苏州地区四季分明,气候宜人,光照充足,季风明显,年平均气温为15—18℃,在太湖及诸多河流的调节之下,气候温暖宜生。夏季温暖多雨,冬季则寒冷干燥,较为优越的自然地理环境,使得苏州在正常年岁旱涝无忧。但苏州地区时常出现极端性的灾害天气,且持续时间较长,洪涝与干旱灾害依然比较严重,如1931年大水,苏州地区曾汪洋一片,1934年的干旱又造成赤地千里。②

气温、雨量、地势和土壤等自然条件有利于农业生产率的提高。南宋时期,全国经济中心已经转移到南方,苏州成为名闻天下的粮食产区,民谚"苏湖熟,天下足"即为当时社会生产的鲜明写照。至明清时期,太湖流域的社会生产力水平已经超越北方,经济发展,文化昌盛,苏州成为全国重赋之地,虽有膏腴千里之地,但人稠赋重,"韩愈谓赋出天下,而江南居十九。以今观之,浙东、西又居江南十九,而苏、松、常、嘉、湖五郡又居两浙十九也。苏州一府七县,其垦田九万六千五百六顷,而居天下八百四十九万六千余顷田数之中。而出二百八十万九千石税粮,于天下二千九百四十余万石岁额之内。其科征之重,民力之竭,可知也已"③。为应对重赋,苏州人因地制宜,因时制宜,主动从事多种形式的农副业经营,这一时期苏州地区大范围地种植桑、棉、麻等经济作物,产量居全国之首。在经营方式上,苏州人把粮食生产同畜业、渔业和桑业等农副业结合起来,开拓出一条可以循环利用能量的生态农业之路。优越的自然地理环境使"苏州的大米、生丝、绸缎、棉花及其制成品土布不仅是本地初级市场上的大宗交易物品,而且在明清时代已经北上南下走向全国市场"④。苏州地区得天独厚的自然地理条件和较高的社会经济发展水平,为其在应对自然灾害时提供了相对充分的物质支持。

---

① 《昆新水灾之状况》,《申报》1911年9月3日,第12版。
② 宗菊如、周解清:《中国太湖史(上)》,中华书局1999年版,第19页。
③ 顾炎武:《天下郡国利病书》卷五《财赋》,商务印书馆1936年线装本。
④ 张海林:《苏州早期城市现代化研究》,南京大学出版社1999年版,第4页。

二、人文社会环境

自然灾害不仅与区域自然生态环境的变化密切相关,同时也是人类社会活动的结果,不同区域的人文社会环境对预防自然灾害的发生以及灾后的救助成效同样会产生重要的影响。因此,有必要对苏州地区的人文社会环境进行考察。

苏州得名可追溯自隋朝开皇九年(589),隋文帝杨坚以城西有姑苏山之故,遂置名苏州。隋大业元年(605),改苏州为吴州,三年后复称吴郡。唐贞观元年(627),太宗将全国分为十道,苏州隶属于江南道。唐天宝元年(742),苏州改称吴郡,但不久之后即改回苏州。元至元十三年(1276),苏州改称平江路。元至正二十七年(1367),朱元璋统一江南地区,平江路改称苏州府。清雍正二年(1724),长洲县被拆,设置元和县;割昆山县,新置新阳县;常熟县一分为二,增置昭文县;分吴江县,增设震泽县;吴县的太湖厅仍旧保留。至此,苏州府一共下辖一厅九县。民国元年(1912)11月,裁撤苏州府、吴县、长洲县和元和县,改设苏州民政长署。次年1月,废除苏州府,重新将长洲、元和二县以及太湖、靖湖(1904年分西山而设)二厅并归吴县,同时将震泽县并入吴江县,昭文县并入常熟县,新阳县并入昆山县。[①] 自此,地名称苏州,建制称吴县。民国十七年(1928)11月,经江苏省政府呈准,正式建立苏州市。民国十九年(1930)5月,苏州市级建制被撤销,复并入吴县。以上为苏州政区结构变化的简单梳理,本书所研究的苏州地区范围,即大致以雍正二年(1724)后苏州府所下辖的一厅九县为准。

如前所述,苏州是著名的江南水乡,"苏州不仅在府城外有着发达的水运,而且城内也有着便捷的航运条件,使城内外连成一体"[②]。水是苏州的灵魂所在,对苏州地区而言异常重要,"水孕育了苏州,苏州又包容了水,水与苏州从此便鱼水交融,血肉相依"[③]。作为自然资源和人文资源均极为丰富的历史文化名城,苏州地区水上交通便利,境内河网密布,素

---

① 乔增祥:《〈吴县〉之"沿革"》,吴县政府社会调查处1930年编印,第36页。
② 彭志军:《官民之间:苏州民办消防事业研究(1913—1954)》,上海师范大学博士学位论文,2012年,第18页。
③ 徐刚毅:《再读苏州》,广陵书社2003年版,第12页。

被称为"东方的威尼斯"而享誉海内外。① 苏州的水城格局始于春秋时期伍子胥建造的阖闾城，当时伍子胥在苏州城内设置了八个水城门。苏州是水的故乡，也是桥的王国，苏州城内水道交错，桥梁数量众多。白居易曾诗云："绿浪东西南北水，红栏三百九十桥。"一座座古桥沟通了空间，也连接了历史。纵横交错的河道和发达的水运系统，不仅带来了丰厚的农渔之利，也带动了苏州交通运输业的发达，便利了苏州与周边区域的往来。水运成为苏州城内联系及与外部地区往来的主要交通方式，将苏州与江南及国内其他地区联系起来。以苏州和徽州之间的交通为例，"徽州至苏州的水道有二：北可由青弋江至芜湖，顺长江而下，在镇江入运河，可抵苏州；东由新安江至杭州，再转入运河至苏州"②。苏州通过南北运河联通全国各地，又通过运河与浏河与长江相连，无所不至的水网系统极大地促进了苏州的内外交往，"对外而言，长江自其北面流向大海，有浏河、白茆河等贯通于长江与太湖及澄湖、阳澄湖之间。京杭大运河自杭州南来，绕苏城而过，向西北流经无锡、常州、丹阳、镇江，注入长江，复经扬州北上至北京。吴淞江自苏州城东逶迤而东，迳达大海"③。这些航路构成了一个畅通无阻的交通运输网络，苏州正处于该网络的中心，"南达浙闽，北接齐豫，渡江而西，走皖鄂，逾彭蠡，引楚蜀岭南"④，地理位置异常优越。发达便捷的水运交通系统极大地促进了苏州社会的发展和商品经济的繁荣，至明清时期，苏州已经成为江南地区的中心城市和全国性的商业中心，汇聚着来自全国各地的商人，"吴中百货萃聚，四方懋迁有无者辐辏"⑤，与北京、佛山和汉口并称"天下四聚"，城市经济功能甚至超过了政治功能。

　　城市经济的发展促进了城市人口的增长，也带动了各级市镇经济的快速发展。因为，"城市是一个座落在有限空间地区内的各种经济市

---

① 啸秋：《迷恋的苏州》(下)，《苏州明报》1934 年 9 月 6 日，第 1 版。
② 唐力行：《苏州与徽州：16—20 世纪两地互动与社会变迁的比较研究》，商务印书馆 2007 年版，第 20 页。
③ 张海林：《苏州早期城市现代化研究》，南京大学出版社 1999 年版，第 5 页。
④ 苏州博物馆、江苏师范学院历史系、南京大学明清史研究室：《明清苏州工商业碑刻集》，江苏人民出版社 1981 年版，第 364-365 页。
⑤ 苏州博物馆、江苏师范学院历史系、南京大学明清史研究室：《明清苏州工商业碑刻集》，江苏人民出版社 1981 年版，第 28 页。

场——住房、劳动力、土地、运输等等——相互交织在一起的网状系统"①。苏州作为明清以来全国著名的工商业城市，吸引了大批外来人口不断涌入，人口数量迅速增长，"到鸦片战争前夕，苏州城市人口将近百万，为当时世界上最大的城市之一"②。19 世纪 50 年代以后，受太平天国运动和上海开埠崛起等因素的影响，苏州作为明清以来江南地区经济文化中心的地位开始发生变化，直至太平天国运动以后被上海所取代，这也导致苏州的人口数量有所减少。据王树槐估算，民国初年，如以五口一家计算，苏州城内及其附郭约有人口 17 万人。③ 此后，苏州的人口数量开始回升，1934 年人口总数为 336677 人，到 1935 年达到 389797 人④，这些人口当中就包含一部分外来客民。据吴县政府 1935 年的统计，"当时苏州共有客民 154280 人，其中男 90877 人，女 63383 人，客民人数约占其人口总数的 40%"⑤。人口规模的持续增加，为社会经济的发展提供了必要的劳动力，同时也带来了人地矛盾的加剧。

苏州作为明清时期太湖流域最大的工商业城市，既是当时江苏省苏州府的府城所在地，也是吴县、长洲县和元和县三县县城的所在地。作为区域政治文化中心的"东南一大都市"，苏州的人口数量和物质财富在当时国内城市中首屈一指，成为江南地区的最高中心地。此外，"苏州还是当时全国最大的米市，最大的丝织业加工与销售中心，最大的棉布集散地和加工中心"⑥。"蚕丝、棉花和商品粮推动了明清时期长江三角洲城镇的急剧增长。全国占首位的丝织和棉布加工中心苏州城成了中国最大的都市，并持续到 19 世纪中叶。"⑦这一时期，在以城镇网络系统为背景的江南市场体系中，苏州成为超越杭州和南京的"超地域中心城市"⑧。苏州经济的影响力不仅深入太湖流域腹地，甚至扩散到全国，交通便利、市

---

① [英]K.J.巴顿：《城市经济学：理论和政策》，上海社会科学院部门经济研究所城市经济研究室译，商务印书馆 1984 年版，第 14 页。
② 何一民：《中国城市史纲》，四川大学出版社 1994 年版，第 227 页。
③ 王树槐：《中国现代化的区域研究：江苏省，1860—1916》，"中研院"近代史研究所 1984 年版，第 496 页。
④ 吴县政府：《一年来吴县县政概要》，1935 年印行本，第 6 页。
⑤ 吴县政府：《一年来吴县县政概要》，1935 年印行本，第 22 页。
⑥ 龙登高：《江南市场史：十一至十九世纪的变迁》，清华大学出版社 2003 年版，第 37-38 页。
⑦ [美]黄宗智：《长江三角洲小农家庭与乡村发展》，中华书局 2000 年版，第 47-48 页。
⑧ 王卫平：《明清时期江南城市史研究：以苏州为中心》，人民出版社 1999 年版，第 144 页。

肆喧阗,吸引全国各地商人纷至沓来。各地商人携带巨额资金来到苏州开展商业贸易,促进了苏州地区的商品流通,沟通了苏州和全国其他地区的联系,为江南市镇的发展繁荣注入了活力。如盛泽镇,"商贾辐辏,虽弹丸地,而繁华过他郡邑"①。据碑刻记载,康熙时期的苏州,布商有 76 家,有字号的染布作坊有 64 家,木商有 132 家,金铺和金珠铺共有 79 家。道光初年,来自绍兴府山阴、会稽两地商人开设的烛店,共有 100 多家。同治年间,有银楼业 119 家、酱坊业 86 家。② 为便于日常贸易和生活所需,一些工商行业以同乡为纽带建立起会馆和公所,"会馆之设,肇于京师,遍及都会,而吴阊为盛"③。"姑苏为东南一大都会。五方商贾,辐辏云集。百货充盈,交易得所。故各省郡邑贸易于斯者,莫不建立会馆,恭祀明神,使同乡之人,聚集有地,共沐神恩。"④会馆除维护本行业的经济利益外,还多行"善举",对贫苦的帮伙、学徒以及同乡给予救济。会馆是苏州地区商品经济发展到一定水平的产物,同时又反过来促进了苏州城市工商业的繁荣,还展现了苏州地区优越的人文社会环境。优良的人文社会环境,加上发达的市镇经济以及繁荣的商品经济,共同构筑了苏州地区相对完善的防灾和减灾体系,为苏州地区开展灾后救助活动提供了坚实的外部条件支持。

第二节　苏州地区自然灾害的基本概况

自然灾害是指对人类社会发展和生存环境造成严重危害或损伤的自然现象及其所带来的各种次生性影响,包括干旱、高温、洪涝、冰雹、大风、虫疫等。民国时期,苏州地区自然灾害频繁发生,以水、旱、虫、疫等灾害为主,各种灾害相互交织,此起彼伏。频发的自然灾害对苏州地区的社会

---

① 苏州博物馆、江苏师范学院历史系、南京大学明清史研究室:《明清苏州工商业碑刻集》,江苏人民出版社 1981 年版,第 356 页。
② 洪焕椿、罗仑:《长江三角洲地区社会经济史研究》,南京大学出版社 1989 年版,第 338 页。
③ 苏州博物馆、江苏师范学院历史系、南京大学明清史研究室:《明清苏州工商业碑刻集》,江苏人民出版社 1981 年版,第 19 页。
④ 苏州博物馆、江苏师范学院历史系、南京大学明清史研究室:《明清苏州工商业碑刻集》,江苏人民出版社 1981 年版,第 350 页。

经济造成严重影响,时人称:"全国富饶之区,首推江浙,而江浙精华之所萃,尤以太湖流域为两省之冠,良以气候温和,无严寒酷暑,支流繁衍,无大旱积潦,更以土地肥沃,凡百植物,易于滋生,轮车辐辏,运输便捷。有此优越之地利天时,宜得如何钜量之产额;然一考其效率,实足使吾人嗒然失望焉!"①

一、灾害的基本种类

民国时期,苏州地区遭受的自然灾害主要为水灾、旱灾、虫灾和疫灾,个别属县间或伴有风灾和震灾。苏州下属各县均深陷各种灾害的困扰,或为水灾,或为旱灾,或为虫灾,个别年份甚至出现多灾并发的情况。

(一)水灾

水灾是自然灾害中最主要的灾种之一。一般来讲,"由江河漫溢或堤防溃决而引发的灾害称为洪灾;由降水过多而长期积水造成的灾害为涝灾;因地下水位过高导致土壤水分经常处于饱和状态而造成的灾害成为渍灾。但多数情况下,洪灾、涝灾和渍灾很难截然分开,所以常统称为洪涝灾害,也通常称为水灾"②。苏州地处长江和太湖流域下游,地势低洼,湖河稠密,70%以上的田地受到洪涝威胁,又因为受到季风影响,雨水不调,为淫雨和暴雨多发地区。苏州地区的水灾,主要是由梅雨期的连绵降雨和夏季台风暴雨所致,而且这两种类型的雨水经常相随相伴,造成大灾。

王树槐通过对江苏南北水旱灾害的统计分析,认为江南多种水稻,江北多种麦豆,江南雨量多,江北雨量少,江南降雨量大,常因此发生水灾。③ 苏州位于太湖流域,境内水网如织,河道纵横,水资源丰富。一旦连续多日下雨,降水量过多,下泄受阻,就容易形成大范围的水灾。"自东吴以迄光绪十五年,一千四百余年间,水患凡九十六次,旱灾不过三四见而已。"④赵思渊对乾隆元年(1736)至宣统三年(1911)苏州府所属各厅县

---

① 孙斐忱:《可注意的太湖流域虫灾》,《中国建设》1930年第2卷第6期,第115页。
② 池子华、李红英、刘玉梅:《近代河北灾荒研究》,合肥工业大学出版社2011年版,第9页。
③ 王树槐:《中国现代化的区域研究:江苏省,1860—1916》,"中研院"近代史研究所1984年版,第13页。
④ 《白茆闸工程计划概要》,《扬子江水利委员会年报》1935年第1期,第93页。

的洪涝记录进行了统计,并据此考察了这一时期苏州地区的自然灾害情况。根据赵思渊的考察,单一年份记录条数最多的是清光绪十五年(1889),达48次,其次是道光三年(1823)"癸未大水",达到42次。① 对于这一时期苏州地区的水患情况,当时人亦多有记录。常熟人郑光祖在成书于道光年间的《醒世一斑录》中记载:"历稽遇大水者,顺治八年,康熙四年、九年与十七、十九、四十一、四十七、五十四等年,雍正元年、四年、十年。虽皆可考,均不知其详。乾隆三十四年、四十二年,水亦大而不至太甚。"嘉庆九年(1804)五月,"雨大且多"。道光三年(1823),"大水较前更高一尺,一切被灾情状,更甚于前"。② 其中,清宣统三年(1911)7月4日至6日,苏州地区风雨交加,常熟城区河水过岸,城外几成泽国,全县27乡镇,20余万人遭灾。③ 而民国时期,苏州迭遭水患,方志史料记载俯拾皆是。民国元年(1912),苏州发生水灾,下属各县沿江圩口被洪水悉数冲毁,田庐尽被淹没,各产米之区皆遭水患。同年,常昭两县因大水引发灾民抢米风潮,饥民甚至发动暴动,将县衙捣毁。④ 1916年,江苏全省普降大雨,7—8月,淫雨连绵不绝,湖泊沟河水位持续上涨,由于下泄不通,苏州市区及下属的吴县、吴江和昆山等地受灾尤甚,田庐皆被淹没,居民溺毙无数,吴江农会朱锡康因水潦成灾,特地向省公署禀报,昆山县民陈佩琳等也以积潦成灾等情向县政府禀报。⑤ 1919年夏,太湖流域梅雨连绵不绝,地处上游的浙西和安徽部分地区暴发山洪,下泄之水直达太湖,致使太湖水势暴涨。吴江、吴县和昆山等地受到洪水袭击,昆山"水势陡增约五尺余,以致沟浍悉盈,田禾尽淹。乡农来县报荒者络绎于途"⑥。据《申报》记载:"连日霪雨,洪水为灾,因雨坍倒房屋、墙壁以及地土低洼之

---

① 赵思渊:《道光朝苏州荒政之演变:丰备义仓的成立及其与赋税问题的关系》,《清史研究》2013年第2期,第57-58页。

② (清)郑光祖:《醒世一斑录》之《杂述二·大水》,清道光三十年刻本,第19-20页,北京大学馆藏。

③ 《1911至1990年苏州市重大水灾实录》,载苏州市地方志编纂委员会办公室、苏州市档案局、政协苏州市委员会文史编辑室:《苏州史志资料选辑》(第一、二合辑),内部发行,1992年,第295页。

④ 扬州师范学院历史系:《辛亥革命江苏地区史料》,江苏人民出版社1961年版,第135页。

⑤ 《吴江昆山纷报水灾》,《申报》1916年8月12日,第7版。

⑥ 《昆山水涨之忧虑》,《申报》1919年7月12日,第8版。

居户家,积水盈尺不一而足。"①在吴江,"淫雨兼旬不止,水势暴涨,田地尽淹,禾稻霉烂"②。1921年,长江和淮河发生大水,沿岸的江苏、浙江和安徽三省惨遭水患。吴县、昆山、太仓等县,"风雨为灾,河水暴涨,各乡低田尽遭淹没,故连日已有农民报荒,前昨两日又复大雨倾盆,苏常道尹王可耕特于昨晨督率警察厅长、吴县知事等亲诣郡庙关帝庙拈香,祈求天晴"③。1922年秋,吴江淫雨为灾,全县除二三高区外,汪洋泛滥,几成泽国。"计民国成立,不过十年,辛秋巳夏。迄今已三受其患矣"④,可见苏州地区水灾发生之频繁和严重。

民国时期苏州遭遇的最严重的水患,莫过于1931年夏季长江流域的特大水灾,彼时太湖流域成为重灾区域之一,此次水灾对苏州影响甚巨,灾情尤为惨烈。水灾造成苏州城内低区街巷,积水没踝;各乡田禾被淹,齐门外、胥门外等处的河水甚至涌上岸;城内外塌屋伤人之事,达数十起之多。据太湖水利委员会调查报告,此次大水实为十年来所未有。⑤ 吴县地区,"七月上澣降雨一百三十九公厘,沟浍皆盈,逮七月下旬继续降雨二百九十公厘。于是泛滥洋溢,不独田亩被淹,即城乡街衢亦均积水一二尺。……低田固尽在水中,即高田被淹者亦十之六七,以田亩言,被淹最重者约四十万亩"⑥。吴江地处太湖东南岸,地势较为低洼,连雨三十四天,"七月上澣降雨二百零一公厘,湖水已见充盈。下旬继续降雨二百六十三公厘,无处宣秋,以致一片汪洋,全邑各乡殆无不受其淹没,而庞山湖畔南库镇棋字五圩、盛家库后面各圩灾情尤重,深处秧苗没入一公尺余"⑦。常熟,七月初降雨154毫米,及下旬又降雨109毫米,堤圩溃决,不可胜计。昆山,七月上浣降雨129毫米,灾象已成,逮下旬又降雨276毫米,遂致一片汪洋,水陆不分,全县受灾农田约33万亩。太仓市西部乡镇地势最低,灾情也最重,水深处约有160厘米,一般地方有96—128厘

① 《水灾现状》,《申报》1919年7月13日,第7版。
② 吴江市地方志编纂委员会:《吴江县志》,江苏科学技术出版社1994年版,第142页。
③ 《乡民纷报水灾》,《申报》1921年9月4日,第12版。
④ 枫:《对于农田水利会之商榷》,《吴江》1922年1月1日,第2版。
⑤ 《十年来未有之水灾》,《申报》1931年7月27日,第8版。
⑥ 《各县水灾志略》,《太湖流域民国二十年洪水测验调查专刊》1931年第4卷第4期,第二章第5-6页。
⑦ 《各县水灾志略》,《太湖流域民国二十年洪水测验调查专刊》1931年第4卷第4期,第二章第6页。

米深,房屋内亦有 60 厘米左右,全县重灾农田约 15 万亩。① 此次水灾是民国时期苏州地区所遭受的最严重的水患,水灾造成经济崩溃,百姓生活陷入困顿。1946 年夏,吴江再次出现阴雨连绵的天气,连日降雨导致江湖并涨,太湖之水宣泄不畅,湖滨及荡漾低田尽没于水,地势较高的圩田受风浪鼓击,圩岸崩塌,低田则全遭淹没。② 而在吴县,水灾日益严重,"除五区徐墅渡村等乡已淹没农田万余亩外,四区自枫桥至浒墅关十里塘岸,亦遭冲毁,塘旁低田,一片汪洋,泛滥颇广。十三区西将因太湖水位剧升,而山洪暴发,全区农田,悉将成为泽国。民二十年之大水惨景又将重演"③。洞庭西山所属,"东河镇,七贤乡,东园乡等之圩田二千八百余亩,俱告淹没。……第一区官渎乡稻田四百余亩,因大雨成灾,亦悉遭淹没,秋收在即,顿告绝望,被害农民达数百余户,灾情惨重"④。

由上可知,民国年间,频发的水灾对苏州地区造成的影响不言而喻,大水导致大量农田被淹,屋舍坍塌,良田变成汪洋,严重影响了苏州地区的社会经济发展和城乡交通运输,造成人、财、物的巨大损失。

(二)旱灾

旱灾是仅次于水灾,在我国发生面积最广、造成损失最严重的主要气象灾害。旱灾常常以延续时间长、分布范围广为显著特点,而作为一种因气候异常所引发的自然灾害,其造成的次生灾害影响与其他灾害相比也更为严重。俗话说:"水灾一条线,旱灾一大片。"从气候、地貌来看,就苏州地区的自然灾害而言,通常以洪涝灾害居多。苏州地处江南水乡,河网密布,水资源充沛,一般很少发生旱灾。但江南和江北对雨量的敏感度不一,江南一遇雨水不调,即成旱灾,江北则不如江南敏感。⑤ 据冯贤亮研究,江南旱情的出现,一般在夏、秋两个时期,其次是春季,冬季较少。⑥如 1923 年 1 月,吴江自入秋以后,天气久晴,雨雪稀少,仅两个月就出现池涸井竭,给民众饮食洗涤带来困难。农民所种植的豆、麦等农作物,亦

① 《苏州地区自然灾害状况》(油印本),苏州市档案馆馆藏,内部发行,时间不详。
② 吴江市地方志编纂委员会:《吴江县志》,江苏科学技术出版社 1994 年版,第 142 页。
③ 《吴县水灾日严重》,《申报》1946 年 7 月 15 日,第 2 版。
④ 《洞庭西山风雨成灾》,《申报》1946 年 10 月 14 日,第 3 版。
⑤ 王树槐:《中国现代化的区域研究:江苏省,1860—1916》,"中研院"近代史研究所 1984 年版,第 13 页。
⑥ 冯贤亮:《咸丰六年江南大旱与社会应对》,《社会科学》2006 年第 7 期,第 163 页。

均枯萎。①

旱灾主要是相对于植物,特别是农作物而言的,是指"因久晴无雨或少雨、土壤缺水、空气干燥而造成农作物枯死、人畜饮水不足等的灾害现象"②。如果天气久晴不雨,就会造成农作物因缺水而发育不良,导致大面积减产。苏州地区的农作物以水稻为主,水稻从插秧到收获前的整个生长期都离不开水,故而讲究灌溉,对水的要求较高,需求量也较大。1926年夏天,苏州连续数月未雨,天时亢旱,土地干涸,秋收无望,"吴县各乡农田……致高田禾苗渐呈萎象,即各区低田若再一星期不雨,稻苗亦将枯槁"③。而吴江地区,"自入六月以来,天气亢旱,且温度常在百度左右,以致田中稻禾,烈日熏蒸,均呈枯槁之象,对于秋收方面,甚觉可虑"④。由此可知,水对苏州地区农业生产和水稻田禾等农作物的重要性是显而易见的。

1934年夏秋,长江中下游地区遭遇特大旱灾,据史料记载,"本年旱灾为数十年来所未有,受灾者达十四省。江浙为中国富庶之区,本年收成不及百分之十,死于饥饿者二百万人,内中多有死于自杀者"⑤。短短几句足以看出当年的灾荒实况及其对中国农村经济摧残的严重程度。"北方向来是闹旱,南方向来是闹水,但是,今年却反了个儿了,北方旱水,南方闹旱。……闹旱灾的地方有苏浙皖赣鄂湘省,人民葬身于水深火热之中,这种惨状,真是不堪闻问了!"⑥其中,"最为一般人注意而视为严重的,是首都毗连的苏、浙、皖三省所发生的六十年来未有之旱灾。……梅雨期内,雨量稀少,以致江南稻田,至七月中旬,除濒河的地方可利用机器灌溉,莳下秧苗外,山田、平田未能插秧者,尚有半数以上。……江南的灾荒已成为不可避免的事实"⑦。持续数月的干旱造成土壤干结,河水尽涸,不仅水稻育成之苗焦枯无法移植,或移植后凋萎垂死,即使是抗旱性

---

① 《久晴妨农》,《木铎周刊》1923年1月7日,第1版。
② 李树刚、常心坦:《灾害学》,煤炭工业出版社2008年版,第92页。
③ 《久旱影响田禾与农民》,《申报》1926年8月12日,第9版。
④ 《天气亢旱田禾枯槁》,《吴江》1926年8月15日,第3版。书中若无特殊说明,"度"均指摄氏度。此处"度"为华氏度,"百度"约为37.78℃。
⑤ 张汉:《一年来的中国灾荒:以灾荒问题为中心考察》,《中国经济》1935年第3卷第1期,第2页。
⑥ 《各省水旱灾下之农民抢米与自杀》,《民鸣》1934年第1卷第12期,第3页。
⑦ 哲民:《目前水深火热的灾荒》,《新中华》1934年第2卷第15期,第17页。

较强的玉米、高粱等农作物,亦因土壤过于干燥不能及时播种。地处江南的江浙两省旱灾损失尤巨,江苏省受灾田地面积为 49453000 市亩,约占全省田地面积总数的 54%,作物损失总值约 218340000 元;浙江省受旱田地面积为 21790000 亩,约占全省田地面积总数的 53%,作物损失总值约 146598000 元。① 其中,江苏全省稻谷损失 41230000 担,价值 130530000 元;高粱损失 2383000 担,价值 5531000 元;玉米损失 2869000 担,价值 7589000 元;小米损失 436000 担,价值 2241000 元;棉花损失 1232000 担,价值 40981000 元;大豆损失 7687000 担,价值 31468000 元。如果按照平常年份收成计算,1934 年应该收获的数量如下,稻谷为 86378000 担,高粱为 10197000 担,玉米为 8357000 担,小米为 3668000 担,棉花为 3696000 担,大豆为 20822000 担。与正常年份的平均收成相比,当年稻谷损失约 48%,高粱损失约 23%,玉米损失约 34%,小米损失约 12%,棉花损失约 33%,大豆损失约 37%。② 由此可见该年旱灾的严重程度以及对农业生产的破坏力。

苏州地区在这次旱灾中遭受的影响和损失尤为严重,"以水乡而遭大旱,为百年来所未有"③。据当时的报纸记载,苏州亢旱奇热,天堂化为地狱,河道干涸,农田戽水无从,城乡米价飞涨,饮料困难,甚至往来各乡各县的小轮也已停驶。④ 连日酷热,亢旱不雨,四乡农田灌溉、城市居民饮食均已发生严重问题,时疫也有发现,甚至一部分水灶也被迫停业影响城市居民饮水问题,城区发生极度恐慌。⑤ 苏州整个夏季,"降雨量仅 116 毫米,致使太湖流域大旱,水源奇缺,较高的地方不能插秧;沿江地区因江水低落汲水困难,栽秧失时;内腹部滨湖地区河浜浅涸,田土龟裂,禾苗枯萎,受灾严重"⑥。常熟地区在平常的年份,"二月有杏花水发,三月有桃花水发,夏至前有黄霉水发,常熟之所以常熟,就全靠这三节水发。在黄霉时节,夏至前后,老早就播种停当。今年天时大反其常,二月没有水发,

---

① 徐慧中:《一九三四年中国之灾荒问题》,《文化月刊》1934 年第 1 卷第 10 期,第 36 页。

② 张汉:《一年来的中国灾荒:以灾荒问题为中心考察》,《中国经济》1935 年第 3 卷第 1 期,第 2 页。

③ 《德清县旱灾救济委员会代电》,《湖州》1934 年第 6 卷第 4-5 期,第 50 页。

④ 《苏州亢旱奇热,天堂化为地狱》,《江南正报》1934 年 7 月 14 日,第 6 版。

⑤ 《奇热大旱中之苏州》,《吴县日报》1934 年 6 月 29 日,第 4 版。

⑥ 苏州市地方志编纂委员会:《苏州市志》(第一册),江苏人民出版社 1995 年版,第 204 页。

三月里又没有水发，黄霉前又点滴未降"①。而在入夏后，常熟连日来气候酷烈，至 7 月中旬，"全县田亩，有十分之四，尚未下种，已插秧者，亦多枯萎，将来秋收，据一般人参推测，至多不及三四成"②。吴县洞庭东山，三个月滴雨未下，河水浅涸，田稻和水产均告绝望。③ 整个吴县，"除掉十分之三的低田已经插秧外，其余的田都干成龟坼，小河浜里已能见底，无水可戽"④。

　　是年，本为水乡泽国，物富民庶，水旱天灾寻常不易侵及的苏州，遭遇了六十年未有的奇旱大热。吴江地区自入夏以来，天气久热不雨，从芒种到立秋的两个月内，吴江水文站录得降水量仅为 71.7 毫米。境内 2000 余万亩稻田受灾严重，部分作物能有三分收成，已属幸事。⑤ 洞庭东西两山一带的南太湖，也已经干涸见底，"东山至吴江，西山至东山，东山至香山，本来一片汪洋，浩荡无际，今则吴江至东山，已形成一条狭隘之河道。东西山及香山间之太湖，已成为陆地，行人可以步行往来"⑥。根据太湖水利委员会的消息，测量苏州水位的标尺设在胥门外万年桥附近，1934年 7 月 10 日的水深记录为 1.99 尺，而 1933 年 7 月的平均水深为 2.7尺，其他如木渎等各乡水位，均亦在 2 尺左右。而在雨量方面，苏州自从 5 月 19 日下过一场雨之后一直未获畅雨。记录显示，1934 年 6 月降雨量为 25 公厘，1933 年 6 月降雨量为 64 公厘，1931 年 6 月降雨量为 430 公厘；又 1933 年 7 月降雨量为 30 公厘，1932 年 7 月降雨量为 31 公厘，1931年 7 月降雨量为 430 公厘。⑦ 可见 1934 年苏州地区降雨量之稀少、干旱问题之严重。另据《新中华》杂志记载："江南各县，如镇江、丹阳、武进、无锡、吴县、太仓、常熟、江阴、嘉定、昆山均蒙旱灾。河水干涸，交通断绝，田禾枯萎，为普遍的现象。"⑧持续的旱灾，使太湖水位下降，内河水路淤积，

① 李心仁：《常熟的旱灾》，《农报》1934 年第 1 卷第 15 期，第 386 页。
② 《常熟乡民纷纷报荒》，《申报》1934 年 7 月 17 日，第 10 版。
③ 《洞庭东山灾情奇重》，《申报》1934 年 9 月 1 日，第 15 版。
④ 林翁：《狂热亢旱中的苏州》，《礼拜六》1934 年第 563 期，第 13 页。
⑤ 《呈为天时亢旱河水干涸戽救无法，禾苗枯槁请求派员履勘由》，吴江区档案馆馆藏，卷宗号：0204-003-1232-0156。
⑥ 《苏州各乡旱灾严重》，《申报》1934 年 9 月 7 日，第 12 版。
⑦ 《苏州亢旱奇热，天堂化为地狱》，《江南正报》1934 年 7 月 14 日，第 6 版。当时 1 尺约为 33.3 厘米，1 公厘相当于 1 毫米。
⑧ 哲民：《目前水深火热的灾荒》，《新中华》1934 年第 2 卷第 15 期，第 17 页。

航运受到严重影响,"苏州至杭州之苏杭班,嘉兴至湖州之嘉湖班,苏州至盛泽之苏泽班等内河轮船,业已先后停班"①。

　　一些文人的作品也对此次波及整个江南城乡的大旱灾做了较为翔实的描述。1934年江南大旱灾期间,丰子恺乘船赶往火车站,"从石门湾到崇德之间,十八里运河的两岸,密接地排列着无数的水车。无数仅穿着一条短裤的农人,正在那里踏水。我的船在其间行进,好像阅兵式里的将军。船主人说,前几天有人数过,两岸的水车共计七百五十六架"。舍船登岸,"唯有那活动的肉腿的长长的模样,只管保留印象在我的脑际"②。文学作品虽然在描写上存在一定的夸张成分,但丰子恺以1934年大旱灾为背景创作的系列漫画,内容都是真实客观的。其中的《云霓》尤其传神:"踏水车的农人天天仰首看天,十余日里,东南角上天天挂着几朵云霓,忽浮忽沉,忽大忽小,忽明忽暗,忽聚忽散,向人们显示种种欲雨的现象,维持着他们的一线希望。到了1934年的冬天,荒年终于来临,农人唉着糠粞,工人闲着工具,商人守着空柜,都在那里等候蚕熟和麦熟,不再回忆过去的旧事了"③。虽然文学作品的描写有时会言过其实,但是我们也能够从其侧面来窥视当年旱灾的基本情形。

　　由上可知,民国时期苏州地区不仅频遭水灾的侵害,还饱受旱灾的侵扰。旱灾造成田地龟裂,土壤肥力降低,作物无法正常生长,进而影响农业经济的发展和人们的正常生活。天气的持续亢旱,会把农民在春天种植的作物毁坏,从而导致该年秋季和冬季两季作物面临绝收。如果到了秋季仍然天不降雨,土地干旱,冬季小麦就不能按时播种,那么在度过严酷的冬季之后,农民又将紧接着面对一个歉收的春季。

　　(三)虫灾

　　各种自然灾害之间有着相互的关联,在致灾原因上通常具有一定的相关性,它们可能受到同一种或者多种因素的共同影响而相继发生,有时候甚至还会互为因果。因此,说到水旱灾害,不能不提到虫灾,大旱之后,常有蝗灾,"所谓旱极而蝗,旱蝗相继,就是说蝗灾的大规模出现是与大的

① 《天旱水涸,内河轮船相继停驶》,《申报》1934年7月16日,第16版。
② 丰子恺:《肉腿》,载丰陈宝、丰一吟、丰元草:《丰子恺文集》(第五卷),浙江文艺出版社、浙江教育出版社1990年版,第354页。
③ 小田:《漫画:在何种意义上成为社会史素材——以丰子恺漫画为对象的分析》,《近代史研究》2006年第1期,第91页。

旱灾相伴生的"①。一般来讲,如果前一年的夏季或秋季发生了水灾,第二年春季的时候又发生了旱灾,那么当年就非常有可能发生蝗灾。因为蝗虫一般滋生在河岸滩涂等沼泽潮湿地带,干旱发生时,河水水位减退,河滩和湖滩等沼泽地大面积增加,使得益于蝗虫生长、繁殖的区域不断扩大。如果土壤保持长时间的潮湿,则可以使蝗虫卵腐烂;如果天气持久干旱,长期干燥的土壤则会为蝗虫孵化提供良机。"虫灾发生的频率在我国历史上是仅次于水、旱灾害的,与水灾、旱灾并称为中国三大灾种,其中,蝗虫的危害最重。"②据 1914 年的统计,该年全国受病虫害的田地达11826283 亩之多③,而实际情况必定更为严重,可见蝗祸之烈。

　　虫灾是苏州地区的第一大自然灾害,受地理环境和气候温度的影响,苏州地区的虫灾主要表现为螟灾和蝗灾等。民国时期,苏州地区深受虫患之害,往往随旱灾而来的便是漫天遍野的飞蝗。蝗虫对农作物的破坏是致命的,飞时成群,停在田亩间食禾害稼。"如风如雨的,奔腾澎湃的,大批蝗虫南下了,它是无情的,它是残忍的,随处落下来。……呼呼的声音,同大雪花一般的,多落到秋农的田里了,啧啧的食叶声,同春蚕见了嫩桑叶一样……过了不多时,十几亩的稻子吃完了。"④1928 年 7 月,常熟惨遭蝗虫侵袭,"敝乡初一日侵入蝗阵,由西北而东南,盘踞不去,玉蜀黍受伤最甚,南瓜和旱稻亦被蚕食"⑤。1929 年 9 月,吴县各乡,稻米快到收割的时候,突遭蝗虫之灾,"县政府先后据各乡报告,计有十九都六图、十八都十图、十八都三十六图等七处",遭受蝗患⑥。1933 年,苏、皖、鲁、浙等10 省 231 县发生蝗灾,损伤农田 180 万亩。据南京中央农业实验所的报告,到六月为止,全国发生蝗灾的地方已有 195 个县,损失达 1290 余万元。江阴的杨库乡、吴县的泅泾乡、南通海门的交界,都发现大批蝗虫,无锡东北乡的蝗虫满蔽天空,蔓延数十里。⑦ 1934 年,江南大旱造成严重损

---

①　张崇旺:《明清时期江淮地区的自然灾害与社会经济》,福建人民出版社 2006 年版,第 586 页。

②　康沛竹:《灾荒与晚清政治》,北京大学出版社 2002 年版,第 14 页。

③　吴觉农:《中国的农民问题》,《东方杂志》1922 年第 19 卷第 16 号,第 13 页。

④　韩长康:《蝗虫的痛痕》,《新苏农》1929 年第 2 期,第 1 页。

⑤　(清)徐兆玮:《徐兆玮日记》,李向东、包岐峰、苏醒等标点,黄山书社 2013 年版,第3043 页。

⑥　《各乡发现秋蝗》,《申报》1929 年 9 月 5 日,第 12 版。

⑦　哲民:《目前水深火热的灾荒》,《新中华》1934 年第 2 卷第 15 期,第 17 页。

失,旱极而蝗,同年7月,吴县第十五区洄泾乡发现大批蝗虫成群结队,漫天蔽日而来。[①] 9月,常熟西北乡地区亦发现蝗虫,"入夏后,亢旱成灾……交秋以来,又酷热不堪。……近悉第四区西徐市各乡,于前夜暮色苍茫中,忽飞来大批蝗虫,漫山遍野,系由东北方而来,为数颇多"[②]。1935年,苏州四乡水旱成灾,蝗灾又成祸端。最初,蝗灾仅发生在横泾乡一带,一周后迅速蔓延至苏州胥门外的胥口、葑门外的郭巷车坊等地田垄间,漫天遍野,"吴江牛腰泾,蝗虫之多,高积田间逾尺,南厍越溪一带,亦有大批飞蝗,千万成群,来时天日昏暗"[③]。

除了蝗灾,旱灾发生时或者发生后也经常有其他虫灾伴随而来。"连年的水灾、旱荒、熟年荒都尝够了,到今年再来这么一会螟灾以补灾荒之不足。……立秋以后奇热,以致发生矮脚雾,弥漫田垄间,于是稻从根上发出黑点,脚软,站不稳,都倒了。结果即使拔出穗来,都是白的,里面没有米。"[④]水稻是太湖流域种植面积最广的农作物。"影响水稻生产的稻作害虫为数众多,如稻螟、铁甲虫、稻虱、稻椿象、稻象虫和稻蚁等"[⑤],其中以稻螟的危害最大。每年冬季,稻螟潜伏在稻根或稻秆中越冬,越冬期间稻螟死亡率的大小,对第二年螟害程度的轻重关系至大,同时也影响来年水稻的收成。苏州地区的水稻害虫种类有二十五种,如以生态学分类,可分为害根、害茎、害叶、害花和害穗五种。稻螟分为大螟、二化螟和三化螟三种,不同种类的稻螟对水稻作物的危害程度也不尽相同。一般来说,稻穗抽出的季节,正是稻秆养分最多的时候,螟虫的幼虫即在此时钻入稻秆近根底部的第二、三节处,吸取养分,以此发育成长。到了当年八九月份的时候,幼虫化蛾将卵产于稻叶之上,等到所产之卵转化为幼虫后,就蛰伏在稻根处越冬,等到来年再复出为害,这就是稻螟一化的情形,二化或三化时,稻螟对水稻的损害则更为严重。

在苏州地区,历年对水稻造成严重危害的螟虫中,以三化螟的数量最多;其次是二化螟,它们所造成的损失是最为严重的。从对民国时期的有关资料的统计来看,这一时期苏州地区稻螟虫的危害程度已经极其严重。

---

①　《洄泾发现大批蝗虫》,《申报》1934年7月14日,第11版。

②　《常熟西北乡发现蝗虫》,《申报》1934年9月11日,第9版。

③　《苏州吴江等处飞蝗蔓延肆虐》,《青岛时报》1935年6月18日,第7版。

④　侃是:《常熟螟灾情报——水灾以外的灾荒》,《客观》1935年第1卷第5期,第18页。

⑤　邹树文:《昆虫局应付之责任》,《浙江省建设月刊》1930年第1卷第36期,第39页。

水稻中的蛀虫将稻秆中的养料成分吸食殆尽,以致水稻不能生长结实,成为白穗。据农会统计,"客岁一年之中,全境受螟害损失竟达一千万元左右之巨"[1]。1925年,江南遭受螟患,该年灾情最严重之地为"吴江之震泽、平望及吴江附郭,在昆山则夏驾桥、周墅蓬阆及真义乡最重,是年苏州秋收,成数不甚歉少。至民十五年,苏州亦告螟灾,而其地点在与吴江、昆山相接壤之区"[2]。当年秋收,苏州等地因受螟虫灾害而遭受巨大损失,吴江越溪、南厍等处,田稻受螟灾及天时影响以致白穗死稻甚多,秋季收成无着。[3] 横扇等地,螟灾被害尤烈。插秧之际,湖滨低田内飞蛾成群,卵子布满秧叶。秧根中也有卵子预伏,一部分秧苗已被蛀死。[4] 吴县的尹山、望亭和光福等地,虽连日雨量较多,但卵种潜伏深,虫害滋生极盛,尤为严重。[5] 同年,吴江城南湖三区虫灾也异常严重,仅各圩董甲报告书就有两百起之多。鉴于虫灾的严重性,10月10日,吴江林知事特地召集各区市乡议会、除虫局、田业会和农会各主任,在吴江县公署召开除螟大会,讨论除螟方法。[6]

1929年,太湖流域遭受螟灾,昆山、吴县、吴江和常熟等地的稻田损失严重,以太仓地区为甚。根据调查,苏州下属各县,螟虫造成的田亩损失比例,昆山为41%,吴江为27%,常熟为29%,吴县为35%,太仓为46%。[7] 当时正在昆山稻作试验场实习的农科二年级大学生梁达新在实习日记中记载:"八月九日,螟虫发生甚盛,稻之被害者,不能结实,田中白穗累累,望之令人兴叹。呜呼,螟虫为害实有甚于洪水猛兽,吾辈学农青年,不可不注意及之。"[8]当年因虫灾被害田稻,"查得被害最重者,为洞庭东西两山,已颗粒无收。次重者为湘城、唯亭、横泾、曲泾、尹山等乡,约五六成。较轻者为陆墓、黄埭、南北桥、周庄、陈墓、车坊、斜塘、五潘泾等乡,约八成左右,略被伤害者为木渎、望亭、光福、香山、蠡墅,苏州市方面,仅

①　《除螟宣传》,载何庚虎:《吴县农民(会务)》,出版时间不详,第39页。
②　《苏州水稻害虫录》,《新苏农》1928年第1期,第28页。
③　《田业开会》,《吴江》1926年10月3日,第3版。
④　《螟害可忧(横扇)》,《吴江》1926年6月13日,第1版。
⑤　《请县政府防除虫灾函》,载何庚虎:《吴县农民(倡议)》,出版时间不详,第18页。
⑥　《除虫会议兼议秋勘事宜》,《吴江》1926年10月10日,第3版。
⑦　《江苏螟虫损失调查》,《农林新报》1930年第207期,第241页。
⑧　梁达新:《昆山稻作试验场实习记》,《新苏农》1929年第2卷,第37页。

二十三四都区稍受损害"①。由此可见虫灾之严重。太湖流域水利委员
会对该年流域内的水、旱、风、虫等灾害进行调查后发现,"各种灾荒之比
率,水灾、旱灾、风灾而外,虫灾实占多数,查太湖流域四十县市中,未报虫
灾者不过奉贤、川沙、无锡、上海、吴兴五县"②。

　　1935年10月,农林部中央农业实验所鉴于江浙一带螟害严重,特地
派遣技正、蔡邦华分赴各受害区调查,发现苏州虎丘一带水稻白穗率达
12.1%,损失率约为36%,其中三化螟占77%,大螟占23%;而吴江县遭
受的虫害则更加严重,水稻白穗率达70.2%,损失率几近100%,其中三
化螟占98.7%,大螟占1.3%。③1938年,吴县唯亭、车坊、外跨塘、斜塘
等四乡低田,先是遭到大水淹没,后在初秋时发生螟灾,并迅速蔓延,"致
吴县各区普遍蒙灾,尤以唯亭、外跨塘、车坊等处,遭遇螟灾甚重,平均被
灾面积达十分之三四"④。1941年秋,苏南一带农田遭病虫害情形异常严
重,江苏无锡、吴县和常熟一带遭受螟害最为严重,竟出现田间无稻可收
的状况,"而仅携竹筐至田间捡取较实之稻穗者,一亩所获不足供全家一
饱,其较佳者损失亦达半数以上"⑤。

　　频繁发生的各种虫患对江南地区的水稻生产造成了极大破坏。时人
感叹:"白穗遍野,实目不忍睹,将来势必颗粒无收矣。"⑥面对虫灾,苏州
地区民众纷纷采取各种措施来应对。如吴江县除螟局和田业会均主张,
"除螟的治本之策,非掘烧稻根不为功,当即议决掘烧稻根办法"⑦。1929
年,吴县发生螟害,且已连续六年之久,可见虫害之巨,其中以第二区蓬阆
乡最为严重,统计稻米收获不及五成。吴县县长遂号召全县举行冬季除
螟掘稻根活动,"将稻根一律掘除,为根本肃清之计",严令各乡严格执行,
"不得违误"。⑧昆山稻作试验场自从发生螟灾以后,努力驱除,日间采集
卵块,并拔去受害稻株(因被害稻株内有螟虫的幼虫),夜间则设诱蛾灯,

①　《吴县被灾田亩统计》,《农业周报》1929年第2期,第54页。
②　孙斐忱:《可注意的太湖流域虫灾》,《太湖流域水利季刊》1930年第3卷第4期,"调
　　查"第3页。
③　《镇江、无锡、吴江螟害调查》,《农报》1935年第2卷第28期,第1002页。
④　《苏州农田水灾螟害,农民将无噍类》,《锡报》1938年10月18日,第4版。
⑤　陈耀溪:《论江苏省食粮增产问题(四)》,《申报》1945年6月17日,第1版。
⑥　侃是:《常熟螟灾情报——水灾以外的灾荒》,《客观》1935年第1卷第5期,第18页。
⑦　《除螟局近讯》,《吴江》1926年10月3日,第3版。
⑧　《吴县举行冬季除螟掘根》,《农矿通讯》1929年第12期,第7页。

以捕杀成虫。①

二、灾害的呈现特点

通过对民国时期(主要是 1912—1937 年)苏州地区水灾、旱灾、虫灾、疫灾等灾害的分析,可以发现这一时期苏州地区的自然灾害具有以下特点。

(一)灾害频繁发生

民国时期苏州地区自然灾害频繁发生,以虫灾为主,水灾和疫灾次之,旱灾又次之,除此之外还有各种次生灾害,如瘟疫等,自然灾害几乎年年发生,甚至出现一年数灾的现象。

根据 1912—1937 年苏州地区自然灾害的统计情况(见表 1-1),其间苏州地区共遭受各种自然灾害达 140 次,平均每年受灾约 5.6 次。其中遭受的水灾共 32 次,平均每年约 1.3 次;旱灾共 19 次,平均每年约 0.8 次;虫灾共 43 次,平均每年约 1.7 次;疫灾共 19 次,平均每年约 0.8 次,可见自然灾害发生的频率之高。

表 1-1　1912—1937 年苏州地区自然灾害统计　　　(单位:次)

地区	水灾	旱灾	虫灾	风灾	雹灾	疫灾	震灾
吴县	6	3	15	4	0	5	1
吴江	6	6	7	4	0	3	1
太仓	10	3	7	6	0	3	1
常熟	5	6	6	2	0	4	1
昆山	5	3	8	6	0	4	1
总计	32	19	43	22	0	19	5

资料来源:《苏州地区自然灾害状况》(油印本),苏州市档案馆馆藏,内部发行,时间不详;《太湖流域十年内各县灾情表(1920—1929)》,《太湖流域水利季刊》1930 年第 3 卷第 4 期;李文海、林敦奎、周源等:《近代中国灾荒纪年》,湖南教育出版社 1990 年版;李文海、林敦奎、程歗等:《近代中国灾荒纪年续编》,湖南教育出版社 1993 年版。

此外,民国时期苏州地区的自然灾害还呈现多灾并发、纵横交织、影响范围广大的特点。从表 1-2 可知,1912—1937 年,同一年中发生两种以

---

① 梁达新:《昆山稻作试验场实习记》,《新苏农》1929 年第 2 卷,第 37 页。

上自然灾害的年份共有 12 年,其中一年之内发生三种自然灾害的有 4
年,分别为 1914 年、1926 年、1934 年和 1935 年;连续两年发生两次以上
自然灾害的有 4 次,分别是 1925—1926 年、1928—1929 年、1931—1932
年、1934—1935 年;同一年连续发生两种及以上自然灾害并且影响苏州
全境的年份共有 5 年,分别是 1921 年、1926 年、1929 年、1931 年和 1934
年。由此可见民国时期苏州地区自然灾害发生的次数之多、影响范围之
广。另外,从自然灾害发生的规律来看,出现过不同自然灾害同时发生的
情况,也出现过同一种自然灾害在不同时间发生,以及各种自然灾害相继
发生的状况,如 1934 年苏州地区就曾先发生旱灾,后出现蝗灾,继之又出
现疫灾的三灾并发情况。

表 1-2　1912—1937 年苏州地区一年内发生两种及以上自然灾害统计

序号	年份	地区	灾害种类
1	1912 年	常熟、昆山、吴江	水灾、虫灾
2	1914 年	常熟、吴江、太仓、昆山	旱灾、蝗灾、水灾
3	1919 年	吴江、吴县	水灾、疫灾
4	1921 年	苏州境内	水灾、地震
5	1925 年	太仓、吴县	风灾、疫灾
6	1926 年	苏州全境	旱灾、虫灾、疫灾
7	1928 年	吴县、太仓、吴江、昆山	蝗灾、水灾
8	1929 年	苏州全境	旱灾、蝗灾
9	1931 年	苏州全境	水灾、疫灾
10	1932 年	吴县、常熟	旱灾、疫灾
11	1934 年	苏州全境	旱灾、虫灾、疫灾
12	1935 年	吴县、吴江、常熟	水灾、蝗灾、风灾

资料来源:李文海、林敦奎、周源等:《近代中国灾荒纪年》,湖南教育出版社 1990 年
版;李文海、林敦奎、程歗等:《近代中国灾荒纪年续编》,湖南教育出版社 1993 年版;蔡斌
咸:《中国蝗灾的严重性和防治的根本策——兼评七省治蝗会议》,《东方杂志》1923 年第
32 卷第 1 号;《农事调查:江苏》,《农报》1935 年第 2 卷第 22 期。

这一时期,水灾、旱灾、虫灾、疫灾和风灾等自然灾害在苏州地区分别
出现多次交错发生的情况。在这些灾害中,最具代表性的当数旱灾和蝗
灾,俗语"大旱蝗饥""久旱必蝗"讲的就是蝗患总是与旱灾相伴而来。此

种情况在苏州地区多有发生,如 1926 年,苏州地区连续数月滴雨未下,夏旱发展成秋旱,造成土地龟裂,河道干涸,秋后蝗虫为灾,继而出现蝗灾,"晚稻收成,已在无望之中"①。又如,苏州入春以后,"天时不正,亢旱异常。兼之蝗灾奇重,以致稻穗枯槁,死伤甚多"②。水灾和旱灾也往往引发疫疠,进而造成人员死亡,"在水旱交迫之下,瘟疫之发生,是必然的"③。而且在水灾之后,因疫病而死者数量往往比淹死和饿死者还多。1931 年夏,"苏州地区发生水灾,受灾乡民流离道左,呼天号泣,道路中断,田庐被毁"④。水灾造成农田作物大范围减产,引发饥荒和疫灾,"及至遭灾以后风雨交侵,既无荫蔽,又乏衣食,群处龌龊,疫病滋生"⑤。此外,水灾还会造成水源的大面积污染以及一些有害微生物的大量繁殖,对灾民的生命健康造成严重损害,"且乡村居民,平时已无卫生可言,不幸遭遇灾难,疫病传播,自更易易,因之死亡之数,较淹而饿死者为多"⑥。1931 年,苏州吴县大水灾过后,随着气温渐趋升高,瘟疫迅速发展并蔓延开来,"昨日发生 27 起,死亡 2 人,自发生至今,时仅两周,送入隔离病院者,不下 500 人,死亡者日有数起"⑦。鉴于疫病频发并且感染人数日益增多,时任吴县公安局局长的邹兢提议建设永久性的时疫医院。民国时期,除了疫疠频发、连年霍乱流行之外,其他的传染病如天花、伤寒、痢疾、白喉等在苏州城乡也流行严重。⑧

(二)灾情严重,损失惨重

民国时期,苏州地区水、旱、虫、疫等自然灾害严重,造成的损失异常惨烈,导致大量人口受灾,灾区房屋和农田财产损害甚巨。地方志和当时

① 《白露风雨伤晚稻》,《吴江》1926 年 9 月 19 日,第 4 版。
② 《农民报荒多》,《吴江》1926 年 9 月 26 日,第 3 版。
③ 许涤新:《灾荒打击下的中国农村(一九三四年九月)》,载陈翰笙、薛暮桥、冯和法:《解放前的中国农村》(第一辑),中国展望出版社 1985 年版,第 466 页。
④ 中国第二历史档案馆:《1931 年江苏大水灾档案资料选辑》,《民国档案》1991 年第 4 期,第 28 页。
⑤ 《卫生防疫》,载国民政府救济水灾委员会:《国民政府救济水灾委员会报告书》,1933 年编印,第 158 页。
⑥ 《卫生防疫》,载国民政府救济水灾委员会:《国民政府救济水灾委员会报告书》,1933 年编印,第 158 页。
⑦ 《水灾过后,疫灾流行》,《苏州明报》1931 年 8 月 26 日,第 3 版。
⑧ 虞立安:《民国时期苏州时疫医院演变概况》,载政协江苏省苏州市委员会文史资料研究委员会:《文史资料选辑》(第十一辑),内部发行,1983 年,第 178 页。

的地方报纸均有很多与灾情相关的记载和描述,我们可以从受灾人口的数量上一窥当时灾情的严重状况。1919年六七月间,太湖流域梅雨连绵不绝,导致洪水暴发。吴江、宜兴等县"低洼田尽成泽国,庐舍牲畜漂没无算。即稍高之区被山水冲刷,田禾损失受灾之巨诚为数十年所仅见,目下一片汪洋之处尚有数十万亩之多。吴江宜兴等处现有灾民十万以外,遍地皆是无衣无食,触目伤心"①。1921年夏,吴县、昆山和太仓等地遭遇水患,圩堤溃决,农田被淹,十余县市受到波及,"伏秋盛汛,陡起异常风潮,加上连日降雨,江湖顶托造成外洪内涝,平均水深数尺,庐舍倾颓,哀鸿遍野;沿江又被水、被风,太湖流域灾区共58个县。吴县八、九月降雨量660.8毫米,受灾人口达189096人"②。向来以人间天堂著称的江浙苏杭,终究也免不了灾神的降临。据调查,1929年"吴县被灾田亩,约七十余万,洞庭东西两山的灾情尤重,颗粒无收"③。1946年7月,吴县淫雨连绵,长达两周,河水陡涨,低洼处悉成泽国,五区徐墅渡村等各乡,因均濒临太湖,地势低洼,受害最深,"田中积水盈丈,一片汪洋,房屋均遭水势冲塌,耕牛淹死,农具随流水漂散,灾情极为惨重。现该乡一带灾民已达数千名,无衣无食,状况堪悯"④。

　　水可以为利,也可以为害。在苏州地区遭受的历次水患中,以1931年大水灾造成的损失最为惨重。当年,江淮地区发生特大水患,长江及其支流河道的水位持续上涨,久不消退,太湖流域七月间连降数次大雨导致河水盛涨,湖水、江水共托,加上洪水往下游排泄不畅,遂致泛滥成灾。据《时事月报》记载,"统计(南京)灾户为10031家,口数38787人。灾民啼饥号哭,极备凄伤。综计京市田地,多被淹没,农作物之损失,约及十分之九,此外无锡、松江、苏州、常熟等县,亦因大水之故,损失不少"⑤。"江南南部,十一个县受灾严重,被灾农户224300户,被灾人口1345800人,受灾面积2945平方公里。"⑥整个七月,太湖流域各县平均降雨二十天,总雨量为250至600毫米不等,最大雨量超过600毫米,其中吴江达464毫

① 《汇纪乞赈函电》,《申报》1919年9月21日,第10版。

② 《苏州地区自然灾害状况》(油印本),苏州市档案馆馆藏,内部发行,时间不详。

③ 徐宗士:《中国灾荒问题之考察》,《新生命》1930年第3卷第5期,第3页。

④ 《吴县霪雨成灾,淹没农田万亩》,《申报》1946年7月13日,第2版。

⑤ 记者:《全国空前罕有之大水灾》,《时事月报》1931年第5卷第3期,第158页。

⑥ 《被灾区域面积及人口表》,载国民政府救济水灾委员会:《国民政府救济水灾委员会报告书》,1933年编印,第215页。

米,吴县达 430 毫米,昆山达 406 毫米,常熟为 434 毫米。七月正值水稻插秧之后、棉花开花结铃之时,大雨过后,不少低洼地区田地与河水相平,秧苗悉淹水底,棉花大半无收,农作物受灾惨重。吴县,不仅田亩被淹,而且城乡街衢亦均积水一二尺。圩堤溃决,轮舟停驶,被淹农田最重者 40 万亩,灾情较轻者亦有数十万亩。吴江,连续降雨 34 天,房屋桥梁倾圮甚多,农民漂失者数十人,为数十年来未有之巨灾。全县被淹农田减产五成以上的有 65 万亩,其中颗粒无收的有 19.9 万亩。常熟,稻秧浸没水中,轮船停驶半月,全县被淹农田 50 万亩。昆山,城厢内外一片汪洋,四乡圩岸水深可没胫,阡陌俱无,灾情尤重,全县受灾农田约 33 万亩。太仓,7 月间降雨量达 522 毫米,农田与河水持平,全县重灾农田约 15 万亩。①

当年,苏州地区连日大雨,导致河水逐步上涨,城内低区街口,积水没踝,各乡田禾被淹,米价步涨,同时齐门外、胥门外等处河水已上岸,城内外坍屋伤人之事达数十起之多。据太湖水利委员会调查报告,此次大水实为十年来所未有。② 吴县木渎镇淹没农田 3 万余亩;唯亭乡低田被完全淹没,高田亦被淹十之四五,共计被淹田亩 3.2 万亩;斜塘乡约 2 万亩;角直乡约 3 万亩;南北桥约 6.8 万亩。③ 吴江县各乡各圩一片汪洋,无不淹没,"苏杭苏湖苏嘉及本县各区镇所开苏同苏盛苏芦墟艑西苏各小轮一律停驶,城区一带被淹田亩约一万一千亩,圩围毁坏二百余处"。④ 当时太湖流域内小轮航线共有 110 多条,洪水发生后,往来于乡镇之间的小轮"悉行停驶,即繁盛要津亦均绝迹,盖小轮鼓浪易使隄岸溃决也。至于民船,因桥孔不能穿过而停止者,亦占半数"⑤。太湖流域水利委员会曾对 1931 年长江流域大水灾中各县受灾等级进行调查,苏州下属各县受灾情况异常严重,十四个调查地点中只有浏河口、白茆口、常熟和福山口四处

①　《1911 至 1990 年苏州市重大水灾实录》,载苏州市地方志编纂委员会办公室、苏州市档案局、政协苏州市委员会文史编辑室:《苏州史志资料选辑》(第一、二合辑),内部发行,1992 年,第 296-297 页。

②　《十年来未有之水灾》,《申报》1931 年 7 月 27 日,第 8 版。

③　《各县水灾志略》,《太湖流域民国二十年洪水测验调查专刊》1931 年第 4 卷第 4 期,第二章第 5 页。

④　《各县水灾志略》,《太湖流域民国二十年洪水测验调查专刊》1931 年第 4 卷第 4 期,第二章第 6 页。

⑤　《各县水灾志略》,《太湖流域民国二十年洪水测验调查专刊》,1931 年第 4 卷第 4 期,第二章第 2 页。

受灾等级为乙级,其余十处全部为甲级,可见该年水灾之严重(见表1-3)。

表1-3　1931年大水期内苏州所属各县水灾调查等级

序号	调查地点	调查者	调查日期	受灾等级
1	吴县	吴县建设局	7月31日	甲级
2	白茆口	黄涵德	8月5日	乙级
3	浏河口	陆逊斋	8月4日	乙级
		朱花农	8月6日	
4	常熟	顾锡鼎	8月2日	乙级
5	周庄	陈仰震	8月4日	甲级
6	平望	徐辅声	8月12日	甲级
7	洞庭西山	凤临甫	8月4日	甲级
8	吴江	杜鸿钧	8月3日	甲级
		钱啸轩	8月1日	
9	震泽	龚梦麟	8月1日	甲级
10	浒墅关	潘永祥	8月4日	甲级
11	木渎	柳凯原	7月31日	甲级
12	唯亭	朱锡范	7月31日	甲级
13	昆山	王君实	7月28日	甲级
14	福山口	孙鸿翔	8月3日	乙级

　　资料来源:《灾情》,《太湖流域民国二十年洪水测验调查专刊》1931年第4卷第4期,第二章第3-4页。

　　"在中国农业各种灾害之中,以旱灾之损失最为严重,盖旱灾之发生次数固多,且每逢发生,则受灾之区域又非限于局部,而往往蔓延数省。"[1]而且旱灾所造成的影响是逐步显现的,会持续多久通常也很难预料,这跟水灾发生时来势凶猛以及为害惨烈的后果有所区别,因此带来的影响也相对较为严重。1934年长江中下游发生的大旱灾,造成赤地千里,禾苗萎死,时人称之为"六十年来未曾有过的旱灾,花白了胡子都没有经过的旱灾"[2]。江南各省,尤其以江苏省的损失最为惨重。江苏省政府

——————————

[1]　梁庆椿:《中国旱与旱灾之分析》,《社会科学杂志》1935年第1期,第2页。
[2]　傅敬嘉:《旱灾下的农村》,《十日谈》1934年第40期,第177页。

曾对当年旱灾损失进行过估算："江苏各县耕地总面积约计二千六百万亩，内稻田占百分之八十，约计为二千一百万亩，平时每亩收稻四担，共约收八千四百万担；本年耕地因旱不能栽种者占百分之五十，约计一千零五十万亩；全无收成，因旱作物生长不良者占百分之四十，约计八百四十万亩；收获五成，未受旱害者占百分之十，约计一百十万亩；收获九成，共计约能收稻二千四百万担，较平时少收约六千万担，以旧价三元计，全省损失不下一万万八千万元。"①据统计，太湖流域主要县份的受旱田亩数，无锡为1241265亩，江阴为1213855亩，常熟为1535384亩，吴县为1821389亩，武进为1541498亩，宜兴为1126015亩。② 旱灾造成的损失之惨重可见一斑。

在江南各县，"如镇江、丹阳、武进、无锡、吴县、太仓、常熟、江阴、嘉定、昆山均蒙旱灾。河水干涸，交通断绝，田禾枯萎，为普遍的现象"③。而号称水乡泽国的苏州也未能幸免，在此次旱灾中损失严重。水旱灾害寻常不易侵及的苏州，遭遇六十年未有的奇旱大热，天堂化为地狱。"今夏的狂热亢旱，虽然到处皆是如此，不过天堂里的苏州人向来得天独厚，年年风调雨顺，秋收丰富，所以受此意想不到的旱热之苦，觉得万分的难堪。"④据太湖流域水利委员会消息，1934年7月10日苏州的水位为1.99公尺，而1933年7月份的平均水位则为2.7公尺，可见旱灾之严重程度。在常熟，"莳秧的期间已经过去了，反观他们所莳的秧苗，仅仅落到十分之三，这十分之三的稻田，尚有戽水机船无法通行灌溉不及者；所以这十分之三的稻田，尚不能断言其有三分年景的收成。自夏至日起，塘水退去二尺有零，即如乡村的饮料，亦发生问题，汲水须至半里之外"⑤。而气温自6月21日的华氏84.9度逐日升高，至7月11日，已高达华氏104.2度。因天久不雨，米价逐日飞涨，最高白米售价每石达11元。⑥

连日的酷热，使苏州四乡农田灌溉、城市居民饮水，均发生严重问题，时疫也时有发生。苏州各乡共有田亩180余万亩，插秧者虽平均有十分

---

①　《苏省的旱灾损失估计》，《东方杂志》1934年第31卷第19号，第173页。

②　《太湖流域的主要县份受旱田亩统计》，《中国农村》1934年第1卷第2期，第77页。

③　哲民：《目前水深火热的灾荒》，《新中华》1934年第2卷第15期，第17页。

④　林翁：《狂热亢旱中的苏州》，《礼拜六》1934年第563期，第256页。

⑤　李心仁：《常熟的旱灾》，《农报》1934年第1卷第15期，第386页。

⑥　《苏州亢旱奇热，天堂化为地狱》，《江南正报》1934年7月14日，第6版。

七八,但因亢旱过久,秋收最多不过五成。① 居民饮水方面,水道运输断绝,须肩挑装车,导致价格高涨,价格最高时,每担竟达两角左右,而水灶则因应成本,超过一半已经停闭。城内河道污浊浅涸,各地轮舟交通,十之三四停驶。"一部分粪船未曾入城,致有若干居户商店,对于排泄问题,亦以天旱而连带发生恐慌。"②洞庭西山,自夏至秋,天气亢旱,点滴不雨,农田未下种者达十之五六,少数较低之田,也因播种延期,兼受虫伤,均结穗不实,统计全山平均收成,仅一成有半。③ 昆山县,因地势低洼,受灾情形虽较邻近诸县为轻,全县农田禾苗枯萎者亦达十之三四。④ "本年以来,东南各省始则亢旱,继以水灾,当干旱的期间,高田皆未成种,低地亦未能全种;入夏以来,淫雨不止,水势骤涨。"⑤苏州洞庭东山,山民向来以种植花果桑麻及捕鱼为生,如今山地农作物,几乎完全干枯无收,湖中亦以水涸而无鱼可捕,实已至山穷水尽之境。⑥ 由此可见旱灾造成的影响之巨大、损失之惨重。

第三节　苏州地区自然灾害的形成原因

自然界是以一种系统化的方式存在的。系统强调整体和局部、局部和局部以及整体和外部环境之间的相互依存、有机联系并相互制约的关系。任何一种自然灾害都处在一个复杂的灾害系统之中,对于一个国家或区域来讲,自然灾害的诱发原因是多方面的,既有自然因素,又有社会因素。"我国天灾酿成原因,大别有二。一为雨旸不时,致成旱潦。一为经济失调,民不聊生。"⑦自然灾害的种类众多,特征各有不同,形成因素多样,且相互之间的关联性较强。通常来讲,一种自然灾害可以由多种因

---

① 《各县旱灾志略》,载扬子江水利委员会:《太湖流域民国二十三年旱灾测验调查专刊》,1934 年编印,第 74 页。

② 《奇热大旱中之苏州》,《吴县日报》1934 年 6 月 29 日,第 4 版。

③ 《洞庭西山灾荒奇重,请拨款赈济》,《上海商报》1934 年 10 月 31 日,第 4 版。

④ 《各县旱灾志略》,载扬子江水利委员会:《太湖流域民国二十三年旱灾测验调查专刊》,1934 年编印,第 74 页。

⑤ 鲍幼申:《中国之灾荒问题》,《中国经济评论》1935 年第 2 卷第 7 期,第 3 页。

⑥ 《各乡旱灾严重》,《申报》1934 年 9 月 7 日,第 12 版。

⑦ 《科学方法之救灾述略》,《中国华洋义赈救灾总会丛刊·乙种》1926 年第 22 号,第 14 页。

素诱发,也可以由一种因素造成;另外,一种因素也可以导致多种自然灾害。民国时期,苏州地区频繁发生的水灾、旱灾、虫灾、疫灾等自然灾害同样如此,也是由自然和社会等多重因素相互叠加、互相影响、共同作用而产生的,它们与苏州地区所处的自然地理环境、地形地貌、大气环流特点以及周边河网水系的变迁有着极为紧密的关系。概括来讲,就是虽然苏州地区拥有许多有利的自然条件,但同时也存在着诸多不利的因素。

一、自然因素

自古以来,江南地区不乏自然灾害。据资料记载,"从公元 300 年到 1900 年,水灾达 245 次,平均 6.5 年就有一次灾害性降水,而受灾面积达全部地区三分之一以上的大灾害性降水就有 79 次,平均 20 年就出现一次大的灾害性降水"[①]。明清以来,受气候变化和所处地理位置等诸多因素的影响,苏州地区水灾、旱灾、疫灾、虫灾等自然灾害时有发生。据洪焕椿统计,"从洪武二年(1369)到道光五年(1825),苏州共发生水灾 115 次,旱灾 32 次,平均每四年大约发生一次水灾,十四年发生一次旱灾"[②]。虽然灾害具有自然和社会双重属性,但促其发生的首要原因必然是自然因素,这是不随人的主观意志而改变的。

(一)气候因素

苏州处于亚热带和中亚热带的过渡地带,属亚热带季风海洋性气候,雨量充沛,平均年降水量达 1000—1700 毫米,降雨季节多集中于夏季,冬季最少。农作物生长季节(4—10 月)降水量占全年降水总量的比重高达 75%—85%[③],水资源十分丰富。尤其以每年的 6—8 月,受江南梅雨期和夏天季节性降雨的影响,这一阶段不仅降雨量大,而且雨势凶猛,并且持续的时间又较长,极易造成洪涝灾害。"霪雨为灾"指的就是长时间的连续降雨造成的水患灾害,"好雨不期至,霪霖愁过时",即描写了降雨持续时间太长,让老百姓发愁的情景。

据上海徐家汇气象台统计"1873 年至 1925 年各月之平均雨日和平

① 桑润生:《太湖流域历史上水患的成因、策治与教训》,《上海水利》1998 年第 2 期,第 45 页。

② 参见洪焕椿:《明清苏州农村经济资料》,江苏古籍出版社 1988 年版,第 283-303 页。

③ 洪焕椿、罗仑:《长江三角洲地区社会经济史研究》,南京大学出版社 1989 年版,第 289 页。

均雨量分布,南京、上海、镇江等处7月份之平均雨日在10天至15天之间,标准雨量在150—200毫米上下。1931年7月份江南部分地区所得雨日,南京为23天,雨量为618.3毫米;镇江为22天,雨量为602.6毫米;上海为21天,雨量为244.8毫米;嘉兴为19天,雨量为349.5毫米"①。一般情况下,长江流域每年的梅雨期,从当年六月中旬开始,一直到七月上旬结束,持续时间大约一个月。而1931年六月的梅雨量与平常年份相比异常稀少,直到七月初才开始有梅雨降下。随后,整个七月份阴雨连绵,晴天少见,南京降雨时长为23天,较准平均数多8天,全月所得雨量为618.3毫米,超过七月份标准雨量约三倍有奇,比近30年间七月份之最高纪录尚多249.7毫米。② 苏州下辖及周边各县的降雨量同样很大,吴县降雨量为430毫米,昆山降雨量为464.1毫米,常熟降雨量为433.5毫米,青浦降雨量为556.9毫米,吴淞降雨量为536毫米。③ 由此可见,该年气候异常致使降雨量均比往年多一倍半以上。雨水过多,加上大江容量有限,以致洪水泛滥,淹没家园,损害人畜财产。

受地区气候和气压等多种因素的影响,太湖流域的年降雨量呈现出显著的年际差异。在时间和空间分布上,降雨的不均衡性尤为突出,无雨少雨时出现干旱,降雨稍多时则引发洪涝,旱灾和涝灾相互交错,经常引发严重的水旱灾害。如1934年,全国亢旱,原因即系"日本以南太平洋气压骤高,低压被趋至黄河流域,致长江一带空中西南风盛行云"④。干旱少雨导致部分地区的气温较往年偏高数度,吴县最高温度达41度,气温超过35度的天气达25天;常熟最高温度达39.1度,气温超过35度的天气达21天。⑤ 东南海滨及长江下游一带,"离地1公里以下东南风异常强盛,1公里以上,西南风特别多见,至十二公里之高度,犹未绝迹。高空之西南风与地面之东南风同属热带气团,此所以层次稳定,雷雨稀少

① 《长江流域1931年7月雨量特多之原因》,载竺可桢:《竺可桢文集》,科学出版社1979年版,第133页。

② 竺可桢、刘治华:《长江流域三十年未有之大雨量及其影响》,《时事月报》1931年第5卷第3期,第163页。

③ 《长江流域1931年7月雨量特多之原因》,载竺可桢:《竺可桢文集》,科学出版社1979年版,第138-139页。

④ 《本年旱热之原因,太平洋气压骤高》,《申报》1934年7月3日,第10版。

⑤ 《民国二十三年七月份中国天气概况》,《气象月刊》1934年第7卷第7期,第7页。

也"①。当年热度之高、雨量之少,以上海为例,打破了 60 多年的纪录。
"降雨既少,而蒸发特旺,河道存水,更易干涸,此亦本年旱灾成因之一
也。"②当年六月下旬,长江流域一带温度即超出百度③以上,持续十余日
之久,中间虽然一度下降,但至七月十日开始又处在百度以上,至七月底
八月初仍盘旋于百度左右,直至八月底,仍炎热异常。当年雨量之少,亦
为往年所罕有。据中央气象研究所发布数据,七月份雨量尚不及往年五
分之一,即与二十年前最旱之年(民国三年)相比,雨量尚少 25.4 毫米。④
根据表 1-4,我们通过分析吴县 1934 年 7 月的逐日气象要素可知,当年 7
月,吴县最高温度达 41 度,气温超过 35 度的天数高达 25 天,整个 7 月总
共降雨仅为 43.6 毫米,降水时长只有 40.3 小时。该月高温天气之多、降
雨量之少,气候因素的异常变化是主要原因,同时也是苏州地区发生自然
灾害的主要原因。

表 1-4　1934 年 7 月吴县逐日气象要素

日期	气压	温度(度)				绝对湿度	相对湿度	雨量(毫米)	下雨时期(小时)
		最高	最低	较差	平均				
1	54.9	38.5	35.5	3.0	37.0	24.0	52	0.1	0.6
2	55.49	39.5	33.9	5.6	36.7	26.6	55	T	
3	56.21	39.5	33.8	5.7	36.7	29.2	68		
4	57.31	39.0	32.5	6.5	35.8	25.1	52		
5	57.84	36.5	31.6	4.9	34.1	20.9	45		
6	56.80	34.9	31.4	3.5	33.2	22.3	58		
7	55.07	35.6	32.7	2.9	34.2	21.6	58		
8	53.61	36.6	32.5	4.1	34.6	22.1	56		
9	51.65	37.8	32.5	5.3	35.2	23.3	55		
10	51.26	39.7	35.0	4.7	37.4	23.5	52		
11	51.24	40.1	31.5	8.6	35.8	21.1	40		
12	51.09	41.0	32.7	8.3	36.9	25.1	52		

① 《民国二十三年七月份中国天气概况》,《气象月刊》1934 年第 7 卷第 7 期,第 8 页。
② 洪传炯:《电力戽水与救济旱灾》,《电工》1934 年第 5 卷第 6 期,第 556 页。
③ 此处"度"指华氏度。
④ 吴毓昌:《中国灾荒之史的分析》,《中国实业杂志》1935 年第 1 卷第 10 期,第 1830 页。

续表

日期	气压	温度(度)				绝对湿度	相对湿度	雨量(毫米)	下雨时期(小时)
		最高	最低	较差	平均				
13	51.16	39.2	35.9	3.3	37.6	25.2	57		
14	50.76	38.8	34.4	4.4	36.6	26.7	60		
15	50.28	37.1	31.3	5.8	34.2	25.2	65		
16	50.23	35.5	32.5	3.0	34.0	25.9	66		
17	50.23	36.4	32.5	3.9	34.5	24.0	63	0.6	2.0
18	50.59	36.9	32.1	4.8	34.5	26.0	67		
19	51.13	34.9	31.3	3.6	33.1	25.7	69	T	
20	48.56	35.2	30.1	5.1	32.7	25.4	76	9.7	10.9
21	46.73	30.0	25.5	4.5	27.8	27.1	92	11.4	17.9
22	47.75	27.0	24.6	2.4	25.8	24.0	96	1.8	14.7
23	55.19	32.0	23.2	8.8	27.6	22.7	75	17.3	3.0
24	56.34	32.0	23.0	9.0	27.5	24.0	80		
25	55.18	35.0	25.0	10.0	30.0	24.7	66		
26	54.72	36.5	25.2	11.3	30.9	24.5	62		
27	56.67	37.3	26.0	11.3	31.7	24.4	60		
28	57.93	38.7	27.0	11.7	32.9	25.4	56		
29	58.21	37.3	26.3	11.0	31.8	26.5	66		
30	60.12	36.2	26.1	10.1	31.2	24.4	74	2.7	1.2
31	61.37	36.2	31.7	4.5	34.0	22.752	61		
总数或平均	53.72	36.5	30.3	6.2	33.4	24.5	63.0	43.6	40.3

资料来源:《1934年7月吴县逐日气象要素》,《气象月刊》1937年第7期第7卷,第41页。

(二)地理因素

水灾、旱灾、虫灾和疫灾等自然灾害的发生与区域地理环境因素密切相关,"灾情之轻重不仅凭雨量之多寡,而与该县之地势有关系。地势高亢而倾欹者则秧水必速……低洼而平坦者反之"[1]。中国幅员辽阔,各地

---

[1] 《灾情》,《太湖流域民国二十年洪水测验调查专刊》1931年第4卷第4期,第二章第1页。

的自然地理环境各不相同,水旱灾害造成的影响也不尽相同,"吾国因水利建设之幼稚,地理环境之复杂,局部灾害年有发生"①。如前所述,苏州地区的地形呈现由北向南、由西向东倾斜的特点,海拔较低,以平原和低山丘陵为主,地势低平,湖泊棋布,河网水系密度大,主要种植稻桑。太湖东南部地势比北部偏低,容易遭受洪涝,主要种植水稻等水生性作物;太湖东北部地势与东南部相比稍微偏高,水利环境相对较差,以种植棉花和豆类等耐旱性作物为主,遇到降雨量较少、连日高温的天气比较容易出现干旱。"太湖流域低田多于高田……一遇淫雨之年,其产量即大受影响,此与高田旱岸之兴筑,及河道之开浚以资保障,实为必要者。"②

此外,苏州地处亚热带与中亚热带季风的交汇区域,属于季风海洋性气候区,是气候变化脆弱性极为显著的地区之一,旱涝情况受季风雨带位置变动的影响显著。受到季风气候的作用,苏州地区一年之中的降雨大多发生在炎热的夏季。错综复杂的气候因素、独特的地理位置以及地形地貌,使民国时期的苏州地区经常遭受洪涝、干旱和台风、浑潮的袭扰,甚至出现江海潮倒灌的情况,加上部分州县沿江靠海的地理位置以及境内的太湖、长江和钱塘江支脉河道经常诱发涝灾,这就使得苏州地区频遭水灾影响,临近太湖的吴江和靠近长江、大海的常熟、昆山和太仓等地受害尤甚,受到的水灾威胁也最巨。就太仓县而言,一因近江,一因近海,因飓风而起之"大风雨"或"海潮""水溢"等灾害甚,约有半数为江湖水溢或降雨过量所致,此为江南水灾形成之大概原因。③

每年6月份开始并持续一个多月的梅雨期和8月份台风带来的强降雨是造成洪涝灾害泛滥的最主要原因。在太平洋季风带的影响下,海潮时常侵袭,危及沿海农田和居民;而且北部地区偏高,中南部地区较低,导致海水经常涌溢倒灌。江浙两省临海各县,历年常遭水患,究其原因,一方面是由于海塘失修,另一方面则为台风季节暴雨导致海潮倒灌。1934年国民政府监察委员高一涵对江浙临海各县海塘进行实地勘察后,向国民党中央呈文称:"自前清以来,海塘工费,均由国币开支。民国四年曾借中央税契款三十万,从事修筑。自民国十八年后,苏省建设厅预算虽列有

---

① 陈耀溪:《论江苏省食粮增产问题(四)》,《申报》1945年6月17日,第1版。

② 陈耀溪:《论江苏省食粮增产问题(四)》,《申报》1945年6月17日,第1版。

③ 王树槐:《中国现代化的区域研究:江苏省,1860—1916》,"中研院"近代史研究所1984年版,第14页。

海塘工费，然除险工外，均未如数拨足，所以海塘之正工多年不能兴办，垣坡倾圮，石工亦随之倒塌，以致二十年八月大风潮之后，宝、太、常、松四县塘堤均相继出险。……截至今年七月止，凡失修工程及新塌工程，为数又日增无已。其最危险者，计有宝山、太仓、常熟、松江四县。因此去年秋末，江浙滨海各县咸告水灾。"①

二、社会因素

人类生于自然之中，同时也生于社会之中，自然与社会之间常常结有紧密的关系。灾害是自然变异的结果，也是人为因素的结果，具有自然与社会的双重属性。② 通常情况下，人们对灾害的解释都简单地概括为天灾，即认为灾害是由自然原因造成的，把灾害产生的原因归咎于地理环境和气候变迁等自然条件的变化，而忽视了社会方面的因素，但是，"天灾并不是完全源自自然。农村因剥削压迫而破产，水利失修，沟渠失理，林木不植，皆是发生水旱的条件"③，而"一旦政治腐败，人心动荡，水利失修甚至荒废，社会对旱涝灾害的抵御能力就大大降低，即使较小的旱涝出现，也能产生大的灾害"④。所以，"任何灾害都是由自然因素导致的"这种想法是有很大问题的，"因为它没有认识到将环境危害转化为人道主义灾难的关键人为因素"⑤，"即是说，自然力的利用或破坏，根本上是由社会的条件来决定的"⑥。因而，水旱灾害，"不应单以天灾二字来推诿，实为不尽人事所致"⑦。如对蔓延长江流域的 1934 年大旱灾，"某外人谓：'此次受旱灾最烈之浙苏皖三省，均为钱江长江流域，而富有水源之区，苟尽人事，当不至此。'"⑧所以，研究自然灾害发生的因素，既要看到天灾，也要

---

① 陈晖：《中国农业灾荒原因的分析》，《当代杂志》1934 年第 1 卷第 1 期，第 41 页。
② 参见马宗晋、张业成、高庆华等：《灾害学导论》，湖南人民出版社 1998 年版，第 63-64 页。
③ 许涤新：《动荡奔溃底中国农村(一九三二年十二月)》，载陈翰笙、薛暮桥、冯和法：《解放前的中国农村》(第一辑)，中国展望出版社 1985 年版，第 450 页。
④ 张秉伦、方兆本：《淮河和长江中下游旱涝灾害年表与旱涝规律研究》，安徽教育出版社 1998 年版，第 275 页。
⑤ ［英］陈学仁：《龙王之怒：1931 年长江水灾》，耿金译，上海人民出版社 2023 年版，第 8 页。
⑥ 陈晖：《中国的灾荒问题》，《建国月刊》1934 年第 11 卷第 4 期，第 2 页。
⑦ 《中央国府两纪念周报告》，《申报》1934 年 9 月 4 日，第 3 版。
⑧ 思奋：《今年长江流域旱灾之严重性及其救济法》，《农报》1934 年第 1 卷第 14 期，第 327 页。

看到人祸,即社会因素。民国时期,苏州地区频繁遭受水灾、旱灾和虫灾等自然灾害的侵袭,其主要原因与该区域的社会生态环境被破坏紧密相关。过度的湖田围垦、水利设施失修、河道的淤积以及山林植被的过度采伐,这些因素共同导致了气候条件的恶化,进而造成水灾、旱灾、虫灾、疫灾等灾害频繁发生,不是久旱不雨,就是雨下成灾。

(一)湖田围垦

"太湖流域东滨江海,南界钱塘,西倚宣歙天目诸山,北连长江,地跨江浙两省。东西约长四百余里,南北约长二百五十余里。约计有十万余平方里,占全国面积三百五十分之一;有一千七百余万人,占全国人口总数二十四分之一,故人口密度在全国为第一。"①庞大的人口数量,使该地区人均占有耕地数较少,为求得生存资源,当地开发土地的行动日益猖獗。与水争地,成为江南经济发展中常见的现象。苏州位于太湖东岸、太湖平原腹心,在不断增长的人口压力下,太湖流域的滨湖土著居民及外来客民依借自然条件,围湖垦殖以增加耕地面积。长期与水争地,围湖造田愈围愈深,愈围愈广,导致生态变得越来越脆弱,水旱灾害发生的频率也显著增加。

太湖围垦的历史最早可追溯至唐代,当时江南尚未完全开发,人烟稀少,湖荡面积大,下游排水通道宽广,局部地区的围垦还不致引起生态失衡和水资源破坏。至明清时期,因水旱灾害频发,政府出于保护农田水利的目的,多次下令禁止围湖造田,甚至刻石立碑于圩田畎荡旁,但多属徒然,民间私围之风仍屡禁不止。光绪十六年(1890),大量河南客民来到太湖东岸的吴江,在东太湖滨湖区域广种茭菱,筑围开垦,拉开了近代太湖地区围湖垦殖的序幕。从光绪十七年(1891)至宣统三年(1911)的 20 年间,东太湖被围湖田竟多达 17000 余亩,"使原本虽已淤有芦滩、草梗但尚能过水的宽大水口被大量侵占,海沿漕、黄沙路、直渡港等出水河港拉长汇聚到南库西南的小块区域,妨害了湖水宣泄"②。

宣统三年(1911),吴江地区有垦户 28 户,开垦湖田 17360 亩。③ 1912

① 沈百先:《太湖流域水利工程规划刍议》,《太湖流域水利季刊》1927 年第 1 卷第 1 期,"研究"第 11 页。

② 方志龙:《近代东太湖的围垦与治理(1890—1937 年)——以吴江地区为中心》,《历史地理研究》2020 年第 4 期,第 72 页。

③ 张潜九:《东太湖围垦始末记》,《中国农村》1935 年第 1 卷第 12 期,第 94 页。

年1月中华民国成立以后,太湖地区兴起大规模的私筑围田之风,围田面积逐渐扩大。至1927年,吴江境内围筑的湖田圩数达50个,总面积高达24409亩,围圩地点大部分在吴江第一区的草埂乡、越溪镇及南厍镇三处,尤以草埂乡为最多。本期围筑之圩,已深入东太湖的中心,太湖水利已受到绝大影响。[①] 1934年,大批外籍客民在太湖东岸一带竞相围垦。据《吴县志》记载,"民国23年(1934),江南大旱,太湖水涸,周围数百里湖沿露滩。时逢湘省饥荒,数万灾民逃来太湖流域,在东太湖东西18里,南北20里筑成一围,约10余万亩"[②]。与此同时,吴江和吴县境内的一些颇有财力的土著居民也开始变本加厉地大规模围湖造田。土客勾结,"所围之田,据查南北长约十八里,东西广约六里,公司有五六个之多"[③],"不法土客填平河港,兴高采烈组织公司,将整个东太湖西北二十余里完全霸占围筑"[④]。这一时期相继成立的围筑湖田组织有开南公司、松陵农场、三友公司、七十股份圩、民生公司、共成公司、永利公司、民强农场等十余个,其他规模较小的组织也达数十个。[⑤] 1934年9月至1935年5月,各围田公司共围筑湖田十余万亩,每个湖田公司围筑的湖田,至少有三四千亩,东至横扇沈家荡,西至叶家荡,南至南厍三官荡,北至吴县沙泾港东斜路村,东西宽18里,南北长20余里,东太湖附近吴江和吴县两地滨湖滩地几乎全被圈占。其中,"仅1935年的六个月间,就围垦了37430亩,差不多占吴江湖田的十分之四"[⑥]。吴江和吴县两县的东太湖水面面积,之前东西有十八华里,由于大规模围垦,到1935年仅有二里,其中围圩私垦面积占主要部分。[⑦] 至1936年,太湖湖田约有十万多亩,这些湖田主要集中分布在东太湖沿岸的吴江、吴县两县境内(见表1-5)。

---

① 徐思予:《东太湖围田问题之剖析》,《政治评论》1935年第167号,第421页。

② 詹一先:《吴县志》,上海古籍出版社1994年版,第412页。

③ 《吴江同乡会电请拆除太湖围田》,《申报》1935年6月29日,第12版。

④ 《呈为东太湖浦北等乡呈请拆除太湖围田并拘拿首要据情转请》,吴江区档案馆馆藏,卷宗号:0204-003-1023-0054。

⑤ 益智:《整理东太湖废田还湖的由来(上海)》,《大公报》1937年3月6日,第10版。

⑥ 张潜九:《东太湖围垦始末记》,《中国农村》1935年第1卷第12期,第94页。

⑦ 忱:《太湖湖田放垦情形》,《苏衡》1935年第1卷第3期,第116页。

表 1-5　20 世纪 30 年代吴江、吴县部分围田公司围垦情况

公司名称	负责人	围筑亩数	围筑情形
开南公司	李文卿 江耀南	18000 亩	在松陵之南，东太湖东，现正进行围筑，如完工则东太湖将全成陆地
共成公司	赵炳山 陈海青	3600 亩	也叫里复圩，至 1935 年夏已完工十分之九，一部分已种秧
新顾家荡	罗祖富	3000 亩	民生农场一部分，如筑至横泾，东太湖最窄处即被完全阻断
民生农场	罗祖富	3000 亩	全部大都完工，现正向西展筑，已种秧
松陵农场	缪天秩	2000 亩	在南库西北湖心，现仍在进行围筑之中
北星圩	熊少坤	2200 亩	也叫七十股份圩，在吴县、吴江两县之间，为各客民合股围筑
宥字圩	徐大用	2000 亩	地名新牛家尖，至 1935 年拆围时，尚有二里许未完全围筑
元生公司	客民	不详	围田处于吴县境内
永利公司	土民	12000 亩	太湖、庞山湖各六千亩

　　资料来源：张潜九：《东太湖围垦始末记》，《中国农村》1935 年第 1 卷第 12 期；忱：《太湖湖田放垦情形》，《苏衡月刊》1935 年第 1 卷第 3 期；《吴江县湖田状况调查表》，吴江区档案馆馆藏，卷宗号：0204-003-1223-0015。

　　围湖造田导致湖泊面积不断减少，湖泊的蓄洪、泄洪和调节水利作用大大降低，成为加剧水旱灾害频发的重要因素之一。"二十年大水滨湖，田庐荡尽，尽成泽国，二十三年大旱，东太湖涸无勺水，田尽龟裂。揆厥缘由，潦则无从宣泄，旱又涸可立待，缘太湖水源为一般豪客强民侵占，围筑成田。"[①]可见，太湖流域的水旱灾害与湖田围垦密切相关，"年来沿湖附近居民，擅自围淤成田，妄争微利。但官民之有常识者，均视此为造成太湖水患之厉阶"[②]。1931 年夏，长江流域发生特大水灾，处于下游地区的东太湖一带受灾尤为严重，吴江位处太湖下游东南岸，地势低下，水流无处宣泄，"全邑各乡殆无不受其淹没，而庞山湖畔南库镇棋字五圩、盛家库后面各圩灾情尤重"[③]。同处太湖东岸的吴县，"不独田亩被淹，即城乡街

---

① 《客民恃强围筑湖田，务请当局命令撤围》，《苏州明报》1935 年 6 月 1 日，第 6 版。

② 沈百先：《太湖流域水利工程规划刍议》，《太湖流域水利季刊》1927 年第 1 卷第 1 期，"研究"第 26 页。

③ 《各县水灾志略》，《太湖流域水利季刊》1931 年第 4 卷第 4 期，第二章第 6 页。

衢亦均积水一二尺……低田固尽在水中,即高田被淹者亦十之六七,以田亩言,被淹最重者约四十万亩"①。1934年夏秋,长江中下游地区遭遇特大旱灾,其中"最为一般人注意而视为严重的,是首都毗连的苏、浙、皖三省所发生的六十年来未有之旱灾。梅雨期内,雨量稀少,以致江南稻田,至七月中旬,除濒河的地方可利用机器灌溉,莳下秧苗外,山田、平田未能插秧者,尚有半数以上。……江南的灾荒已成为不可避免的事实"②。吴县士绅张一鹏称:"吴县夙称水乡,即偶遇偏灾,何至其重若斯,揆厥原因,胥由太湖上流,从前围筑湖田,水源阻塞所致。"③该年吴江入夏以来,"天气久热不雨,从芒种一直到立秋,两个月内吴江县水文站测量到的降雨量仅为71.7毫米。境内2000余万亩稻田受灾严重,田地龟裂,田禾枯萎,秋收绝望,部分作物能有三分收成,已实属幸事"④。究其原因,吴江县泰东乡乡长马寅生、浦北乡乡长范文龙及保长吕宝如等称:"土客勾结占湖围田,填平河港,土堤高筑,内地农田受害无穷,内河水源不通,致无法救济,渐至造成去岁旱灾。"⑤

(二)水利设施失修

"水利兴,沟洫通,固足以避免水灾,但同时亦可以减少旱灾之数。"⑥晚清以来,太湖流域的水利设施遭到严重破坏,"堤防残缺,河港淤塞,涵闸失修,塘浦水网混乱无纲,圩系零散失统,高田患旱,低田患水,洪、涝、旱交相发生,严重影响了农业生产和人民的生活。政治的腐败,直接间接地在治水问题上反映出来,并带来了经济的衰退和破坏"⑦。这一时期,虽然各级政府也力图加强对水旱灾害的治理,但却因各种原因而表现出心余力绌的状况。出台的相关管理政策,也因缺乏人力和财力的支撑和保障而无法有效施行。"东南之水利,犹人身之血脉也。今东南之民,困

① 《各县水灾志略》,《太湖流域水利季刊》1931年第4卷第4期,第二章第5-6页。

② 哲民:《目前水深火热的灾荒》,《新中华》1934年第2卷第15期,第17页。

③ 《客民围田纠纷案》,《南京日报》1935年6月6日,第3版。

④ 《呈为天时亢旱河水干涸吁救无法,禾苗枯槁请求派员履勘由》,吴江区档案馆馆藏,卷宗号:0204-003-1232-0156。

⑤ 《呈为东太湖浦北等乡呈请拆除太湖围田并拘拿首要据情转请》,吴江区档案馆馆藏,卷宗号:0204-003-1023-0054。

⑥ 《中国历史上气候之变迁》,载竺可桢:《竺可桢文集》,科学出版社1979年版,第59页。

⑦ 宗菊如、周解清:《中国太湖史(上)》,中华书局1999年版,第8页。

于征求,而水利置之不讲。"①太湖流域河汊如织,水流密布,水文情况纷
繁复杂,"西太湖之水不入东太湖,自有运河以泄于江。反之者云,湖不入
江,江乃养湖。有云,浙境之水专趋东湖"②。太湖上游依靠东坝阻滞洪
水,下游有吴淞江、娄江和白茆河等泄水河道,中游有漏湖、洮湖调节水
位,所以少有水旱灾害发生。近代以来,太湖流域水利设施失治,水政废
弛,河网系统遭到破坏。位于太湖流域下游的庞山湖,"历年以来水利无
人过问,以致湖身日就淤浅,其四周高仰之处,早已占种成田"③。由此可
见太湖流域水利工程体系在江南地区农业经济生产和防治水旱灾害中的
重要作用,"太湖水利关系苏浙两省国计民生,至为重要"④,"如久不浚
泄,以致航运不能畅达,河流难以宣泄"⑤。而水利河道的失修又加剧了
水旱灾害发生的频率。沈怡曾指出:"政府表示对水灾负责之最好方式,
莫过于救灾之外,努力防止今后之水灾。防止今后水灾之道无他,惟在平
时之兴修水利而已"⑥。

　　吴江,作为太湖之水东流并最终汇入大海的必经之地,其水道的畅通
与否至关重要。自晚清时期起,由于水路的淤积,湖面逐渐缩小,平均水
深大约只有四五尺,小轮船无法从东山航行至吴江。"航运亦为水利之
一,域内水道繁密,百货赖其转运,只以年久失修淤浅者多"⑦,因此,一旦
遭遇洪水泛滥,排水无门,湖水难以迅速宣泄,便可能形成安全隐患。"不
论水位高落,江吴两县固首当其冲,而虞嘉昆太松各邑,亦势必间蒙奇
灾。"⑧为此,吴江县政府曾严定限制,不准围圩筑堤,以免妨碍水利。
1919 年 10 月,苏州士绅潘祖谦即呈请北京政府,以太湖年久失修,亟待

---

①　凌云翼:《调查补白》,《太湖流域水利季刊》1928 年第 1 卷第 4 期,第 86 页。

②　李协:《太湖东洞庭山调查记(续)》,《河海周报》1926 年第 15 卷第 3 期,第 35 页。

③　《关于整理庞山湖田创办农田水利模范场事项》,《太湖流域水利季刊》1929 年第 2 卷
　　第 3 期,"公牍连载"第 72 页。

④　《咨呈国务院唐文治等呈称太湖工程重要,拟拨用苏之漕粮特税浙之抵补金等项请
　　核办一案经咨准财政部复称应由江浙两省酌量情形妥筹办理等因分行查照文》,《内
　　务公报》1919 年第 78 期,第 32-33 页。

⑤　孙蕖忱:《太湖流域水利计划及实施大纲》,《太湖流域水利季刊》1931 年第 4 卷第 2-3
　　期,"测量工程"第 1 页。

⑥　沈怡:《水灾与中国今后之水利问题》,《东方杂志》1931 年第 28 卷第 22 号,第 37 页。

⑦　曾养甫:《本会现在设施概要》,《太湖流域水利季刊》1929 年第 2 卷第 3 期,第 2 页。

⑧　《县农会电请各县,一致主张还田为湖》,《苏州明报》1935 年 6 月 6 日,第 6 版。

疏浚以兴水利,提议设立修浚太湖水利局。① 1926 年 11 月,浙江省水利会派员勘测太湖水域后认为,如果再任其侵占,不加疏浚、兴修水利设施,则太湖水位如增高二尺,即成灾害,后果不堪设想。② 随后,江苏省建设厅会同扬子江水利委员会会商办法,整理太湖水利,设计开通疏浚环湖各主要港道。③

　　长期以来,江南地区的水利治理主要集中在三个关键方面:修筑堤坝、疏浚河道和建设水闸。这三个方面相辅相成,犹如鼎立的三足,缺一不可。"滨湖低区,潦多于旱。拒潦之策,阙赖圩岸。……盖圩岸筑则易于捍水,沟洫开则易于泄水。"④修筑圩岸、开凿沟渠、建设闸门和堰坝、疏浚河道,是太湖流域迫切需要实施的标本兼治的综合治理工程。1919年,太湖水利工程处成立后曾拟订疏浚计划,后因经费不足,未能落实。太湖地区的水利失修,使周边河道渐趋淤塞,水流不畅,太湖下泄之水流入长江受到束缚,以致"源衰流缓,不足冲刷下游浑潮带入之泥沙。遂逐渐沉积,而吴淞江因以淤塞"⑤。加上湖田围垦将太湖之水与下游完全隔绝,吴淞江和娄江两江水源均被阻塞,这就导致在亢旱时期,不仅吴县、吴淞一带农田在需水时无处汲水,太湖流域下游向来依赖吴淞江、娄江及其支流河水以资灌溉的昆山、嘉定、青浦等地农田,也将受到缺水影响。与之相反,如果遇到洪涝之年,太湖上游天目山一带发生大水,则仅有淀泖一路,不足以供洪水宣泄,堤岸如若横决,滨湖各县恐成泽国。太湖水利委员会委员金家风指出:"东太湖下游水流已断,吴淞江、娄江八县农田大受影响。目下情形阻塞水流,妨害环湖农田,妨碍太湖水利工程。"⑥太湖向娄江、吴淞江及黄浦江三江泄水,而吴淞江、娄江及其他河道淤塞,使东太湖之水的宣泄只有淀泖直趋黄浦江一路,同时作为太湖泄水要道的吴淞江、娄江等湖泊接纳太湖来水的功能减退,反过来又使太湖尾闾大受阻滞,一旦遇到淫霖或太湖湖水稍涨,湖水的疏通即遭不畅,"虽有湖荡,因

① 《浙绅请修太湖》,《民意日报》1919 年 10 月 25 日,第 3 版。
② 《浙省水利会测勘太湖》,《庸报》1926 年 11 月 23 日,第 6 版。
③ 《苏建设厅将整理太湖水利》,《新江苏报》1936 年 7 月 16 日,第 5 版。
④ 孙斐忱:《太湖流域农田水利概况及其整治方策之商榷》,《太湖流域水利季刊》1930 年第 3 卷第 2 期,"论著"第 10 页。
⑤ 孙斐忱:《太湖流域农田水利概况及其整治方策之商榷》,《太湖流域水利季刊》1930 年第 3 卷第 2 期,"论著"第 9 页。
⑥ 《昨日下乡勘察湖田,东太湖几成陆地》,《苏州明报》1935 年 6 月 2 日,第 6 版。

淤塞故,不能蓄积,遂多入低田,毁坏稻禾,而滨湖农田,时受泛滥之患"①,从而带来连锁反应。因此,位居太湖下游的滨江各县,同时受长江浑潮影响,每当江潮并涨之时,泛滥汪洋,所受之害常不堪设想。

可见,水利设施遭到破坏,造成河道淤塞,影响太湖上下游水道的蓄排水功能,进而加剧水旱灾害的发生。沈怡指出,太湖流域所有支流,"必须分别加以疏浚,沿江江岸与堤防,必须分别加以修理与保护,平日蓄水诸湖,必须恢复其固有之功能"②。换言之,所有被侵占的土地,无论是否为合法取得,凡是和治理太湖计划相抵触的,均应尽还诸水。由此,方能水利宣泄,通畅无阻。

(三)生态环境破坏

水旱灾害的发生与生态环境的破坏有着紧密关系。其中,树木的乱砍滥伐造成植被破坏,加重水土流失,以及人们在日常生活中的一些不合理行为导致河道淤塞越来越严重,降低了河道调蓄洪水的能力,一旦雨水稍多即易发生洪涝灾害。"人们砍伐林木,填塞沟渠,挪用治水经费。……经费无着,阻碍了筑堤工作,使江河堤防空有其表;沟渠之填塞,取消了吐纳之作用,一雨便可成灾;林木之伐尽,绝灭了调剂气候之功能,于是水旱之灾便容易发生了。"③如针对1934年大旱灾发生的原因,当时的评论文章称:"今年旱灾又遍十一省之广,以江、浙、皖灾情最重……此非天之独薄于我,盖亦缺乏森林之惟一大原因也。"④"中山先生在民生主义中,曾详论造林防旱方法……'现在科学昌明,无论什么天灾,都有方法可以救,不过这种防旱灾的方法,要用全国大力量通盘计划来防止,这种方法是什么呢?治本方法也是种植森林,有了森林,天气中的水量便可以调和,便可以常常下雨,旱灾便可以减少……所以我们研究到防止水灾与旱灾的根本方法,都是要造林;要造全国大规模的森林。'"⑤由此可知山林保护和河道通畅对预防自然灾害和保护生态环境的作用。

---

① 孙斐忱:《太湖流域农田水利概况及其整治方策之商榷》,《太湖流域水利季刊》1930年第3卷第2期,"论著"第9页。
② 沈怡:《水灾与中国今后之水利问题》,《东方杂志》1931年第28卷第22号,第38页。
③ 许涤新:《灾荒打击下的中国农村(一九三四年九月)》,载陈翰笙、薛暮桥、冯和法:《解放前的中国农村》(第一辑),中国展望出版社1985年版,第464页。
④ 林刚:《造林为防旱之根本方法》,《农报》1934年第1卷第14期,第329页。
⑤ 林刚:《造林为防旱之根本方法》,《农报》1934年第1卷第14期,第330页。

民国时期,尽管国民政府颁布了旨在保护植被、禁止开垦山林的法令,但受当时社会政治环境的限制,这些政策往往难以得到有效执行,或者在执行过程中屡遭违反,无法制止森林和草地遭到大规模破坏、水土严重流失、土地大面积沙化。"晚清时期,长江流域三十日无雨则发生旱灾,四十日以上无雨则赤地千里,而一旦大雨连绵,则江溢湖漫,泛滥成灾。"[1]美国人马罗立曾说道:"中国人数千年来,对于森林,总是不注意的,所以到了现在,恐怕已完全将森林的利益忽略了。"[2]而频繁发生的战争,又导致各地的森林资源遭到大面积的乱砍滥伐,"在世界上再没有中国像那样采伐森林之盛了,这完全是军阀残暴行为的结果"[3]。森林被砍伐,植被遭到破坏,造成气候不断恶化,导致水旱灾害时常发生,同时也使山坡间几无障碍,雨量稍大即招致水患。"水患之所以源源不绝者,全属山表积土,固持不住,扬子终岁不脱浊流,沉淀物淤塞,渐使航行触礁,支川阻滞,即其明证。"[4]植树造林不仅是防治水灾的根本方法,而且对有效预防旱灾的发生也大有裨益,"旱灾之防治方法,可分为治标与治本二项,前者如购戽水机,以资灌溉,捐款以赈济灾民,及筹拨国币,以购买耐旱或短期作物之种子,分发于灾区种植等是;后者即在造林,治标为临时之救急方法,治本则可望灾害问题之永久解决"[5]。森林在空中蒸发水分,能增加降雨量,另外,树木蔓根盘结在土壤中,又能有效含蓄水源。可见,"有了森林,空中的水量,便可以调和,便可以常常下雨,旱灾便可减少"[6]。

苏州地处太湖下游,上游天目诸山森林植被的破坏对苏州地区生态环境的变化产生重要影响,进而导致水旱灾害的发生。太湖流域,上游源自宣歙及天目诸山,下游河湖交错,均以扬子江为尾闾。[7] 1935年,浙江省政府曾派员勘察天目山一带森林,指出"天目山森林关系浙西农田水利,至为密切,迩来因农村经济衰落,人民贫困,诸山林木渐被摧伐,垦种

① 康沛竹:《灾荒与晚清政治》,北京大学出版社2002年版,第48页。
② [美]马罗立:《饥荒的中国》,吴鹏飞译,上海民智书局1929年版,第30页。
③ 陶直夫:《一九三一年大水灾中,中国农村经济的破产》,《新创造》1932年第1卷第2期,第12页。
④ 李寅恭:《中国森林问题》,《东方杂志》1934年第31卷第21号,第44页。
⑤ 林刚:《造林为防旱之根本方法》,《农报》1934年第1卷第14期,第330页。
⑥ 高孝达:《论造林》,《新苏农》1932年第6卷,第18页。
⑦ 沈百先:《太湖流域水利工程规划刍议》,《太湖流域水利季刊》1927年第1卷第1期,"研究"第14页。

食粮,贪一时之近利,忘百年之大害,结果因倾斜峻急,表土渐次流失,岩骨暴露,林既无有,耕种亦遂告艰难,荒废山林,莫此为甚"①。民国时期,对森林资源调节气候、保持水土的作用重视不够,加上近代工业化生产方式被大力推行,为追求经济利益,民众以伐木售卖为生,或者将其作为工矿企业生产的原料,政府也未能及时有效地制止,"斩伐林木,填塞沟渠,挪用治河工款等事情,人们都一一施行了,防御水旱的条件既已毁坏无余,天气变劣的时候,又焉能不演成摧毁农村吞灭农民的灾祸呢?"②另外,人们不但毁坏可以防御水旱灾害的自然条件和相关设施,有时甚至直接制造祸患。太湖流域自然资源丰富,长期以来当地民众养成了从山林湖泊里获取生活物资的习惯,但长期的山林砍伐,年复一年,导致植被破坏,丧失涵养水源的功能,从而山地荒芜,造成严重水土流失,生态环境遭到严重破坏,太湖下游诸县水旱灾害频繁发生。

苏州所处的江南地区,河道密布,水资源丰富,纵横交错的河道是农田灌溉用水的天然来源,另外,当出现旱灾或河道水位下降时,也可以利用其四通八达的优势,汲引太湖之水补充灌溉。但近代以来,江南民众在土地开发中只顾追求自身利益,而不注意保护河道,诸如在主要泄水河道中种植菱芦和苇荻等水生作物,阻滞水流、破坏水利设施的现象屡屡发生。1934年,长江流域大旱,一个原因是当年降雨量过少,本来可利用长江和太湖之水灌溉,可是,"因河道淤塞,及渠道湮没的原故,以致旧有的灌溉水利,也都不能利用"③。如苏州横泾,三面环湖,"然东南两湖,芦苇丛杂,淤积已久",旱灾发生后,"堤岸不修,支港不俊,水则泛滥,旱则龟裂"。④ 原本具有蓄水功能的大河大湖日益淤塞,水位降低,容水量减少,致使旱灾发生时无水灌溉,"湖底淤积,容量减少,他如乡间之沟渠塘池,均为灌溉水源,亦有全样淤塞情形,致天旱之时,毫无蓄水可取,此虽非旱灾之直接原因,若能预为计划,积储巨量之水,以待随时放用,亦防旱之一法也"⑤。另外,民众在日常的生产生活中也缺乏对河道保护的重视,不

① 杨靖孚、潘祖贻:《视察天目山禅源寺森林之经过》,《浙江省建设月刊》1935 年第 8 卷第 8 期,第 5-6 页。

② 达生:《灾荒打击下底中国农村》,《东方杂志》1934 年第 31 卷第 21 号,第 36 页。

③ 鲍幼申:《中国之灾荒问题》,《中国经济评论》1935 年第 2 卷第 7 期,第 12 页。

④ 《县属横泾受灾特重,公民王士一等电请赈救》,《苏州明报》1934 年 10 月 20 日,第 7 版。

⑤ 洪传炯:《电力庤水与救济旱灾》,《电工》1934 年第 5 卷第 6 期,第 556 页。

注意河道的清理，"不少沿河人家都将河道当成了厕所和垃圾箱，瓦砾、煤球灰、粪便尿水，什么乌七八糟的东西一股脑儿都往河里倾倒"①。民众在建造房屋时侵占河道的现象也时有发生，"民利斯土，日久侵占河道变为房屋，是以宽者窄，流者塞，驯至今日，所有城内河道，几尽纳垢藏污之沟渠"②。如望亭镇吴聚兴米店主吴冠英，"扩充原有住房，擅自侵占官河，筑砌驳岸加盖房屋一间，木踏渡一座，公然独断视若无人，竟以官河窃为己产"③。

　　江南运河作为南北货物贸易往来的重要通道，清政府每年通过运河把大量的粮食和物资运往北京。太平天国运动对清政府造成重创，导致国库空虚，缺少系统治理运河的经费，以致苏州境内的运河河道日益淤塞，而近代铁路等交通工具的兴起又使运河的作用进一步式微。"从理论上讲，相比于江南地区传统的水运，铁路有其方便快捷、运输量大的优势；相比于传统的陆运，铁路更是一种节省的运输方式"④，这就造成现代化铁路和公路的修建对河道的截断和填堵成为普遍的现象，从而阻碍了河流的泄水能力。苏州地区水网堵塞严重，造成河道淤塞，加剧了洪涝干旱等自然灾害发生的频率，进而导致生态环境遭到进一步破坏，"因为公路兴筑在原来的田野之上，上下左右的水源往往要被路身隔断"⑤，这就造成水生资源枯竭，农田歉收，航运失调，甚至发生民众争田争水等恶性事件。1934年，江南大旱，国民党吴江县党部在县属各乡进行勘灾时，就注意到沿苏嘉路的三阳乡各圩，因有汽车路的阻碍，抗旱戽水救济旱田要比其他地方的田亩更为艰难，以致绵延十二里的农田连插秧工作都没有完成，受害田地多达四五百亩。⑥

　　可见，人们对森林滥伐和水土流失缺少应有的关注，加上河道淤塞，长期不注重加以疏浚，造成社会生态环境日益恶化，再加上民众贪婪，一味追求经济利益的活动违反甚至打破了自然界的生态规律，导致苏州地

---

① 徐刚毅：《再读苏州》，广陵书社2003年版，第13页。
② 苏州市政筹备处：《工作计划与实施》，《苏州市政筹备处半年汇刊》，第44页。
③ 《太湖流域水利工程处训令令吴县县长王派员调查侵占官河由》，《太湖流域水利季刊》1928年第1卷第3期，第57页。
④ 包伟民：《江南市镇及其近代命运(1840～1949)》，知识出版社1998年版，第117页。
⑤ 万巨渊：《公路建设与中国农民》，载中国经济情报社：《中国经济论文集》(第二集)，上海生活书店1936年版，第295页。
⑥ 李嵩一：《吴江县党部协助防旱工作碎记》，《吴江县政》1934年第1卷第3期，第6页。

区抵御自然灾害的能力日趋降低。

三、战乱影响

　　自然灾害的发生也与政局的稳定与否关系密切。民国时期,国内政局不稳,战乱频繁,即使国民政府形式上统一全国后,也是地方争斗不断,国民党新军阀之间争权夺利,不时爆发战争。战争将交战地区的自然生态环境破坏,引发天灾,还导致天灾和人祸相互交织,多种灾害同时发生。本来就脆弱不堪的防灾、抗灾体系在频发的自然灾害冲击下已接近崩溃的边缘,而不时的战乱则进一步削弱了民众抵御灾荒的能力。据不完全统计,1840—1949 年,太湖地区水旱灾害频繁,共发生水灾 38 次,平均2.87 年发生水灾一次;旱灾 24 次,平均 4.54 年发生旱灾一次。[①]

　　自然灾害发生的原因,看起来似乎是"昊天不吊,降此鞠凶",其实与军阀战争和军阀的苛取压迫有很密切的关系,也可以说这些水旱灾多半是由军阀直接或间接召来的。[②] 1913—1917 年,直系军阀冯国璋统治江苏期间,不断扩充军队规模,仅每年的军费开支就高达近千万元,庞大的军费开支使江苏省财政负担加重,入不敷出,民不堪扰。江苏省的关、盐两税收入每年 2000 万元已全部被中央政府接收。田赋收入每年约 900万元,加上其他税捐,全年财政收入仅为 1500 万元,而每年的财政支出却高达 1800 万元,根本无力承担。[③] 由此,冯国璋加紧对江苏百姓的盘剥,各种名目的苛捐杂税纷纷出现,像雪花一样飞向省内各县。1917 年,江苏北部发生水灾,苏南地区发生蝗祸,但政府财库亏空,缺乏充足的资金加以应对,导致突如其来的灾祸迅速蔓延。

　　政治动荡和频繁发生的战争导致大量的人力和物力资源被消耗。同时,战乱进一步破坏了社会生产和经济活动的正常秩序,削弱了国家的生产能力。农田被遗弃,植被遭到破坏,导致国家预防和应对自然灾害的能力显著下降。此外,战争还会间接引发自然灾害,"人祸频繁,防灾不力,堤岸失修,于是天灾荐至,水旱沓来"[④]。1924 年 9 月初,江浙战争爆发,

---

① 马湘泳、虞孝感等:《太湖地区乡村地理》,科学出版社 1990 年版,第 66 页。

② 述之:《军阀统治下之灾荒与米荒》,《向导周报》1926 年第 164 期,第 1627 页。

③ 江苏社会科学院、《江苏史纲》课题组:《江苏史纲》(近代卷),江苏古籍出版社 1993年版,第 292 页。

④ 朱偰:《农村经济没落原因之分析及救济农民生计之对策》,《东方杂志》1935 年第 32卷第 1 号,第 28 页。

江苏直系军阀齐燮元和浙江皖系军阀卢永祥在江浙交界沿太湖及沿铁路的松江、青浦、宝山、昆山、太仓、金山等地开战。双方在昆山县蓬朗、蓬葭、花桥和安亭一带展开激烈角逐,"战区附近胥属繁盛村市,烽烟所至,死亡枕藉,庐舍为墟,而老幼扶持,妇孺哭泣,欲逃无所,欲避无门"①。战争经过之处,农村经济遭受严重损失,耕牛、农具损失率高达 60%。棉田损失更为严重,收获少者仅有二到三成。"军行所过,庐舍为墟,奸杀焚掠,视为常课。连樯东下,饱掠以西,致嘉定、宝山、太仓、昆山、上海、松江、青浦、金山、奉贤、宜兴十县万余方里之内,室无完甋,野有裸妇。"②中外人士推测这次战争造成的直接和间接损失高达数千万元。江苏太仓、金山和昆山等九个交战县份本来是人杰地灵、民物殷阜的江南富庶之地,遭受这次战争的摧残后,出现"闾里为墟,居民流散"的状况。上海士绅黄炎培等人在战后为救济灾民巡查了交战区,事后说道:"无辜良民,死于战时之炮火,已属可怜;困于战后之焚掠,尤为奇惨。其间如浏河全市,弥望瓦砾,方泰一镇,洗劫殆尽。"③常熟市溃兵过境,因战争"被灾者计二十四市乡,损失款项计银元二十三万四千九百三十六元七角五分,又铜元一百一千文。当溃兵压境之时,人民逃避不暇,凡经过市乡无不十室九空"④。唐绍仪也曾说,此次战争"至少有六七百万人将因战事迫于饥寒而垂毙。此六七百万人中至少当有百余万人为无衣无食,非振济不活的灾民"⑤。

　　齐卢两军在太仓浏河、嘉定黄渡一带对峙期间,战区内的百姓苦不堪言,市肆被洗劫一空,行人被强迫拉夫扛运,"有一妇人谓丈夫爱子皆被兵士拉去,已有二日不归,今日家中器具,又被兵士捣毁,粒米无存,势将饿毙"⑥。1924 年 9 月 11 日,齐军败退,溃兵游勇经过苏州,抢掠杀戮,石路、大马路一带有 160 多户人家被抢。自 17 日起,浏河、黄渡再度发生激战,浏河镇一片狼藉,居民死伤 500 多人。苏州地区拥有众多专营米业的

①　《红十字会电请协款》,《申报》1924 年 9 月 20 日,第 9 版。
②　(清)徐兆玮:《徐兆玮日记》,李向东、包岐峰、苏醒等标点,黄山书社 2013 年版,第 2638 页。
③　大山:《战后的江南》,《东方杂志》1924 年第 21 卷第 23 号,第 5 页。
④　(清)徐兆玮:《徐兆玮日记》,李向东、包岐峰、苏醒等标点,黄山书社 2013 年版,第 2685 页。
⑤　大山:《战后的江南》,《东方杂志》1924 年第 21 卷第 23 号,第 6 页。
⑥　杨其民:《甲子风云忆鹿城》,载中国人民政治协商会议江苏省昆山县委员会、文史征集委员会:《昆山文史》(第一辑),内部资料,1983 年,第 33 页。

市镇,稻米业一直以来都比较发达,频发的战争将米业市镇摧毁,致使米价步步上涨,"米价已达五十元一担了,造成这种现象的原因是滥战"①。1925 年 1 月,第二次江浙战争爆发,"齐、卢军阀交战,双方在昆山集结大批驻军,造成该地米价节节上涨,苏州的石米售价为 7 元,不久涨至 9 元多,人民受困日益"②。齐燮元败退上海,逃亡日本。溃兵则在苏州斜塘、外跨塘、陆墓、横泾、浒墅关、望亭、蠡口、湘城等处大大抢掠了一番,过常熟的溃兵又向县里勒索了九万大洋才开路。③ 苏州望亭镇,遭受溃兵践踏,损失惨重,"敝镇地处苏锡交界,所在又为南北往来要道,此次无锡之役,溃兵南窜,首当其冲,所遭戎马蹂躏,损失颇巨"④。齐卢之战造成太仓和昆山两县极为惨重的损失(见表 1-6)。据《江苏兵灾调查纪实》记载:"大兵所指,人民遁逃,炮火所经,村市为墟,兵匪劫掠,十室九空。……农田被蹂躏百余万亩。……战争期间,适当棉铃开放,早稻登场,农民逃亡,致花朵自堕,早稻腐烂。……至于用兵之地,耕牛被食,农具被毁,到处皆然。鸡鹅猪羊,则兵灾区域杀掠一空矣。"又谓"纵观各县灾况,嘉定、太仓最重,宝山、青浦、昆山次之⑤。

表 1-6　1925 年太仓和昆山两县兵灾损失情况

损失项目	太仓	昆山
受灾田地	838745 亩	1084000 亩
受灾人口	269672 人	278730 人
伤亡情况	死约 200 人,受伤及失踪者约 500 人	30 余人
受灾面积	88.5%	50%
市村经济损失	11712400 元	3060000 元
农田经济损失	2252420 元	3040000 元
损失合计	14664820 元	6100000 元

资料来源:《江苏兵灾调查纪实——太仓、昆山》,载苏州市地方志编纂委员会办公室:《苏州史志资料选辑》,1990 年第 2 辑,内部发行,第 85-86 页,第 95 页。

---

① 晨钟:《最苏州同胞》,《青复月刊》1940 年第 1 卷第 6 期,第 13 页。

② 《军阀交战,米价上涨》,《苏州明报》1925 年 2 月 29 日,第 3 版。

③ 朱红:《话本苏州简史》,古吴轩出版社 2006 年版,第 315 页。

④ 《望亭镇遭受溃兵灾害,损失较大,请核转军民政长官予以救济》,苏州市档案馆馆藏,卷宗号:I14-001-0675-001。

⑤ 李文海、林敦奎、程歗等:《近代中国灾荒纪年续编》,湖南教育出版社 1993 年版,第120 页

江浙军阀战争,也导致苏州地区的农田春耕备受影响,"案查太仓、宝山、嘉定、松江、青浦、奉贤、金山、上海,以及昆山、常熟、吴县、吴江、无锡、江阴、宜兴、武进、丹阳、丹徒等县,或直接或间接先后被兵情形,最重之区,焚劫所遗,流离乏食,亟待放赈,其受灾较轻处所,百业停顿,粮食维艰"①。1926年,国民革命军正式誓师北伐。次年3月19日,北伐军二十一师抵达吴江,并于20日在尹山、横泾、木渎一带与孙传芳的第七师第十三旅展开激战。连年的战争使苏州盘蒟门外自觅渡桥、宝带桥至尹山一带田地悉遭蹂躏,农民因战事而受损失,颇属不赀,田间春熟,完全无收。"太仓浏河镇有田约四万亩,棉田仅收二成,稻田少则三成,多者不过七成。西北被马吃者三百余亩。"②此外,接连战争,大批溃兵游勇不断侵扰农村,导致农田荒芜、水利设施失修、农民耕作失时,如果再遇上水旱灾害,农民生活更是祸不单行。可见,频繁战乱造成大量的民众伤亡,农民丧失再生产能力,抵御自然灾害的能力也随之减弱。

总之,自然生态环境的恶化、农村经济的衰败加上连年的军阀混战,多种因素相互交织,不断叠加,构成了民国时期苏州地区自然灾害日益严重的主要原因。"人们又往往将水灾归咎于山洪,旱荒则诿罪于骄阳,其实中国的农村经济所以单凭天时作弄,每逢久雨或久旱,农民只得跪拜呼救者,都是因为现实的种种剥削使他们丧尽了与自然斗争的能力。"③可见,战争造成大量人员伤亡,破坏了人们赖以生存的自然环境,从而加剧了水灾、旱灾、虫灾、疫灾等自然灾害的影响,导致生态环境恶化,而生态环境的恶化又进一步加大了自然灾害发生的频率,如此反复,形成恶性循环。

小　结

苏州位于风景如画的江南水乡,自明清时期起便发展成全国的经济

---

① 《被灾各县运赈粮及耕牛概准免税》,《申报》1925年3月2日,第14版。
② 宋琨辑:《江苏兵灾调查纪实——太仓、昆山》,载苏州市地方志编纂委员会办公室:《苏州史志资料选辑》(第二辑),内部发行,1990年,第87页。
③ 骆耕漠:《水旱灾的交响曲——中国水利经济的解体》,载中国经济情报社:《中国经济论文集》(第一集),上海生活书店1935年版,第118页。

与文化中心,被誉为"鱼米之乡"。得益于得天独厚的区位优势、宜人的气候条件以及深厚的文化底蕴,苏州地区的民众通过不懈的辛勤劳动,享受着安定且富足的生活。然而,在苏州地区漫长的历史发展过程中,小范围内的自然灾害和短时期的极端气候等异常天气现象也频繁发生。具体而言,在水旱灾害方面,呈现出高地易受干旱影响、低地则易遭洪水侵袭的特点。尽管苏州地区拥有得天独厚的自然和人文条件,但该地区作为水乡泽国发生小规模乃至中等程度的水灾仍屡见不鲜,甚至,"在如此富余水资源的环境中,旱灾却也是经常性的事情"①。

　　民国时期,苏州地区自然灾害的种类以水、旱、虫、疫灾为主,其中水灾是最为常见的灾种,涝重于旱,尤其是在沿江濒海的常熟、太仓,为害更甚,遭受的水患也更严重。苏州境内水网密布,河道纵横,水资源异常丰富,通常来讲很难发生旱灾,但作为我国受灾面积、造成损失仅次于水灾的主要自然灾害,旱灾在民国时期苏州地区也时常发生,其中尤以 1934 年"百年不遇"的大旱灾最具代表。而虫灾一般发生在旱灾之后,所谓"旱极而蝗"。虫灾是苏州地区的第一大灾种,对农作物的破坏往往是致命的,危害巨大。这一时期,苏州自然灾害频繁发生,呈现出多灾并发、纵横交织的特点,出现过多个一年中发生两种以上灾害的年份,如 1934 年苏州相继发生旱、蝗、疫灾。另外,严重的自然灾害造成惨重损失,人员死亡、房屋倒塌、农田被毁,各种灾害对社会生活和农业生产造成了极为严重的影响。

　　引发自然灾害的因素是多方面的,既包括自然因素,也涵盖社会因素。苏州地区属于亚热带季风海洋性气候,受地区气压等因素影响,年降雨量差异显著,时空分布不均。在降雨较少的年份,该地区易遭受旱灾;而在降雨充沛的年份,则容易发生洪涝灾害。此外,苏州位于太湖平原,地形从北向南、从西向东倾斜,平原和丘陵构成其主要的地貌特征。东南部地势偏低,易遭洪涝;东北部地势略高,易生干旱情形。自近代以来,随着人口的持续增长,江南地区的土地开发活动愈发频繁。围湖造田、水利设施的失修以及山林植被的过度砍伐,这些因素共同导致了太湖流域湖泊和河道的蓄水及排水功能受损。随之而来的河渠淤积,削弱了该地区抵御旱涝灾害的能力,生态环境遭受灾难性的破坏,水旱灾害的发生变得

---

① 　冯贤亮:《咸丰六年江南大旱与社会应对》,《社会科学》2006 年第 7 期,第 162 页。

日益频繁。此外,在民国时期,政治局势动荡不安,战争频发,国民党内部的新旧军阀为了争夺权力和利益而相互征伐。这些战争不仅直接破坏了自然生态环境,引发了自然灾害,而且还导致了一系列人为灾难,形成了多重灾害并发的严峻局面。在 1924 年的江浙战争以及随后的北伐战争中,作为主战场之一的苏州遭遇大量人员死亡,战区民众的房屋和生产资料遭到摧毁,植被和农田被践踏。战争摧毁了人们赖以为生的自然环境,而生态环境的恶化进一步加大了自然灾害发生的频率,形成恶性循环。总而言之,农村经济的衰退、自然和社会生态环境的灾难性变化,以及军阀之间的混战等多种因素相互交织,共同构成了 1912—1937 年苏州地区自然灾害频繁发生的重要原因。

第二章　自然灾害频发下的苏州地方社会

"在社会历史正常情况下,社会本身是一个平衡、有序、稳定的自组织结构。灾害的发生破坏了社会机体的这种状态,导致失衡、无序和非稳定现象的出现。"[①]民国时期,频繁发生的自然灾害不仅加重了苏州地区生态环境的负担,而且导致局部生态环境恶化,破坏了区域社会的平衡状态。在水旱灾害的肆虐下,首当其冲承受残酷命运的是广大贫苦农民。他们平日里饱受封建地租、高利贷和税捐的剥削,饥寒交迫,甚至丧失了应对灾荒的能力。一旦灾害降临,他们要么坐以待毙,要么被迫背井离乡,踏上流亡之路。灾害发生的不可抗拒性,加速了经济衰退和文化衰落,甚至导致社会系统的崩溃,给苏州地方社会带来种种不利的影响。

第一节　自然灾害与苏州地区人口变动

自然灾害发生后,通常会出现受灾地区的房屋损毁、土地荒废、粮食价格上涨以及人员的伤亡和迁移。特别是那些范围广泛、持续时间较长的灾害,还会引发地区性的粮食短缺,短期内粮食供应无以为继。同时,从外地调运粮食至灾区面临着时间延误和运输困难等问题,而政府发放的紧急救援物资在短时间内也难以覆盖所有受灾民众。因此,一些饥不择食的灾民为了暂时填饱肚子,便铤而走险,被迫沦为盗匪,四处抢掠。而大多数灾民,只能通过低价出售田地和家产来求生,有的甚至不得不卖儿卖妻。在历史资料中,提及自然灾害影响最多的词语,便是"饿殍遍地""饥民塞途""死亡相继",甚至"十室九空""村落为墟"等。"我国死亡率之

---

① 　王子平:《灾害社会学》,湖南人民出版社 1998 年版,第 285 页。

所以特高,灾荒实为主要原因,盖灾时常直接摧残人口(如淹死饿死),且常引起疫疠与疾病之盛行;每度灾荒之后,人口必大为减少,即因此故。中国人口在灾荒中死亡者,历代均不计其数。"①

"灾荒是危及社会安定,造成社会动荡的重要因素。"②自然灾害发生之后,"一切物品的价格昂贵,更使农民的痛苦甚于往昔,留在农村既无以为生,都市又挤满了,失业者竟不能插足,然则何处是他们的出路?……我国历史上农民暴动的发生,几无一次不起源于灾荒"③。自然灾害轻微之时,灾民收成锐减,吃米糠吞野菜,生活难以为继,依靠举债度日;自然灾害严重之时,粮食颗粒无收,灾民啃树皮吃草根,有的甚至流离失所,卖儿鬻女,以致为数众多的灾民因遭受饥饿而死。这种情况在江南地区表现得尤为严重,"江南地区(当时中国城市化程度最高的地区)的城镇居民受到的是双重威胁,因为那里的乡村本来就严重缺粮"④。

康雍时期,清政府推行"'盛世滋生人丁,永不加赋'和'摊丁入亩'的政策,这一时期苏州地区出现了'人口爆炸性'的快速增长"⑤。清朝初年,苏州地区的人口总数大约在 140 万,至嘉道年间,人口已增至 590 多万,为全国之冠。人口的急剧增加,加上可供开发的土地也已殆尽,苏州地区自产的粮食仅够自食,已无余粮可供输出。苏州失去全国粮仓的地位,"'苏湖熟,天下足'的谚语被'湖广熟,天下足'和'两湖熟,天下足'取代。同时,由于人口稠密、土地开发过度,加上水土流失、河流湖泊淤塞日益严重,一旦水利失修,便水旱灾害不断,导致太湖流域在明清时期平均四年一次水灾,七年一次旱灾"⑥。19 世纪中叶以后,受太平天国战争、漕运改道以及上海崛起等因素的影响,苏州的人口数量大为减少,至清末民初,城内及其附郭仅有 32994 户。⑦ 此后,苏州地区的人口开始逐渐回

---

① 吴文晖:《灾荒与中国人口问题》,《中国实业杂志》1935 年第 1 卷第 10 期,第1863 页。

② 康沛竹:《灾荒与晚清政治》,北京大学出版社 2002 年版,第 3 页。

③ 朱泳:《灾荒对于社会秩序的影响》,《校风》1936 年第 361 期,第 1441 页。

④ [法]魏丕信:《十八世纪中国的官僚制度与荒政》,徐建青译,江苏人民出版社 2003 年版,第 147-148 页。

⑤ 叶文宪:《关于苏州历史地理的几个问题》,《铁道师院学报》(自然科学版)1989 年第 1 期,第 48 页。

⑥ 叶文宪:《关于苏州历史地理的几个问题》,《铁道师院学报》(自然科学版)1989 年第 1 期,第 48 页。

⑦ 曹允源、李根源:《民国吴县志(一)》卷四十九《田赋》,江苏古籍出版社 1991 年版,第 820 页。

升,至 1935 年,达到 389797 人①(见表 2-1)。其中,苏州人口"于 1924 年
至 1927 年间一度出现负增长。此种减少原因,或许和这一时期苏南先后
成为两次江浙战争、以及随后的北伐战争主战场之一有关"②,连年战争
导致人员大量伤亡,"苏浙军争上海血战四十日,兵民横死数万人,苏民遇
燔掠,转徙无归凡九县,纵横数百里,号而待哺者数百万人"③。《申报》对
此也有记载,"苏省兵灾,延及数县,筹议善后,苦于经费"④,除了战区九
县以外,常熟、武进、无锡等灾区也间接受到兵灾影响。

表 2-1　清末至民国时期苏州人口变动情况

年份	户数（户）	人口数（人）		
		男	女	总数
1906	32994	—	—	约 170000
1909	51788			256524
1924	53247	166165	105633	271798
1926	56412	165423	107618	264041
1927	52532	146555	125254	261709
1928	52532	165299	105410	289122
1929	52532	156289	105420	261709
1931	55032	168266	129850	298116
1934	72721	192136	144341	336477
1935	74720	225843	163954	389797
1941	74734	173510	139610	313120

资料来源:曹允源、李根源:《民国吴县志(一)》卷四十九《田赋》,江苏古籍出版社
1991 年版;王树槐:《中国现代化的区域研究:江苏省(1860—1916)》,"中研院"近代史研
究所 1984 年版;乔增祥:《吴县》,吴县政府社会调查处 1930 年编印;苏州市地方志编纂
委员会:《苏州市志》(第三册),江苏人民出版社 1995 年版;吴县政府:《一年来吴县县政
概要》《吴县各区乡镇保甲户口总数表(表三)》1935 年印行本。

---

① 吴县政府:《一年来吴县县政概要》,1935 年印行本,第 6 页。
② 方旭红:《集聚·分化·整合:1927—1937 年苏州城市化研究》,苏州大学博士学位论
　文,2005 年,第 17 页。
③ 李文海、林敦奎、程歗等:《近代中国灾荒纪年续编》,湖南教育出版社 1993 年版,第
　120 页。
④ 《卢永祥最近之表示》,对旅京苏人代表之谈话》,《申报》1925 年 3 月 2 日,第 13 版。

　　这一时期,苏州下属各县也连年遭遇水、旱、疫灾害,造成一定数量的人员死亡。如1919年夏,常熟各乡遭受水灾,疫气渐起,疫疠甚盛,"近又虎列拉盛行,二三小时即毙者有之,始由沪上传染,蔓延各乡,至今未已,岂彼苍惟恐死亡之不速,故凶荒之后继以疫疠"①。1924年8月,《晨报》记载:"沪宁线一带苦旱,秋禾干枯垂毙,常武太吴等县,均先后禁屠祈雨,灾象已成。"②1926年春,吴江县部分地区气候乍热乍寒,导致天花肆虐,该县患天花者遍地皆是,令人触目惊心,且染病者大多数为儿童,几日之内因疫而死者不下数百人。③ 与此同时,《申报》也对该年苏州地区严重的时疫状况作了报道:"苏地近来时疫之盛为最近三十年来所未有,尤以最近三日中为最甚。据警区调查后呈报之死亡表,每日罹疫身亡者,平均约一百二三十人……各寿器店之次等棺材,已有供不应求之势。"④上海地区的疫情也比较严重,"日来本埠时疫盛行,猩红热患者颇多,小儿所患之天花,亦极盛行,自开岁以来,小儿因天花致命者,约有三千名"⑤。从7月1日至20日,短短不到一个月的时间,上海罹患虎疫者达9800人以上,死亡达600名。⑥ 时疫在苏州地区广为蔓延,1926年8月,章太炎由南京返沪,在致李根源的信中说:"南京热仍不可忍受。归途本欲向苏一折,因系夜车,且闻苏垣疫气亦盛,故未能来。"⑦"东南诸省,如江苏浙江,素以富庶出名,而今年也有一半左右的人民居于荒旱的恐怖之下。于此足见今年的灾情奇重,诚非往年所可同日而语了。"⑧

　　由于自然灾害的侵扰,灾区民众的生活资料遭受吞噬,粮食等生活物资极度匮乏,生产持续衰退,灾民的生活难以为继。"农民的负债累累,无法偿还,信用堕落,借贷无门;甚至虽有可耕之田,并无可耕之本,卖男鬻

---

①　(清)徐兆玮:《徐兆玮日记》,李向东、包岐峰、苏醒等标点,黄山书社2013年版,第2014页。

②　《江北苦水,沪宁线一带苦旱》,《晨报》1924年8月12日,第3版。

③　《天花流行》,《吴江》1926年5月2日,第3版。

④　《时疫猖獗中之种种》,《申报》1926年8月2日,第10版。

⑤　《本埠时疫盛行》,《申报》1926年3月31日,第15版。

⑥　《昨日时疫消息》,《申报》1926年8月8日,第14版。

⑦　李文海、林敦奎、程歗等:《近代中国灾荒纪年续编》,湖南教育出版社1993年版,第152页。

⑧　缪数:《中国之灾荒与其人口问题》,《国立中央大学半月刊》1930年第1卷第8期,第1355-1356页。

女以偿宿逋,流入城市另谋生计,或铤行铤而走险。"①因此,自然灾害发生后,如果政府和社会救灾不力或救助不及时,便又会衍生出次生灾害。不断发生的水旱灾害,使沃野变成泽国,或者赤地千里,禾苗枯槁,给民众生活带来巨大影响。"年来天灾屡降,耕植的方法又不知改进,以致年岁歉收,农民收入顿形减少,而同时又受着奸商及其他阶级有形无形的剥削,损失不赀,结果一般农民无形经济破产,无力耕种,于是不得不另找生路。"②可见,天灾人祸和苛捐杂税是造成农民离乡背井以及人口大量离村逃亡的重要因素。"农村副业的衰落和水旱灾荒的纷至沓来,逼得几千百万中国农民不得不抛弃家乡,向外去寻生活。"③针对各地农村破产,灾患频仍,加上兵匪侵扰,农民不能安居乐业而流离他徙的情况,农林部中央农业实验所于 1936 年 10 月对全国 22 个省区 1001 个县的农民离村现象进行了调查,据统计,"农民全家离村率,为各该地农民总户数百分之四、八……离村最多之农家,其人口多寡,以五、六人者为最多,占百分之三十一",离村之农家内,"佃农占百分之三十五,自耕农占百分之二十九,地主占百分之十九,其他职业及无田产权者,合占百分之十七。离村农家之往城市者,占百分之五十九,往别村者,占百分之三十二,其他去处不明,或往他处垦荒者,约占百分之九"。④

从表 2-2 中不难看出,水、旱、匪灾及其造成的贫穷而生计困难是农民离村的重要因素。1937 年,学者吴文晖也曾提道:"都市人口的增加由于自然增加者绝少,其增加原因几乎全是由于农村人口之移集。本来人口离村集市,乃是资本主义国家通有的现象,但那是因为都市工业之发达及农业之资本主义化,至于中国农民之离村集市原因,则大大不然,可以说是以灾荒为主要原因。例如南京棚户人口,据我们调查所得,有十分之九以上是由农村移来的,而他们移来的原因,大半是由于灾荒。"⑤可见二者的研究不谋而合。

———————

① 王叔介:《饥寒仅免的吴县农民》,《农村经济》1933 年第 1 卷第 1 期,第 61 页。
② 徐承溥:《农民离村问题的商榷》,《教育与农村》1932 年第 20 卷,第 7 页。
③ 薛暮桥:《农村副业和农民离村》,《中国农村》1936 年第 2 卷第 9 期,第 58 页。
④ 《各省农民离村调查》,《农报》1936 年第 3 卷第 20 期,第 1087 页。
⑤ 吴文晖:《灾荒下中国农村人口与经济之动态》,《中山文化教育馆季刊》1937 年第 4 卷第 1 期,第 47 页。

表 2-2　　1935 年江浙两省农民离村原因统计　　　（单位：%）

原因	江苏	浙江	全国	原因	江苏	浙江	全国
农村经济破产	6.0	4.1	3.8	捐税苛重	1.6	0.5	4.8
耕地面积过小	4.1	5.1	3.7	租佃率过高	0.5	—	0.6
乡村人口过密	2.6	3.0	3.6	农产歉收	7.3	4.1	3.7
农村金融困敝	1.8	1.0	2.6	农产物价格低廉	1.8	1.8	1.5
水灾	10.6	6.6	9.8	副业衰落	2.6	2.6	0.5
旱灾	11.9	13.7	13.2	求学	2.6	3.0	2.9
匪灾	7.0	11.2	14.3	改营商业或其他副业	4.4	2.0	1.6
其他灾患	2.8	4.6	6.8	其他	7.5	12.7	7.0
贫穷而生计困难	24.6	19.8	18.2	不明	0.3	3.5	1.4

　　资料来源：实业部中央农业实验所：《农民离村调查统计》，《农情报告》1936 年第 4 卷第 7 期，第 179 页。

　　在农村人口中，除因疾病和旱潦导致的死亡减少外，还有一部分不愿坐以待毙的民众，选择离村他适，谋求别的出路以求生存。如江苏吴江，20 世纪 30 年代初总的离乡农村人口 1372 人，离村人数 67 人，农民离村率达 4.88%；浙江萧山总的离乡农村人口 10355 人，离村人数 795 人，农民离村率达 7.58%。[①] 农村经济破产后，会出现生产锐减、劳动力过剩的现象。贫苦农民的土地或种植权，被地主裁撤或兼并。农民既丧失了生产的工具，又无法靠出卖劳力维持生活，便只有到城市另谋生活之路。1932—1935 年，常熟的农民总数为 503683 人，离村求生者即有 21615 人，离村率约达 4.3%。[②] 吴县西山乡，"农村社会经济陷入蚕桑不熟，田稻荒歉，花果不实，十室九空，十家九穷，无力纳租的境地。农民居不得安，食不得饱，相率离村"[③]。失去土地和工作的农民生活无靠，别无他处，便只能向城市迁徙以谋求活路。"上海、武汉、南京、天津、广州各大城市之人

---

① 陈邦政、陈振鹭：《中国农村经济问题》，上海大学书店，1935 年，第 68-69 页。

② 陈邦政、陈振鹭：《中国农村经济问题》，上海大学书店，1935 年，第 70 页。

③ 《西山农民，相率离村》，《苏州明报》1933 年 11 月 23 日，第 3 版。

口一天天的增多,其最重要的原因,便是农民离村他适之结果。"①苏南其他一些县村,水旱灾害导致农民离村率更高,遭受饥饿困扰的灾民相继涌入城市以寻求活路,如无锡礼让镇"家庭手工业之破产及农业之机械化,使农村中产生大量之过剩劳动,兼以主要副业蚕桑之衰落及连年荒灾,使农民不得不打破其墨守乡土之故习,群集都市,为产业工人、商铺店员及劳动后备军",1931年竟然有755人离村"他往","他往总数占全人口百分之二十一,换言之,即每五人中有一人以上漂泊异乡,苟与二十年前之'老死不相往来'比较,实使人惊奇万分"。② 在浙江嘉善,"城中大街小巷,触目皆是,尤多皓首老妇,托钵挨门。据称该帮灾黎,均来自江苏震泽,惨受旱灾,无法求生,流离到此"③。随着农村经济的衰落,大量地主也选择离村迁往生活条件较为优越的城市居住,成为城居地主,至20世纪30年代,地主离村现象变得越来越普遍。农村复兴委员会曾对当时苏州和常熟等地的地主离村现象进行调查,发现"因为近年以来,都会膨胀,农村枯竭已成尖锐化的形势,中等地主以上,绝少再居住在农村"④。而在昆山,"居外地主占全地主中百分之六十六,大半在上海及长江下游各大城,以经商为业"⑤。

　　此外,近代以来,一方面,受频繁发生的水灾、旱灾、疫灾等自然灾害及地方战争影响,加之上海开埠后迅速崛起,苏州的一些农民背井离乡到诸如上海等大城市务工谋生,如在太仓,"近年以来,农民因为收入不足,生活困迫以致离乡背井,到上海或其他各处去做小工的,日见其多"⑥。另一方面,一部分富商大贾也开始向上海迁移,逃离苏州,并在上海购买房产,经营工商业,这也对苏州地区人口的变动带来影响。辛亥革命以后,苏州渐渐没落,"因为向来有些老辈,不许子弟到上海去的,总说上海是个坏地方,现在也放任了。资产阶级向来不做上海生意的,现在觉得容易赚钱,也做上海生意了。科举既废,读书人觉得在苏州无出路,也往上

---

① 许涤新:《农村破产中底农民生计问题》,《东方杂志》1935年第32卷第1号,第52页。
② 余霖:《江南农村衰落的一个索引》,《新创造》1932年第2卷第1-2期,第175-176页。
③ 《嘉善:各处灾黎纷来乞食》,《申报》1934年10月3日,第9版。
④ 行政院农村复兴委员会:《江苏省农村调查》,商务印书馆1934年版,第7页。
⑤ J. Lossing Buck:《中国之佃制与田产权》,诸瑞棠译,《新苏农》1929年第3期,第2页。
⑥ 周廷栋:《江苏太仓农民的现状》,《社会科学杂志》1930年第2卷第1期,第7页。

海跑了"①。"苏州现在成为一个空壳子,从前在地方上有权力的一班老先生,所谓绅士阶级,都不在苏州了。"②苏州的有钱人,"都已到上海做生意,他们也在上海买起地产,开店铺,营商业"③,以至于"现在苏州只成一个住宅区,做了京沪两地的移民站,凡是在京沪住不下的人,都住到苏州来。街道愈来愈不整齐,房屋愈来愈破败,市面愈来愈不景气,可以说是破落户的总汇了"④。1924 年江浙战争期间,"苏州城内外富户及小康之家纷纷避沪。车站上皮箱堆积如山,开沪列车几无容足地"⑤。

在中国传统社会中,受封建宗法观念的影响,人们向来安土重迁,如能安居乐业,通常不愿背井离乡,远离故土到异乡生活。然而,在民国时期,自然灾害的频繁发生和农村生活资料的匮乏,导致农村经济衰败,农产品价格跌落,再加上人口的急剧增加,使得一部分在乡村无法维持生计之人感到与其困守家园,不如向希望较大的城市迁徙,寻求新的生路。"近年来,因为天灾人祸不断的交相侵迫,农民除因被灾死亡而外,离村之农民真可谓与年俱增。"⑥

第二节　自然灾害对苏州地方社会生活的影响

通常情况下,自然灾害的发生会对当地社会造成重大破坏,导致受灾区域的房屋损毁、人员大量伤亡、农田荒废,以及粮食价格飙升,从而扰乱城乡社会秩序。民国时期,苏州地区多发的自然灾害,也毫无例外地对当地社会经济和文化造成了巨大破坏。灾害造成农业生产趋于崩溃,城市正常的生活秩序遭到冲击,次生疫情蔓延城乡。对于 1934 年江南大旱灾

---

① 包天笑:《钏影楼回忆录/钏影楼回忆录续编》,刘幼生点校,三晋出版社 2014 年版,第 419 页。

② 包天笑:《钏影楼回忆录/钏影楼回忆录续编》,刘幼生点校,三晋出版社 2014 年版,第 421 页。

③ 包天笑:《钏影楼回忆录/钏影楼回忆录续编》,刘幼生点校,三晋出版社 2014 年版,第 422 页。

④ 顾颉刚:《苏州的历史与文化》,载苏州市地方志编纂委员会办公室:《苏州史志资料选辑》(第二辑),内部发行,1984 年,第 6 页。

⑤ 古蘅孙:《甲子内乱始末纪实》,中华书局 2007 年版,第 160 页。

⑥ 郑作励:《一年来中国农村的灾荒》,《星华日报新年特刊》1935 年特刊,第 32 页。

造成的影响,洪瑞坚曾讲道:"此东南富庶之称,已成过眼烟云,徒足为我人怀想而已。"①

一、农业发展受到阻滞

自然灾害对社会生产力造成严重的破坏,农业生产首当其冲。传统中国是一个以农为本的国家,农业生产在社会经济中具有至关重要的地位,频繁发生的自然灾害导致农田荒芜,水利设施失修,破坏农民赖以生存的土地,引起田地沙漠化、盐碱化,造成大范围的土地抛荒,使耕地面积大幅减少,农业发展受到阻滞。"灾荒的不断发展,不仅陷农民大众于饥馑死亡,摧毁农业生产力,使耕地面积缩小,荒地增加,形成赤野千里,而且使耕畜死亡,农具散失,农民往往不得不忍痛变卖一切生产手段,使农业再生产的可能性极端缩小,有时农民因灾后缺乏种子肥料及其他生产资料,以至全部生产完全停滞。"②

频发的自然灾害同样对苏州地区的农业生产造成了巨大影响。灾害发生后,农田受损遭灾,轻者减产、歉收,重者颗粒无收。1929年秋,吴县下属各市乡发生虫灾,田稻被害颇巨,洞庭东西两山被害最重,颗粒无收;次重者为湘城、唯亭、横泾、油泾、尹山等乡,收成仅五六成;较轻者为陆墓、黄埭、南北桥、周庄、陈墓、车坊等乡,约八成左右;全县被灾田亩约有七十万亩。③"1931年大水,东南江浙皖三省,噩耗频传,祸且未已。上海和苏州,并罹水祸,苏州城内,已在浸中。苏省各县,河水盛涨,淹没田亩更多。就最近报告察之,苏、浙、皖灾情严重,尤有方兴未艾之势,此真国计民生一大问题也。"④连日的风暴和大雨,使恬静的太湖变得躁动癫狂。平日深绿的湖水化作灰黄的浊浪,漫溢出岸,把秋田淹到水底,将棉株连根拔起。从表2-3可知,该年洪水期内,苏州下属各县均遭到洪水侵袭,全市熟地面积亩数总计6746848亩,被洪水淹没的农田数量为1480000亩,被淹没的田亩数占熟地田亩数的21.9%,其中受灾最严重的昆山县,田亩被淹没比例竟高达30.2%。由此可见,水灾对农村经济发展造成的巨大破坏以及对农民生产生活造成的重创。

---

① 洪瑞坚:《浙江之二五减租》,正中书局1935年印行,第15页。
② 邓拓:《中国救荒史》,北京出版社1998年版,第179页。
③ 《吴县被灾田亩之统计》,《申报》1929年10月20日,第11版。
④ 《社评:速赈东南水灾》,《大公报(天津)》1931年7月26日,第2版。

表 2-3　1931 年大水期内苏州下属各县田亩被淹情况

县名	全县熟田数(亩)	被淹没农田数(亩)	被淹没农田占比(%)
吴县	1814486	400000	22.04
吴江	1258021	100000	7.95
常熟	1742800	500000	28.70
昆山	1091344	330000	30.20
太仓	840197	150000	17.85
总计	6746848	1480000	21.94

资料来源:《统计》,《太湖流域民国二十年洪水测验调查专刊》1931 年第 4 卷第 4 期,第二章第 23 页。

　　遭受自然灾害后,通常会出现大量田地被荒废的情况。自然灾害的冲击使灾民没有多余的资金用于扩大农业生产,土地的肥力进一步降低,致使农作物大面积歉收,农民收入锐减,而田地的荒芜又进一步造成耕地面积的减少。这时一些地主富豪乘机兼并土地,部分拥有少量土地的自耕农因丧失土地而变为佃农,有的还被迫转徙流亡,一些灾区甚至会出现"佃种乏人"的现象,从而导致整个社会生产陷于停滞。"水灾一过,富绅之田产,必随以大增,而自耕之小农,咸一变而为佃农。其在江苏常熟的田亩,据最近统计,共二零八八亩,其中农民自耕者为五九一亩,占百分之二十八;属于地主者一四九六亩,占百分之七十二。田地分配之不均,将必因这个严重的天灾而加强其趋势。"[1]

　　此外,自然灾害对农业发展造成的最直接危害就是农作物的减产。1931 年,长江流域特大水灾,对苏州地区的米棉等粮食作物生产带来严重破坏,全区域内稻米和棉花的产量大幅锐减。从表 2-4 可以看到,1931年苏州下属各县稻米的产量全年应为 7877383 担,歉收数量为 1690000担,歉收比例达 21.5%,其中昆山的歉收比例高达 30%;棉花的产量全年应为 744000 担,歉收数量为 190000 担,歉收比例达 25.5%,其中常熟的歉收比例高达 35%。昆山地区棉花歉收数量虽未有记载,但根据太湖流域当年其他县份的歉收数量推算,昆山的棉花收成也不可能达百分之百,因此,苏州地区的棉花实际歉收比例应高于 17.5%。吴县、吴江、无锡、昆山、青浦、武进、宜兴、上海、嘉定、溧阳、金坛、吴兴等县,是太湖灾区的

---

[1]　达生:《灾荒打击下底中国农村》,《东方杂志》1934 年第 31 卷第 21 号,第 40 页。

中心。全流域棉、粮两项,损失了一亿元。[①] 水灾过后,桑树棉田悉数被淹,小麦不能播种,桑蚕亦无希望,水乡灾民,强者纷纷铤而走险,弱者则采食野草为生,"水灾之后,蚕麦俱荒。农民无以为生,贫者则就食大户"[②]。江南地区一些农村的民众,已经被水灾和饥馑逼到无法生存的地步,据调查所知,为维持受灾民众生存和灾区恢复生产,大约需要相当于受灾总损失四分之三的基金,即十五亿元。但截至当年十一月,灾民每家平均得到的赈款,不过大洋六角,只占各户平均损失的0.13%。[③]

表 2-4　1931 年大水期内苏州下属各县农业产量损失估计

序号	县名	米			棉		
		全年产量 (担)	歉收数量 (担)	歉收占比 (%)	全年产量 (担)	歉收数量 (担)	歉收占比 (%)
1	吴县	2177383	480000	22.10	—	—	0.00
2	吴江	2000000	170000	8.5	—	—	0.00
3	常熟	2000000	550000	27.5	343000	120000	35.00
4	昆山	1500000	450000	30.00	1000	—	0.00
5	太仓	200000	40000	20.00	400000	70000	17.5
总计		7877383	1690000	21.5	744000	190000	25.5

资料来源:《统计》,《太湖流域民国二十年洪水测验调查专刊》1931 年第 4 卷第 4 期,第二章第 24 页。

　　而 1934 年江南大旱灾,整个长江流域遭遇空前的旱灾,赤地千里,禾苗萎死。在水灾旱灾之下,农产品的减产,自然是意料中事。[④] 这一年全国大灾荒之后,各种主要农作物产量,平均占十足年产量的百分比为:籼粳稻 57%,糯稻 55%,小麦 68%,大麦 68%,高粱 63%,小米 64%,玉米59%,棉花 56%,大豆 55%。这一年的农产品收获量,总计减少了十分之四左右。[⑤] 江浙等省农产品的损失也很严重,根据中央农业实验所的调

①　李文海、程歗、刘仰东等:《中国近代十大灾荒》,上海人民出版社 1994 年版,第 221 页。

②　忏庵:《赈灾辑要》,上海广益书局 1936 年版,第 110 页。

③　李文海、程歗、刘仰东等:《中国近代十大灾荒》,上海人民出版社 1994 年版,第 223 页。

④　碧笙:《一年来之中国经济》,《新创造》1934 年第 2 卷第 1 期,第 7 页。

⑤　邓拓:《中国救荒史》,北京出版社 1998 年版,第 182-183 页。

查，"江浙两省稻米损失二万万一千余担，占平常年产额百分之三七；高粱损失三千余万担，占平常年产额百分之二七；玉米损失二千余万担，占平常年产额百分之二九；小米损失四千万担；棉花损失五百余万担，占平常年产额百分之三六；大豆损失三千万担，占平常年产额百分之三十"①。因为旱灾的关系，农村破产的象征更为显著。大多数的农民都在极度的贫困中挣扎，购买力减退，成为不可掩饰的事实，"试想百分之八十的人民失掉了购买力，经济之萧条，岂不是意中事？"②

此时苏州地区四乡的农田，二麦已经收割完毕，正是播种新禾的时候，无奈天气亢旱异常，已经连续四十多天未下大雨。往年梅雨季节时苏州地区雨水充沛，该年竟然持续干旱，以致河床干裂，湖水枯竭，这种现象为苏州地区历年所未有。严重的干旱导致农民灌溉出现困难，不能及时插秧，已经插秧的农田，禾稻也多枯萎而死。如吴县四乡禾田，"低乡，十分之三不受影响；高乡，十分之四勉强耕种；龟裂不能耕种亦十分之三。吴县低乡，戽水较易，插秧现已完毕，此项田亩约占全邑十分之三。属于高乡而农家资本充裕者，添购耕牛戽水，插秧工作较迟，约在十日内勉强完毕，此项田亩占全邑十分之四。高乡而农家限于经济，无力添购耕牛者及人力戽水者，其所耕田亩，现已插秧者不足三分之一。现在只能先顾已经插秧之田灌溉，其他田亩，受烈日高晒，田土龟裂，已不能耕犁，唯有盼望天雨救济，否则只有放弃，听其荒芜，此项田亩亦占十分之三"③。常熟入夏以来，天时亢旱，河流浅涸，黄梅时节正是农田莳秧之时却久旱不雨。"灌溉无从，一般农民，莫不垂头兴叹，若再于旬日内无雨，则田土龟裂，旱灾必成。"④吴县淑庄，有农田九千余亩，因受旱灾影响，已经插秧者不到十分之二，且已无水可戽，禾苗日渐枯萎。其中尚未播种的七千余亩农田，因泥坚如铁，也难以改种旱粮，九千余亩农田收成绝望。⑤唯亭河涸浜干，农田赤裂，插秧者仅十之七八，浒关和光福受天旱影响发生恐慌，插秧者约十之八九，而洞庭西山因太湖水位低落，所有农田因无打水机无法灌溉，已插秧者十之一二，已经枯竭，山中果木也均已枯死，西山谷米颗粒

---

① 邓拓：《中国救荒史》，北京出版社 1998 年版，第 181 页。

② 碧笙：《一年来之中国经济》，《新创造》1934 年第 2 卷第 1 期，第 8 页。

③ 《历年未有之现象，雨令中吴县农田约四十万亩已龟裂》，《吴县日报》1934 年 6 月 27 日，第 2 版。

④ 《常熟各乡苦旱》，《申报》1934 年 6 月 26 日，第 9 版。

⑤ 《淑庄旱灾影响农田九千亩收成绝望》，《苏州明报》1934 年 7 月 16 日，第 5 版。

全无。① 湘城各乡,共有农田十万八千余亩,受干旱影响,已插秧者,仅有四分之二三;横泾塘一带农田,河涧浜干,各地农民均夜以继日抢水救济,农田秧苗仍损失惨重。② 吴县全境,田亩因旱受损,荒芜达四十余万亩,损失价值共六百六十余万元。③ 当年苏州下属各县因遭受旱灾而导致的损失具体见表2-5。

表2-5　1934年大旱灾期间苏州下属各县受灾情况统计

县名	受灾面积占比(%)	受灾田地(万亩)	作物损失					
			稻		大豆		棉花	
			数量(万石)	总值(万元)	数量(万石)	总值(万元)	数量(万石)	总值(万元)
吴江	85	714	1066	3376				
吴县	52	889	2117	6703				
昆山	100	1207	781	2472	292	1192		
太仓	50	364	290	919				
常熟	87	1294	1711	5416	32	130	121	4018

资料来源:《江苏省各县受灾面积及作物损失数量与价值》,《农报》1934年第1卷第20期,第525-526页。

注:原文没有标明具体作物损失的单位,笔者查核相关文献史料做了补充。

严重的旱灾也对江南地区重要的畜力耕牛带来影响。耕牛为江南地区农业耕作的主要畜力来源,承担耕田和车水灌溉等工作,在江南地区的农业生产中具有重要的作用。耕牛日常主要以稻草、野草以及紫云英等绿肥作为饲料,外加少量的棉籽饼、麦麸和黄豆饼等精细饲料。其中稻草也是江南普通农家主要的燃料来源。但江南地区人均耕地占有面积狭小,稻草相对出产量也就不多,这就使得稻草作为饲料与燃料间存在着很尖锐的矛盾,对于那些占有土地面积较少的农户来说情况尤甚。④ 干旱造成饲料的严重缺乏必然会对耕牛的饲养造成影响,导致农业生产中所需要的耕牛数量严重不足,从而影响农业生产中的耕田和车水,进而延误

①《各乡旱灾现状,西山灾重粒米无存》,《吴县日报》1934年7月24日,第4版。
②《各乡旱灾奇重,农民虑秋收将绝望》,《吴县日报》1934年7月25日,第4版。
③《全县田亩受旱损失,荒芜达四十余万亩》,《苏州明报》1934年10月7日,第6版。
④ 王加华:《近代江南地区的农事节律与乡村生活周期》,复旦大学博士学位论文,2005年,第117页。

农时造成损失。另外,自然灾害发生后,民众缺乏必要的衣食等生活必需品,冬天又需要大量稻草作为燃料,这也是造成耕牛缺乏饲料的一个重要因素。为求得生存,一些无知农民贪图一时之利,"将牛只纷纷出售",未及一个月,被贩出的耕牛数已达一千余头,这其中主要是因为"牛价飞涨",多弄几个钱总是合算的。然而这也是农村破产的表征,他们实在没有值价的东西去换钱了,即使是好帮手,也只得"忍痛割爱"了。① 耕畜作为一般农户的半个家当,水灾中有大量耕牛被大水冲走或者被饥寒交迫的灾民出售、宰杀。一部分农民在青黄不接的季节,为求生存选择将耕牛卖掉,这样一方面可以节省冬季几个月的饲料,另一方面也可以用卖牛的钱度过灾荒,"田事告终之际,一般农民顿忘耕牛工作辛苦,售去供人宰杀,籍省冬季数月食料,故价虽低廉,亦计弗及"②。盛泽镇,"每年秋谷登场之际,一般愚农,将耕牛出售、宰杀。日前大钟港顽农数人,向附近唐某购得母牛一头宰杀,不料腹中有一胎牛,察其形状,距生产期不及一旬,亦可谓忍心矣"③。这就导致大量农民为度过灾荒而出售耕牛,从而失去农具和种子,不能从事农业再生产,有的也只能将田地勉强耕种一下。这就使农民在将来的灾荒中更加失去抵抗力,于是只由于一点小小的自然的原因也可以酿成灾荒扩大的趋势。④

鉴于大量耕牛被宰杀,影响来年的农耕,为杜绝私宰耕牛,以维护农业耕作,1916年7月,苏州警察厅厅长崔怡庭会同吴县知事孙少川拟定禁止私运私宰耕牛办法,规定:"一苏州向无准运牛只出口成案,仍应永远禁运,以重农业;二苏州本无备食之菜牛,所有乡间牛只皆系耕种要需,不准私行贩卖……无论何人,倘有将耕牛私运私售,一经查获,牛只充公,私贩私售人拘案罚办;五私宰耕牛,向□禁令,仍由厅县饬警严密查拿。"⑤ 1931年国民政府第十次常务会议议决,"此次各省水灾,被害人民极众,应责成各省地方官吏负责移救,无任失所。又农民失业甚众,将来水退工作,耕牛必虞缺乏,应由各地方官吏禁止贩卖屠宰,并妥定收容办法,以利农民"⑥。《江苏省私自贩运宰杀牛只执行处罚办法》第五条也规定:"各

---

① 家千:《出售耕牛》,《申报》1937年7月5日,第21版。
② 春蚕:《乡村素描之三:牛肉市场》,《吴江日报》1932年10月28日,第2版。
③ 《一刀杀两牛》,《吴县日报》1932年10月25日,第2版。
④ 国淋:《灾荒下的中国》,《解放》1937年第1卷第8期,第12页。
⑤ 《禁止私运私宰耕牛办法》,《申报》1916年7月9日,第7版。
⑥ 《国府令移救灾民并禁贩宰耕牛》,《江苏省政府公报》1931年第842期,第4页。

牛行贩运牛只如未经照章检验而私自贩运或宰杀者……除将牛只充公外,并按牛价总额全数处以罚金。"①对此,吴江县政府召开专门会议并通令全县,"本县系农产之区,亦预牛力耕作,耕牛之重要,实为农民重产,自应力加保护,以维农民生计,通令各区严禁宰杀耕牛,一经察觉私宰情事,定当依法严办"②。吴县政府鉴于水灾之后灾民将耕牛贱价售卖,任意屠宰,甚至抛弃不顾的情形,制定《草拟保护耕牛办法》,并设立耕牛代养所,组织保护耕牛委员会,"布告严禁私宰防缉盗窃耕牛,倘有私宰及盗窃情势,一经发觉即依法严办"③,所有出示布告禁止贩卖等事由保管会执行。与此同时,查禁县境以内所有的牛行、宰牛坊,责令其暂行停业,"凡灾区内所有耕牛应一律绝对禁止屠宰;凡未得官厅许可,不得向灾区采购或私运耕牛出境"④,如若发现私自宰杀或者私运出境,不管牛只多少,一律予以充公,并处以牛只价格总额的罚金充作赈款。此外,要求各地方长官严加执行,对于"其因灾逃散无力喂养之耕牛,由官筹款若干,将此项耕牛酌予贷金代为留养,俟明年春耕时再由乡民备价赎回"⑤。

由此可见,自然灾害不仅造成农业生产歉收,而且带来粮食价格的高涨、民众购买力的减弱,进而间接影响农业经济的发展,而农业的衰败又加剧了自然灾害的程度。"灾害发生后,土地投机的浪潮和高利贷的猖獗之势,不但没有收敛和减弱,反而借着粮贵地贱物乏之机,以更加凶猛的势头在农村汹涌泛滥开来,极大地加剧了饥荒的严重程度。"⑥

二、次生疫情盛行于城乡

水旱灾害带来的危害是毁灭性的,但事实证明,水旱灾害过后的次生影响更为致命。"灾荒常常直接使人口饿死淹死,且常常引起疫疠与疾病

①　《江苏省私自贩运宰杀牛只执行处罚办法》,《嘉定县政公报》1934 年第 106-107 期,第 9 页。
②　《吴江第一区区长陶昌华呈第一次区务会议决,禁止私宰耕牛一案》,吴江区档案馆馆藏,卷宗号:0204-003-0671-0084。
③　《民众为保护牛只严禁私宰盗窃由》,《吴县县政公报》1931 年第 65 期,第 17 页。
④　《令各区公所:令饬查禁滥宰耕牛由》,《吴县县政公报》1931 年第 65 期,第 16 页。
⑤　《令各区公所:禁止贱价售卖耕牛由》,《吴县县政公报》1931 年第 64 期,第 14-15 页。
⑥　李文海、程歗、刘仰东等:《中国近代十大灾荒》,上海人民出版社 1994 年版,第 288 页。

而使人口相继死亡。"①夏季持续的旱灾让人们失去种植冬季作物的机会,使本来受到灾害影响的极度贫困的社会接着开始出现民众挨饿的情况。而洪涝灾害常引起人畜疫病的流行,在洪水暴发的过程中形成致命的微生物环境,通常来讲,水灾过后往往疫病随之而来,广为流行,造成人畜伤亡惨重,损失巨大。究其原因,洪涝"一是将传染病发生区的病原冲进河流,通过水源广泛传播;二是将土壤深层的病原菌冲至土壤表面,增加传染病发生的机会;三是某些昆虫大量繁殖,成为传播疫病的媒体"②。因此,"水灾之后又有疫病,且因疫而死者其数比较淹饿而死者为众,此为人人所习知,亦为人人必信之事实"③。并且大多数灾民往往是因水旱灾害后染疫病死亡而非因饥饿致死,"席卷灾民的疾病是洪水最致命的后果。在一些地区,病死者占所有死亡人数的 70%"④。

　　传染病是一种蔓延性的病症,在中国称为"疫",是由病原菌直接或间接的接触而传染的,或者是因蚊蝇蚤的媒介,甚或兽类,发生疾病。瘟疫的种类很多,最著名的有八种:天花、白喉、霍乱、脑膜炎、鼠疫、猩红热、内伤寒和赤痢。这八种瘟疫都属于急性传染病,其他的急性、慢性及外科传染病等都是由毒菌传染所导致的。其中急性传染病包含呼吸类的白喉、脑膜炎和猩红热;消化类的内伤寒、霍乱和赤痢,而天花和鼠疫则是以昆虫跳蚤类作为传播媒介。⑤ 明清以来,江南地区为疫病多发区,据余新忠统计,清代江南疫情发生率较高的三个州府,分别为太仓州、苏州府和松江府,"其中,太仓州 4 个县共发生疫情 71.5 次,平均发生率为 17.9 次,苏州府 5 个县共发生疫情 70 次,平均发生率在 17.5 次,松江府 7 个县共发生疫情 121 次,平均发生率在 17.3 次"⑥。首先,太湖流域地势低下,水网发达,病原体容易通过河道水源广泛传播,"因为水不仅便利了致病

①　吴文晖:《灾荒下中国农村人口与经济之动态》,《中山文化教育馆季刊》1937 年第 4 卷第 1 期,第 45 页。
②　张秉伦、方兆本:《淮河和长江中下游旱涝灾害年表与旱涝规律研究》,安徽教育出版社 1998 年版,第 266 页。
③　国民政府救济水灾委员会:《国民政府救济水灾委员会报告书》,国民政府救济水灾委员会编印 1933 年,第 158 页。
④　[英]陈学仁:《龙王之怒:1931 年长江水灾》,耿金译,上海人民出版社 2023 年版,第 4 页。
⑤　吴江县县立图书馆:《防疫的方法》,《吴江民众》1935 年第 2 期,第 6 页。
⑥　余新忠:《清代江南的瘟疫与社会:一项医疗社会史的研究》,中国人民大学出版社 2003 年版,第 72 页。

微生物的滋长,也为其四处流传提供了得天独厚的条件"①。其次,苏州境内众多的湖泊河荡及其生长其中的水生根茎作物,也容易滋生蚊虫,传染各种疟疾疫病,而"淤塞的河道成了滋育病菌的臭水沟"②,由此增加了传染病发生的概率,"温暖湿润的自然环境势必会成为各种微生物孳生繁殖的温床,而密集的人口、便利的交通、频繁的人口流动则又为那些致病微生物寻找宿主和扩散流传准备了便利条件"③。

　　一般而言,在水旱等大灾发生之后,必有疫疠暴发,如各处洪水肆虐为灾,将污秽之物悉数浸溶,并漂浮于水面之上。一方面,这些污秽之物被太阳照晒蒸发后,臭气熏天,空气、食物均被污染,导致发生疫疠的可能。另一方面,水灾发生后,风雨交侵,灾民既无荫蔽之处,又缺衣少食。群集一处,便利了疫病滋生传播。另外,乡村居民平时也缺乏卫生习惯,加上遭遇灾难,造成疫病的传播更加容易,从而死亡人数和淹死饿死者相比为数较多。1919 年 8 月,上海等处瘟疫流行,好几千人相继染疾而亡。疫情发展迅速,很快便传播到苏州,"一只船板上满满的装了一船棺木,一直向东而去。……苏州及各市乡亦已发现这疫气人已死得不少了"④。傅敬嘉在《旱灾下的农村》中记载:

　　　　所谓旱灾并不是这样就完的,可怕的传染病往往会随着灾神的后面来临。很迅速地,痢疾在全村散布着了。许多人都传染到,泄得脸儿黄黄的。有许多人在一二天中就结束了性命,尤其是小孩子,得病很快,死得也快。廿几日里,村庄里就买进来十四口棺材,荒草丛中又多了十四个新坟。……旱灾下的农村正像一盏油灯旁的飞蛾!⑤

　　除了水、旱和虫灾,晚清以来苏州地区还深受疫病的影响,疫灾频繁发生,蔓延城乡,形势异常严峻,人员大量死伤,不计其数。1902 年,苏州地区就曾发生严重的霍乱流行病,造成大量人口死亡,1909 年霍乱又再

①　余新忠:《清代江南的瘟疫与社会:一项医疗社会史的研究》,中国人民大学出版社 2003 年版,第 343 页。
②　《苏州市城市建设局档案》,苏州市档案馆馆藏,案卷号:C22-1-2。
③　余新忠:《清代江南的瘟疫与社会:一项医疗社会史的研究》,中国人民大学出版社 2003 年版,第 60 页。
④　曼士:《疫》,《木铎周刊》1919 年 8 月 24 日,第 3 版。
⑤　傅敬嘉:《旱灾下的农村》,《十日谈》1934 年第 40 期,第 179 页。

次暴发,此后霍乱在苏州乡村时有发生。苏州地处江南水乡,河网密布,湖泊河塘中广泛种植荷花及其他水生根茎作物,成为蚊虫滋生地,极易传染疟疾。1911 年,苏州地区发生旱荒,紧接着又发生瘟疫,时疫快速在城乡各地蔓延开来,许多人都罹患恶性疟疾,生命殆危。[①] 除疟疾外,苏州也是霍乱、麻疹、伤寒、白喉、百日咳、肺结核等传染病的重灾区,各种疫病时有传播,屡见报载。1912—1949 年,发生急性传染病的有 26 年,以霍乱为最多,共发生 13 次,发病最多者为 1926 年,一周内患者 2000 余人,7 月 30 日一天即死亡 180 余人。1942 年死亡率最高,发病 670 人,死亡 294 人,死亡率达 44%。[②] 水旱灾害为霍乱的流行创造了条件,洪水将城乡卫生系统破坏,并导致供水中断,降低了民众群体免疫力,"农民平时既无能力讲求卫生,疾病又无能力就诊服药,而饥饿致毙之人,弃尸野外,更是发生瘟疫的原因"[③]。

　　另外,自然灾害发生后,经济萧条,田地荒芜,造成更大范围的食物匮乏,大大降低了民众个体免疫力,导致疫菌在长期营养不良的人身体里大量繁殖。在江南十月,苏州和上海一带,经常患着传染速度极快的喉症,当时人们还不大知道什么是白喉、猩红热那种病名,将之统称为"烂喉痧"。[④] 其中,"尤以霍乱最猖獗,因霍乱拉丁文译音为虎烈拉,死亡率高,故称霍乱为虎疫"[⑤]。虎疫造成的危害性极大,以非常可怕的速度带来死亡,"真性虎烈拉,求治稍迟,即不能救,故颇为凶险,患者大都初则口吐腹泻与腹痛,继乃手足收缩而毙命,速者仅五六小时,迟者亦只十数小时"[⑥]。有人晚上开始腹泻,第二天早上就死了,"苏州近三日内,虎疫盛行,患者吐泻交作,手足冷缩,不数时即毙命,亦有乾性者不吐不泄,致命尤速。……三天内,城厢内外,患疫者有数百人之多,行人倒毙,街坊时有

---

① 陈允昌:《苏州洋关史料》,南京大学出版社 1991 年版,第 108 页。

② 苏州市地方志编纂委员会:《苏州市志》(第三册),江苏人民出版社 1995 年版,第 326 页。

③ 许涤新:《动荡奔溃底中国农村(一九三二年十二月)》,载陈翰笙、薛暮桥、冯和法:《解放前的中国农村》(第一辑),中国展望出版社 1985 年版,第 450 页。

④ 包天笑:《钏影楼回忆录/钏影楼回忆录续编》,刘幼生点校,三晋出版社 2014 年版,第 181 页。

⑤ 虞立安:《民国时期苏州时疫医院演变概况》,载政协江苏省苏州市委员会文史资料研究委员会:《文史资料选辑》(第十一辑),内部发行,1983 年,第 177 页。

⑥ 《城乡时疫来势甚猛》,《申报》1926 年 7 月 23 日,第 10 版。

所见"①。天时久旱不雨，进一步加剧了时疫的传播速度，"疫气由衰加剧，起初起病至死最速者须三四个小时，近多不吐不泄只一小时毙命，城内外时疫医院皆有人满之患。而城内红会时疫医院尤为严重，计五日一天，自晨至暮向该院求治者竟有一百十号之多"②。苏州三六湾，尤福全、尤寿全及妻子李氏、汪氏子侄等共九人，"于五六两日，合家触疫而死，亦云惨矣。调查六日一天，红会时疫医院患疫往治者，仍有一百余号之多"③。

　　而天花作为瘟疫的种类之一，具有极强的传染性和危害性，致死率也非常高，成为苏州地区发生率较高的疫症。1923年入冬以后，吴江天气亢旱，天久不雨，河道水源污浊，盛泽地区天花流行，小孩患天花而死者，几日之内竟达数十人。④同年春节前后，苏州城乡居民，忽然发生一种时症，"起初寒热交加，四肢麻木，全体疲软，头痛乏汗，而又不思饮食，稍一不慎，即至不救，十余日来，殒命者几十人之多，且传染颇速"⑤。又如，"吴江山塘虹桥堍，向业成衣之朱邦慎。夫妇二人相继染天花而亡。书弄某银楼内小孩，年方七岁，骤患天花，数日而亡"。⑥1925年入春后，吴江久旱不雨，河水浅涸，饮料不洁，导致"天花流行，小儿传染者已多"⑦。南埭镇同泰南货店伙计，不慎染上瘰螺痧，医治无效，即唤舟载，送至黎里家中，未及两小时，即死于船中。北库镇弥月不雨，致使疫疠流行，"患者均泄泻瘰螺等症，重者几小时，轻者一二日即行毙命"⑧。黄埭镇及乡间，"痧痘流行，小孩死亡者有一百余外，昨日又死数孩"⑨。1934年，吴江自入夏以来，天气亢旱，气温时常达百度（注：华氏度）以上，以致疫病流行，朝发夕死，大都以小孩最多，十五日内本城小孩病死者已四十余名。⑩自然灾害导致疫病蔓延城乡，造成了民众的恐慌和社会的不稳定，加上经济

①　《时疫盛行，禁止不洁饮料》，《申报》1926年7月30日，第9版。
②　《疫势加剧之可惊》，《申报》1926年8月7日，第9版。
③　《时疫恶气》，《申报》1926年8月8日，第10版。
④　《盛泽：天花流行》，《吴江》1923年1月21日，第2版。
⑤　《苏州时疫流行，殒命者已十余人》，《益世报（北京）》1923年4月3日，第6版。
⑥　《天花流行之可怖》，《木铎周刊》1923年3月11日，第2版。
⑦　《同里：天花流行》，《吴江》1925年5月17日，第3版。
⑧　《酷热中之疫疠》，《吴江》1926年8月22日，第4版。
⑨　《黄埭死孩多，痧痘流行》，《吴县日报》1934年7月14日，第5版。
⑩　《吴江邑境时疫盛行》，《申报》1934年7月9日，第10版。

萧条,物价飞涨,民众生活陷入困境。为求活命,受灾民众想尽一切办法,将手中可以售卖变钱的东西悉数出售以维持生活,如县民证、通行证、防疫证、种痘证之类,一些灾民为了免除办证手续上的麻烦,甚至不惜花费巨资购买,而另外一些善于投机者就趁此从中渔利,"大做商意,此如乡镇公所的颁发县民证,就要乡民拿出一二元一张不可,本年夏季的防疫证,在吴江竟公开以二角五分一张出售"①。

三、城市秩序遭受冲击

与农村地区相比,自然灾害对城市造成的冲击程度相对较低,但农村地区的衰败给城市发展带来的负面影响也不容小觑。受自然灾害影响,大量离村进城谋求生存的灾民充斥城市各个角落,对城市生活造成严重的冲击。"伴随着这种周期性灾荒的蔓延,日益扩张的农业衰落和农村破产的局面,又直接间接影响到都市,使都市工商业失去繁荣,金融恐慌的程度增高。"②

自然灾害对城市生活造成的影响主要表现在扰乱了正常的城市经济秩序,而城市经济秩序混乱的最直接表现则是商业市场冷清,商品价格无约束上涨和下跌,进而引起社会恐慌和不安定。"本市各业商店,生意均冷淡异常。典当因存本缺乏,每日只开一小时,且只当粗布衣服,质价又极廉,钱庄则完全停顿。鱼虾青果,因交通断绝,不能贩运他处,价值极廉,而小菱为尤甚。"③大灾发生之年,物价遭到哄抬,呈现出居高不下的状况,严重影响民生民食。1931年长江流域大水灾,受灾区域辽阔,江苏省沿江各市县所遭受的损失尤巨。秋收既已无望,加上城内米商囤积居奇,乘机操纵,米价飞涨,民食日趋严重。"我粒食小民,鉴于米价暴涨,日高夜涨,迄无已落,中心惴惴,生活杌陧,社会恐怖现象,已成隐患,米贵,歉收耶,垄断耶,出洋耶。"④

民以食为天,当市场上出现粮食供应不足甚至粮食价格持续上涨的情况时,通常就会在城市居民中引发恐慌,因为米粮价格的稳定和正常供应是城市居民生活中最为关切的问题。1906年,苏州地区的米价出现不

---

① 海人:《出卖防疫证》,《青复月刊》1941年第1卷第5期,第16页。

② 邓拓:《中国历代灾荒的史实分析》,《经济理论与经济管理》1992年第1期,第27页。

③ 《商界情形》,《新黎里》1924年11月1日,第3版。

④ 《限制米价之抑平观》,《大光明》1931年7月8日,第2版。

断上涨的趋势,米业公所在给苏商总会的呈文中称:"苏锡两市存米不及二十余万石,上路客米罕到,四乡存积式微,秋收为日方长,市价有增无减,若不设法补救,不特商民受困,且恐流氓土痞乘机扰夺,后患何堪设想!"①至1911年辛亥革命爆发前后,苏州米价的上涨趋势更是日趋严峻。即使在糙米上市的旺季,每石也由四元疯涨至七元七八角,而在米粮供应不足的季节,价格更是高得令人望而却步。1926年入秋以后,新谷次第登场,吴江地区的米价不跌反涨,"近日各行米价,与上半月比较,每石又涨起五角。如白米每石需十六元二角,高冬每石十六元。中冬每石十五元八角。次冬每石十五元六角云"②。1931年夏,受江淮大水灾及水灾过后接踵而至的严重干旱的影响,苏州市面上竟出现粮食空前短缺,甚至一度无法维持正常运转的局面。

图2-1为民国元年(1912)到民国二十五年(1936)苏州地区的米价变动与自然灾害之间的关系图。从图中可知,1912—1936年苏州地区的米价发生了幅度较大的波动。苏州地区米价在1912—1919年涨落幅度不大,年平均价格水平均低于8元。但1920年以后,米价的涨落幅度变动发生巨大变化,从价格上看,年平均价格超过8元,最高价格为1931年的15元,最低价格为1933年的6.23元,略低于第一阶段的平均

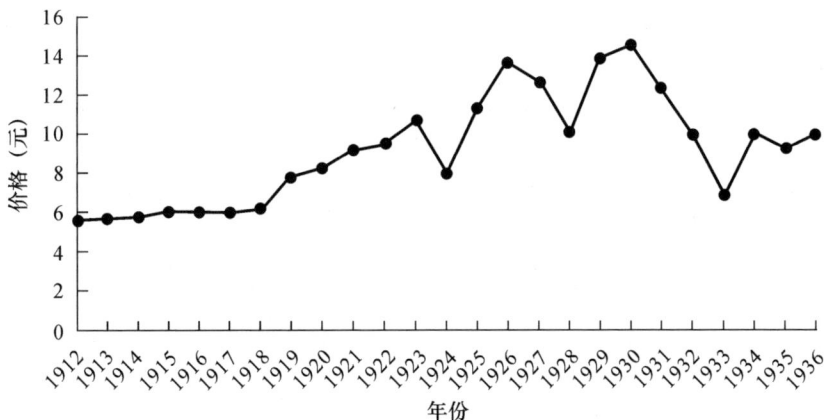

图2-1　1912—1936年苏州米市价格走向

资料来源:此图根据《苏州民政志》(油印本),苏州方志馆馆藏制作。

①　《米业公所为苏地米价上涨致苏商总会照会》,苏州市档案馆馆藏,卷宗号:I14-16-0081-08。
②　《同里米价增涨不已》,《吴江》1926年11月7日,第3版。

价格。米价变动情况，从一个侧面反映了当时的经济情况和物价水平，同时也是自然灾害对城市经济以及农业生产造成影响的一个缩影。

食米价格的波动一方面导致商品价格受到市场的调控产生变化，另一方面更是使城市经济秩序遭到严重破坏。水旱灾害使农产品收获量日益减少，从而引发城市食粮恐慌现象。1920年入春以来，苏州境内的米价竟涨至八元左右，且仍在飞涨不已。米价的飞涨竟然导致万昌米市茶会有市无货，米业中人因此大为恐慌。① 为保证本地区粮食供应，一些地区纷纷实施禁米出境政策。1928年，新米登场之际，一些奸商假借邻省浙江出现灾荒，采购大量新米偷偷转运出境，以致苏州地区的米价日涨无已，不见低落，从而妨碍了苏州民生。苏州市公安局为此发布禁米出境令，严禁奸商运米出口，以维民生。② 苏州地区的灾荒不仅造成苏州地区的米价飞涨，而且也影响到上海地区的米价涨落和市场供应。为维持本地民食，各地纷纷禁止米粮出口，如常熟的禁止米粮出境令，就一定程度上影响了上海市场的粮食供应。"长江下游的江南地区，粮食市场完全依靠外地谷米支撑，若客米不能如期运到，粮价即刻增昂，立现民食维艰的局面。"③上海不是产米之区，而是作为江南地区主要的米粮行销总汇集地，常熟作为江南重要的产米区，为保证本地米粮供应，突然禁止米粮运出，从而导致上海米业市场出现恐慌等异常现象。为此，上海米业仁谷公所召集南北市各米行及经售米粮公会嘉谷堂公所、南帮米商公所等专门举行联席大会，商请上海特别市社会局转请江苏省取消禁止米粮出境令④，以解决沪市米市恐慌现象。

另外，水旱灾害发生后，通常会出现物资短缺的现象，粮食价格也会出现较大涨落。米粮价格的涨跌也能一定程度上折射出一个地区的社会情形，各地米价高涨，表面上看好像是由于国内粮食缺乏，但最主要的还是部分米商大量囤积米粮以冀居奇获利的缘故。"米商见有机可乘，自深其居奇之念，囤户亦心存观望，乡镇之有米者，岂有不思待价而沽之理，于

---

① 《米价飞涨之恐慌》，《申报》1920年5月12日，第10版。

② 《苏州公安局禁米出境》，《北平特别市公安局政治训练部旬刊》1928年第10卷，第18页。

③ 陈桦、刘宗志：《救灾与济贫：中国封建时代的社会救助活动(1750—1911)》，中国人民大学出版社2005年版，第61页。

④ 《上海米业团体请弛常熟米禁》，《银行月刊》1928年第8卷第12号，第29页。

是到源稀而去路涌,米价安得而不上涨。"①在灾荒区域,地主商人为谋巨利,往往囤积居奇,从而借机抬高粮食价格,例如,"江浙一带,米商见久旱不雨,猛将米价提高,不到一月,每石自七八元涨至十三四元"②。被誉为人间天堂的江浙地区,"在农民过劫的时候,商人反是在大发横财的,如江浙一带,米由七八元一担涨至十三四元"③,米价像断线气球般的直上飞腾。1925年4月,《吴江》刊发了一篇评论文章,其中有云:

> 我们吴江,去年受着虫害,收获当然减少;然而在新米上市的时候,米价逐渐飞涨,这是一个不可思议的问题。今年自开岁以来,米价步步升高,真是一日千里。我想去年的米虽然少收,然而所收得的已经告罄,时期究嫌太早,不消说得,一面囤积居奇,一面偷运出洋,只顾自己发财,不管他人饿死,现在的米商。良心早已搬场了。无锡苏州,因为米荒问题,各公团屡次开会,筹商补救之法,这不能不算是一个救急之法。我们吴江,也受同样恐慌,然而什么办法,还寂无所闻。或者他们也有成竹在胸,不过还未到发表时期,所以不露声色,那真是莫测高深了。否则平日的积谷,到哪里去了?积谷的经费,想来不会移动吧!有了谷,有了积谷的钱,现在大可施用,还等什么时候呢?④

1926年春,米价逐日抬升,吴江盛泽镇林知事曾专门面谕米商不得抬高价格,影响市场秩序,并限制米价每石不得超过十三元。后待限期一满,部分米商为牟取暴利,任意增涨米价,"最高米价已达十四元外,恐有再涨之势"⑤。同时,盛泽镇受到上年水、旱、虫灾的影响,"农业大小熟相交歉收,米价又告陡涨,高白粳每市石高达13.6元,市场议价更有喊至16元。5月至7月,米价继续上涨,高白米最高价每市石15.3元,高籼每市石14.8元"⑥。鉴于米业奸商囤积居奇导致苏州米价日渐增高,小民

① 冯柳堂:《旱灾与民食问题》,《东方杂志》1934年第31卷第18号,第12页。
② 钱俊瑞:《目前农业恐慌中的中国农民生活(一九三五年一月)》,载陈翰笙、薛暮桥、冯和法:《解放前的中国农村》(第二辑),中国展望出版社1986年版,第201页。
③ 以谷:《一九三四年的中国灾荒》,《警醒》1935年第3卷第3期,第33页。
④ 西柳:《粮食问题》,《吴江》1926年4月4日,第2版。
⑤ 《民食堪虞》,《新盛泽》1926年7月11日,第4版。
⑥ 黄守璋:《苏州米价概况》,载苏州市地方志编纂委员会办公室:《苏州史志资料选辑》(第一、二辑合刊),内部发行,1989年,第154页。

生计维艰，1927 年 6 月，苏州市党部特派盛智醒会同各部代表及米业职工会代表施之范于 21 日下午前往娄门、齐门一带调查各大米行，最后查得娄门外徐震隆米行囤积粳米多达二万余石，当即命令该管警区将该米行看守，不准私运米石出外，听候各界处理。①

　　自然灾害发生后，一些政府官员和不法商人相互勾结，或将米粮私下偷运出境，或以高价出售获利，加剧了市场的不稳定性，进而冲击城市经济秩序。灾荒之年，以赈灾济贫为名而从事舞弊中饱为最痛心之事，并且屡见不鲜。闹成米荒的成因，一部分是粮食本身的真正缺乏，但造成市面紊乱的最大原因还在于奸商的操纵。"米价之所以昂者，不外乎荒歉、囤积、私运三者而已。"②1927 年 6 月，国民党苏州市党部对市场上食粮流通短缺、米商囤积居奇现象进行调查后发现，"不但是一班原有的米商在经运粮食，而另外一部分社会游资，也都攒进了米蛀虫的窝窠，造成了结帮掠夺的现象"③。苏州地区本为产米之区，通常而言，无论收成如何，一般都不至于有米荒之患，"无如一辈奸商劣绅肺肠，别具利欲薰心，视私运为若辈之天职，置禁令于不顾，遂致小民有粒食维艰之叹，米珠薪桂至今日而已臻极点"④。由此可见，官商勾结、奸商偷运米粮出境对苏州粮食供给带来了严重影响。1925 年 10 月，苏州地区的米价连日上涨，且有涨无跌，黄埭镇米价，门市零售，每升涨至二百八十文，导致粒食小民生计益感困难，其原因即为"常熟县米贩，至黄埭各米行，采购糙粳，运回常熟投行，由福山口私运出洋所致"⑤。又如，1929 年 10 月，苏州市公安局水运队在洋关扣获望亭裕和恒升米行运米船二艘，共装运白米五百三十七石。其米船所载的米额与所收数目不符，并且从船员处了解到这批食米运到上海闸北以后，将运销于外洋，从而引起民众团体和新闻界的震惊，一时间要求对这批出洋米粮严厉彻究的声音高涨。而两家米行的老板潘启贤、潘维胜动用关系函托苏州商会，向税所疏通。以本省运米本在禁例为辞，自陈无漏税之米，最后罚税四成，即放行完案。⑥ 当时的报纸对此评论：

① 《市党部调查米商囤积》，《申报》1927 年 6 月 23 日，第 7 版。

② 《呜呼米禁》，《木铎周刊》1922 年 3 月 26 日，第 1 版。

③ 力士：《再论粮食问题》，《青复月刊》1940 年第 6 卷第 1 期，第 18 页。

④ 俞振义：《执法者是何居心》，《木铎周刊》1921 年 4 月 10 日，第 1 版。

⑤ 《米贩运米出口之消息》，《苏州明报》1925 年 10 月 30 日，第 3 版。

⑥ 强碰：《谈谈奸商运米》，《大光明》1929 年 10 月 26 日，第 2 版。

奸商尽可运米出境,吴县的老百姓穷得没有米吃了,也只能站在洋关上,束手待毙,眼看本境的米粮一船船地运装出境。奸商们一船船的运着大钱回来吗?……而奸商特有的省令,尽可毫无顾忌地将米运往乙县,居奇赚钱。唉,苏州人的懦弱,奸商的狠心,大人先生们的势力,新闻界的麻木,吾无言矣,唉,穷百姓束手待毙吧。[①]

1930年秋,正是新谷收获、新米上市的季节,苏州的米价反倒突飞猛涨起来,其中的原因,"大概因为邻邑米价高超,一般奸商,利欲熏心,运米邻境居奇销售,以致引起全市民食的恐慌"[②]。1934年夏,常熟地区的米价突然高涨,糙粳每石由五元五六角涨至七元六七角;白米每石由七元二三角涨至八元四五角,其高涨原因之一即为"昆山客帮朱某、唐某、范某,谋中收买,转道接济伪国,致当地存米缺乏,演成米荒"[③]。对于米价连续暴涨的原因,时人评论:

> 米价的暴涨,其原故,一方面固然是米商的囤积,一方面却是无限制的向外输出,这种无限制的向外输出,有两个潜在的因素,一是输出者以超市价百分之二十,限价的百分之五十广事收买,在供应者谁不想取得较多的代价,于是暗盘就因此猖獗;其次则为输出者有运输的特殊便利。君不见公路运河中均有大量装载输出而通行无阻。江南虽为产米之区,如此洞漏安得不日趋缺乏。虽然"民以食为天",谁又曾顾及。[④]

可见,水旱灾害多发,导致市场物资短缺,部分商人为牟取暴利,凭借运输的特殊便利,大量收购米粮并无限制地运销外地,加上一些不法商人囤积居奇,借机哄抬米粮价格,从而扰乱了正常的城市经济秩序,以致江南产米之区也变成了缺米之地。

民国时期,苏州城市化进程发展迅速,但多发的水旱灾害对城市工商业的发展造成冲击,商户经营惨淡,商业发展迟缓。受自然灾害的影响,发展工商业所需的原材料减少,价格上涨,加上劳动力缺失等多种因素,

---

① 强碰:《谈谈奸商运米》,《大光明》1929年10月26日,第2版。
② 《米价高涨,恐引起恐慌》,《大光明》1930年9月25日,第2版。
③ 《常熟通讯:演成米荒价格续涨,气候失调影响育蚕》,《农报》1934年第1卷第9期,第216页。
④ 坦言:《米的输出》,《青复月刊》1941年第4卷第1期,第1页。

大批工厂和商铺面临减产和倒闭的困难局面,工人生活陷入困境。在百业萧条的大背景下,钱庄业都以惊人的速度迅速衰落。苏州城区重要的金融机构——钱庄遭到重大打击的原因在于农村经济凋敝,市面萧条,致使钱庄放出的钱款无法及时收回。"过去,在上海钱庄有数百家之多,但今年上市的已不过百余家。过去南京的钱庄有六七十家,但现在已只有二十八家。过去在镇江的有三十余家,现在也只剩五家。过去苏州有五十余家,现在已只有十七家了。"①米粮经营也是如此,吴江县1926年发生严重虫灾,全区产米数不到正常年份的十分之五。因此,"当年各米行业,大受影响。闻业中人云,今冬结束,莫不微亏母本"②。而米业工人因米珠薪桂,原来的薪俸难以维持一家人的生活,遂于4月12日联络全镇米业工人,贴出宣言,要求各行号体恤苦力。无论大小工人,每人每日加大洋一角,以维生活。如果至初五日尚无圆满结果,将一律罢工云。③

此外,自然灾害也对正常的城市生活、交通运输和内河航运带来影响。1934年夏,苏州地区连日酷热,亢旱不雨,四乡农田灌溉和城市居民饮料发生严重问题,城市中甚至出现极度恐慌现象,"东山之饮料河水,每担市价已涨至四目文"④。苏州城内较小的河道大都干涸,已无水可取,居民饮用的水也都没有了。无论公私水井,也均呈现干枯浑浊的境况,而苏州城内的茶馆水灶等,一向依靠运水船至城外驳接清水,现在因为搁浅不能行船,便只能临时雇用水夫,到城外南新桥购水入城,即使这样也仍难维持,一部分水灶被迫暂时停业,另一部分虽继续营业,但因运水成本的增加,其冷水和热水价格均十分昂贵。"如向来热水售五文钱一勺者,已增至二十文一勺,冷水则由每担一百文增至三百文,且仍有继续增长之势。"⑤吴江素称水乡,境内水网纵横,平常水流清澈,饮料颇洁,因受久旱不雨影响,河道水源枯竭,因此居民也极度恐慌。"同里盛泽等处,居民稠密,更为困难,现居民均购船水充作饮料,每担平均在一二百文左右"⑥,可以想象旱灾造成的取水困难程度。鉴于苏州城中部分水井枯涸,为缓解居民生活用水紧张的局面,"防旱会用戽水机在娄齐门等处戽水入城,

①　中国经济情报社:《中国经济年报》(第一辑),上海生活书店1935年版,第186页。
②　《米行业亏本》,《吴江》1926年2月7日,第4版。
③　《米业工人要求加薪》,《吴江》1926年4月18日,第3版。
④　《各乡旱灾严重》,《申报》1934年9月7日,第12版。
⑤　《奇热大旱中之苏州》,《吴县日报》1934年6月29日,第4版。
⑥　《吴江旱情,饮料发生极度恐慌》,《苏州明报》1934年7月17日,第5版。

用船装运供给人们需要，并向放私人自流井，一面在盘蔀两门作坝，将城外之水引入城内，以备作为城内田放灌溉之用"①。吴县县长吴企云也呼吁拥有私人水井的市民，"希望可以暂开私井，以供居民汲用"②。苏州建设局决定在城内开凿大口径自流井四口，专供市民取给饮料，同时下令现有的私家自流井一律对民众开放，同时规定每家取水以二担为限。苏州商会主席施筠清、救火会代表张寿鹏等于 7 月 13 日偕市建设局局长周骏同往胥门勘视开辟水井地点，决定引胥门河水入城。③

　　居民饮水如此，平日恃以肃清排泄物的粪船也因河干水涸不能通行，以致倒粪夫工作困难，从事倒粪的工人不能按日挨家倒粪，"城中因河水干涸，粪船不能进城，致市民之排泄问题，亦起极大恐慌，并以天雨无期，如无切实解决办法，则与公共卫生，尤有严重影响"④。有些居民迫于无奈，只得自行将粪便倾倒于附近的公厕中，甚至有人将粪便倾倒在较偏僻的街头巷口中，以致臭气四溢，不可向迩。⑤ 事态的发展呈现出愈演愈烈之势，"城中如观前街、紫兰巷、道堂巷、古市巷和临顿路等处，最多者已有四五天未倒，大都将粪弃诸附近厕所中，致城内满坑满谷，尿污遍地"⑥。在天气炎热的夏季，这对公共卫生大有妨碍，如果三四天之内再不下雨，市民的排泄问题势必会更加严重。更有甚者，一些从事倾倒粪便的粪行主不顾公益，粪夫怠懒就便，竟直接将粪便倾倒河中，"娄门内沿城北张家巷底，有粪行一所，正将船中满储排泄物倾倒河中"⑦。与此同时，苏州城厢也因天旱河浅，运送垃圾船只不能转运，街头巷尾瓜皮与垃圾堆积，秽气扑鼻。城区积存垃圾高达六万余担，其中第一分局境内堆有垃圾三十四处，约三万三千六百七十余担；第二分局境内除城外不计外，有垃圾堆二十七处，约二万七千五百五十余担；第三分局境内一百二十七处，约七千六百余担⑧，城市中的污秽涌向街头巷尾，导致一波又一波传染病的暴

---

① 《苏城发生三大恐慌》，《申报》1934 年 7 月 18 日，第 8 版。
② 《吴县长商请郑寿芝家开放自流井解决东北城饮料》，《苏州明报》1934 年 7 月 4 日，第 5 版。
③ 《苏城饮料发生恐慌》，《申报》1934 年 7 月 14 日，第 11 版。
④ 《市民排泄问题，县长谋疏通办法》，《吴县日报》1934 年 7 月 16 日，第 7 版。
⑤ 《继饮料而起之！苏州一大问题》，《吴县日报》1934 年 7 月 14 日，第 4 版。
⑥ 《苏城发生三大恐慌》，《申报》1934 年 7 月 18 日，第 8 版。
⑦ 《妨碍卫生，倾粪入河应加取缔》，《苏州明报》1934 年 7 月 19 日，第 5 版。
⑧ 《苏州尚复成何景象，积大量垃圾六万余担》，《吴县日报》1934 年 7 月 31 日，第 5 版。

发,大批灾民相继染疫而死,这也对城市交通、市容市貌、公共卫生以及市民出行均带来严重影响。

　　苏州地处江南水乡,日常生活中不管是行人出行还是运输货物,船运为主要运输方式之一,交通运输业的发展与水密切相关。水灾的发生会诱发一系列危险,对航道安全带来隐患,常常造成堤坝溃决,导致航船无法正常航行。而旱灾的发生同样会对交通运输业的正常运行带来不利影响。水量过低,航船无法通行,水路运输势必搁浅。1931 年长江流域大水灾,导致太湖周边航道堤岸溃决,太湖流域一带内河小轮因此全部停运。至于民用船只,因大水几近淹没桥孔,不能通过而停驶者也达一半。从 1931 年 7 月到 8 月中旬大雨,导致整个太湖流域水路交通几乎完全处于瘫痪停顿的状态。① 1934 年,江南大旱,河道水位持续下降,甚至一些河道干涸,"靠近横泾的南太湖,业已日就干涸,浅处且可见底,泥浆显露,致往来船只,只得停驶"②,甚至"部分轮船公司被迫停航,整个太湖流域航轮停驶最多时高达 128 班,占总数的 59%,停轮航线将近 5800 公里,约占全长的 51%,其余虽未停航,然或则改用小型汽艇;或则于河道浅狭固定民船接渡"③。上海开往苏州、常熟、湖州、昆山、盛泽、硖石等处的小火轮因河道较阔尚能勉强行驶,而"内河招商局开往硖石之小火轮,因受天时酷热之影响,水流低浅,因此不能行驶,故于前日起,暂行停驶"④。此后,因天久不雨,内河水道干涸,几个主要轮船班次相继停班。各内河班轮如香山、光福及杭州、湖州等均已相继停驶,常熟班亦仅开至苏乡陆墓。⑤ 航轮停运给各轮局带来巨大影响,"有苏杭班(苏州至杭州)、湖嘉班(湖州至嘉兴)、苏盛班(苏州至盛泽),故内河各轮局,损失至为浩大,如最近十日中无雨,则内河各线轮只,均将全部停止开驶"⑥。吴江也因市镇各小河均已见底,同里南新湖也已搁浅,造成轮船行驶受阻,"连日来陆续停班者有苏盛、苏湖、苏杭、和丰(吴江至练塘)等班,其余往来于苏州、吴江、黎里、同里、莘塔、芦墟、西塘等处各班轮,虽然仍照常开驶,但均调

① 孙辅世:《太湖流域民国二十年之洪水》,《水利》1932 年第 2 卷第 1 期,第 25-26 页。

② 《南太湖已浅将见底,汲引阳澄湖水入城》,《吴县日报》1934 年 7 月 13 日,第 4 版。

③ 扬子江水利委员会:《太湖流域民国二十三年旱灾测验调查专刊》,扬子江水利委员会 1935 年版,第 16 页。

④ 《亢旱奇灾警报》,《申报》1934 年 7 月 11 日,第 11 版。

⑤ 《议定防灾办法》,《申报》1934 年 7 月 13 日,第 9 版。

⑥ 《轮船停驶》,《苏州明报》1934 年 7 月 16 日,第 5 版。

换吃水较浅的小轮,若一周内再不下雨,不仅轮船均全部停航,而且往来各乡镇的航船也将阻碍通行"①。

四、祛灾信仰多重叠合

鸦片战争以后,受到欧风美雨的影响,中国社会开始近代化的转型历程,政治、经济、文化和社会习俗等方面都发生了巨大变化。但传承了几千年的中国传统文化并未因此失去生命力,在社会生活中仍然发挥着重要作用。而民间信仰作为传统文化的一部分,起源极早,遍布各地的祠堂庙宇即是这种固有文化的表现。"在贫乏与愚昧包围之中的中国农民,他们既无力拯自己于河伯旱魃的神威之下,反而以其封建的愚昧意识,作求神拜佛的蠢事。"②

天旱求雨、久雨祈晴逐渐演变成相对较为固定的模式,并深深根植于传统社会官民意识思维之中,成为一种信仰文化的外在表现形式。这种禳灾祛祸活动,在传统社会中根深蒂固,成为民间经久不衰的风习,甚至被封建国家列入祭祀大典。"水灾、旱灾、蝗虫的自然威胁仍然危害着人民。他们的科学知识和装备仍然不足以控制许多自然灾害,对巫术的需要依然保留不变。"③而遍布江南城乡、为数众多的各种祭祀传说中的神仙、历史人物、佛道高僧等的庙宇或祠堂则是民间信仰在江南社会应对自然灾害中的体现。"一切社会制度或习俗、信仰等等的存在,都是由于它们对整个社会有其独特的功能,也就是说,对外起着适应环境、抵抗外力,对内起着调适个人与个人,个人与集体或之间关系的作用。"④胡适在谈及中国人应对自然灾害时讲道:"天旱了,只会求雨;河决了,只会拜金龙大王;风浪大了,只会祷告观音菩萨或天后娘娘。荒年了,只好逃荒去;瘟疫来了,只好闭门等死;病上身了,只好求神许愿。"⑤

1927年,南京国民政府成立后,一方面,在全国范围内推行提倡科学、祛除迷信运动,但长期以来中国民众落后的文化教育使得这一运动缺乏动力,举步维艰,尤其在一些乡村地区的社会改革上更是收效甚微。另

---

① 《吴江旱情,乡镇航船亦将停班》,《苏州明报》1934年7月17日,第5版。
② 以谷:《一九三四年的中国灾荒》,《警醒》1935年第3卷第3期,第31页。
③ 费孝通:《江村经济——中国农民的生活》,商务印书馆2001年版,第150页。
④ [英]拉德克利夫-布朗:《社会人类学方法》,夏建中译,华夏出版社2002年版,第3页。
⑤ 胡适:《胡适论学近著》(第1集),山东人民出版社1998年版,第502页。

一方面,传统社会延续下来的民间信仰在中国乡村社会甚至一些中小城市中依然具有十分深厚的生存土壤和顽强的生命力。一遭到水灾、旱灾和蝗灾的威胁,便要实行巫术。干旱时,发布命令禁止宰猪,并组织游行,游行者带着一切象征雨的用具如伞、长筒靴等。有蝗灾时,就带着刘皇的偶像游行。① 旱灾是农业社会中最常见的自然灾害之一,大大小小的旱灾几乎每年都会发生,而旱时祈雨则是传统社会由来已久的习俗,大旱之年,有关求神祈雨、禁屠祈雨等活动的各种报道在各类地方志、报纸中俯拾皆是。旱灾发生后,因缺乏科学知识和有效的应对方式,灾民囿于传统,便只能花费大量的人力、财力和精力投入祈雨活动中,祈神祷告成为对付灾荒的主要精神手段。"有效的救灾方法,既然缺如,在死亡线上挣扎的农民便只有盲目地采用原始的迷信的方法了。求神、念佛、断屠等求雨活剧便一幕幕开演了"②。换言之,"倘使农民知道了求雨的无用,他们一定会有别种办法,会用别种较可靠的方法,因雨在他们是有直接的利害关系的"③。

遇到天旱时求神祈雨,遭逢水患时求神保佑,虫灾发生时则祈神驱虫,这些现象在太湖流域各地广泛存在,并形成一种独特的多重叠合的祛灾信仰文化。"打开每天的报纸,迎神祈雨,禁屠祈雨,念佛祈雨的事情几乎随时随地都有。"④龙王是中国民众心中最神圣的雨神,传说中有布云施雨的能力。当然,在其他民间信仰崇祀的诸神中如关帝、玉皇和观音等也都具有类似的本事。所以,当天久不雨、亢旱成灾时,民众通常也会迎接其他神祇。1934年长江流域旱灾,苏州各地发起迎神祈雨活动,场面异常壮观,"马王会咧,杨王会咧,城隍会咧,春申君会咧、姜太公会咧,多得不亦乐乎"⑤。而在诸多神灵当中,龙王布云施雨的效果最为明显,因此,祈求龙王降雨的各种活动和仪式遍布江南城乡各地,如各处的"游龙会""烤龙会""迎龙王"等,均显示出龙神在江南民间信仰中有着极其重要的地位。1934年7月,上海久旱不雨,济生会、辛未救济会等三十余个善团在四明公所举行祈雨大会,"设雨坛,全场焦黄,几似黄金世界,坛供

---

① 费孝通:《江村农民生活及其变迁》,敦煌文艺出版社1997年版,第129页。
② 达生:《灾荒打击下底中国农村》,《东方杂志》1934年第31卷第21号,第42页。
③ 《求雨论》,《十日谈》1934年第36期,第441页。
④ 何宝图:《从求雨的方法说起》,《十日谈》1934年第36期,第447页。
⑤ 《天时亢旱,各地迎神祈雨》,《吴县晶报》1934年7月21日,第2版。

九天雷祖及九江、八洞、五湖、四海、行雨龙位……由道士百零八人,启建'无上黄箓禳灾祷雨大醮'及诵九天雷祖玉枢宝经、木郎歌等,总计七昼夜,善男信女,纷往参加"①。而在苏州,各种宗教团体也纷纷加入祈雨禳灾的活动中,"道教公会亦于昨(一日)日起在元妙观雷祖殿建祈雨醮,昨日午后二时,复有北雪泾乡民百余人,异抬松柏扎成之小白龙进城祈雨,锣鼓爆竹沿途敲燃,仗中复杂有扮演之小青青、白娘娘、水漫金山诸剧,并雇乞丐开花脸扮各种水怪,情节极形热闹"②。吴县佛教会及各大寺住持及佛教热心分子在宝积寺设坛祷雨七日,僧人二百余人由宝积寺出发至宝莲寺向铜观音圣像上供行香祈祷。③ 最盛大的要算玄妙观三清殿的八卦阵,"殿前台基上,堆着好多桌子,挂满了幡旗等物,几个道士冒着太阳,沿着桌子打转,嘴里喃喃有辞,也不知道他鬼混些什么,血红的太阳仍直射在他脸上,累得汗流满身"④。农商各界连日来也开展迎神求雨活动,较盛大的如道城隍及恢平王出巡祷雨二起。苏州周王庙弄中的周宣灵王庙为玉业中人所有,该庙主管人员受居民之请举行周王出巡祷雨,解饷元都活动,降阶出巡,盛况空前。⑤

对于民众抵御水旱灾荒的迷信祈雨活动,地方政府官员实际上也是清楚知道的,但是在没有有效解决旱灾办法的情况下,地方官员通常也只好给予认同,有的甚至还会带头进行祈雨活动,如"在南京,班禅大师赴四城门,赴玄武湖作法祈雨。……在江阴,县长公安局长参加祈雨"⑥。但是,地方政府顺应甚至参与民众的祈雨活动并不能说明其提倡迷信活动,这不过是他们顺从民意、稳定民心和社会秩序的无奈之举。虽然明知祈雨无效,但最起码在旱灾严峻的当口,能够起到安慰人心、稳定社会秩序的作用。所以一些地方官员参与求雨活动,随众求一次雨,"以致在灾区动荡不宁的社会秩序之中,经常可以发现这样一种奇特的政治景观,即官民之间在世俗生活中势如冰炭的对抗和在信仰世界里鱼水似的协调交织而成的对立统一体"⑦。由此可见,旱灾发生后,各种祈求龙神、城隍及

① 《昨日各善团启建祷雨法会》,《申报》1934 年 7 月 14 日,第 12 版。

② 《天气亢旱饮料生问题》,《申报》1934 年 7 月 2 日,第 12 版。

③ 《大旱望云霓,僧道祈雨愈形紧张》,《苏州明报》1934 年 7 月 16 日,第 5 版。

④ 阿金:《祈雨》,《十日谈》1934 年第 37 期,第 14 页。

⑤ 《迎神祈雨争奇斗胜》,《苏州明报》1934 年 7 月 23 日,第 5 版。

⑥ 达生:《灾荒打击下底中国农村》,《东方杂志》1934 年第 31 卷第 21 号,第 42 页。

⑦ 夏明方:《民国时期自然灾害与乡村社会》,中华书局 2000 年版,第 257 页。

其他神祇降雨的活动和仪式在江南地区呈现出普遍化和多样化的特点,构成了江南地区民间信仰中的一道独特景观。

长期以来,江南地区"信巫鬼,重淫祀",各种驱瘟逐疫仪式在广大地区广为流传和长期流行,"浒关镇及四乡城隍、猛将、土地等庙甚多,各该处乡民每年于四月间,狃于迷信,舁神赛会,以为驱瘟逐疫保境佑民之举。日前,本镇猛将庙举行赛会后,昨日又为城隍司赛会之期,各处来关观看者拥挤异常"①。与此相应,在江南民间社会中也存在多种驱疫神灵,其中最司空见惯的则当属温元帅。每年的阴历四月和五月,江南民众前拥后簇抬着温元帅的塑像游走在大街小巷之中,举行声势浩大的驱疫活动。据说,"温元帅生得青青的,青如靛:蓝靛包巾光满目,翡翠佛袍花一簇。朱砂发梁遍通红,青脸獠牙形太毒。祥云霭霭离天宫,狠狠牙妖精尽伏"②。供奉温元帅的神庙,"有的叫广灵庙,有的叫温将军庙,最有名的为温州忠靖王庙(温在宋时曾被封为忠靖王),俗称元帅庙。在每年阴历五月,温琼'诞辰'之日,人们要抬着他的神像在街上游行,当然也有'示威'的味道——用来驱赶疫疠"③。每当灾害降临,人们总是采取各种仪式来驱散内心的恐惧和不安。即使是受到近代文明洗礼较为深刻的江南地区,民国时期各类驱瘟逐疫的信仰仪式在瘟疫流行的季节也广为存在。1919年秋,苏州地区发生时疫,感染者众多,娄门外乡民将杨王庙神像抬出,游巡各乡一周,以驱瘟逐疫。④ 1925年9月,苏城瘟疫盛行,且谣传有阴兵过境之事,乡民沈束璋、马宝生等人将通河坊温大天君抬出游巡境内,以驱瘟疫。20日至24日,建瘟醮五天,22日和23日两天,由崔将军出巡催饷,24日上午,由温大天君出巡境内。⑤ 观城东街道,"以驱瘟为名,在外广务醮疏,订于近日开始,至二十二日为止,建醮五永日"⑥。1926年6月,苏州地区亢旱不雨、旱灾肆虐的同时,疫疠蔓延城乡,先是流行"烂喉痧",继之便是"霍乱"大流行,在较短的时间内因染瘟疫而死者

---

① 《迎神赛会亟应禁止》,《申报》1917年6月8日,第7版。

② 马书田:《华夏诸神》,北京燕山出版社1990年版,第111页。

③ 马书田:《华夏诸神》,北京燕山出版社1990年版,第113、115页。

④ 《乡民迎神赛会》,《申报》1919年9月18日,第7版。

⑤ 《温天君出巡消息》,《苏州晚报》1925年9月4日,第2版。

⑥ 《街道观又建瘟醮五天》,《苏州晚报》1925年9月4日,第2版。

数不胜数,"安乐苏州城,平空降疫魔。城中生佛少,境内死人多"①。

频发的瘟疫让人们感受到严重的威胁,不安情绪在城乡之间迅速蔓延。为消除瘟疫,苏州城乡各地举行驱瘟逐疫会,"娄门内北街痢疾司庙之羽士,借此虎疫盛行之声中,假名为境内居民保安起见,募化香金,延道哗经建醮。二十八日出赛驱瘟会,将所谓痢疾司之偶像,移置轿中,在途游行。经过潘儒巷及平江路一带时,路旁观者甚众,交通几为之塞。虽赤日当空,炎热异常,然观者之兴趣,绝不因之稍减,凡经过之处,一般迷信之老妇,并俯首合掌,朗声诵经,虽挥汗如雨,亦之不顾"②。"蒋程四人发起,建驱疫瘟大醮五天,并人筹备将温天君神像抬出,游巡各处,以驱瘟疫,即俗语所谓出瘟会。"③吴江县自1926年8月入伏以来,天气酷热,久不降雨,疫疠流行,"本邑人士,鉴于疫疠流行,于初七、八、九三夜,出温将军会并延道士于十四五六日在城隍庙打醮三天,以期获佑于神"④。1934年7月,江南大旱,苏州发生瘟疫,民众纷纷举行驱疫活动,22日瘟将军出巡全苏,至玄妙观进香。仪仗中花样百出,且行且拜,盛况空前。⑤ 23日,活动继续进行,温天君戏文形形色色,观前街附近人头攒动,几无隙地,欢呼声爆竹声打成一片,五十余辆自由车双行前进开道,大万民伞、龙灯、文明宝扬,武松打虎、唐僧取经、姜太公等戏,随行且演,活灵活现,为苏州三十年来未有之空前盛况。⑥

在驱瘟逐疫仪式中,温元帅是极其神圣又神秘的,人们虔诚至极,"好几条龙灯,十几个大汉抬着,假使路旁有人放三个爆仗,他们就献艺一次,'穿龙','滚龙',一套一套地演出,看的人连珠般叫好,他们也格外有劲。跪下行最敬礼,至少也得作个揖。我木然不动,背后一个不相识的老太太推着我连声叫'罪过罪过'"。⑦

之所以会出现各种规模宏大、参加人数众多的驱疫活动,是因为人们缺乏科学文化知识,认识水平不高,无法正确和理性地看待各种社会和自

①　陈实:《一九二六年吴门大疫记略》,载政协江苏省苏州市委员会文史资料研究委员会:《文史资料选辑》(第十一辑),内部发行,1983年,第174页。

②　次孟:《苏州出赛驱瘟会》,《时报》1926年7月31日,第9版。

③　《瘟天君将出瘟疫会》,《苏州晚报》1925年8月31日,第2版。

④　《赛会打醮防疫》,《吴江》1926年8月22日,第4版。

⑤　《瘟将军会今日出巡全苏》,《吴县日报》1934年7月22日,第4版。

⑥　《苏州三十年来未有之盛况》,《吴县日报》1934年7月23日,第5版。

⑦　阿金:《祈雨》,《十日谈》1934年第37期,第13-14页。

然现象,"无知、恐惧——这就是一切宗教的支柱"①,再加上不时受到自然灾害的侵扰,从而使人们普遍认为只有从神灵那里才能获得消除灾害恐惧的安全保证。"他们肯在烈日之下迎龙,设坛祈求,乃至膜拜顶礼,只求上天赐惠,实在因为除此之外,不知有他法。农民的智识浅薄,是无法可掩的,况且在上者既有倡导,自然要附和了。"②因此,在驱瘟逐疫仪式中,对神祇的敬拜形式自然就多种多样、层出不穷了。在驱疫仪式中,人们的表现是非常积极热情的,他们并非依靠向温元帅祈求或跪拜来消除瘟疫的威胁,而是由众人将其"请"出供奉的祠堂或庙宇,抬着它在四乡巡游以清除瘟神、驱疫逐魔。

在靠天吃饭的传统农业社会,蝗虫是农民的大敌。如前所述,一般而言,伴随着旱灾而来的,必然还有蝗蝻,所谓"大旱蝗饥"。对付蝗虫的办法,除了依靠组织民众捕捉外,消极的方法就是祈祷祠庙中的蝗神以消除蝗灾。蝗神庙在中国一些地区普遍存在,而具有驱蝗功能的神灵主要有八蜡神、虫王及刘猛将军等。在江南地区,蝗神一般为猛将,分布各地的蝗神庙主要供奉刘猛将军。江南地区的蝗神庙有一定的分布规律:从北向南有逐渐减少的趋势,即苏南地区明显多于浙江。③ 猛将为苏州农村广为尊敬的农业神。传说猛将是玉皇大帝的外甥,自天庭下凡,玉皇封"天曹猛将"驱蝗神。以清代苏州为例:

> 相传神能驱蝗,天旱祷雨辄应。为福犬亩,故乡人酬答尤为心懔。前后数日,各乡民击牲献礼,抬像游街,以赛猛将之神,谓之"待猛将"。穹窿山一带,农人抬猛将,奔走如飞,倾跌为乐,不为慢衰,名曰"迎猛将"。元旦,坊巷乡村各为天曹神会,以赛猛将之神,谓神能驱蝗,故奉之。会各杂集老少为卒隶,鸣金击鼓,列队张盖,遍走城市,富家施以钱粟,至二十日或十五日罢。吴人事之甚严,累著灵异。④

吴县的猛将会每年春秋各举行一次,也有一年一次的。正月十三是

---

① [法]霍尔巴赫:《健全的思想或和超自然观念对立的自然观》,王荫庭译,商务印书馆1966年版,第26页。

② 《求雨论》,《十日谈》1934年第36期,第441页。

③ 周启航:《民国时期江南灾害信仰研究》,苏州科技学院硕士学位论文,2010年,第16页。

④ 参见马书田:《华夏诸神》,北京燕山出版社1990年版,第391-392页。

猛将生日,乡民会祭猛将;秋天有青苗社,乡民抬猛将神像于田岸巡行,田插五彩旗示得到猛将护卫。吴县东山地区祭猛将的目的在于驱邪迎祥,以保太湖蚕花茂盛,祈花果和桑蚕丰收。吴县东部外跨塘,则于水稻秀穗的关键时刻行猛将会以防蝗虫。[①] 农民轮流主持为"当头人",以自然村为单位,各户凑钱,称"份子钱"。少年抬猛将于轿中到田边巡视一周,给各户发两面纸质小红旗插于田中,以示得到猛将保护。轿前有小孩子打鼓,回去时摘两个稻穗放在祖宗家堂中,并在猛将头上的红布中插上两个稻穗,由明年当头人挂于祖宗家堂,以示驱蝗。另据《镇湖镇志》记载,抬猛将一般以"图"为区域,猛将老爷一年住一户,每年一户轮流招待猛将。值年的农户被称为"当头",猛将老爷神像安放在"当头"的家堂里,"当头"负责凑钱办酒席、请堂名,各户凑到的钱数和姓名刻在石板上,由"当头"轮流保管。出会那天,从"当头"家中请出猛将,到田间地头巡视一周后,再至村头巡视一圈,然后进入下一家"当头"。当年七月初一,把猛将从神龛内请出,为他烧香一个月,并在每块田地里插上红色或黄色的三角旗,以示驱蝗。[②]

吴江、常熟、川沙等地历来也有围绕刘猛将的春祈秋报活动,有的还与"青苗社""青苗会"相联系。如与连泗荡相距约 40 里的吴江县芦墟镇,共有 4 个乡 300 多个自然村,都是一村一个刘王堂,每堂有个小孩般的刘王塑像,村人春秋举行两次"抬猛将"。[③] 水网稻作的常熟白茆乡,也是每个自然村设一个简陋的猛将堂,亦为"小刘王"而建,内供一座儿童大小、腋下有两个穿杠孔的塑像,乡里有一个"青苗总社",春季插秧后总社"抬猛将"一次;接着各村社几十户集会,轮流抬猛将到一家的家堂做会,请道士讲"猛将太太"经,祈求保佑本"青苗社"农田丰收、人口平安。[④]

1928 年 7 月,无锡地区发生蝗祸,飞蝗遮天蔽日,沿途达一里之长,甚至连行人出行都受到影响,二十余亩水稻瞬间被飞蝗啃食殆尽。苏州方面听闻后颇为震惊。7 月 22 日,一部分失群的蝗虫暂时停留在浒墅

---

① 上海民间文艺家协会、上海民俗学会:《中国民间文化——民间稻作文化研究》,学林出版社 1993 年版,第 108 页。

② 《镇湖镇志》编纂委员会:《镇湖镇志》,上海辞书出版社 2007 年版,第 368 页。

③ 上海民间文艺家协会、上海民俗学会:《中国民间文化——民间稻作文化研究》,学林出版社 1993 年版,第 118 页。

④ 上海民间文艺家协会、上海民俗学会:《中国民间文化——民间稻作文化研究》,学林出版社 1993 年版,第 118 页。

关，未来得及飞去，导致部分禾苗受损。① 面对蝗患，许多农民受迷信观念影响，"谓蝗有神，不敢扑捕，并有妖巫涂面执鞭，喃喃祈祷"②。在苏州各地，"猛将庙里的香火，却陡然兴盛，农民均往馨香祷祝，窃求蝗虫不要再次光顾"③。1934年，江南旱灾未退，苏州蝗患又起，蝗虫成群结队，漫天蔽日而来，苏州下属各县受灾严重，若不及早扑灭，秋收恐将绝望。④ 苏州各地纷纷将猛将请出，抬到各处的田间地头巡游，"许多乡民都到了猛将堂里，把一位泥塑木雕的猛将老爷，恭恭敬敬的请了出来；同时，还带了一位土地，用神轿抬了往田间里去巡礼，所到的地方，有香烛在地上插着元宝，在地上烧着，也有不少人跪在自己的田傍膜拜"⑤。由此可见，在江南地区，民众将刘猛将视作农田保护神，各地举行抬猛将活动，借此达到驱除蝗灾、保护农田的目的。

除此之外，在江南地区的民间信仰中，各种驱疫禳灾、祈雨驱虫的神灵，往往并不仅仅具备单一的职责，通常情况下大多数神灵都具有多重功能，显现出多元化和多样性的特点，如城隍神和关帝等。"在江南，一旦出现灾情，不管旱灾、蝗灾、涝灾、瘟疫还是其它灾害，人们除了祭拜祈求相应神灵禳灾外，往往还会举行各种仪式祭拜城隍神以祈求平安。"⑥人们通过开展一些看似无效和怪诞的活动来应对创伤，包括表达悲痛情绪、举行宗教仪式及同情动物。这些活动并不一定会增加人们的生存机会，但仍然是能动性和人性的表达，是一个社区面对灾难压倒性的感官体验时的复杂反应。⑦

① 《农民协会赶制捕蝗袋》，《苏州明报》1928年7月23日，第3版。
② 《盐城捕蝗之怪举》，《申报》1914年7月15日，第7版。
③ 《农民协会赶制捕蝗袋》，《苏州明报》1928年7月23日，第3版。
④ 《泗泾发现大批蝗虫》，《申报》1934年7月14日，第11版。
⑤ 雅非：《蝗灾》，《申报》1934年8月6日增刊，第1版。
⑥ 周启航：《民国时期江南灾害信仰研究》，苏州科技学院硕士学位论文，2010年，第19页。
⑦ ［英］陈学仁：《龙王之怒：1931年长江水灾》，耿金译，上海人民出版社2023年版，第191页。

第三节　自然灾害与苏州地方社会冲突

　　自然灾害的特征不仅表现为频繁发生，而且每次还以较大的规模出现，对整个社会结构造成极大破坏，打破原本稳定的社会体系，导致各种社会问题层出不穷，进而阻碍社会的正常运转和良性发展。"历史上累次发生的农民起义，无论其范围的大小，或时间之久暂，实无一不以荒年为背景，这实已成为历史的公例。"①贫困的农民自身本就缺乏有效的防御天灾的力量，而社会剥削群体又趁灾荒发生之时肆意劫掠，抬高农产品价格，提高高利贷利息，大力兼并土地，导致农民不堪重负，如在常熟，"负债的农家占农家总数的百分之七二。借贷利率在每月每元二分以上的，几占三分之二，自三分至四分的占百分之三十强。换句话说，常熟目下差不多有三分之二以上的农民大众要受这些地主、富农、商人的高利贷剥削。这种剥削的程度，在这灾荒和恐慌夹攻之中，特别的加深，同时借贷的户数一般地增加"②。因此，农民愈益贫穷，灾荒愈益频发，从而爆发大规模的社会冲突。

一、抗粮抗租叠起

　　在江南地区，人口压力下的佃农经济本来就十分脆弱，频繁发生的自然灾害更是让佃农的生活雪上加霜，部分佃农依靠借贷度日，许多佃户甚至直接破产。"近数年来的江南农村，屡遭水旱之灾，以吴县乡村中大部的农民而论，因着连年的荒灾，入不敷出所筑成的债台，其为数也着实可观。"③更为严重的是，"豪强之专横、私租之烦苛，佃户之冤抑、追租之酷烈等社会经济因素，加剧了佃户经济的危机"④。苏州地区佃农的抗粮抗租斗争由来已久，清代乾隆年间，抗租斗争已相当普遍。为遏制抗租风气，地方政府曾多次出面干预，并发布公告，但多属徒劳，抗租斗争屡禁不止。至嘉道年间，抗租活动更是愈演愈烈，成为引发社会冲突的主要因素

①　邓拓：《中国历代灾荒的史实分析》，《经济理论与经济管理》1992年第1期，第26页。
②　钱志超：《江苏常熟农村经济现状》，《交易所周刊》1936年第2卷第7期，第5-6页。
③　王叔介：《饥寒仅免的吴县农民》，《农村经济》1933年第1卷第1期，第62页。
④　王国平、唐力行：《苏州通史》（清代卷），苏州大学出版社2019年版，第96页。

之一。如道光二十六年(1846)，昭文县小户佃农统一行动，袭击士绅胥吏，要求减让租价。咸丰三年(1853)，吴江黎里镇72厅佃农在汤字坪佃农陆孝忠联合下，自定租额每亩五斗五升，强制地主减租，捣毁拒不减租的地主家的家宅、仓库，最后还与官兵发生了冲突。①

中国地域广大，各地的佃农数量，因统计方式不同，言人人殊，同个地区也有不同说法。但自淮河流域以南，佃农数量相较于北部诸省为多，"江苏东南各县，佃农竟占百分之八十至九十之多"②。而在江南地区，"田租的高，使得号称天堂的苏州，几年来农民的抗租风潮继续不断地闹着"③。表2-6比较了昆山和南通两地佃户每亩田地缴纳租谷的数额，从表中我们可知，无论是上等好田，还是中等抑或下等田地，地处江南的昆山的纳租谷数都要高于江北的南通，中等田的纳租谷数每亩竟相差0.4石，差额高达80％，而且昆山三个等级纳租谷数都高于平均水平，由此可见民国时期苏州地区田亩应交的租赋数量之高。"以吾苏州而言，佃农承租田主之田，每亩以收获二石计，苟以每石六元粜出，可得洋十二元。此十二元中，计还租六元七角，付肥料、打水、人工等费至少四、五元。一年辛苦，结果毫无收获，甚至每亩亏蚀数元者，比比皆是。"④如果再遭遇自然灾害的侵袭，"灾民饥寒交迫，群处蜂拥，是社会极不安定因素。如果处置不当，极易造成社会动荡与混乱"⑤。在重租重赋与苛捐杂税之下，佃农、半自耕农无一不深陷高利贷的深渊之中，完全失去蓄积的能力，在农作物收获之后，便不得不忍痛贱售。自然灾害过后，一些灾民为求生活不

表2-6　昆山、南通佃户每亩田地交纳租谷的比较　　　　（单位：石）

地区	上等地	中等地	下等地	平均
昆山	1.10	0.9	0.6	0.87
南通	1.0	0.5	0.46	0.65
平均	1.05	0.7	0.53	0.76

资料来源：古楳：《中国农村经济问题》，上海中华书局1933年印行，第120页。

---

① 王国平、唐力行：《苏州通史》(清代卷)，苏州大学出版社2019年版，第97页。
② J. Lossing Buck：《中国之佃制与田产权》，诸瑞棠译，《新苏农》1929年第3期，第2页。
③ 钱志超：《近年来的农民纠纷》，《文摘》1937年第1卷第6期，第89页。
④ 子明：《农村问题之严重》，《银行周报》1932年第16卷第44号，第11页。
⑤ 王卫平：《光绪二年苏北赈灾与江南士绅——兼论近代义赈的开始》，《历史档案》2006年第1期，第100页。

得不变卖耕地,富绅豪强借机巧取豪夺,田产随之大增。在江苏,"常熟的田亩,据最近统计共二零八八亩,其中农民自耕者为五九一亩,占百分之二十八;属于地主者一四九六亩,占百分之七十二。田地分配之不均,将必因这个严重的天灾而加强其趋势"①。

　　1912年7月至8月,秋霖为祟,苏州下属低洼农田被淹,江苏省临时省议会议决丁漕案,成熟田亩,征收八成,被水之区,由民政长官勘明分数,照八成分等再减之规定。而乡民对减租方案并不满意,希望蠲免全部租赋。"以区域之高下,被水之轻重,定征额之等差,其办法固极正当而公允。闻此次乡民之抗租并不以年岁之丰歉为借口,而惟一意以全租蠲免相要挟。"②苏州下属各乡乡民抗不完租,苏州市民政长委派宣绳武、韩国桢二人,前往娄、齐门外各乡镇,会同各乡董传集乡民,分别劝谕,宣布上官德意。但乡民拒不配合,"各乡民均谓,本届水荒,田禾大半淹没,以致收获无多。此次开报荒册,多不确实,现定租价又嫌太巨,我等实属无力完纳"③。

　　自然灾害也会造成农村土地所有权的流转,地主富户常趁机大肆兼并土地。"16世纪以来的长江三角洲地区是一个土地所有权高度集中的地区,已经形成了一个拥有大量财富的、在社会上有支配力的富裕阶层。"④在江南地区,大部分土地集中在少数人手中,"吴县的土地,一般说来,百分之九十以上是集中在地主手里,换句话说,几乎全部农民大众都沦为佃农了。从事实上观察,吴县农民大众目前的要求,不是他们的土地需要整理,而是被地主压榨得喘不过气来的生活需要改善"⑤。太仓县的土地大部分集中在地主富农手中,全县80余万亩土地,租田即有386000多亩,占全部田地的48%。又据双凤镇九保的统计材料可知,地主富农占有土地总数的50%以上。⑥ 根据常熟县查村信用合作社对该县农业的调查统计,"常熟县自耕农占15.6%,佃农占43.8%,半自耕农占40.6%;

---

① 达生:《灾荒打击下底中国农村》,《东方杂志》1934年第31卷第21号,第40页。

② 《论乡民抗租风潮》,《申报》1912年1月3日,第2版。

③ 《苏民政长劝谕乡民完租》,《申报》1912年1月7日,第11版。

④ [法]魏丕信:《十八世纪中国的官僚制度与荒政》,徐建青译,江苏人民出版社2003年版,第217页。

⑤ 易明熹:《做了三个月的"土地登记"员》,《中国农村》1937年第3卷第6期,第112页。

⑥ 苏南人民行署土地改革委员会:《土地改革前的苏南农村》,苏南新华印刷厂1951年版,第33页。

自种田占 38%,租种田占 61.2%"①。

另外,在苏州地区,地主集团还设有田业公会组织,由大小地主 1000多人组成,田业公会雇用粮警 100 多人负责催缴田赋,同时设立收租总栈,并在各个市镇分设若干个分栈,负责收租和追租。"大地主家里常用许多催租吏和账房,他们就是直接施用威权和剥削农民的人"②,如果佃户交租稍迟或者抗租欠租,地主不需要向政府报告,便可立时拘捕佃农,如自常熟县追租处成立以来,被追佃农达万余人,四乡各镇遍布追租员吏踪迹,"平均每日拘押无力交租之佃农达二十余人之多,拘留所大患人满之忧虑"③。吴江县盛泽镇,因新谷登场之际连日阴雨,影响谷米晾晒,以致未能及时完租,"农民完租者不甚踊跃,故留置于押佃所中,不下六七十人"④。

白凯研究了长江下游地区的地租、赋税与农民的反抗斗争,认为"太平天国运动之后,国家、地主和佃户之间出现了一种新的互动模式,这种模式首先在叛乱过后的数十年里出现于苏州城郊各县,而后在民国时期逐渐控制苏州城郊各县以外江南大多数地方的农村社会。随着精英影响的扩张,国家更多地介入地方社会,地主更有能力促使地方官员将更多的财力和人力注入地租征收;而地方官员在地租负担的调整中也越来越多地进行干预"⑤。此外,地主还会将完纳钱粮的义务转嫁到佃户身上,1934 年 1 月,昆山西北乡业主代表向政府条陈三项办法,其末项而且也是最有实行可能的办法就是"准予向欠租佃户直接征税"⑥。如果业主为远客的资本家或地主官僚,通常来讲对待佃户较为严苛,就像对待奴隶一般,佃户平日须在业主跟前垂手侍立,甚至还得为业主服役。一般情况下,越是土地肥沃、交通便利的地方,这类业主就越多,因为土地便于投资。

① 《农事调查》,《农报》1935 年第 2 卷第 4 期,第 137 页。
② 晋用:《常熟的农村》(上),《申报》1936 年 11 月 21 日,第 4 版。
③ 《农村经济》,《农报》1935 年第 2 卷第 8 期,第 277 页。
④ 《盛泽欠租佃农入狱》,《中国农村》1935 年第 1 卷第 5 期,第 83 页。
⑤ 〔美〕白凯:《长江下游地区的地租、赋税与农民的反抗斗争(1840—1950)》,林枫译,上海书店出版社 2005 年版,第 226 页。
⑥ 钱俊瑞:《中国农业恐慌与土地问题(一九三四年四月)》,载陈翰笙、薛暮桥、冯和法:《解放前的中国农村》(第二辑),中国展望出版社 1986 年版,第 182 页。

　　从表 2-7 中可以看到,在居乡业主中,昆山所占比例最低,仅为
34.1%;江北的南通最高,为 84.2%;苏北的宿迁居中,为 63.6%。而在
居外业主中,昆山则最高,为 65.9%;宿迁居中,为 27.4%;南通最低,为
15.8%。"在昆山,居外地主占全地主中百分之六十六,大半在上海及长
江下游各大城,以经商为业。"[①]由此可见,苏州地区居外的地主最多,所
以佃户遭受的待遇亦最为苛刻,佃户抗租抗粮运动也最为激烈。"农民劳
苦一年,每亩田只收到二石糙米,折合市价,不过十五只洋。从这十五洋
里面,完租米要六元六角余,打水和做田的包费二元,肥料三元,其他插
秧、耘秧、割稻等,一直把秧变成白米要费去四元的人工,把这几种合算起
来,倒要十五元六角;一年伙食、衣服、零用等尚不在内。就是说,耕一年
田,每亩要赊去六角。完租米田的人苦不苦?"[②]可见,即使在灾荒之年,
地主也没有放松对农民的剥削,这就导致地主和佃民之间的矛盾日益尖
锐,佃农集体抗租风潮在江南地区风起云涌、此起彼伏。据统计,1912—
1936 年,江南地区发生的参与人数在千人以上的佃农抗租活动就多达 25
次(见表 2-8)。如在吴江平望镇落乡溪街,一地主收租甚苛,素与乡民结
怨。乡民后因对开报荒熟不满,拒不交租。该业主请求官府拘办,各乡农
民因此聚集数百人,各执农具,蜂拥至其租栈,将该地主拖出群殴,后扔入
河中,致其溺水而亡。[③]

表 2-7　民国初期昆山、南通、宿迁三县居乡业主和居外业主的比较(单位:%)

地区	居乡业主	居外业主
昆山	34.1	65.9
南通	84.2	15.8
宿迁	72.6	27.4
合计	63.6	36.4

　　资料来源:古楳:《中国农村经济问题》,上海中华书局 1933 年印行,第 124 页。

---

① 　J. Lossing Buck:《中国之佃制与田产权》,诸瑞棠译,《新苏农》1929 年第 3 期,
　　第 2 页。
② 　易明熹:《做了三个月的"土地登记"员》,《中国农村》1937 年第 3 卷第 6 期,第 112 页。
③ 　《苏乡又有抗租风潮》,《申报》1912 年 2 月 11 日,第 6 版。

表 2-8 1912—1936 年江南地区佃户集体抗租活动情况

参加者人数(人)	活动次数(次)	参加者人数(人)	活动次数(次)
50—99	4	800—899	1
100—199	9	900—999	0
200—299	15	1000—1999	14
300—399	13	2000—2999	8
400—499	7	3000—3999	2
500—599	4	4000—4999	0
600—699	1	≥5000	1
700—799	4		

资料来源：[美]白凯：《长江下游地区的地租、赋税与农民的反抗斗争(1840—1950)》，林枫译，上海书店出版社 2005 年版，第 286 页。

　　高额的地租吸尽了佃农和半自耕农的血液，有些地方的农民甚至连地租也交纳不起，出现延租不交的情况，"如常熟县县政府便接到了地主一万四千位申请书，要求追缴地租"①。而天灾则加剧了自耕农的没落，土地进一步集中，"常熟的田亩，据最近统计，共二千零八十八亩，其中农民自耕者为五百九十一亩，占百分之二十八；属于地主者一千四百九十六亩，占百分之七十二。田地分配之不均，势必因这个严重的天灾而加强其趋势"②。自然灾害发生后，灾民缺衣少食，身心受到打击，如果不能得到政府层面的及时救助，灾民通常会请愿求赈，如未被政府重视，有时甚至还会遭受打击镇压，在这种情况下，灾民生活无路就会铤而走险，做出抗租抗粮的举动。1929 年 12 月，苏州地区发生蝗灾，农田歉收，吴县洞庭西山农民一百余人赴区公所请愿要求减免租税被拒后，相率抗租，并将十九区区公所捣毁，区长王崧保和公安十二分局局长郑伟业被殴至重伤。吴县公安局局长郑贞吉亲自带队下乡查办。③ 双方形成对峙局面，冲突愈演愈烈，佃农聚集人数达百人，"此时群众逼迫愈甚，立待答复，并限即日正式布告，否则将二人处死，并须拆毁公安局及公所全部房屋等云"④。

① 陈碧云：《农村破产与农村妇女》，《东方杂志》1935 年第 32 卷第 5 号，第 98 页。
② 许涤新：《灾荒打击下的中国农村(一九三四年九月)》，载陈翰笙、薛暮桥、冯和法：《解放前的中国农村》(第一辑)，中国展望出版社 1985 年版，第 468 页。
③ 《西山农民相率抗租》，《申报》1929 年 12 月 27 日，第 3 版。
④ 《西山农民抗租续讯》，《申报》1929 年 12 月 28 日，第 3 版。

此次抗租风暴以佃农遭到警察的严厉弹压告终,带头暴动的农民也被缉拿入狱。

　　近代苏州农民的抗租活动以 1934 年的那次最为著名(见表 2-9)。1934 年,长江流域发生旱灾,受灾面积之广、影响程度之深,为六十年所未见。苏州地区"农村的破产程度,虽较其他各地为稍轻,但其结果也竟发生了空前的农民大暴动的一幕悲剧"①。苏州吴县各区农田皆有受灾,大批农作物歉收。无奈之下,受灾乡民纷纷到县政府报荒,请求救济。吴县政府组成勘灾委员会并派员分赴各乡实地调查。因勘查人员对农业生

表 2-9　1934 年苏州农民抗租暴动催甲损失

地　点	人　物	损　失
长家村 6 号	高大根家	烧毁房屋 6 间,农具和衣物均被烧完
西一村 5 号	毛金安家	房屋 3 间被拆坏
西哥村 12 号	邱子根家	房屋拆毁 8 间,家具均被烧毁
西一村 2 号	璩恒山家	拆毁房屋 11 间,器具部分被毁
竹草浜 10 号	朱福昌家	烧毁房屋 8 间,器具大半被焚毁
北斜庄 34 号	陈阿根家	房屋 3 间被毁坏
东浜村 3 号	魏湘洲家	房屋拆毁 3 间,部分器具被毁
赵家上村	赵永珠家	焚毁瓦屋 16 间
杨家桥村	蒋凤楼家	焚毁房屋 7 间,草船舫 1 间,稻谷 3 堆
六庄京村	沈香如家	焚毁房屋 12 间,草船舫 1 间
乌正湾村	李南彬家	焚毁东西 2 处,房屋 6 间,草船舫 1 间
汪家浜村	赵秀法家	焚毁房屋 10 间,稻谷 3 堆
南斜步圩村	居洪圃、居梅圃、居兰圃兄弟家	焚毁房屋 16 间,草船舫 2 间
江田上村	朱静兰家	打塌房屋 13 间,草船舫 1 间
杨家庄村	朱叙山家	焚毁房屋 6 间,器具均遭毁坏
前庄村	沈梅祥家	房屋 6 间被拆毁,杂物被焚烧

　　资料来源:《苏州农民暴动风潮平息》,《苏州明报》1934 年 10 月 23 日,第 6 版;《闹荒风潮渐告平息》,《苏州明报》1934 年 10 月 22 日,第 6 版;《苏州农民暴动详记》,《农业周报》1934 年第 3 卷第 42 期,第 914-916 页。

---

①　张溪愚:《旱荒声中的农民暴动》,《华年》1934 年第 3 卷第 44 期,第 873 页。

产状况并不了解,在勘灾中敷衍塞责,主要依靠熟悉本地乡情的乡长、催甲等人的说法随意估计农田受灾成色,受灾乡民认为勘灾委员会所定成色过高,有碍生计,遂大为不满,双方发生争执。"当佃户觉得自己被欺负的时候,袭击住在本村或邻村的私人催甲,要比企图进入租栈所在、地主所居的戒备森严的市镇与城市容易得多。在私人催甲网络特别发达的吴县,对这些地主代理人的攻击就成为农民反抗行动的一般特征。"①1934年10月19日晚,吴县农民四千余人,因不满催甲报荒不实,将成色定得太高,于是群集鸣锣发生暴动,一昼夜间纵横二十余里,"凡南洋泾以东、万人塘以西、外跨塘之致和塘以南、车坊以北,为催甲者,无一幸免。凡催甲之家,系独宅居住者纵火焚之,如左右有邻家者,则拆其房屋家具,置于他处而焚之"②。暴动最先从外跨塘、斜塘、车坊等一带开始,最后蔓延到鸭城村、龚巷、墩头、莳圩以及莳门外各乡村,"凡为乡村长及催甲之家,几无一幸免"③。傍晚五时,娄门外凤泾乡千余人,各持锄头等铁器,现场将南洋泾催甲朱福昌的四间房屋焚毁。夜里十二时催甲邱子根、璩恒山等六七家房屋均被拆毁,室内家具被搬至外面焚烧。④"邢洪高、邢水根兄弟家,被焚二十余间,二十四都八图宁南镇副镇长兼催甲朱福昌家,被焚八间……共焚毁各催甲房屋百余间,损失数万元。"⑤

　　农民抗租风暴仍在继续,10月20日晚,娄门外四五百名农民蜂拥到各乡镇长及催甲的家里放火,斜塘、外跨塘、郭巷、车坊、湘城等处也发生了同样的情形,"焚毁各乡催甲及乡镇长房屋三十余家"⑥。21日晚,唯亭横塘村催甲吴梅溪家新屋三间,富宅陈筱云家平屋六间,西南村张介东平屋十二间,续遭焚毁。⑦此次抗租风潮最后在县政府调派军队的弹压下,才始告平息,但造成的损失极其惨重。此次闹荒风潮,"据统计,催甲家被焚去的已有四五十家,房屋一百四五十间之多,损失近十数万元"⑧。此

①　[美]白凯:《长江下游地区的地租、赋税与农民的反抗斗争(1840—1950)》,林枫译,上海书店出版社2005年版,第289页。

②　许涤新:《农村破产中底农民生计问题》,《东方杂志》1935年第32卷第1号,第54页。

③　张溪愚:《旱荒声中的农民暴动》,《华年》1934年第3卷第44期,第874页。

④　《苏州农民暴动详记》,《农业周报》1934年第3卷第42期,第914页。

⑤　《苏州娄门外农民暴动》,《时事旬报》1934年第13卷,第6页。

⑥　《农民暴动风潮已平,催甲继续分组勘荒》,《申报》1934年10月27日,第8版。

⑦　《苏州农民暴动详记》,《农业周报》1934年第3卷第42期,第915页。

⑧　吴大琨:《最近苏州的农民闹荒风潮》,《东方杂志》1935年第32卷第2号,第83页。

次抗租风暴过后,各田业租栈又纷纷开仓收租,于是在 12 月 2 日晚间,再次引发农民抗租运动,"县属甪直林家港地方催甲吴通泉,西河角孙秋涛家、孙德涛,孙秋槎家、桃浜邢荣根家,陆港蒋荣夫家,先后被乡民聚众毁屋,纵火焚烧,计四村六宅,共被焚屋六十七间,损失钜万"①。而在常熟,农民因业主收租严苛,于 11 月 8 日鸣锣集众千余人,拥往郑义庄闹荒,常熟县政府派区长下乡调处,未能解决。9 日清晨,张家市集合白发斑斑的老农千余人以身抵租,拥至郑义庄中,家具被毁,深夜未散。②

　　由此可知,1934 年苏州农民抗租暴动是在旱灾影响之下,农村经济萧条,农村副业破产,而政府却依然强制农民交租的背景下爆发的。"在苛重田租的基地之上,灾荒撒下了一把骚动的种子,地主和催甲一刻不停的尽着灌溉的任务,于是催征田赋的产婆,就把这个农潮,在'抵死不还租'的哭声中呱的一声坠地了。"③风潮的主因,即为历年虫旱为灾,收成大歉,农民自身衣食尚且难以顾及,再无余力完纳田租,整个农村经济都陷于崩溃,资源枯竭,农民即使有货也卖不出去,要他们拿出什么来交租完赋?"本县业佃纠纷迁延至今日不能解决,其主要因素实为农村破产所造成。"④国民党吴县党部特派员孙丹忱,鉴于旱灾之后,农村破产,百业凋零,并发生多次抗租暴动的情况,为解决农业危机、缓和业佃矛盾,提出解决办法,"亟欲谋推进农业,联络业佃感情,拟乘收租之后,使之协调工作,而调查各乡农业副产,积极提倡,设法改良,请业主佃户,在在合作"⑤。

　　此后,1936 年苏州地区虽然也发生过农民抗租风暴,但持续的时间、规模和影响皆不能和 1934 年同日而语(见表 2-10)。苏州下属尹山等处发生多起抗租风潮,"这风潮更是蔓延开来,愈闹愈凶了,农民不断地和军警冲突,保安大队和迫击炮也不断地向农民弹压,然而都没有什么效果,农民已是到了'命可不要,租可没有钱交了'"⑥。吴县齐门外渭泾塘、篓子头等处,也因催租发生纠纷,并酿成农民与保安队冲突的大惨剧,农民

---

① 《苏州乡民又有暴动》,《农业周报》1934 年第 3 卷第 50 期,第 1097 页。
② 《常熟农民闹荒》,《申报》1934 年 11 月 9 日,第 3 版。
③ 《苏州的农潮》,《中国农村》1935 年第 2 卷第 6 期,第 6 页。
④ 《陆菊坡条陈意见》,《苏州明报》1936 年 7 月 13 日,第 7 版。
⑤ 《吴县注意佃农利益》,《农业周报》1935 年第 4 卷第 3 期,第 95 页。
⑥ 《苏州的农民》,《读书生活》1936 年第 4 卷第 5 期,第 5 页。

表 2-10　1936 年苏州地区农民抗租纠纷

时间	地点	参加人数	对象	原因及实况	结果
1月4日	四娄村	三百余人	催甲	前年荒歉,而催租吏逼迫农民缴租,引起公愤,将催甲住宅拆毁	报告警所
1月5日	沈墅桥	不详	乡长	荒歉,催吏横逼,聚众包围乡长家	早发觉,未滋事
2月26日	斜塘	四百余人	催甲	抗租游行,高喊"死不还租"口号	保安队吓呆
4月	郭巷	二百余人	催甲	因去岁荒歉,农民无以自食,而催甲催租严厉,农民将催甲房屋捣毁	亦不示弱
4月21日	斜塘	数百人	保安队	保安队催租,乡民不满,聚众抗租	捕去数人
4月21日	郭巷吴盛等村	一千余人	各村	进行各村宣传减租	公安局闻报急派警士弹压
4月22日	上潭村	一百余人	镇公所	聚众游行,高呼减租口号,开土枪示威	公安局出发弹压
4月24日	苏州斜塘	二千余人	镇公所	因荒歉减收,农民要求减租,结队涌往镇公所请愿	公安局出发弹压
4月24日	苏州春庄	三百余人	乡长	农民要求减租,迫令乡长领导请愿	保安队弹压驱散
4月24日	苏州张王坟	农妇二百余人	乡长	各持灯笼火把,结队游行请愿	
4月24日	苏州姚村	一百余人	乡长	减租游行	
4月25日	车坊乡	二百余人		游行减租	
4月27日	苏州斜塘	二千余人	保安队	保安队赴乡巡视,耀武扬威,乡民鸣锣聚众,与保安队肉搏	死伤数人
4月27日	苏州斜塘	三百余人	警队	减租游行,与军警发生冲突	
4月27日	苏州车坊乡	一千余人	各村	宣传减租,游行示威	保安队干涉反被围
4月27日	苏州莲慕乡	一千余人	镇公所	结队至下塘请愿	
5月24日	松北乡	七百余人	保安队	结队高喊口号求减租,与保安队大打出手	捕去四人

续表

时间	地点	参加人数	对象	原因及实况	结果
6月	苏州齐门外	二百余人	警队	保安队收租,激起公愤,大起冲突	农民死伤数人
	苏州各乡	四百余人	保安队	农民不满保安队下乡收租,激起公愤,大起冲突	
6月	娄门外	数百人	保甲长	因不满保甲长之催租引起风潮,聚众至保甲长家质问,并捣毁一切	保安队赶至弹压,农民亦不示弱
6月16日	渭泾塘	数百人	保安队	保安队勒令交租,农民不服,发生冲突	保安队长急报上司

　　资料来源:钱志超:《近年来的农民纠纷》,《文摘》1937年第1卷第6期,第89页。

死伤多人,而保安队士受伤四名,失踪一名。[1] 1946年11月,湘城田区乡西沙村农民为抗租,哨聚百余名,鸣锣持械,将该管湘城分办事处承办人邢鲁峰住宅包围,蜂拥入室后将邢四肢绑缚,并用铁尺木棍痛殴,导致邢头部被击破二洞,生命危殆;暴动农民意犹未尽,又将邢的住宅全部拆毁,并殴伤耕牛一只。[2] 次年3月21日晚,苏州近郊宁南乡又发生抗租暴动,佃农一百多人冲入催征员家中,除了将催征员家中的家具全部损坏外,还把多间房舍夷为平地。[3] 此类抗租运动多属于小范围的,没有形成大规模的群体性抗租浪潮,最后也均在地方当局的劝说或弹压下而得以平息。

二、水利纷争频发

　　如前所述,江南水乡河网密布,水道纵横,水资源充沛,就自然灾害而言,以洪涝灾害最为频繁,与北方地区相比较少发生旱灾。然而通过爬梳史料,我们不难发现,以苏州地区为中心的太湖流域,旱灾并不是一种罕见的自然灾害,旱灾的发生虽然不及洪涝灾害一般频繁,所带来的危害也如洪涝灾害巨大,但是也时有发生。1934年苏州地区遭遇了一场百年罕见的特大旱灾,时人诗云:"连朝火伞看高涨,屈指已逾匝月强。舟楫难施嗟水涸,黍禾尽萎叹年荒。偶凭风送来微雨,每怅云消现太阳。翘企甘霖

---

[1] 《苏州发生抗租潮,队警农民大冲突》,《益世报(北京)》1936年7月1日,第6版。

[2] 《湘城农民抗租暴动》,《申报》1946年11月12日,第3版。

[3] 《苏州近郊宁南乡又发生抗租暴动》,《申报》1947年3月25日,第2版。

何日沛,焚香我欲告穹苍。"①

民国时期,太湖流域的民众为应对频发的水旱灾害,在配置和使用水资源方面,出于维护自身的利益而引发诸多纷争,尤其是在旱灾发生后水资源异常紧缺时情况更为严重。灾害还会以其时空分布、行业分布的不均匀性和利害互异性,打破既定生存资源和生存机会在那些以血缘、地缘、业缘等为纽带的各个不同社会集团之间固有的均衡分配关系,引发和激化不同宗族之间、不同村落之间、不同地区之间以及不同行业之间的利害矛盾与对抗,乃至酿成以"械斗"命名的流血冲突。② 严重的旱灾导致水资源异常缺乏,河道干枯,田地干涸,禾苗枯死,请人戽水灌田也不划算,因为雇人戽水所需花费巨大,在太仓,"每次每亩须洋一元五角,尚欲预先约定"③。因此,在江南地区,天气持续亢旱导致水源匮乏,加剧了争水抢水事件的发生,为防灾治灾,获取水源而引发的水利纷争不断,有时甚至会酿成惨剧。1922—1931 年,江浙等地因用水发生的风潮见于上海《申报》《新闻报》的就有 16 次。④ 在旱灾发生后,不愿坐以待毙的农民,只要有一丝的希望,他们总会不惜以性命来换取生活的努力。连续的干旱使田地龟裂,河流干涸,"虽然人是挣扎得筋疲力乏了,河湖给戽得干涸了,田里的稻,还是继续着枯萎下去! 一株株已经卷缩了的禾苗,显得挺硬的。连阡接陌,好似在庞大的灰白的地毯上,插满供佛的香。日子一天一天的过去,而禾苗却不曾伸长一点"⑤。

在池塘里的水快见底的时候,踏水自救便成了民众日常最重要的工作,从鸡鸣起一直踏到天黑,人们都希望立刻把干燥的田地灌满水。然而池塘数目和田地数目相差太大。在河流干涸、没有水源灌溉的地方,水的来源就只有池塘。"有时候几百亩田地只靠着一个池塘的水来灌溉,那怎么成呢? 人人都要吃水的,人人都想自己的收成好一些的,人人都希望自己的田里有水的。分派是不能有公平的结果的。怎么办呢? 于是,抢水的事件就一天天地多起来了。"⑥干旱造成庄稼歉收,地主又来催租,佃农

①　俞尚志:《甲戌夏季旱灾志慨》,《虞社》1934 年第 209 期,第 46-47 页。

②　夏明方:《民国时期自然灾害与乡村社会》,中华书局 2000 年版,第 273 页。

③　哲民:《目前水深火热的灾荒》,《新中华》1934 年第 2 卷第 15 期,第 19 页。

④　蔡树邦:《近十年来中国佃农风潮的研究》,《东方杂志》1933 年第 30 卷第 10 号,第 29 页。

⑤　李家骏:《亢旱中的湘湖禾稻》,《农报》1934 年第 1 卷第 23 期,第 617 版。

⑥　傅敬嘉:《旱灾下的农村》,《十日谈》1934 年第 40 期,第 177 页。

要想保住自己的田宅,不得不含泪卖掉自己的妻子和儿女。因此,为了避开这种悲惨命运,农民便近乎疯狂地争抢水源,邻居间往往为此发生械斗,"夜晚的宁静被冲突的声音打破了,男人们相互间展开了厮杀,而星星却从夜空中注视着这一幕"①。抢水绝不是一件闹着玩的事,"全家都要靠这一下子来决定一年中是否可以不至受饥饿的苦刑。决定抢水之后,由当事人向邻村去雇人,全是壮年的好汉。大鱼大肉地吃饱了之后,几架水车就同时发动。全是不要性命似的,拼命踏。谁乏了就跳下来,候补的马上跳上去继续地踏,水车不能有一秒钟的停留,跳得慢的话,流血破皮是极平常极平常的事"②。一直要踏到田地里的水够了才可以停下来,"有几次田里的水都没足够而塘已干涸了,于是大家拿着扁担棍子七零八落地打一场,打死打伤都不管,他们说这是命运,反正没有收成也活不成"③。

充足的水源保障,在天气持久亢旱不雨时尤为重要。"苟遇天旱,农人不合力求水利之开发,而反互相争夺及破坏,则未有不两败俱伤者。"④因抢水引发水利纷争,最终酿成命案的情况,在1934年的江南大旱期间就不下十次。吴县木渎镇范家桥农民范木根,因田禾日渐枯萎,在河浜口筑坝,将远处河水戽入浜内,再由浜中灌入自家田内。该办法为附近农民相率采用,引发乡民徐福福、周金金和俞阿木因用水问题发生纷争,俞阿木家雇工毛顺卿被徐、周二人用木棍尖刀戳伤二处,俞阿木夫妇也被殴打致伤。⑤ 吴县横泾乡陆巷村民向电器厂租得打水机一架灌溉田亩,被村民误会从区公所借得,双方当即发生冲突,打伤乡民数人。⑥

如前所述,天时久旱,不仅对农田灌溉造成影响,也使城市饮料面临重大问题。旱灾导致苏州等地一担水的价格比往年高出几倍。另外,持续的干旱也使城里的水井枯竭,挑夫只好到城外挑水,从而导致水价上涨。"常熟县城里,亦大闹水荒,临时挑水夫索价每担水须铜元四十枚,可以想象取水的困难了。"⑦城市居民因河流干涸,饮料大为困难,为避免因

---

① ［英］麦高温:《中国人生活的明与暗》,朱涛、倪静译,中华书局2006年版,第254页。
② 傅敬嘉:《旱灾下的农村》,《十日谈》1934年第40期,第177页。
③ 傅敬嘉:《旱灾下的农村》,《十日谈》1934年第40期,第177页。
④ 梁庆椿:《中国旱与旱灾之分析》,《社会科学杂志》1935年第6卷第1期,第42页。
⑤ 《乡农戽水引血案》,《苏州明报》1934年7月5日,第7版。
⑥ 《农民戽水起冲突》,《申报》1934年7月14日,第11版。
⑦ 李心仁:《常熟的旱灾》,《农报》1934年第1卷第15期,第386页。

争水引发纠纷,不得不限制取水,为了预防水源被过度汲取而干枯,分别由各乡推选一名领袖,控制水源,采取计口授水的方法来维持。每天大人得水三斤,小孩半斤,按日按人口分配给水。饮水的极度缺乏也造成市民因争抢饮用水而发生冲突,甚至打斗。旱灾造成一部分水井干涸,市民便只好蜂拥前往水源还没有枯竭的水井,"前往抢水者,均争先恐后,故时致发生争吵"[①]。苏州城中狮子林内曾设有水塔,1934年夏,日久不雨,鉴于市民苦旱,饮料恐慌,自流井向市民开放,设置水管为附近居民免费输送,7月12日当天,汲水者异常众多,未过一会水流即告罄。未汲到水的百余人发现巷中眼目司堂内有大井一座,于是纷纷前往汲取,汲水者争先恐后,展开抢水并发生争斗,未满二十分钟,井水已被汲干。[②]

　　吴县和吴江境内的东太湖位于太湖流域的下游,是太湖之水下泄入海的大门。光绪十六年(1890),大量河南客民来到太湖东岸的吴江,在东太湖滨湖区域广种茭菱,筑围开垦,开启了近代东太湖围湖垦殖的序幕。民国以后,湖田围垦的规模日益扩大,至1927年,东太湖境内围筑湖田圩数共50个,总面积高达24409亩。1934年江南大旱期间,东太湖水位降低,周围数百里湖面尽成陆地,给围筑湖田创造了绝佳机会。一批围垦公司趁机雇用数千名客民,大规模围垦湖田,至1936年,围筑的太湖湖田面积大约有十万多亩,集中分布在东太湖沿岸的吴江和吴县两县。一方面,长期围湖造田造成太湖的蓄水容量大为缩减,周边各县的水利设施失治,水政废弛,河道淤塞反过来进一步削弱了水利设施抵御水旱灾害的能力,造成无雨则旱、雨多则涝的局面,引起沿湖民众的不满。"人民与水争地,致其原有储水之容量大减,每遇大水恒至宣泄不及,漫溢为灾。"[③]另一方面,围湖造田也使太湖沿岸民众赖以生存的鱼、虾、芦苇等水生资源枯竭,导致沿岸民众强烈抵制,要求保持太湖原状,以免与水争地。为顺应"民意",1935年6月,吴江南库一带,吴县保安队带领军民数十人乘船抵达民生、开南两公司,进行圩图拆除。七十股围农民曾昭金、董可喜等担心自身围田被拆,纠集二百余人进行阻挠。[④] 拆除围田时,"客民三四百名,

---

①　《天旱影响,抢水武剧》,《苏州明报》1934年8月25日,第10版。

②　《城东市民昨纷纷抢水》,《吴县日报》1934年7月13日,第4版。

③　朱慕曾:《我国今年之水灾及其救济》,《时事月报》1935年第13卷第4期,第228页。

④　《呈为派员调查本月二十日吴县军民拆除民生开南两围去后忽又折回拆除七十股围及本县军警协助弹压农民骚动情形附送绘图祈》,吴江区档案馆馆藏,卷宗号:0204-003-0107-0057。

鸣锣聚众,意图阻止拆除七十股围"①。垦民利益受损,态度蛮横,甚至开枪抵抗,"有客民约五千人左右,集合顾家圩,誓言如再拆围,决与死斗"②,而拆围百姓也不甘示弱,数千乡民闻风云集,不顾自身性命安危,与垦民血斗,"吴县吴江两县政府分派省保安队,协同乡民,共七千余人,共同拆围,业已将共成、民生、南开等各公司等所围之田圩,全部拆除"③,双方剑拔弩张,冲突一触即发。拆除湖田引起的纷争发展成严重的民生和社会治安问题,"弱者老死沟壑,强者铤而走险,使沿湖各县未受水利之益,反于治安方面发生隐患"④。最后,为平息事态,避免客籍垦民再次挑起事端,发生群体性冲突,江苏省政府委派专家赴东太湖一带实地查勘后,颁布《江苏省制止围垦太湖湖田办法大纲》⑤,决定出资将外籍垦民遣送出境,并给予适当经济补偿,"按筑成湖田数量之多寡,酌发遣散费,二千余客民平均每名得二元数角,当即出境他去"⑥。1937年2月,江苏省政府主席陈果夫发布政府布告,指出太湖大举围垦,不仅侵蚀湖面,而且妨碍太湖流域上下游农田水利,特"令饬江、吴两县切实制止,一律不准在拟定的湖边界线围垦及种植菱草芦苇,以保存储水面积"⑦。江苏省建设厅也会同扬子江水利委员会会商办法,整理太湖水利,设计开通疏浚环湖各主要港道。⑧ 由此,因湖田围垦引发的抢水之争告一段落,湖滩围垦问题也得到有效解决。拆除湖田引发的冲突表面上是沿湖民众与水争利获得土地的问题,实际上牵涉到经济、水利、政治等各个方面。而随着晚清以来气候异常变化导致的干旱问题日益加剧,太湖流域围湖造田与蓄水排水之间的矛盾成为沿湖区域存在的严重社会问题,从而导致当地的沿湖民众、围垦公司以及客民群体之间因争夺湖田收益而引发抢夺水源的冲突愈发频繁。

---

① 《昨日七十股围客民鸣锣开枪聚众阻挠》,《苏州明报》1935年7月22日,第6版。
② 《实行拆围后形势严重,五千客民誓死顽抗》,《苏州明报》1935年6月10日,第6版。
③ 《拆除围田客民暴动》,《申报》1935年7月23日,第9版。
④ 《呈为太湖老围拆除计划谨就研究结果历陈事实,仰祈重行审核暂维现状等情》,吴江区档案馆藏,卷宗号:0204-003-0048-0144。
⑤ 《省政府会议通过制止围垦湖田办法》,《苏州明报》1935年6月8日,第7版。
⑥ 《二千人遣散出境》,《新江苏报》1935年6月9日,第7版。
⑦ 《江苏省政府布告》,吴江区档案馆藏,卷宗号:0204-003-1223-0082。
⑧ 《苏建设厅将整理太湖水利》,《新江苏报》1936年7月16日,第5版。

三、抢米风潮不断

"饥寒起盗心"，这是中国社会的一句谚语。明清以来，苏松杭嘉湖等江南地区贫富差距过于悬殊，平民在自然灾害发生后缺衣少食，加上米价飞涨，导致生活无以为继，灾民吃大户和抢米风潮时有发生。进入民国以后，当灾荒发生后，抢米风潮现象依旧在各地频繁发生，并呈现出愈演愈烈的态势。"抢米风潮并不是今天才有的，历史上已不知发生若干次，但这次抢米风潮，与过去的抢米风潮有很多不同的地方，第一是规模很大。历史上的抢米事件，大多是在荒年的时候，农民没有粮食，快要饿死采用这种手段，所以大多数发生在内地农村，而这一次抢米的地区却很普遍，甚至京沪杭等重要都市和芜湖无锡等主要米市也发生这种情形，参加的人数都很惊人，而且几乎是同一时间发生的。"①因为民众普遍认为，"按照旧时法则，灾荒时抢米不抢钱，是并不认为犯法的。这种宽大的法则，即所谓法律不外人情，民众在没得饭吃挨不住饥火的煎熬，不得已铤而走险，以至于'抢米'，在行为上固该严办，在事实上确也'情有可原'"②。

而在素以产米著称的江南地区，米荒现象也经常发生，各地因水旱灾害导致物资短缺、米价奇昂而引发的抢米风潮，到处可见。1911 年 7 月，江南地区"风雨为灾，秋雨禾苗被淹，米价不断抬升，常、昭、昆、新各县均因抢米风潮，商业为之罢市。省城影响所及，人心未免惊惶"③。在江浙一带，水旱灾害发生后，农民无米充饥时便会向富户商家抢米，所用的办法，有的是和平"坐食"，有的则会采取暴动的形式。"常熟素有'苏常熟，天下足'之称，然而县府与法院竟告断炊。南京与上海，前者是全国的首善之区，后者是全国的经济中心，抢米风潮，均未幸免，至于江南地区以外，粮荒更为严重。"④魏丕信在《十八世纪中国的官僚制度与荒政》中讲道："可以肯定的是，在那些粮食供给已相当商品化，从而比其他地方更易感受到粮价上涨的影响的地区——这些地区也是最城市化的地区（如长江三角洲）——最直接受到威胁的'富户'也正是那些控制着商业城镇的

---

① 施复亮:《从抢米风潮看经济崩溃》,《现代经济文摘》1947 年第 1 卷第 7 卷,第 9 页。
② 天愚:《抢米》,《时代日报》1934 年 7 月 28 日,第 2 版。
③ 扬州师范学院历史系:《辛亥革命江苏地区史料》,江苏人民出版社 1962 年版,第 104 页。
④ 娄立斋:《从抢米风潮说起》,《现代经济文摘》1947 年第 1 卷第 7 期,第 10 页。

人,因为大部分可获得的粮食正是囤积在这些城镇里。"①

　　自然灾害发生后,衣食无着的农民只能眼睁睁看着自己农田里的稻禾枯萎,米囤里的存粮日渐断绝,而一般囤米的地主和商人见久旱不雨,正好有机可乘,于是沆瀣一气在米市上掀起抬高米价的浪潮,于是米价开始暴涨,"从四月中旬起,粮价就开始无情地上升,下旬更由十一二万迈进了二十万大关,黑市曾一度高叫二十五万"②。而在乡村中只有地主和富农家里有存粮可售,大多数的贫农在青黄不接的季节都需要依靠籴进米粮,以维持生活。因此,高昂的米价对于贫农来说就是一个致命的打击。当时社会上广为传唱的一首《抢米歌》道出了农民在灾荒之年面对米价高涨,生活无以为继的心酸:

　　　　一天忙到晚,只赚五毛钱,米卖五十元一担,油卖一块钱一斤,叫我们穷人哪能吃不起,不得已,铤而走险,抢米! 抢米! 到处发生,囤米的商人,你们也是中国人,不要专顾自己的利益,忘记了我们穷人的活命。③

　　1947 年 5 月,受上一年的水灾影响,苏南地区的粮价一再上涨,粮食恐慌笼罩全市,虽然政府一再抑压粮价,但是价格仍是一路飙升,"5 月 5 日早晨八时,饥饿的群众首先到惠农桥源聚鸿米行要求照限价购米,要求不果,抢米之风便发生了,成泰米行仓内的一百二十石米,首被抢光,张宝泰仓内居然囤有四百余石,一被饥民发现,饥民高喊打倒囤积居奇米蛀虫,一面蜂拥而入,饥饿的群众看见了这雪白的米面,他们几乎不相信世界上会有人有这些米存在,于是麻袋,篮子,小升,大斗,洗脸盆都成了运米之用"④。而有些地方的农民因无法应付灾荒的危难局面而选择自杀,也时有所闻,"尽管苏州社会的如何繁荣,但却遮掩不了内层的矛盾,米价已突破百元大关了,为生活而自杀者日有所闻,街头流浪乞食者,更逐渐在增多"⑤。

　　一年中的 4 月份,通常被农民称作"饥荒月",因为在这个时期,农民

―――――――――

① 〔法〕魏丕信:《十八世纪中国的官僚制度与荒政》,徐建青译,江苏人民出版社 2003 年版,第 47-48 页。

② 《天堂抢米记》,《生活新闻周报》1947 年第 1 卷第 2 期,第 7 页。

③ 鸿卿:《抢米(诗歌)》,《劳动者》1940 年第 4 卷,第 10 页。

④ 记者:《各地抢米风潮实录》,《现代经济文摘》1947 年第 1 卷第 7 期,第 12 页。

⑤ 蚂蚁:《苏州社会内层之剖视》,《青复月刊》1941 年第 4 卷第 1 期,第 21 页。

的旧谷米已经吃完,新的谷米还未成熟,正是"青黄不接"的时候,所以在这个季节,如果再遇上自然灾害的侵袭,许多穷苦的农民就会因缺少食粮而变得手足无措。而在这时,富农和地主为牟取暴利,趁此机会把存积的旧谷发放给贫苦的农民,用最高的利息对他们进行盘剥。因此,"一般的佃农,他们受着农产品价格低贱的影响,虽然用尽自己的气力整天不竭的工作,然而结果哩,就是最低限度的生活都无法维持的,于是他就只能铤而走险去为盗贼的了"①。农民到了这个时期,真的是"山穷水尽,欲借无门"。农民暴动大多数是因为灾害导致的饥饿而引起的,所以暴动的目的,便首先是抢米,其次才是盲目的泄愤。关于抢米风潮,"时间只就七八两月讲,地点只就江、浙、皖、豫讲,就有二十多处,人数多半在百人以上,这不能不说是一种重大事件"②。关于因久旱不雨引发的抢米场景,《抢米目击记》中记载:

> 从四处来的乡民,便无秩序的聚集在那里,约莫有七八十个人呢。年老的妇人约占十分之七,余外的差不多是壮丁了。……一直坚持到太阳光已照遍了大地时,人群们是愈聚愈多,有些乡民在早上是来出市的,看着这样光景,便也临时加入了。……由于上年的丰收,物价的低落,已足于使破碎的农村喘不过气来,而今年,老天像是过意和贫穷的百姓作对似的:一个多月的不下雨,已经的稻苗枯萎死;未种的只能望着这龟裂的田地叹气。在这样的天灾人祸交逼下,叫农民用什么来活命?
>
> 抢劫终于开始了,用以防御一店的生命财产的排门板迅速地便被几个年轻力壮的青年撞开了;于是,人们又像是潮水冲塌了一处堤防似的,又杂乱地冲进店堂中去了:便各人慌乱地用自己带来的袱和篮拼命地包着装着,几个年轻力壮的,我亲看见他们掀开了力弱的老太婆,肩着整袋的逃去了。③

同时,抢米分粮的现象,还伴随着农民遭受水旱灾害后为求生存离村流亡而加剧,如在浙江,"七月廿三日,嘉兴的王店镇被饥民二千余人,抢去食米六百余石;七月廿四日,破石镇有饥民数千,以老太婆为先锋,把三

---

① 何须:《崩溃中的农村》,《十日谈》1934 年第 20 期,第 9 页。
② 以谷:《一九三四年的中国灾荒》,《警醒》1935 年第 3 卷第 3 期,第 32 页。
③ 杨益平:《抢米目击记》,《十日谈》1934 年第 37 期,第 11-12 页。

家米行,十艘米船,抢劫一空"①。江苏的泰县、溧阳、吴江、金坛等处皆有抢米的举动。抢米时,多以妇女小孩任事,均用衣服受取,满怀即狂奔而逸。②吴江震泽,1934 年 8 月 20 日,有一部分乡民涌到该镇首富邱甫卿家,抢去衣物若干,并拟放火烧屋。③

　　自然灾害严重之时,就是抢米风潮异常兴盛之际。20 世纪 30 年代,在江南地区影响较大的便是频频发生的抢米风潮。当时的报纸记载,江南农村"各乡贫农为事实所迫,枵腹难忍,纷纷为吃大户抢米之举。风潮一日数起,此诚当前最严重之危机也"④。1934 年的《申报月刊》刊载,民国二十年(1931),长江流域大水灾酿成的空前浩劫,至今元气未复;而该年又发生了水灾和旱灾,灾情的惨酷更重于民国二十年(1931)的大水灾。水旱灾害笼罩了全中国,使农民丧失了与自然斗争的能力,除跪拜呼救外,有很多人自杀和从事掠夺。人们因没饭吃而举家自杀的事情时有所闻,而号称富裕的吴江和嘉兴等处也发生了农民抢米的风潮。⑤

　　1934 年,苏州盛泽和浙江南浔一带,因天时亢旱,秋收绝望,四乡农民十室九空,且米价日涨,每斗涨至三千二百文。"饥饿乡民于 8 月中旬,竟揣子携女,手提竹篮包袱,蜂拥来浔,铤而走险,分至四栅各米行抢米。"⑥据不完全统计,仅江苏和浙江两省,1934 年下半年就有 24 县共发生 47 次大规模的抢米吃大户风潮。⑦如 1934 年 8 月,吴江震泽镇,三百余人参加抢米风潮。9 月 1 日,浙江平湖乍浦,农民七百多人参加抢米。11 月底,无锡黄上塘贫农在富农某家里抢去白米七十多石。⑧常熟第六区年步桥业茶者张必田,家道小康,积有余资颇丰,"附近乡农以今夏大旱,入秋后又连绵阴雨,棉茎受损,铃食不结,毫无收获,生活艰难,际此青黄不接之时,多有断炊之虞。二十三日,竟有乡妇扶老携幼,约三四百人,前往张姓吃食,囤中米粮均被自由煮食,张必田因其人众,无法可想,旋经

---

①　郑作励:《一年来中国农村的灾荒》,《星华日报新年特刊》1935 年特刊,第 34 页。

②　达生:《灾荒打击下底中国农村》,《东方杂志》1934 年第 31 卷第 21 号,第 41 页。

③　《秋收绝望乡民暴动》,《申报》1934 年 8 月 21 日,第 11 版。

④　王逢辛:《以经济眼光观察抢米风潮》,《钱业月报》1932 年第 12 卷第 8 号,第 19 页。

⑤　《灾荒的救济》,《申报月刊》1934 年第 3 卷第 9 期,第 14-15 页。

⑥　《抢米与摸蚌》,《湖州》1934 年第 6 卷第 4、5 期,第 34 页。

⑦　中国经济情报社:《中国经济年报》(第一辑),上海生活书店 1935 年版,第 158 页。

⑧　钱俊瑞:《目前农业恐慌中的中国农民生活(一九三五年一月)》,载陈翰笙、薛暮桥、冯和法:《解放前的中国农村》(第二辑),中国展望出版社 1986 年版,第 205 页。

婉言劝导,始每名给发铜元十枚散去"①。11 月 18 日,老吴市米贩至太仓
鹿河镇粜米,大米分装五车,载归零售。正值常熟第六区界牌乡、长寿乡
一带闹荒,饥民数百人闻讯将米车包围,第一车大米被全部劫去,后经米
贩婉言苦劝并许诺每石发给铜元五枚,其余四车大米才始得无恙。②

1946 年 7 月,苏州地区发生严重水灾,大水甚至将枫桥至浒墅关十
里塘岸冲毁,塘旁一片汪洋,"太湖水位剧升,民二十年之大水惨景又将重
演"③。水灾带来巨大损失并造成持久影响,大量房屋倒塌,民众居无定
所,粮食价格高涨。1947 年 5 月,国共内战正酣,同时受到上一年水灾影
响,天灾加上人祸致使部分民众缺衣少食,被迫铤而走险,"胥黄亭街四十
三号协记米店,九日上午七时许,突有老幼男女数十余人蜂拥而来,将该
行糙米十余石又麦皮九包抢去"④。此案发生后,吴县政府举行紧急会
议,决定重要善后方案,其中之一即要求城厢大小米店,一律开门应市,并
不得限定购售时间。⑤ 为防止抢米风潮发生,吴县县长王介佛甚至亲赴
米粮市场,召见粮商,告诫不得有抬高市价或借故拒售等事。但是,苏州
地区的粮价仍节节高涨,二十余天内粮价已自十四万元涨至三十三万元。
这一时期,国共内战加上自然灾害的持续影响,导致物价的上涨更为猛
烈。以大米为例,"最初限定为上白粳每石金圆券 20 元的价格,至 1948
年 12 月中旬,苏州中白粳每石已达金圆券 317 元"⑥。1948 年 7 月,苏州
地区再次发生饥民抢米风潮,南濠街集成米铺、上塘街乾泰号和鸭蛋桥正
泰号,均因售米发生纠纷,先后被抢。⑦ 同年 11 月 14 日,苏州齐门外裕
盛粮行,由驳船运装白米十六石,分送皮市街、景德路和庵溪坊等各客户,
当驳船抵达范庄前普济桥停靠时,突有附近民众百余人围至船埠,并有数
人上船声称购米。在得到船员回复老板不在、不能做主时,船上数人来势
汹汹,大喊:"你们老板有米吃,我们没有米吃,不卖也要卖。"而岸上的群
众也大声附喊"不卖,就抢"。于是饥饿的民众就蜂拥上船,纷纷抢米,附

---

① 《常熟:乡民集众吃食》,《申报》1934 年 9 月 25 日,第 9 版。
② 《常熟:六区饥民围车劫米》,《申报》1934 年 11 月 20 日,第 8 版。
③ 少夫:《水》,《申报》1946 年 7 月 16 日,第 10 版。
④ 《各地抢米风潮实录》,《现代经济文摘》1947 年第 1 卷第 7 期,第 15 页。
⑤ 《苏州发生抢米潮,县政府决定善后措施》,《申报》1947 年 5 月 10 日,第 2 版。
⑥ 黄守璋:《苏州米价概况》,载苏州市地方志编纂委员会办公室:《苏州史志资料选辑》
   (第一、二辑合刊),内部发行,1989 年,第 156 页。
⑦ 《苏州昨发生抢米风潮》,《申报》1948 年 7 月 11 日,第 2 版。

近居民闻讯亦相继赶来,人头愈聚愈众,抢米情形亦随之混乱起来。送米伙计被迫打电话给警局请求驰援,待民警驰往时,民众正热烈地抢米,道路也被人海所阻塞。最后,经民警开枪示警后,抢米风潮始告停止。而船上所装的白米,已遭抢损失三石有余。[①]

而饥民在抢米时,如若遭到富户抵抗或者军警弹压,那么事态就会恶化甚至转化成暴力冲突。1934年夏,江南大旱灾期间,常熟饥民二千余人鸣锣集合,扶老携幼,前往地主富户家抢米,并声言"有饭大家吃;无钱缴租,以身抵押",结果与警队发生冲突,警队开枪镇压,导致四名农民被击毙。[②] 1949年4月,苏州解放前夕,米价连日狂腾但又处于限价期间,灾贫民抢米风潮又在枫桥镇发生,枫桥镇九成米行遭到灾民抢劫,警局闻讯赶赴弹压,与灾民发生冲突,最后三名泗阳灾民被拘。[③]

民国时期,苏州地区屡次发生的抢米风潮,其背后的原因显然与自然灾害频繁发生导致米价节节上涨有关,而部分地主和奸商为了牟取私利,恶意囤积居奇,拥米自固,哄抬物价则进一步加剧了农民的生活负担,当农民无法承受、生活无以为继时便只好铤而走险群起而攻之。因此,从不断发生的抢米风暴看,任何社会问题的出现,其背后既有人为的原因,也受自然因素的影响。连年自然灾害的发生加上地主富商囤积居奇、哄抬物价等人为因素的推波助澜造成社会问题不断恶化,民穷盗起,灾害日重,从而导致抢米、吃大户的现象频频发生。

四、引发匪患猖獗

凶年多盗匪,频发的自然灾害造成农村经济崩溃,受水旱灾害的影响,流离失所的农民渐趋增多,一些缺衣少食、没有生活来源的灾民因失去生活的信心而产生越轨行为,沦为盗匪,危及地方社会。"何以近年以来,到处盗匪蜂起,推其原因,实由于农村之崩溃,即农民与其坐而待毙,不如铤而走险。"[④]为了生存,灾民在盗匪之心的驱使下沦为土匪或盗贼,从而导致正常的社会秩序失调,抢劫越货事件屡见不鲜。通常来讲,匪祸

①　《苏州抢米风潮》,《和平日报》1948年11月15日,第3版。
②　中国经济情报社:《中国经济年报》(第一辑),上海生活书店1935年版,第158页。
③　《苏州枫桥镇上发生抢米风潮》,《申报》1949年4月10日,第2版。
④　顾兆昌:《中国农村崩溃之原因与复兴之方法》,《苏声月刊》1933年第2卷第1期,第56页。

的产生和当地的社会环境和地理因素等息息相关。"某些物质或地理政治环境容易滋生一种强有力的土匪活动。比如那些长期贫穷或遭受周期性自然灾害的地区,或是那些传统经济模式已经崩溃的地方,当农事不再可为,其他生计也缺乏时,就会成为骚动蔓衍的地区。"①灾后农民因生活所迫为匪为贼的现象,在历史上也多有所见。民国以来,匪祸多滋扰,也与灾荒的严重程度成正比。"灾荒实为中国民族生存的大敌,直接足以形成国家经济与国民经济之破产,间接足以引诱外患及匪祸之发生。"②

近代以来,以苏州为中心的太湖流域自然灾害频繁发生并引发一系列严峻的社会问题,大量的灾民面对贫困和饥饿,在缺乏有效的应对手段时,有些人便会铤而走险选择为匪为盗,以解决自身面临的生存问题。农村里的盗匪便是因为农民的贫苦而日见猖獗,一般的佃农受到农产品价格低贱的影响,虽然用尽自己的力气整天不停地工作,然而得到的报酬却是连最低限度的生活都无法维持,于是也就只能铤而走险去为盗为贼了。此外,农村地区河道长期缺乏治理,夏天遇到大雨,容易引发水患,受害者皆为各地农民。河水退落后,农民虽勉强保存性命,然而衣食无着,无蔽身之所,流离失所,不得不离开故土漂泊异乡。在此种情况下,"老弱幼者或者冻馁而死,或饿毙而亡,少壮者即铤而走险,流为盗寇,来扰乱社会,致使未罹灾区之社会秩序渐趋紊乱"③。

匪患在苏州城乡蹂躏肆虐的情形,层出不穷,屡见不鲜。苏州城内一向治安不错,"不仅城厢内外,原是从来没有发生过劫案的,今年入冬以还,却已发生了多至四五起"④。太湖流域为畿辅要区,民国时期,受自然灾害影响,苏州一带匪患猖獗,盗匪劫掠来往商船,抢劫货物的情况时有发生。1926 年 4 月,苏州太仓、吴县、常熟、昆山等地螟虫为害严重。同年 5 月,苏州地区又相继蔓延白喉、虎疫、疫疬等时疫,接连不断的自然灾害导致民众生活无以为继,几人或者数十人为一组的盗匪层出不穷,到处抢劫越货,"11 月,一倪姓商人米船,由吴江开往苏州,米船行至尹山张如村附近河道时,忽遇盗匪十余人,盗匪各持刀枪驾驶轮舟拦截,米船货物

---

① [英]贝思飞:《民国时期的土匪》,徐有威译,卜文校,上海人民出版社 2010 年版,第 26-27 页。

② 鲍幼申:《中国之灾荒问题》,《经济评论》1935 年第 2 卷第 7 期,第 12 页。

③ 弄琴:《中国农村经济过去与现在》,《新创造》1934 年第 1 卷第 2 期,第 10 页。

④ 房龙:《苏州农民暴动的经过与前瞻》,《劳动季报》1935 年第 4 期,第 1 页。

银两,均被抢劫一空"①。太湖水域因范围广阔,素来是容纳盗匪的窟宅。齐卢江浙之战后,齐燮元部之溃兵散勇窜入太湖之中,和太湖内原有的盗匪勾结合作,劫掠来往商船。镇江丹阳奔牛镇米商覃某,雇舟运米赴沪,货物售卖完毕后,原舟返回奔牛,当舟行至太湖湖面时,突遇匪船两艘。盗匪十三四人,持有快枪、手枪等枪械,将覃某商船团团围住,"覃某被劫去手提皮箱一双,内储钞票四十余元,及元绵羊皮马褂一件,绒布小衫裤一套"②。1928年,苏州常熟、太仓、吴县、昆山等地遭遇蝗灾,稻田和棉田损失惨重,部分民众生活出现困难,一些人在失去生活来源后被迫沦为盗匪。5月3日,吴县横泾沿湖一带,有三十余艘匪船出没,成群麇集一起,匪船上架设机关枪,在茅圻石澹浜等地,强掳民船四艘,抢去财物若干,民船损失惨重。③ 同年12月19日,盗匪五十余人,各执手枪,洗劫了吴县斜塘乡,全镇二十八家商店被劫掠,损失甚巨。④ 1929年4月19日,斜塘乡再次遭受水灾和蝗灾后继而遭到盗匪的抢劫,镇上的商团、警察队、公安局、建设局和商铺等均遭到抢匪洗劫,尤其以该镇数十家商铺遭受的损失最为惨重。⑤

　1929年初,苏州地区先后遭受水灾和蝗患,洞庭东西两山甚至颗粒无收,惨重的灾害导致匪患猖獗,大帮匪徒盘踞在淀山湖中,伺机抢劫来往的商船。1月21日,一乡农枭米船,经过元塘(淀山湖滩)时,与匪船相遇。湖匪正欲抢劫时,被大帮巡逻船发现,双方展开枪战。⑥ 几乎同一时间,光福镇也遭到盗匪抢劫,五十余名盗匪将水上公安第七分队二分队门岗击毙后,抢走十二支快枪、两箱子弹,并洗劫了镇上三十五家商铺,全镇损失近数万元。⑦ 1930年2月,南北桥渭泾塘镇遭到七十余帮匪的抢劫,帮匪甚至把水警船的枪械劫去,此次抢掠共造成渭泾塘镇十余家商店财产损失高达一万元左右。⑧ 1934年江南大旱灾期间,昆山地区多处遭受匪患,第六区子浜、葛墓二村相继遭盗匪抢掠,大批盗匪四五十人口操杂

① 《米船遭劫》,《苏州明报》1926年11月12日,第3版。
② 《奔牛米商在太湖被盗》,《苏州明报》1927年1月10日,第2版。
③ 《横泾发现大帮匪船》,《申报》1928年5月4日,第3版。
④ 《斜塘乡被劫二十八家》,《申报》1928年12月21日,第9版。
⑤ 《苏属车坊斜塘两巨劫案》,《申报》1929年4月21日,第11版。
⑥ 《淀山湖中匪与匪战》,《申报》1929年1月22日,第3版。
⑦ 《元旦日帮匪洗劫光福镇》,《申报》1929年1月4日,第12版。
⑧ 《浦东帮匪一日洗劫两镇》,《申报》1930年2月23日,第12版。

音，且均执有枪械，"盗匪将两村居户洗劫无遗，直至今日天将黎明，始携贼向淀山湖内而逸，闻二村损失颇巨"①。1935年1月，常熟、太仓和昆山三县交界的淘沙泾，农民曹子斌家突遭二十余盗匪抢劫，被劫去藏洋两箱、金戒指十二只、金环二只、金押发二只及若干细软衣服，共计损失四千余元。② 1936年，苏州地区遭遇水患，导致匪患严重，下属各县大多遭到土匪窜扰，损失惨重。据统计，苏州下属各县遭受的匪患次数，吴江地区30余次；太仓地区40余次；昆山地区最为严重，高达130余次。③

严重的自然灾害造成匪患频发，而频发的匪患又进一步加剧了对农村社会秩序的扰乱，兵匪经过一地或者驻扎于某地，则该地树木砍伐殆尽，桥梁堤岸拆毁无遗，百姓惨遭洗劫，社会秩序和交通受到影响。兵灾多出一次，匪患就激烈一次。土匪除了在城市内明火执仗实行抢劫外，也在附近乡镇进行大规模的掠夺。"一星期内，无锡的金墅镇和甘露镇一连抢了两次，军警商团都无如之何。照这样的情形看来，乡居的人民不死于兵，就死于匪；不死于匪，也要死于饥寒。"④同时，匪患也对正常的交通秩序带来冲击，1930年3月11日，距离吴江城七里的龙王庙，忽有盗匪十余人手执枪械将苏州至黎里的班轮嘉禾轮劫持，全船乘客男女老幼及账房金某、轮船老大等三十余人被劫，所有旅客行李衣服全被劫去。另外，由苏州开往嘉兴的苏嘉班宁兴轮同样也被匪徒开枪阻拦，该船乘客及公司船管共计二十多人被劫持⑤，由此可见，严重的匪患不仅妨碍地方治安，也影响了当地的航路交通。

通常来讲，农村生活较为简单，农民以耕种作为生活的主要来源；而农业社会的这种简单化经营也使农民的防灾救灾能力降低，一旦遇到严重的自然灾害，农村地区即成为重灾区。民国时期自然灾害频发，苏州地

---

① 《昆山：盗匪洗劫二村》，《申报》1934年12月4日，第7版。

② 《盗匪越货伤人》，《申报》1935年1月19日，第11版。

③ 根据《江苏省各县匪患实况及剿办情形调查表(二十四年十二月至二十五年一月)》，《江苏保安季刊》1936年第3卷第1期；《江苏省各县匪患实况及剿办情形调查表(二十五年二月至四月)》，《江苏保安季刊》1936年第3卷第2期；《江苏省各县匪患实况及剿办情形调查表(二十五年五月至八月)》，《江苏保安季刊》1936年第3卷第3期；《江苏省各县匪患实况及剿办情形调查表(二十五年九月至十月)》，《江苏保安季刊》1937年第3卷第4期；《江苏省各县匪患实况及剿办情形调查表(二十五年十一月至十二月)》，《江苏保安季刊》1937年第4卷第1期统计。

④ 《江苏匪患与时局》，《现代评论》1927年第6卷第147期，第2页。

⑤ 《龙王庙盗匪劫轮掳人案》，《申报》1930年3月13日，第10版。

区所遭受的灾情也异常严重,如1934年旱灾即为六十年所未见的大灾。灾荒发生后,如果国家和地方政府不能及时救助灾民,展开灾区重建,帮助灾民恢复家园,大量食不果腹、衣不蔽体的破产灾民为解决温饱、求取生存,就会被迫落草为寇,加入土匪队伍之中。匪患的存在造成一种恶性循环的态势,匪帮绑架百姓、洗劫商铺、冲击政府机构、破坏道路交通,将人间天堂的富庶之地变为赤贫之区,被洗劫和绑架之人遭到抢掠后走投无路,又进而沦为土匪。这种恶性循环加上频发的自然灾害,对区域社会造成重大危害,加剧了自然与社会之间的冲突。

小　结

作为一种具有极大破坏性的消极力量,自然灾害造成人口的大量死伤和流徙,物质生产资料遭到严重破坏,农村阶级矛盾激化,进而导致社会动荡。自然灾害不仅破坏了社会的生态平衡,而且影响了地区人口结构。明清时期,苏州地区的人口大规模增长,人数达百万以上,后因太平天国战争等因素影响曾一度锐减。清末民初人口开始回升,至1935年,人口规模近四十万,但1924—1927年苏州曾出现人口负增长的情况,究其原因,是受两次江浙战争及北伐战争的影响。战争造成大量人员死亡,加上水、旱、疫灾相继暴发蔓延,为躲避战乱及灾荒,苏州农民纷纷离村他适,谋求出路以求生存,这也成为苏州人口急剧锐减的重要因素。

自然灾害给地方社会带来严重影响,农业生产首当其冲。灾害导致农田荒芜、水利设施失修,农业生产资料遭到损坏,农业发展受到严重阻滞,灾民大量死亡流徙,造成"佃种乏人"的局面,如"吴县全境,受旱灾影响,田亩荒芜达四十余万亩,损失价值共六百六十余万元"①。农业生产歉收,民众购买力下降,粮贵地贱物乏反过来又加剧了自然灾害的严重程度。水旱灾害带来毁灭性的危害,灾后的次生性影响更加致命,水旱之后,疫病流行,霍乱、麻疹、天花、肺结核等时疫蔓延城乡,因疫而死者甚至多于因水旱灾而饿死者。同时自然灾害也给城市生活带来了不可忽视的副作用,即灾荒发生后,城市物价上涨,一些不法商人借机囤积居奇,操纵市场,

---

① 《全县田亩受旱损失,荒芜达四十余万亩》,《苏州明报》1934年10月7日,第6版。

致使民食维艰,城市秩序遭到冲击,引起社会混乱和恐慌。另外,自然灾害也对城市生活、交通运输和内河航运带来影响。城市居民饮料短缺,水井枯涸,水价上涨。因河道干涸,清洁排泄物的粪船无法进出,城内臭气熏天,秽气扑鼻,城市公共卫生堪忧。此外,自然灾害也对江南地区民间灾害信仰文化带来影响,旱灾祈雨、水灾求神保护、虫灾祈神驱虫,普遍流行于官民之间,形成独特的信仰文化多重叠合的特征。迎城隍、抬猛将、迎龙王等祈雨驱疫禳灾活动遍布苏州城乡,各种社会团体和普通民众自发组织,各地宗教组织如佛教和道教等积极加入,甚至地方政府官员也参与其中,活动仪式普遍而不失多样化,构成了苏州地区民间信仰中的独特景观。

自然灾害对社会结构造成重大破坏,将原本稳定的社会体系打破,造成农村经济萧条,导致各种社会问题层出不穷。江南地区人口压力本就异常巨大,频发的自然灾害和高额的地租加重了农民的生活负担,甚至部分农民因破产而无法生活。在请愿求赈、减免赋税地租无果后,佃农为求生存而掀起抗租抗粮活动,他们包围警所,打伤巡警,捣毁警局,并放火烧毁催甲房屋,活动愈演愈烈,"仅1936年一年中,太湖流域就爆发农民抗租抗税运动62起,其中苏州地区共21起"①。自然灾害加上青黄不接的季节,农民无粮可食,生活无以为继,而地主和商人沆瀣一气借机哄抬米价。为生活所迫,农民只好铤而走险抢米吃大户,抢米风潮风起云涌,背后的原因显然是灾荒不断、米价飞涨。水源缺乏引发的争水抢水等纷争事件频繁发生,甚至发生械斗而酿成惨案。如吴江和吴县两县境内因围湖造田引发的拆圩之争,就曾导致数千乡民发生械斗,酿成流血惨剧。另外,自然灾害使得大批农民丧失土地,失去家园,沦为流民或盗匪。为生活所迫而沦为盗匪的事件,在民国时期的苏州地区多有发生,匪患在苏州城乡肆虐,为害乡里。太湖流域湖泊星罗棋布,盗匪藏匿其中,神出鬼没,入城抢劫富户或拦路抢掠商民,有的甚至袭击公安警局,冲击政府机构。

综上所述,民国时期苏州地区频发的自然灾害给苏州地方社会带来严重危害,造成惨重损失,破坏了地方社会的平衡和稳定。一系列的社会问题反过来又降低了民众防灾、减灾和救灾的能力,灾民为解决温饱,不惜采取极端手段,为盗为匪,从而形成一种恶性循环的态势,给苏州地方社会带来极其严重的影响。

---

① 钱志超:《近年来的农民纠纷》,《文摘》1937年第1卷第6期,第89页。

第三章 苏州地区传统社会力量的灾荒应对活动

  民国时期,中国社会正处于由传统走向近代的转型期,在内忧外患和各种自然灾害频繁发生的双重打击之下,新旧力量交错嬗递,底层民众的生活异常艰辛和困苦。面对严重的灾荒,单纯依靠政府的力量,有时无法完成对灾民的有效赈济,这时民间社会组织应运而生并在慈善救助和灾民赈济中扮演着不可或缺的角色,发挥了重要的作用。"吾国历来办理赈济事业,多属私人团体。"①1927年以后,国民党政权虽然不断强化对地方社会的管理和对地方精英的控制,但自晚清以来,中央政府掌控地方事务的能力被不断削弱,财政力量的短绌以及政府行政效率的日益低下,使得由传统民间社会组织开展的部分"非官方"公共服务(如救灾、修路、教化、慈善等)和一些个人从事的救灾济贫活动,逐渐成为灾荒之年救助社会弱势群体(如灾民、贫民)的主要形式,"乡村精英虽然不断弱化,宗族组织也日趋式微,但是传统的格局仍在维持"②,并适时有效地弥补了国家力量在这些领域的不足,尤其是在自然灾害的应对活动中依然发挥着重要作用。

第一节 民间慈善组织赈灾方式的延续

  民间慈善组织属于非营利性组织。非营利性组织指的是不以营利为

---

① 国民政府救济水灾委员会:《国民政府救济水灾委员会报告书》,国民政府救济水灾委员会1933年编印,第204页。

② 唐力行:《延续与断裂:徽州乡村的超稳定结构与社会变迁》,商务印书馆2015年版,第380页。

目的的组织,有时也被称为"第三部门",是政府部门以及以营利为目的的团体之外的社会组织和民间团体,其具有民间性、志愿性和非营利性等特征。"一般来说,社会慈善事业是国家保障的补充。如果国家保障功能健全,社会慈善事业就相对萎缩,如果国家保障不堪重负,社会慈善事业就有相当的发展空间。"①民国时期,中国现代化的民族国家还没有完全建立,社会组织内部的各项公共机能也不完善,加上频繁发生的自然灾害与各种战乱兵灾,政府缺乏为民众提供公共服务和所需公共物品的能力,由此为民间慈善组织的发展提供了生存空间。

一、苏州地区民间慈善组织概况

民间慈善组织最先及主要出现在明末最富裕的江南地区②,至晚清时江南地区已经是善会风行,善堂林立。鸦片战争以后,清政府需要偿付大量战争赔款,加上受到国内不断发生的农民起义影响,国力衰弱,面临诸多严峻困难,尤其是在自然灾害发生后对灾民的救助方面表现出力不从心的态势。在内外交困的危机影响之下,"国家不再像以往那样凡事直接面对民众,而出现一个社会自组织作为中间缓冲层。社会自组织由此获得原由国家垄断的部分社会性资源"③。由此,民间慈善组织顺应历史发展趋势,应时而生。有清一代,民间慈善团体数量众多,举办的各种慈善活动种类多样,开办形式主要有官绅创办、民间集资合办以及同业行会组织捐办等多种。但在这一时期,作为民间济贫施赈活动重要载体的慈善组织,大多是由地方绅士或者富民阶层发起创建。"如果说赈济是对地方的临时性救济,那么慈善事业则是地方的常设救济机构。在传统社会,一般由地方士绅设立一些慈善组织,以解决贫孤鳏寡废疾者的生活问题。这些事业也受到官府的支持和资助,但主要经费由民间募集。"④

进入民国以后,民间慈善组织呈现出继续发展的趋势,在赈灾济贫方面发挥的作用也愈加重要。1930年,国民政府内政部曾对全国的民间慈善组织做过一次调查,对全国18个省总计566个市县进行统计,全国慈

---

① 郑功成、张齐林、许飞琼:《中华慈善事业》,广东经济出版社1999年版,第44页。
② 梁其姿:《施善与教化——明清的慈善组织》,河北教育出版社2001年版,第60页。
③ 蔡勤禹:《民间组织与灾荒救治——民国华洋义赈会研究》,商务印书馆2005年版,第51页。
④ 王笛:《跨出封闭的世界——长江上游区域社会研究(1644—1911)》,中华书局2001年版,第523页。

善组织创办的各类救济机构共有 1621 个,这一定程度上说明民国时期民间慈善事业发展的兴盛。这些具有新式理念的民间慈善组织在国家政策的影响和鼓励之下,广泛兴办各类慈善设施,举办各种慈善救济事业。与此同时,明清时期延续下来或者后来经过重建的一些地方慈善组织在国家的有效管理和指导之下,也继续开展施棺、济贫、施医、恤嫠、育婴和养老等慈善救助活动,"这些组织延续明清慈善组织的传统,以施医济贫作为稳定社会的主要方式"①。如开风气之先的上海,"1930 年前后,在统计的 119 个慈善团体中,有 20 多个是从清朝善会、善堂延续下来的"②。民国时期每逢大灾发生,政府往往无力救治,靠的就是民间的社会慈善事业。③

苏州地区的慈善事业与国内其他地区相比较为兴盛,民间慈善团体林立,遍布城乡内外。苏州地区的慈善组织大多始于清代,以育婴、养老、掩埋、施粥、施医等活动为主。李鸿章曾说:"三吴好善之风甲天下,首推吴郡,虽都城如金陵,膏腴如扬州,弗逮也。"④清代以来,苏州地区设有为数众多的从事各种慈善事业的堂院,收养无依婴幼、贫苦孤寡和残疾人员。这些慈善堂院由政府出资兴建的数量极少,大多数是由地方士绅捐资兴办并管理,少数由官府补助或个人创办。这与苏州地区拥有为数众多的富商大贾且他们多具有乐善好施的传统有关,像尤先甲、谢家福以及吴韬生等人均为苏州地区声名远扬的士绅,他们在平常生活中普遍介入和影响地方社会事务,主动从事慈善活动,在自然灾害发生后的地方社会救助中发挥重要作用。"吴县的慈善事业大多始于清代,多数为地方乡绅商贾筹资兴办,少数由官府补助或个人创办。以育婴、养老、掩埋、施粥等为主。"⑤民国时期,苏州地区工商业经济发达,士风浓厚,市镇经济昌盛,这就为民间慈善事业的发展奠定了重要的物质基础,新的慈善组织不断

---

① 梁其姿:《变中谋稳:明清至近代的启蒙教育与施善济贫》,上海人民出版社 2017 年版,第 207 页。

② 蔡勤禹:《国家、社会与弱势群体——民国时期的社会救济(1927—1949)》,天津人民出版社 2003 年版,第 116 页。

③ 周秋光:《民国时期社会慈善事业研究刍议》,《湖南师范大学学报》(社会科学版) 1994 年第 3 期,第 105 页。

④ 苏州市地方志编纂委员会:《苏州市志》(第三册),江苏人民出版社 1995 年版,第 484 页。

⑤ 詹一先:《吴县志》,上海古籍出版社 1994 年版,第 817 页。

诞生并广泛开展慈善救助活动。"江南市镇的勃兴,特别是市镇经济实力的加强,为包括慈善事业在内的地方公益事业的开展创造了条件。"①清代至民国期间,苏州创办了育婴堂、男女普济堂、锡类堂、广仁堂、昌善局、安节局、栖流所、济良总所等慈善事业机构。② 王卫平曾对其进行统计,认为"清代苏州的民间慈善团体即善会、善堂数量众多,规模宏大"③,其中吴县 40 个、长洲县 17 个、元和县 34 个,常熟、昭文两县共 36 个。兹对部分慈善团体作一简要介绍:

　　育婴所(堂、院)　清康熙十五年(1676),由许定升、蒋德竣、张遇思等创建育婴堂。原设于玄妙观雷尊殿之西,乾隆四年(1739)迁于王废基,同治二年(1863)移建娄门内中吉由巷。向由绅董经理。清代该堂有四进十二开间,民国初期增建两层六开间楼房一幢。1922年收养婴孩 694 人,救济费 976 元,管理费 2847 元。1927 年改为公办,易名育婴院。1930 年 10 月改称育婴所,收养无依婴幼,雇乳母哺育。抚养至 5～6 岁时,男孩读书习艺,成年后外出谋生;女孩则授以女艺,成年后择偶婚出。

　　普济院(堂)、养老所　康熙四十九年(1710)由士民顾如龙、陈明智等募建普济堂,坐落虎丘下塘,专收老病残疾无依贫民,供给衣食医药。当时岁收田房租息约 2 万串,留养年老贫民 350 人。乾隆三年(1738),吴三复于盘门外捐建老妇普济堂;同治年间由冯桂芬移建盘门内新桥巷。1927 年改为公办,易名第一养老院和妇女养老院。1929 年妇女养老院更名妇女普济院。1930 年第一养老院更名男养老所并附设残废部,收容定额 300 人,凡男性老残贫困无依者均可觅保送所赡养终身。妇女普济院易名女养老所,也附设残废部,收容定额 200 人,凡老妇贫苦无依或残疾者,均可取保送所留养。1935 年 7月,两所合并为吴县救济院养老所。

　　安节院(堂)、恤嫠所　同治五年(1866),冯桂芬等将原设于上海县的安节局移建于娄门内大新桥巷,以收名门嫠妇(俗称寡妇)为主,

①　王卫平:《清代江南市镇慈善事业》,《史林》1999 年第 1 期,第 46 页。
②　苏州市地方志编纂委员会编:《苏州市志》(第三册),江苏人民出版社 1995 年版,第478 页。
③　王卫平:《明清时期江南城市史研究:以苏州为中心》,人民出版社 1999 年版,第265 页。

兼收部分贫苦无依妇孺。民国初年有房屋 160 余间，田 530 亩。1927 年改名安节院，1929 年更名普济院第一分院，翌年 9 月又易名特别妇孺留养所。全所号舍 80 余间，每间收容 1 户，当时收养大小口 120 余人。1948 年定名恤嫠所。

济良总所、女子（妇女）教养所　济良总所坐落在阊门外三乐湾，创办于民国四年，原属苏州警察厅。1929 年 7 月改名女子教养所，1931 年 1 月易名妇女教养所。专收贫苦失所、堕落或被虐待遗弃之妇女，年龄 7～35 岁为限，传授知识与技能，教养兼施，成年者由所择配遣嫁，年幼者允许领养为义女，但不得为婢为妾为童养媳。

苦儿院　民国后，逊清举人陆纯伯通过东北三省协督徐世昌，商请逊清邮传大臣盛宣怀将阊门外广济桥北块私人花园别墅捐赠，筹办私立苏州苦儿院。1912 年 4 月 23 日成立。办院经费主要来源于有关单位补助、个人捐赠和本院的各项收入。每年接收苦儿 30 人，每人由介绍人一次缴费 100 元，在院 6 年不收其他费用。衣着、食宿以及理发、洗浴等费用均由院方供给。时有教职工 29 人，院生多时有 130 人，年龄 10～14 岁的参加文化学习；14～16 岁的参加工艺班。1937 年抗战爆发，经费无着，学生疏散。至 1939 年春，苦儿院停办。

栖流所亦称贫民习艺所　坐落在五卅路王废基，创办于同治十二年（1873），由苏藩司库及丰备义仓拨款开支。民国元年在阊门内设第二贫民习艺工场，招贫民工徒 150 人，分授棉织、丝织、交织、织毯、杂织 5 项工艺。1920 年又将旧长洲县署改建贫民习艺所。1923 年因经费支绌而停办。1924 年栖流所改组为苏州感化院，后又改为贫民乞丐习艺所。1930 年 7 月，吴县游民习艺所并入，9 月隶属县救济院，易名感化习艺所。凡青年子弟不务正业、不遵家长教诲者，须由家长送收容所，授以工艺，培养自立能力。习艺所收容定额 230 人，习艺分染织、煤作、纸货、制衣、垦殖、印刷 6 部。

丰备义仓　创于清嘉庆、道光年间，所有田亩由地方士绅先后捐助。后仓毁，经冯桂芬等人重加整理，并续办。该仓以积谷备荒为主，由地方公推士绅经理。1912 年 3 月由市公所接管，并由董事会接收所有积谷和现款。1927 年，地方人士公议成立县仓储管理委员会，经理丰备义仓业务，经费收支报县政府备案，仍以积谷备荒为主，并办理平粜、施米、施粥等善举。义仓经费不列入县预算，也不受县政府支配,纯属地方慈善团体性质。1947 年 9 月,改名县丰备义仓董事会。

贷款所   创于民国十七年 8 月,由县公款公产处管理,1930 年 9 月隶属县救济院,办公地点附设于救济院内。凡小本经营资金困难者准许邀保申请免息贷款,数额分 5 元、10 元和 20 元三种。每旬逢三、八日为还本期,每期还 1/10,10 期还清后方可续贷。每月常贷出 1000 余元。抗战期间所务停顿,35 年恢复,地点设西麒麟巷,改名平民贷款处,业务照旧。①

由上可见,清末民初,苏州地区慈善组织和团体数量众多,以育婴、习艺、养老济贫、积谷备荒、灾后赈济等慈善活动为主。当然,一些慈善组织在不同的历史时期也因为各种原因分别进行过组织调整或者名称改换。如苏州的育婴院,以前名叫育婴堂,开办已有二百多年,但是后来因为经费的竭蹶、人才的缺乏和其他种种关系,以至于不能继续发展。② 吴县羊王庙孤儿院,主要从事孤儿收容、教养兼施,开办已有数十年,后来因为战乱停办。1945 年苏州光复后重新开办,改称吴县私立育幼院,收容孤儿三十余人,由该院李亚西夫妇抚养教育,继续从事育婴等慈善活动,成绩斐然。③

1927 年,吴县成立公益局,负责各堂、局、所的改组和合并工作。与此同时,设立主管机构对民间慈善团体进行整合,实行统一管理。这样做的目的是在自然灾害发生后有效发挥各个慈善组织的作用,协同互助,尽最大力量救助受灾民众。后来公益局被改组成公益管理处,1928 年 5 月又被改称公款公产管理处。1930 年 7 月 17 日,吴县公款公产管理处主计员俞武功提出改组吴县救济院,另组正式的吴县款产管理处的建议,对此,江苏省民政厅派员前往吴县详查。鉴于吴县地方慈善机关一向缺少慈善救助活动专款,历年的救助经费均由义仓公款项下挪用补助,且易滋生弊病,民政厅就此指出,"以积谷专款,移充慈善事业用途,不特有紊系统,且亦易滋弊病。……自本年度起,将各慈善机关补助费,一律停止拨付,以重仓款。如果该县各慈善机关财政上

①   参见苏州市地方志编纂委员会:《苏州市志》(第三册),江苏人民出版社 1995 年版,第 480-484 页。
②   《育婴院之娘娘诞》,《苏州明报》1927 年 5 月 18 日,第 3 版。
③   《苏州育幼院复员一周年》,《申报》1946 年 10 月 26 日,第 3 版。

确系不能独立,亦难听其停顿,尽可由县长召集地方公团会议,准在积谷基金基产项下划拨若干,移作救济院基金;并将原有各公立善堂,隶属于县救济院"①。到1930年9月,吴县政府按照《救济院组织规程》,于原元和县署旧址成立县救济院,并接收公款公产管理处全部慈善款产和所属机构②,对吴县各类公益慈善事业实行接管,收容教养事业。民国时期,苏州善局善堂等慈善机构数量众多,据资料记载,这一时期共有善堂善局等单位65个,其中清代始创的43个,民国年间创办的20个,年代不详的2个。在此期间,合并改组者有之,陆续停办者亦有之。③ 如苏州平江路中由吉巷育婴堂,已有六十多年的创办历史,吴县救济院成立后,移归其管辖,改组后的育婴堂经过不断扩充及内部整理,堂内设备和环境等大为改进,内部分设人工哺乳部、人乳部、病婴部、残废部等机构,救助规模和救助范围进一步完善和扩大。"以接婴一事而言,亦迥异昔日。全堂收养婴孩一百余人,最大者七八个月,最小者为初生。全堂职员及医生共十三人,乳娘三十余人。"④表3-1和表3-2列举了部分慈善组织的调查情况。

虽然在民国时期,部分善堂组织也有遭受兵灾战乱等原因而被损毁的,但事后大多都得以重建,并继续开展灾后救助、济贫施赈、育婴恤嫠等慈善活动。如太仓城区的育婴堂原有东北南三处,1937年日军攻陷太仓,育婴堂因遭受兵祸而被焚毁。兵灾过后,育婴堂由太仓县寓居上海的士绅唐蔚芝捐资并主持复建,重建后的育婴堂,"经费全恃田产,约八百亩,收养婴孩一百余名,堂内有生病者留养,设司事一人负责管理,雇佣乳妇二名,保姆二名"⑤。

---

① 《准吴县改组救济院:另组款产管理处》,《江苏省政府公报》1930年第508期,第12页。

② 苏州市地方志编纂委员会:《苏州市志》(第三册),江苏人民出版社1995年版,第478页。

③ 苏州市地方志编纂委员会:《苏州市志》(第三册),江苏人民出版社1995年版,第484页。

④ 《记育婴堂之近况(附照片)》,《苏州明报》(落成纪念国庆增刊)1935年特刊,第24-25页。

⑤ 《东郊育婴堂近状》,《太仓新报》1942年10月1日,第2版。

表 3-1　吴县各区慈善救济事业调查

所属机构	名称	所在地点	主持人	办理概况	组织结构	经费来源	经费支出办法
吴县第一区公所	师仁堂	浒关镇	沈应榴（已故）丁南洲	不详	不详	该堂内有田二百余亩，每年所收租粮银米，专发孤除金济老	不详
县府立案，不直属于任何机关	一善堂	浒关镇	由区长聘请地方公正人士组织正副保管委员会共同主持一切	该堂前由韩姓人士主持，区公所成立后，地方人士均欲收归区有，故一再将该堂钱财及堂屋尽行去岁交出，惟田亩等尚未交出	尚未交代清楚	该堂前由热心公益者捐田数百亩，专做浒关一切慈善救济事业	不详
	保婴局	木渎镇	严康伯	本局催乳佣一人，凡有婴该送局，即交该乳佣暂时保管，随送苏市育婴堂养育	设有主任一人	由私人捐助	除雇用乳母添置婴衣外，并无其他开支
吴县第二区公所	时疫医院、恤嫠会、牛痘局	木渎镇	区长柳起东	时疫医院每年夏秋季举办，聘请医生四员。恤嫠费每月十六日拨发，由嫠妇亲来自领取。牛痘局每届春秋两季举行施种，聘有医生四员，分任布种	不详	由区公所事业费内支拨，不足之数，再由当地筹集	时疫医院年计约支出人百元。恤嫠年计支出约二百四十元。布种牛痘年计支出约一百元
县政府	一仁善堂	光镇浙下淹滩	冯心支申子佩	办理施送医药棺衣，掩理棺木等项，成绩尚佳	计设正副堂董两人，人事委员五人	由故绅冯桂芬募捐设立，经费由田产收入开支，全年约三千元左右	以十分之三为本堂经营费。以十分之五为慈善费。以十分之二为公益费

续表

所属机构	名称	所在地点	主持人	办理概况	组织结构	经费来源	经费支出办法
县政府	接婴局	光福镇南街	潘家馥	向为接收婴孩,并代育的慈善机关。但现已无形停顿,其局舍亦出租为民宅矣	不详	由开办者劝募募集	不详
吴县政府	吴县第四区公所	望亭镇	吴尔昌	慈善事业如施衣、施棺、施药、掩埋、周给难民口粮等,由区公所向当地绅商劝募经费,酌量办理	归区公所第二股办理	当地募集	视需要之程度及募集之数量酌量支配
第五区公所	集善堂	横泾镇	区公所	办理掩埋事宜,冬日施粥	由区公所兼理,并雇役看守之	有田三十余亩为基本产业,每年约三百元	大部分均用为事业费
系三店专办、无直属机关	代赈会	横泾镇	慎昌、盛茂,同丰三店轮流主持	专施棺木	轮流担任职务	由私人捐助,经费无定额	不详
独立主持	广慧堂	吴县第六区陆墓市中桥	采用委员值年制,由镇上公正人士负全责	寄存棺柩,附代赈会,以施棺木	委员制	以寄放棺柩费为收入,全年无几十元之谱	经费收入开支,因无巨款收入,又无不动产生息收租
	三官堂	吴县第六区蠡口镇南市	周叔臣	寄存棺柩,有时施医给药	无组织	全赖寄柩收入,无他项捐输来源,为数极微	所收经费逐年存储,遇天灾人祸时以备不时之需

续表

所属机构	名称	所在地点	主持人	办理概况	组织结构	经费来源	经费支出办法
	心善堂北堂/心善堂南堂	陆巷镇 太平桥镇	张福种 施兆麟 王佐基	两善堂每年收入除完租外，专办敷埋暴露，代葬浮厝，整理义冢，修葺殡舍，施字，施药，修材等事项。北堂主任承继父职，曾于民国十五年置施民房四间（价洋一百四十元），作扩充殡舍。乃去岁歇收，尚亏少洋百余元。南堂则房屋坍塌，故王主任接收字费九百元。主施王十五年次间更。上年逢岁顿大加修葺整顿。计费洋九百八十四元。故除三年收入数亦弥补之。俟下年人数亦洋二百七十元，再王主任接充公举其任接充	时建于清乾隆年间。由□□□□□私人捐助房地。田产后雇籍土工办理寄柩掩埋借字等事。太平桥系□分堂。主持人称曰善堂董事。自治成立，收隶属市有后，改称主任，今仍之	田息地租寄柩募捐款。北堂每年收入大约洋三百元，南堂每年收入大约洋二百元	分纳粮、催差、收报、掩埋、施衣、施药、代理、借字、施茶、修理，年支约洋四百余元
第七区公所监督	区公所第一股	湘城镇	区长	春季办理种痘，夏秋两季筹办防疫，施医、施药，冬季举行施米、施衣、发给难民口粮、赈济老弱孤贫，常年设佣代赈等事	兹由区公所议决、提交区务会议公决。区务会议公决，举办幼养育贫救灾治病事业	忙漕附税，地方补助。费项下拨用。暂规定洋二百五十二元	种痘年支洋三十元，施衣给米年支洋六十元，施棺代赈年支三十八元，赈济老弱孤贫年支洋八十四元，施药年支四十元
	周恤会	唯亭镇	朱惽之	代赈棺木	司月三人分任代赈事务	由地方热心公益人士捐助，约每年百元	专置棺木
	同善局	唯亭镇	杨怡生	恤嫠	由田业主轮流担任办事	由各业栈认捐，每年约一千元	专事恤嫠

续表

所属机构	名称	所在地点	主持人	办理概况	组织结构	经费来源	经费支出办法
该堂为吴县角直所公有，由吴县昆两区公所监督之	同仁堂	角直镇	李鼎夫	慈善方面：敬节、恤嫠、敬老、收埋、代葬及施衣、施药。公益方面：修桥筑路、开疏河道、举办义塾，补助时疫医院、补助捕蝇经费，并补助地方公益卫生建设事项	现正在改组中	每年田租约计七千余元	慈善救济事业，悉照成案办理。公益方面补助费之多寡，则以收入之多募而定
该局为吴县角直地方公有，现由昆山第七区公所暂为管理	保婴局	角直镇	昆山县第七区角直镇镇长沈梦吉	设立投婴所一处，所内暂为哺养，发现无主婴儿即由所举办免费种痘，计春秋两季。专以保全婴孩之康宁为目的	与同仁堂将同时改组之	田租收入每年约计四百余元	补助各种救济事业
由同志代赈两区公所监督之	同志代赈会		毛贞金	施舍棺木	私人集合	随时向各会员募集	共同分担
	帆影山庄	黄埭镇东市	钱保黎	寄柩，掩埋暴露棺木	由地方公正人士组织之	寄柩费	不详
由该山庄组织委员会管理之	吴县第十四区公所	郭巷镇	袁树风	本区别无慈善救济机关，如施医给药、施种牛痘、施送痧药水、施衣、施棺、施米、养老、恤孤、恤嫠等以及修桥铺路种种慈善救济事均由区公所办理之		区事业费本年度只有三百元，由县政府拨发	经济有限，只能视经重缓急以定支配方法

续表

所属机构	名称	所在地点	主持人	办理概况	组织结构	经费来源	经费支出办法
昊县公款公产管理处	仁济堂	徐韩乡之徐庄	汪克成	寄柩，曾于民国十六年份冬季办过施粥一次	设主管员一人。由直属机关委任。助理一人。堂役一人。	仁济堂有田一百十四亩，不足则由直属机关补助	全年支出六百三十六元
不详	桑敬(浙绍)堂桑敬堂	横塘镇	董南山蒋玉簪王秉忠	每年施材及停柩等事	清乾隆年间由浙绍旅苏同乡各业集资创办	丙舍百余楹因浙绍乡棺椁一时不能回乡暂行寄柩收费至廉即寄寓属乡棺椁亦一律办理。如每年收入不敷由绍乡同乡旅苏临时捐助之	每年约收寄柩费洋五六百元，除司事工薪膳工食兼办并修葺丙舍暴露施材掩埋每年冬季送归故乡将乡绍属各等事业
不详	惠梓(浙宁)堂惠梓堂	横塘镇	刘正康	每年办理施材及停柩等事	清乾隆年间由浙宁旅苏同乡各业集资创办	丙舍百余楹同乡棺椁一时不能回乡寄存收费至廉即非宁属棺椁亦一律办理。如每年收入不敷由宁乡人旅苏同乡临时捐助之	每年收寄柩费洋四五百元，除司事工薪口工食兼外并修葺丙舍暴露施材掩埋每年冬季间将宁属各柩送归故乡将乡绍属各等事业
东山旅沪同乡会三善堂	东仁堂体仁堂	东前山乡俞家湖东后山乡杨湾	司事翁利天司事吴季康	施棺，掩埋，养老，育幼，恤嫠，济贫等事	由三善堂委派司事各一人分别管理全堂事务	由旅沪三善堂发给，数目不一定	不详

续表

所属机构	名称	所在地点	主持人	办理概况	组织结构	经费来源	经费支出办法
不详	善济堂	香山乡后塘桥	暂由区长冯秋农兼任	以留婴施恤釐、施棺施药、掩埋暴露、收殓毙路及修葺街岸桥梁为任务；自民国五年改组开办迄今留婴达千四百余名，每名每月给米一斗二升，其他施棺施药以及掩埋尸骸及修葺街岸桥梁等项亦复多所兴办，全区声誉鹊然，成绩斐然	堂董一人，代表及主持会堂事务。各誉堂董，督查全堂堂务并稽查出纳账目。佐理员无定额，担任调查报告及襄理堂务事宜。司事一人，秉承堂董指挥、掌管收支银钱、管理田租、监察土工、稽查□□调查报告等事宜	以堂产田租全部收入（年约一千三百元），拨充经费	行政费百分之二十；留婴百分之八；恤釐百分之四十；施药百分之五；施棺百分之四；掩埋暴露百分之一；收殓路毙百分之一；修葺街岸桥梁百分之五；完粮百分之十六

资料来源：乔增祥：《吴县》，吴县政府社会调查处1930年编印，第579—589页。

表 3-2　民国时期苏州地区各类慈善救济机关组织概况

所在地	名称	种类	性质	成立时期	经费		现时救济人数		备考
					钱	物	留住	非留住	
吴县	师仁堂	养老	公办	同治年间		田 211 亩	40 人		均系嫠妇
吴县	保节局	其他	私办	光绪二十一年	不明		41 人		
吴县	接婴局	保婴	私办	光绪二十八年	450 元		6 人		
市区	妇女救济所	其他	官办	民国四年	530 元		41 人		
市区	游民习艺所	习艺	官办	宣统三年	507 元		23 人		
市区	清节堂	其他	公办	嘉庆十七年	不明		79 人	80 人	
市区	第一医院	施医	官办	民国十七年	650 元				
市区	诚意施医局	施医	私办	民国八年	不明		7 人		
市区	积善局	丧葬	私办	光绪二十年	不明		10 人		
市区	毓元保婴局	育婴	公办	同治九年	募捐				
苏州市	游民乞丐习艺所	习艺	公办	民国十二年	商人筹集		120 人		
苏州市	苦儿院	孤儿	公办	民国二年	不明		96 人		
市区	半济粥厂	济贫	公办	民国十七年	募捐				
市区	半济粥厂	济贫	公办	民国十六年	募捐				
市区	半济粥厂	济贫	公办	民国八年	募捐				
市区	乐济堂	养老	公办	民国十三年	不明				
市区	位育堂	养老育婴	公办	光绪十三年	不明				
市区	格诚善堂	丧葬	公办	民国六年	不明				
市区	积公堂	丧葬	公办	乾隆初年	不明				
市区	诚善堂	丧葬	公办	乾隆初年	不明				
市区	恒善又新堂	丧葬	公办	同治三年	不明				
市区	种善局	孤儿	公办	咸丰九年	不明				
市区	大云局	其他	公办	光绪二十一年	不明				
市区	周急局	济贫	公办	光绪三年	不明				
市区	同善堂	丧葬	公办	光绪十四年	不明				
市区	好善堂	养老	公办	光绪十八年	不明				
市区	蓺溪仁济堂	养老残疾	公办	咸丰七年	不明				
市区	体仁局	丧葬	公办	光绪年间	不明				

续表

所在地	名称	种类	性质	成立时期	经费		现时救济人数		备考
					钱	物	留住	非留住	
市区	五亩园	丧葬	公办	光绪年间	不明				
市区	苏城隐贫会	济贫	公办	民国十五年	不明				
昆山县	救济院	养老孤儿	公办	民国十七年	20000 元				
昆山县	养老兼残废所	养老残疾	公办	民国十七年			40 人		
昆山县	育婴所	育婴	公办	民国十七年					
昆山县	孤儿所	孤儿	公办	民国十七年			44 人		
昆山县	贷款所	贷款	公办	民国十七年					
昆山县	妇孺留养所	孤儿	公办	民国十七年			13 人		
昆山县	栖流所	其他	公办	民国十三年	450 元				
昆山县	从善堂	丧葬	公办	道光年间	2000 元				
昆山县	救济院		公办	嘉庆年间	1000 元				设施医掩埋孤儿三所
昆山县	救济院	丧葬施医	公办	同治年间	300 元				
昆山县	广善堂	济贫	公办	嘉庆年间	500 元				

资料来源:《江苏省吴县等四十县市救济机关组织概况》续,《内政公报》1931 年第 4 卷第 18 期;《江苏省吴县等四十县市救济机关组织概况》续,《内政公报》1931 年第 4 卷第 20 期。

从表 3-1 和表 3-2,我们可以看出,苏州地区的各类慈善救济团体为数众多,广泛分布于城乡之间,据统计,"其中在城慈善团体 62 个,设立在乡镇的有 31 个;实施赈济的范围和对象也非常广泛,而主要内容以救灾、济贫、恤孤、施棺掩埋等为主"①。慈善团体以苏州本地社会人士或团体创办为主,兼有外来商人和团体建立,如东山旅沪同乡会和浙绍旅苏同乡会创办的存仁堂、体仁堂和桑敬堂等。数量众多的慈善团体大部分为私立,不受政府部门管辖,但接受政府的监督,采取官督民办的模式,"谓慈善事业,须切实登记,经费办法与干事人员,须详举罗列,并由市府派员监

---

① 王卫平:《明清时期江南城市史研究:以苏州为中心》,人民出版社 1999 年版,第 287-288 页。

督，以免流弊"①。慈善组织的经费来源以堂产田租、会员募集、业栈认捐、热心公益人士和地方士绅捐助等为主，这种以救灾济贫为主要目的的慈善组织，"不再由政府主办，而是由地方社会精英所推动"②。另外，个别慈善团体的经费甚至由政府拨发，如隶属于第二区公所的木渎镇时疫医院、恤嫠会和牛痘局，经费来源即由区公所事业费内开支，不足之数再由当地筹集。③ 而在一些没有设立慈善组织的市镇，慈善经费和救助活动则由政府拨发及办理，如郭巷镇所有的施医、给药、施种牛痘、施送痧药水、施衣、施棺、施米、养老、恤孤、恤嫠、修桥铺路等慈善事业均由区公所代办，经费也直接由县政府财政拨给。④ 此外，一些慈善团体也接受同乡绅衿、商贾、普通百姓的捐助，虽然所捐善款数额不多，但积铢累寸，集腋成裘。同时，大部分慈善团体设有完善的组织机构，从事平时的日常管理工作，从而保证慈善活动的正常开展。

由此可见，民国时期遍布苏州城乡的为数众多的慈善组织力倡善行义举，时疫蔓延时散送处方，水旱灾害发生后施粮放款，灾民因故死亡后设棺收容尸体。通过开展施医给药、施粥送衣、留婴恤嫠等多种赈灾济贫形式，拯救了部分灾民的生命，弘扬了社会公德，维护了苏州地方社会的稳定，丰富和发展了苏州地区的民间慈善事业。对于苏州地区民间慈善事业的开办情况，1933年4月，苏州振华女校高中二三年级学生范徇、胡重瑛、沈雨农、李秉贞参观完位于公园路的感化习艺所后有感而发："中国的公共事业有多少？ 说出来实在是很羞耻的。苏州呢？ 慈善事业方面，在比较上还不能算不好，我们现在可以稍些讨论一些。"⑤这一定程度上说明民国时期苏州地区慈善事业的开办情况相较于全国其他地区而言即使说不上名列前茅、首屈一指，但在开办数量和效果上还是取得一定成绩的。

二、民间慈善组织的赈灾活动

一方面，晚清以来，中国面临内忧外患的困局，加上络绎不绝的国内战争，导致各种社会问题多如牛毛，层出不穷。如果再遭遇自然灾害的侵

---

① 《施粥不捐之我闻》，《苏州钢报》1929年12月22日，第3版。
② 梁其姿：《施善与教化——明清的慈善组织》，河北教育出版社2001年版，第77页。
③ 乔增祥：《吴县》，吴县政府社会调查处1930年编印，第579页。
④ 乔增祥：《吴县》，吴县政府社会调查处1930年编印，第583页。
⑤ 范徇、胡重瑛、沈雨农等：《参观感化习艺所后》，《苏州振华女学校刊》1933年4月刊，第10页。

扰,普通民众的生活更是陷入困苦不堪的境地,而国家财政日渐短绌,政府无力顾及各地民众的困顿生活。政府救助不力或者不作为,大量的灾后善后救济工作便转由民间慈善组织来完成。民间慈善团体借此获取参与灾后救济的存在空间和正当性。"民国时期,社会救济多由地方慈善团体举办,善举项目有发救济款、施粥、施衣、施药、施棺、平粜、借本等。"①

　　另一方面,晚清时期,地方社会力量不断发展壮大,而国家则因财力有限,开始让渡地方公共事务管理的部分权力,政府对社会救济的主导地位逐渐削弱。与此同时,民间慈善组织的重要性渐趋增强,对受灾民众的救助活动逐步转向依靠民间社会,社会救济的主体开始发生转变。"至民国成立后,各地养老、恤贫、施医、贷本等地方慈善组织风气所尚,多循前规。"②自然灾害发生后,如果受灾区域面积较大,而政府又无力对所有受灾地区进行有效赈济,这时,各地的慈善组织适时开展救助活动,对灾民进行救济,就起到了辅助政府救灾、弥补国家赈灾力量缺乏的作用。清光绪二年(1876),江苏北部地区发生饥荒,上海民间慈善组织发起人著名绅商李金镛首倡义举,与浙绅胡光墉等筹集十余万元赈款,前往灾区赈济。另一位上海著名绅商经元善,面对严重的灾情,联合多名上海绅商于光绪二年(1876)建立上海协赈公所,开展大范围的义赈救灾活动。此后,苏州和杭州等地的协赈公所也次第成立,广泛开展慈善救助活动,晚清慈善组织开展的义赈活动"开千古未有之风气"。对于明清时期的善堂林立到近代以来民间慈善团体开展的各种义赈活动兴盛的原因,李文海认为有三个方面:一是清政府财政状况日益窘迫;二是封建政治的日趋腐败,官赈中的弊端愈来愈明显和严重;三是洋务企业家和洋务企业等新兴社会力量和社会组织的不断出现。③

　　民国年间,随着政府救济能力的衰减,民间慈善组织发展极为迅速,成为中国慈善事业发展的基本力量。④ 民间慈善组织数量最多、慈善风气最为盛行、救助活动最为活跃、成绩最为显著的地方,则首推东南的江浙两省,"吴地许多人,不仅终生行善,且还教育子孙,遂使慈善世代相传

---

① 苏州市地方志编纂委员会:《苏州市志》(第三册),江苏人民出版社 1995 年版,第 473 页。

② 王龙章:《中国历代灾况与振济政策》,独立出版社 1942 年印行,第 32 页。

③ 李文海:《晚清义赈的兴起与发展》,《清史研究》1993 年第 3 期,第 33 页。

④ 王仲:《民国苏州商会研究(1927—1936 年)》,上海人民出版社 2015 年版,第 163 页。

成为家风"①。而苏州地区自古以来慈善事业发达，民间慈善团体为数众多，"吴地慈善风气延绵千年，流芳百世，究其渊源，非灾年救荒的权宜之策，也非少数人沽名钓誉所为，而实在是淳厚朴实的世风人情和众心归善的传统道德的自然流露，旧时，古城大街小巷就有许多这样的善堂义局"②。19世纪50年代，席卷江南地区的太平天国运动对苏州的社会和经济发展造成严重冲击，太平军和清军在苏州一带展开拉锯战，导致土地大面积荒芜，人员死伤无数，社会秩序混乱，慈善活动也受到影响。战后，时人描述："甚矣，吾苏好善者之多也。吾苏全盛时，城内外善堂可偻指数者，不下数十。生有养，死有葬，老者、废疾者、孤寡者、婴者，部分类叙，日饩月给，旁逮惜字、义塾、放生之属，靡弗周也。"③

　　战后，随着社会秩序的恢复和经济生产的发展，各类民间慈善团体相继重建，并继续从事各种慈善救助活动。如创建于道光年间的苏州轮香局，位于吴县西大营门内，自成立起就从事办理各种善举，"兵燹后，屋宇半倾，经费尤绌。好善之士悯其弗继也，乃白诸官，益募赀，设法请先举惜字、义塾、施棺、代赈、代葬诸事"④。此外，战后灾后救助活动也进入快速发展期，"各种社会救济与慈善机构的重建，从而在江南地区出现了慈善事业的复兴局面"⑤。这一时期，各类慈善组织不仅在数量上大为增加，规模上进一步扩大，而且在社会救助事业上也呈现出一些新的特征。"在救济机构方面，具有多元救济功能的综合性善堂发展速度较快，数量增加，大有取代单一功能善堂的趋势。"⑥

　　如果说施衣、施米、施粥等属于消极的、治标的慈善救助活动，那么让灾民、贫民学会自救和自立则属于积极的、治本的慈善事业，两者对于社会救助均不可或缺。而在积极、治本的具体办法方面，如设立平民工厂，

---

①　徐刚毅：《再读苏州》，广陵书社2003年版，第149页。

②　徐刚毅：《再读苏州》，广陵书社2003年版，第149页。

③　王国平、唐力行：《明清以来苏州社会史碑刻集》，苏州大学出版社1998年版，第368页。

④　王国平、唐力行：《明清以来苏州社会史碑刻集》，苏州大学出版社1998年版，第368页。

⑤　王卫平：《清代江南市镇慈善事业》，《史林》1999年第1期，第46页。

⑥　中国台湾学者梁其姿对清代以来2600余种地方文献进行了研究和统计，发现1850年后，各地综合性善堂数量的增加速度，除清节堂外，远远超过其他单一功能善堂。参见梁其姿：《施善与教化——明清的慈善组织》，河北教育出版社2001年版。

向平民传授技艺;设立小范围的贷款所,向贫民贷款,使其可作小本营业;设立残疾孤老院,给予失去谋生能力的人以救济;设立平民医院,使平民在患病时能够得到帮助等。从表 3-3 可知,民国时期苏州地区各类贫儿院、习艺所、平民医院和养老院等慈善机构,广泛救助失业流落者、残疾者、无技能生活者等游民乞丐和孤苦残疾婴孩群体,并开展各种技艺培训和资金贷款支持,在救助面和救助数量上从不彻底的、"治标"的慈善救助向积极的、彻底的、"治本"的慈善活动转变,慈善救助活动呈现出组织多样化和方式多元性的表征。

表 3-3　民国时期苏州慈善事业概况

慈善机构	救济条件	需救济者
负贩团贷款所	因乏资本而流落者	游民乞丐
	有自活力而乏资本者	生计不足而失业者
	有工商能力者	被迫妇女
平民学校	智能不足者	被迫妇女
		生计不足而失业者
		游民乞丐
盲哑残废学校	残疾者	游民乞丐
	残疾而尚堪造就者	孤苦残疾婴孩
贫儿院	已到学龄者	孤苦残疾婴孩
平民工厂	有相当技能者	被迫妇女
习艺所	堪习工艺者	游民乞丐
	可做工而无技能者	
感化院	品性恶劣者	游民乞丐
	品性恶劣者(已入学龄)	孤苦残疾婴孩
育婴院	幼稚者	孤苦残疾婴孩
济良所	暂时教养	被迫妇女
养老院	已衰老者	游民乞丐
残废院	已残废不能工作者	
平民医院	受伤带病者	游民乞丐
	有烟癖或疾病者	被迫妇女
	疾病者	孤苦残疾婴孩

资料来源:《慈善事业设施计划图解》,《苏州市政月刊》1929 年第 1 卷第 1 期。

　　此外，每年冬天以及春节过后的 3 月和 4 月这两个月份是贫穷人家一年中最难熬的日子，此时田地中青黄不接，无物可食，如果再遭受水、旱、疫等灾害的打击，那么情况就会变得更加糟糕。因此，每年年前或者年后，苏州地区的一些慈善组织都会直接开展各种慈善救助活动，以帮助贫民渡过难关。如苏州丰备义仓存储的谷米为数甚多，从清代时每年冬季便设局施粥，以救济贫民。民国成立后，曾一度短暂停办。1918 年 11 月，为照顾贫黎，吴县籍江苏省议员孔昭晋等特地函请吴县温知事转饬丰备义仓仓董，重新开办施粥等活动，在苏州城东南西北中五路，设立粥厂惠济贫民。① 苏州城内各半济粥厂的经费历年也均由丰备义仓拨款，"每年由丰备义仓拨钱五千串，作为各该厂固定的款事"②。1920 年 12 月，因当年米珠薪桂，贫民度日维艰且正值隆冬腊月，市民公社社长吴荫玉、苏家秋等特地呈请县署函知丰备义仓提前将开办施粥的经费拨付，以便提前施粥，以惠贫民。③ 苏州临南半济粥厂，"日前特邀集各绅董开会，提议开办事宜。当经诸决，额数仍照上年定为四百名，开厂日期为夏历十一月初五日，厂所仍在旧元和署内，自本月二十七日起"④。除办理施粥外，丰备义仓在灾荒之年也开办平粜活动，1920 年 5 月，苏州丰备义仓绅董吴曾涛函请吴县公署，开办平粜，以济民食。此次平粜仍按照历年办法，分设东南西北阊胥盘五局，大口每日半升，小口减半，每期每户不得逾三升。⑤ 1922 年 3 月，义仓各董事及各城绅在苏州总商会开会，提议举办平粜。最后议决在东南西北四区，阊胥盘为一区，娄齐葑为一区，共六区开办平粜，米价每升在一百文左右。⑥ 此外，中教道义会吴县分会鉴于百物昂贵，一般平民百姓生活骤感窘迫，而多数贫民枵腹忍饥，急需设法救济，也召开筹募委员大会，议决："暂定三百户，如募捐有成绩，再行扩充之……从九月十五日开始，十二月十四日停止，以三个月为限……每人隔日二升，每升五元云。"⑦1942 年 11 月，抗战正酣之际，中教道义会继续开展慈善救助活动，苏州分会和昆山分会鉴于物价高涨，贫民谋生乏术，饔飧

① 《规复粥厂》，《申报》1918 年 11 月 20 日，第 7 版。
② 《半济粥厂请拨经费》，《申报》1918 年 11 月 13 日，第 7 版。
③ 《粥厂行将开办》，《申报》1920 年 12 月 5 日，第 8 版。
④ 《半济粥厂定期开办》，《申报》1920 年 12 月 6 日，第 7 版。
⑤ 《开办平粜之准备》，《申报》1920 年 5 月 18 日，第 7 版。
⑥ 《义仓筹备平粜》，《申报》1922 年 3 月 26 日，第 10 版。
⑦ 《吴县分会举办平卖食米》，《道义月刊》1943 年第 2 期，第 1 版。

不继,故举办施粥活动并筹募棉衣五千件分送贫民御寒,同时还备有施粥券和施衣券,以宏救济。①

隐贫会为苏州地区的慈善组织之一,自然灾害发生后积极开展各种活动对贫民进行救济,发挥了重要作用。苏城隐贫会由阊门内西街的曹菘乔发起成立,该会的成立目的就是专门开展慈善活动,救济受灾贫民,受到时人的广为颂扬。"近曹君以青黄不接,米价高涨,日来特印发平价米票多张,送给各贫民粜食。如每石十五元者,平减至十一元,既免施米之名,实惠贫苦,适符隐贫之义。"②隐贫会日常的经费来源都是靠地方绅商捐助或募集,如1925年秋,为救助上一年在江浙战争中受到影响的贫民,隐贫会决定开办临时平价饭店,其经费就是靠广泛筹募而来,该年共募得经费478元。③除发售平价米票外,隐贫会还通过开办廉价饭店的方式,以惠济贫民。"自开办售饭后,户额陆续扩充,已达六百五十左右。按日炊米三石余,买饭者均鱼贯进出,有条不紊,每日十时半至十二时为发饭时间。"④1929年12月,秋收歉困,加上部分奸商囤积居奇,私运米粮出境,高抬价格,导致平价饭店的饭价与往年相比高出数倍,从而影响贫民就食。曹菘乔经与当地士绅数次商议后,"决在廉价饭之外,登办方便饭券一种,散布于困苦寒贫之辈。其券上印有'凭券可吃一正一添头一素菜,小眼在内,不取分文'等字。持此券者,可在就近任何饭馆,享有餐食一次之权利"⑤。1931年长江流域水灾,苏州地区受灾严重,隐贫会积极运筹,"广征赈件,数颇可观。闻最近该会征到之衣件特多。……闻该会会员仍在广事征募中。苏州明报之鉴年糕四百斤,已由悦采芳专制,送往灾区放赈"⑥。1934年,苏州地区遭受旱灾,苏州隐贫会同样对受灾民众积极给予救助,于5月2日上午,在宝林寺召开会议,活动由士绅张仲仁、曹菘乔、费仲深和吴颖之等发起,最后议定开办平价粜米,目的即为救济苏州城内的贫困机户以及部分失业机器工人,"该项廉价粜米,每担计洋十元,前经派员按户调查,见其确实贫苦者,随即发证,令其于每月逢四九

① 《中教道义会举办十处施粥》,《申报》1942年11月22日,第5版。
② 《邑人发起城隐贫会,专事慈善》,《苏州明报》1927年8月1日,第6版。
③ 《续登甲子秋因战事开办临时平价饭店隐会经募诸君台衔》,《苏城隐贫会旬刊》1925年第1期,第4版,第3页。
④ 《平价饭店之状况》,《苏州青年》1930年第74期,第24页。
⑤ 《隐贫会惠施贫民》,《麦克司光》1929年12月18日,第6版。
⑥ 青青:《隐贫会成为古物陈列所》,《大光明》1931年9月15日,第2版。

两期,从四月初四日起,按户凭票售米,每口五升,平民灾黎,受惠匪浅"①。

　　除了发售平价米票、饭票对灾民直接救助外,隐贫会还通过免利借本的形式对一些无资金营业的小贩进行资助,"从来为善莫要于济贫,济贫莫先于周急。时至今日,米珠薪桂,生活程度,继长增高。小本营生,殊难仰事。本会同人,心窃悯之,再四思维,得一惠而不费之办法。在本会附设免利借本,专维持无资营业小贩。试办以来,成绩昭著"②。隐贫会在具体的放贷对象上条件较为宽泛,只要品行端正、没有不良嗜好的即可申贷,体现出救助受灾民众的普遍性和广泛性,"凡住居本城之贫民,以小本营生缺少资本者,可自觅妥保。系勤俭安分,无嗜好及游荡习气,一经查实,得借给资本"③。而在借款金额上分为甲、乙两种,"甲种自五元起,按元递增至二十元止,每元按日收回二分。乙种自五千文起,按千递增至二十千文,至每钱一千文,按日收回二十文。均自借之日起,按期一缴。以五十日为限满,只将原本收回,不取利息"④。此外,苏州隐贫会不仅救助苏州本地的灾黎,而且对外地灾民也积极赈济。1928年12月,北平天寒地冻,一万二千余灾民嗷嗷待哺,待赈孔殷,苏州隐贫会费树蔚等除筹集三千元汇寄北方以助急赈外,还发起募捐活动,以资赈救受灾民众。⑤1931年夏,扬州遭受水灾,灾民遍地,苏州隐贫会向灾区汇款洋一万八千元,衣裤、被服、食物、干粮共二万八千余件,装货车四辆运往镇江,换轮抵送扬州,实地亲自散放。⑥ 可见,隐贫会的出现扩充了当时慈善事业救济的对象,把救济的目光从传统的鳏寡孤独身上转到社会新问题上——解决失业民众的生活危机。⑦

　　遍布苏州城乡各地的各类习艺所,在灾荒之年也积极参与对贫民、游民及乞丐的社会救济。"解除他们衣食住的困苦。没有衣的,我们做衣给

① 《隐贫会筹款,进行廉价籴米》,《苏州明报》1934年5月3日,第5版。
② 《苏城隐贫会附设免利借本简章》,《苏城隐贫会特刊》1927年5月15日,第1版。
③ 《苏城隐贫会附设免利借本简章》,《苏城隐贫会特刊》1927年5月15日,第1版。
④ 《苏城隐贫会附设免利借本简章》,《苏城隐贫会特刊》1927年5月15日,第1版。
⑤ 《隐贫会募捐济灾官》,《申报》1928年12月28日,第10版。
⑥ 《大批赈款棉衣运扬》,《申报》1931年10月7日,第10版。
⑦ 冯筱才、夏冰:《民初江南慈善组织的新变化:苏城隐贫会研究》,《史学月刊》2003年第1期,第90页。

他穿,没有吃的,我们烧饭给他吃,没有住的,我们把房子给他住"①,为游民习艺所成立的使命之一。位于葑门十梓街的苏州游民习艺所开办的目的就是救助失业民众,免其遭受饥寒交迫之苦,"所教各艺以肥皂、毛巾、洋烛、皮鞋等为大宗。将来若能发达,则游民之生活程度由此高尚"②。设立于苏州旧长洲署前的吴县市乡贫民习艺所,接受各市乡派送贫民入所习艺,供给膳宿,教养兼施。③ 阊门外三六湾游民乞丐习艺所收留各处乞丐,供给衣食住宿,所有经费除了由各商认定月捐外,还以演剧筹款作为开办经费。④ 苏州市民公社长刘正康发起在苏州城外设立的游民乞丐习艺所已开办三年,拥有房舍十二间,且自成立后,颇著成效。但经费不足,收容人数有限,导致在收容乞丐上有城内城外之别。为解决苏州城内乞丐生活问题,苏州市议长陈公孟邀集各市民公社长,于1924年3月15日在元妙观方丈开会,集议开办城内游民乞丐习艺所。⑤ 最后,经与会人员议决,命名为苏州感化院,专以招收当地无业游民及乞丐,由专门人员教授其技艺使其工作,得以手艺糊口,不再沦为游民乞丐。地址设在王废基栖流所原址,经费除劝募外,决定以原有贫民习艺所基地款项挪用。⑥ 1922年12月,旅苏宁波籍巨商刘敬穰等鉴于苏州游民乞丐数量较多,不仅贻害地方社会安定,而且因天寒地冻而病死饿死者人数亦众多。由此,发起联合苏州当地士绅以及苏州警察厅厅长李明达筹募巨款,在苏州阊门外的朱家庄拨借庙宇房屋数十间,组织成立苏州游民乞丐习艺所,"收容游民乞丐入所,教以工艺,俾日后艺成出所,可自谋生计。个人地方,两获其利"⑦。而阊门外三六湾乞丐习艺所,为苏州当地知名士绅经办,"设立之初,收容乞丐,教习工艺。使沿门托钵之流,栖流其中,籍资糊口,而免啼饥号寒于街头路尾,意至善也。该所之经费,向以乞丐捐名目,征取于各商号,月月有着,从未落空"⑧。可见,遍布苏州城乡各地的各类习艺所通过教授游民、乞丐以及一些灾民手工技艺以自谋出路,一方面直接消

① 朱宛邻:《游民习艺所的使命》,《救济月刊》1929年第2期,第19页。

② 悟:《游民习艺所之创办》,《吴门杂志》1911年第2期,第5页。

③ 《派送贫民习艺》,《木铎周刊》1920年2月1日,第1版。

④ 《开办游民乞丐习艺所》,《申报》1922年10月18日,第10版。

⑤ 《会议筹设城内习艺所》,《申报》1924年3月16日,第12版。

⑥ 《一士绅会议筹设感化院详纪》,《申报》1924年3月21日,第10版。

⑦ 《游民乞丐习艺所开办》,《时报》1922年12月26日,第6版。

⑧ 醒梦:《习艺所等诸灵设》,《大光明》1932年1月28日,第2版。

弭了苏州地区的游民乞丐,另一方面也减少了苏州地方社会违法案件的发生,维护了区域社会的安定。

此外,在水旱灾害之后,出现时疫蔓延时,一些慈善组织和团体设立临时时疫医院或以其他形式主动对灾民进行救济并免费施医送药。民国时期,苏州地方政府当局并无专设防疫机构,更没有预备专项防疫经费。1919年,苏州地区时疫流行,一些社会热心人士和医务界、民间团体筹组建立临时时疫医院组织,以取代旧时的善堂,为灾民免费义诊。经费来源以地方士绅和商界募捐为主,或者由红十字会少量资助。1926年8月7日,仅华岩寺时疫医院一天的门诊人数即一百余号,确诊真性霍乱者四十二人,12日门诊九十余人,确诊真性霍乱者十余人。① 1924年6月,胥门外南濠街济生分会,以暑气行将逼人,特设立施医处一所,贫病者医药兼施,嘉惠贫民。② 1926年10月,吴江盛泽发生风灾,损失惨重。苏州士绅费仲深和济生会副会长袁孝谷在风灾善后会发给恤金,对受灾民众进行救助。"以家境及被灾之不同,定发给之多少。自五元至八十元不等,共计三十余户。闻此次本携款一千五百元来盛。嗣因悉南麻风灾,损失亦颇不少,并压毙四人。故抽拨赈款三百元,实带一千二百元,当日发完。"③吴江城区红十字会为灾民免费施送医药将近一个月,施送号数,达到六百余号。④ 次年7月,鉴于城区贫民生计益蹙,吴江红十字分会会员吴铭岡、费仲篪、王岳麓、吴纪言等捐募款项,购办食米,进行散赈,以济贫民。⑤ 1934年7月,气候亢旱,时疫蠢动,为防患未然,金闾普益社向上海卫生局购来大批霍乱伤寒混合预防针苗,并请妇孺医院许珍圭医生免费为市民注射。⑥ 中教道义会吴县分会,有鉴于贫民一旦罹患疾病,将无力延医,情堪悯恻,于1943年6月,开办免费施诊给药,由苏州名医逐日义务应诊,所有药材丸散,雇用专门人员向药行采办后加以配制,免费赠送病家,每天前往求治索药者甚多,统计四个月内,"各科施诊人数为内科

① 虞立安:《民国时期苏州时疫医院演变概况》,载政协江苏省苏州市委员会文史资料研究委员会:《文史资料选辑》(第十一辑),内部发行,1983年,第177页。

② 《济生分会举行慈善事业》,《申报》1924年6月13日,第11版。

③ 《救灾消息》,《吴江》1926年10月3日,第4版。

④ 《江城红分会注意时疫》,《吴江》1926年9月5日,第3版。

⑤ 《周济贫民》,《吴江》1927年3月20日,第3版。

⑥ 《普益社免费射防疫针》,《吴县日报》1934年7月13日,第5版。

588 人,女科 464 人,幼科 355 人,外科 188 人"①。昆山分会考虑到医药昂贵,非一般贫病交迫者所能胜任,特地致函昆山国医公会,请求协助,同时召开理监事联席会,议决办法"由本会填具送诊券,病者持券至该会会员处诊治,诊金一概免收"②,会后分别函达所属各会员查照办理。

民间慈善组织开展的救助活动与官方的救助活动相比优点明显。首先,这些慈善组织一般都设立在城区各处以及各市镇乡村中,受灾民众不需要长途跋涉,可以选择到离自己最近的地方领取救灾物资。此外,慈善救助活动的安排和开展由慈善组织具体决定,不受官方影响,也不需要政府审批,救灾物品直接发放到灾民手中,避免了官赈中一些贪污腐败现象的发生,起到救急的作用。"民间的救灾活动,则以其快捷灵活、因地制宜的特点,弥补了国家救灾程序繁琐、动作迟缓的不足。"③

另外,民国时期,苏州地区的慈善组织出现网络扩大化和救助方式多元化的变化,"相对于全国其他地区而言,苏州的慈善事业就其主持者及其慈善团体的类型来说,呈现出更为复杂的情况,既有官方主持的,又有地方社会(即以士绅为主体的地方有力者)主持的——其中一部分并得到官方的指导或支助,还有工商业者主持的,从而表现出鲜明的地方特点"④。这一定程度上缓解了灾民和贫民的生活困难,稳定了社会秩序,缓和了社会矛盾,"延缓了可能因利益冲突而引致的社会动荡,既存的社会秩序也因而受到一定的维护"⑤。由此观之,"地方社会力量是地方社会事务中一支非常活跃的力量,说其活跃,不仅是指其承担了大量的工作,还因为它能对地方社会问题和变化做出必要而能动的反应"⑥。更进一步说,民国时期慈善组织和团体所开展的慈善事业发挥着沟通国家和地方社会的作用,成为推动社会变迁至关重要的一支力量。

---

① 《吴县分会举办平价籴米》,《道义月刊》1943 年第 2 期,第 1 版。
② 《昆山国医公会协助昆山分会送诊》,《道义月刊》1943 年第 2 期,第 1 版。
③ 陈桦、刘宗志:《救灾与济贫:中国封建时代的社会救助活动(1750—1911)》,中国人民大学出版社 2005 年版,第 30 页。
④ 王卫平:《明清时期江南城市史研究:以苏州为中心》,人民出版社 1999 年版,第 275 页。
⑤ 梁其姿:《施善与教化——明清的慈善组织》,河北教育出版社 2001 年版,第 311 页。
⑥ 余新忠:《清代江南的瘟疫与社会:一项医疗社会史的研究》,中国人民大学出版社 2003 年版,第 218 页。

第二节　多元化灾荒赈济力量的聚合

在中国传统的中央集权体制下,作为权力实体的国家掌控绝大多数的社会资源并对地方社会严格管理和控制,与此同时,国家在社会生活层面也承担主要的社会责任,尤其是在灾荒之年对灾民的赈济和灾后地方社会重建以及经济的恢复发展上,更是起到中流砥柱的作用。但是在以集权财政为特征的国家救助体系中,政府财政状况将会直接影响到自然灾害的救助规模和救助成效。如果"地方政府衰败无能,国家经济状况削弱空虚,当饥荒来临时政府将让位于乡绅和有产者(或者说,是转嫁负担)"[1]。近代以来,随着国势的日渐衰微,加之大量的战争赔款造成政府财政愈益匮乏,在自然灾害救助方面,国家缺少富有成效的方案,财力和物力上也表现出心余力绌。与之相反,一些地方组织和社会力量在公共事务中所起的作用愈加明显,有效弥补了政府力量的不足,在救灾济贫、慈善义举以及维护地方社会稳定上发挥重要影响,"政府在控制饥荒方面力量微薄,而处于支配地位的是民间干预,政府至多起着监督和鼓励作用"[2]。

一、血缘组织灾赈功能的延续

中国传统的乡村社会是以宗族血缘关系为纽带而构建的,"在传统社会,宗族对社会生活的控制是十分严密的。以血缘关系为纽带,以封建宗法关系为准则,以大家族心态为基础,形成了人们社会生活的单一模式"[3]。作为传统社会的基层实体性组织,宗族组织的功能主要表现为,一方面对本宗族成员管理和约制,另一方面承担在灾荒之年时对本宗族成员积极救助的责任。"尽管宗族并不是一明确的合作集团,但人们告急

---

① ［法］魏丕信：《十八世纪中国的官僚制度与荒政》,徐建青译,江苏人民出版社 2003 年版,第 86 页。

② ［法］魏丕信：《十八世纪中国的官僚制度与荒政》,徐建青译,江苏人民出版社 2003 年版,第 110 页。

③ 王笛：《跨出封闭的世界——长江上游区域社会研究(1644—1911)》,中华书局 2001 年版,第 527 页。

之时往往先求助于同族成员。"①宗族救济作为基层社会中一支不可忽视的重要力量,灾荒之年通过同族的"守望互助""同族相恤",能有效缓解社会经济衰退带来的乡村贫困,降低突发自然灾害对乡村民众造成的冲击。"以社区为中心的慈善事业和宗族面向族内贫困人员所实行的社会救济。国家政权、民间社会和宗族在实行社会保障、救助社会弱势人群方面进行互动,形成合力,织就了笼罩城乡的社会保障网络,促进了传统社会保障体系的发展。"②

在中国乡村社会,以宗族为代表的血缘团体具有重要地位。传统社会生产力相对落后,自然灾害发生后,在国家的救灾物资没有及时深入乡村社会时,"人们往往投奔其亲戚所在的村庄"③。受灾民众通常会根据自身的情况向宗族中的亲戚寻求帮助,受灾情况较轻的还会主动对受灾严重的同族进行资助,同族之间守望相助。"灾民首先求助的人往往是自己的亲戚。亲属体系作为一种非正式的信用合作形式发挥了作用。"④晚清至民国时期,这种体系的存在尤为重要,"在江南农村中,凡是较大型的村落,总有一些颇具实力的家族。宗族力量在社区赈济中所发挥的作用不容忽视"⑤。灾荒之年宗族组织对同族族人的救济对国家救济力量顾及不到的偏远地区而言异常重要,亲戚关系"往往将普通人家与更有权威和正式的宗族以及行政组织联系起来,使他们更易接近乡村社会中的各种资源"⑥。

"宗族保障系统是以义庄为物质基础的"⑦,其救助对象是贫困的族人,而宗族组织对同族中鳏寡孤独族人的救助是通过义庄和义田来完成

---

① [美]杜赞奇:《文化、权力与国家:1900—1942年的华北农村》,王福明译,江苏人民出版社2003年版,第67页。

② 王卫平、黄鸿山:《中国古代传统社会保障与慈善事业:以明清时期为重点的考察》,群言出版社2004年版,第9页。

③ [美]杜赞奇:《文化、权力与国家:1900—1942年的华北农村》,王福明译,江苏人民出版社2003年版,第15页。

④ [英]陈学仁:《龙王之怒:1931年长江水灾》,耿金译,上海人民出版社2023年版,第263页。

⑤ 吴滔:《清代江南社区赈济与地方社会》,载复旦大学历史地理研究中心:《自然灾害与中国社会历史结构》,复旦大学出版社2001年版,第287页。

⑥ [美]杜赞奇:《文化、权力与国家:1900—1942年的华北农村》,王福明译,江苏人民出版社2003年版,第15页。

⑦ 唐力行:《明清以来徽州区域社会经济研究》,安徽大学出版社1999年版,第253页。

的。江南地区的义庄为数众多,据冯尔康统计,"仅江南苏州、松江、常州三府就多达二百家"①。而一些世家大族大多拥有数量可观的义田、义庄或族田,"在江南,族有田产底发达,构成一种特色。常熟、吴县、无锡、昆山等县底族产都在十万亩上下"②。这些族产的功能,主要是承担宗族祭祀开支,教养族中子弟,救助族中孤贫族人,"救济帮助同宗同族是宗族组织救助活动的最主要目的,也是义庄、义田所遵循的最基本原则"③。潘光旦、金慰天在"土改"时对江南地区的宗族义庄调查发现,苏南地区吴县、常熟两县义庄较多,吴县有 64 家,常熟有 88 家,其他各县除无锡、武进外,义庄都不多见。④ 在江浙一带,"义庄"和"祠堂"等氏族仓库和祭祀的组织也拥有很多田产,在江苏南部氏族田产至少占 5%—10%。⑤ 数量众多的义庄田产使江南乡村社会在面对和抵御自然灾害上拥有自身优势,在赈灾物资上无需过度依赖各级政府的救助。

　　苏州是义庄和义田的发源地,中国国内最早的义庄为北宋时范仲淹在苏州建立的范氏义庄。至清代时,苏州的义庄和义田数量已相当可观,"在清末,苏州实有的义庄数量当在 200 个之多,苏州义田亩数有可能达 17 万亩。义庄的增设具有明显的阶段性,乾隆年间兴起第一个高峰,道光时趋于兴盛,太平天国战争以后达到最高峰,并以迅猛的速度发展"⑥。义庄最主要的工作是管理族内田产,每年收获之季负责征收田租并且存储公粮,自然灾害发生后负责向族内受灾族人发放米粮,如传德义庄规条规定:"每年收入田租,应提出百分之十五,以备荒年不足之需"⑦。后来,随着宗族组织规模的不断发展,族内互助救济的功能也得到加强,义庄建置进一步完善。济阳义庄规定:"义庄原为族之贫乏无依而设,凡鳏寡孤

① 冯尔康:《清代宗族制的特点》,《社会科学战线》1990 年第 3 期,第 179 页。
② 汪浩、廖逢春、谢敏道等:《江苏农村调查》(一九三四年),载陈翰笙、薛暮桥、冯和法:《解放前的中国农村》(第三辑),中国展望出版社 1989 年版,第 179 页。
③ 陈桦、刘宗志:《救灾与济贫:中国封建时代的社会救助活动(1750—1911)》,中国人民大学出版社 2005 年版,第 262 页。
④ 苏南人民行政公署土地改革委员会:《我所见到的苏南土地改革运动》,苏南新华印刷厂 1951 年版,第 49-51 页。
⑤ 钱俊瑞:《中国本部两大区域的土地关系(一九三三年八月)》,载陈翰笙、薛暮桥、冯和法:《解放前的中国农村》(第二辑),中国展望出版社 1986 年版,第 167 页。
⑥ 范金民:《清代苏州宗族义田的发展》,《中国史研究》1995 年第 3 期,第 57 页。
⑦ 王国平、唐力行:《明清以来苏州社会史碑刻集》,苏州大学出版社 1998 年版,第 273 页。

独废疾,皆所宜矜。间有贫老无依,不能自养者,无论男女,自五十一岁为始……每日给米五合。族之贫乏无依,三十岁以内苦志守节者,日给米七合。……族中病故无力成殓者贴钱八千等。"[1]传德义庄也规定:"义田岁收租息,除完赋、祭扫、庄祠修葺等用外,余悉以赡恤族中孤寡贫乏,其子弟之无力就学者量予补助学费。"[2]作为一族之长的庄主,在灾荒出现后会安排人员把义庄和义田中的钱粮发放给受灾的族人,以帮助他们渡过难关。如常熟邹氏义庄,"每遇岁歉,慨然出资捐赈,设厂施粥,里中人赖以全活者众"[3]。拥有为数众多的义田和义庄的宗族组织在灾荒之年谋求宗族共同体内部自救互助方面作用明显,对乡村社会救济和稳定地方秩序发挥不容忽视的作用。"尽管有些家族赈济活动的范围极小,但仍能在一定程度上满足族人生活上的需要。"[4]

　　清中叶以后,苏州府同城而治的吴县、长洲和元和三县共有义庄 32 个,拥有庄田或房屋的 23 个,族产情况未知的 9 个。庄田在一千亩以下的义庄有 7 个,占 21.9%,其中最小的义庄拥有庄田 502 亩,为广肇义庄;庄田在一千亩以上的义庄有 17 个,占 53.1%,其中洪桂林义庄所拥有的义田亩数最多,为 2408 亩,其次为张亲仁义庄 2003 亩。义庄所举办的事业多以赡族和周济同族族人为主,兼顾祭祀扫墓,有的还办有族学,如汪耕荫义庄、彭氏义庄和潘松麟义庄。此外,汪氏义庄、彭氏义庄、张亲仁义庄和徐春泽义庄还分别拥有多所房舍。可见,财力雄厚、规模庞大的宗族义庄能够确保在灾荒之年对同族内的受灾族人实行有效救济(见表 3-4)。

表 3-4　清代中叶以来苏州府长洲、元和、吴县三县义庄数量

名称	所在地	主持人	内部组织	所办事业	庄田财产数量
汪耕荫义庄	中衙前	汪雨春	由同族组织而成	赡全族孤寡、祭祀扫墓、办耕荫小学一座	不详

---

① 王国平、唐力行:《明清以来苏州社会史碑刻集》,苏州大学出版社 1998 年版,第 259-260 页。
② 王国平、唐力行:《明清以来苏州社会史碑刻集》,苏州大学出版社 1998 年版,第 269 页。
③ 王国平、唐力行:《明清以来苏州社会史碑刻集》,苏州大学出版社 1998 年版,第 218 页。
④ 吴滔:《清代江南社区赈济与地方社会》,《中国社会科学》2001 年第 4 期,第 189 页。

续表

名称	所在地	主持人	内部组织	所办事业	庄田财产数量
陈氏义庄	黄鹏坊	陈仰泉 鲍伯衡	由同族组织而成	周济同族	1903 亩、市房 2 所
陈成训义庄	刘家浜	程绍安 王漱石	由同族组织而成	周济同族	614 亩
吴氏义庄	桃花坞	吴创浏	由同族组织而成	祭祖	不详
诵芬义庄	平江路	汪增礼	由同族组织而成	祭祖	1089 亩
星余义庄	平江路	鲁星孙	由同族组织而成	祭祖	1002 亩
淞荫义庄	大胡想思巷	蒋敏叔	由同族组织而成	祭祖	1001 亩
荣阳义庄	混堂巷	潘诵鹤	由同族组织而成	祭祖	1036 亩
贝承训义庄	潘儒巷	贝润生	由同族组织而成	祭祖	不详
上惇裕义庄	潘儒巷	王鹤虎	由同族组织而成	祭祖	524 亩
贝留余义庄	狮林寺巷	贝哉安	由同族组织而成	祭祖	1000 亩、房 2 所
张荫余义庄	曹胡徐巷	张仲复	由同族组织而成	祭祖	不详
潘松麟义庄	悬桥巷	潘轶仲	由同族组织而成	赡族兼办潘松麟 小学一所	2055 亩
丁氏义庄	悬桥巷	丁春之	由同族组织而成	赡族	不详
张清何义庄	悬桥巷	张佑人	由同族组织而成	赡族	505 亩
洪桂林义庄	悬桥巷	洪润民	由同族组织而成	赡族	2408 亩
徐春泽义庄	南石子街	徐叔英	由同族组织而成	赡族	1450 亩、房屋 3 所
南阳义庄	娄门大街	韩韦耀	由同族组织而成	赡族	不详
张亲仁义庄	娄门大街	张荫玉	由同族组织而成	赡族	2003 亩、丙舍 2 所
陆氏义庄	滚积坊巷	陆心谷	由同族组织而成	赡族	不详
吴氏义庄	滚积坊巷	吴伯元	由同族组织而成	赡族	1014 亩
彭氏义庄	相王庙弄	彭荣孙	由同族组织而成	赡族兼办彭氏小 学一所	1634 亩
吴氏义庄	十梓街	吴湘帆	由同族组织而成	赡族	不详
范氏义庄	严衙前	范叔和	由同族组织而成	赡族	1018 亩
董氏义庄	思婆巷	董家福	由同族组织而成	赡族	1364 亩
顾氏义庄	尚书里	顾鹤逸	由同族组织而成	赡族	754 亩
申氏义庄	郡庙前	申彬苞	由同族组织而成	赡族	528 亩
陶氏义庄	因果巷	陶谋范	由同族组织而成	赡族	1003 亩
范氏义庄	范庄前	范伯英	由同族组织而成	赡族	不详

名称	所在地	主持人	内部组织	所办事业	庄田财产数量
蒋氏义庄	山塘街	蒋贤齐	由同族组织而成	赡族	1090 亩
广肇义庄	山塘街	江慕云	由同族组织而成	赡族	502 亩
汪氏义庄	山塘街	汪甫生	由同族组织而成	赡族	509 亩、祭田 254 亩

资料来源：曹允源、李根源：《民国吴县志（一）》卷三十一《公署四》，江苏古籍出版社 1991 年版；《吴县城区附刊》，吴县政府社会调查处 1931 年编印，第 102-104 页。

1912 年民国成立后，苏州地区的义庄数量虽然有所减少，但义庄在灾荒之年救助同族族人的宗旨并没有发生改变，赡养赈恤、赡族济贫、资助受灾族人仍在继续进行并发挥着重要作用。"中国的地主制经济大多潜藏在温情脉脉的血缘和宗族面纱之下，到了民国时期这样一层面纱虽然已经开始褪色、消隐，但毕竟还占据着支配地位。"[1]1916 年，袁世凯死后中国进入北洋军阀统治时期，连年的战争使本来就已经千疮百孔的社会更是日渐凋敝，民众生活困苦不堪，政府无暇也无力对灾民和贫民实行有效救助，在这种情况之下同族宗亲内的互帮互助就显得尤为重要。吴滔认为，江南宗族的救济行为，"在聚族而居的地方，宗族举办的救济强大而持久，而在不是聚族而居的地方，它则沦为一种更为一般的资源，难以适应多种需要且作出反应"[2]。

进入民国后，虽然宗族这一传统血缘组织与明清时期相比在数量上和规模上均有所缩减，但其仍继续存在和发展，这反映出其作为维护地方社会稳定的一支重要力量，仍为国家所需要和重视，尤其是在水旱灾害频发的年代。尽管宗族赈济活动的范围相对较小，受到资助的也仅仅局限于宗族内的同族族人，但在灾荒之年对受灾族人实行有效赈济的活动并未停止而且依然发挥重要作用，"宗族、民间社会主持的社会救济（慈善）事业发展迅猛，有效地填补了官办救济事业衰落后所留下的空白"[3]。宗族组织的灾荒救助活动尽管只局限在本族成员内部，分股分散零星进行，未能在全社会领域内形成大范围、影响力强的救助效果。但是，民国以来，宗族组织仍将保护地方利益、增进家乡福祉作为自身的重要责任，在

---

[1]　夏明方：《民国时期自然灾害与乡村社会》，中华书局 2000 年版，第 97 页。

[2]　吴滔：《清代江南社区赈济与地方社会》，《中国社会科学》2001 年第 4 期，第 191 页。

[3]　王卫平、黄鸿山：《清代江南地区的乡村社会救济——以市镇为中心的考察》，《中国农史》2003 年第 4 期，第 94 页。

灾荒之年继续承担救助同族人的社会责任，其主动开展社会救济的活动应值得肯定，所起到的积极作用也不容忽视。宗族面向族内贫困人员实行的社会救济活动，正是在国家政权、民间社会和宗族内部的社会保障体系互为统一、合而为力的作用下，构建了笼罩城乡的传统社会保障网络，并继续在近代社会产生深远影响。

二、地缘和业缘组织的赈灾济贫

中国传统社会是"熟人社会"，以儒家伦理观念作为行为准则，讲究人情关系。乡情和人情是中国乡土社会独有的一种情感纽带，人情关系是中国传统乡村的社会文化特征。"人情"和"关系网"渊源于传统村落文化之中，其原型在于村落社会之内①，并渗透到社会生活的各个层面和领域。水、旱、疫等自然灾害发生后，同乡之间互帮互助，成为维系乡情、厚植乡土情感意识的一种途径，同时也是传统社会地缘和业缘组织——会馆和公所建立的基础。会馆和公所"成为联络广大客籍人士强有力的纽带，同籍人士在客居地组成了一个个'特区式'的小社会"②。会馆最早出现于明代，主要作为旅居、从商于外地的同乡人聚会，联络乡情的场所。进入清代，会馆的性质有所变化，"为同业者及同业中的外地同乡办理善举逐渐成为会馆、公所组织的一个重要职能"③。会馆和公所都把办理善举，即救济失业同乡放在相当重要的地位，主要内容有赡养同业中鳏寡孤独之人，救助受灾的同行，为生病无钱医治的同业延医给药以及对死后无亲之人施棺助葬等。"会馆的最初职能在联络乡谊，所以它力求把会馆的顾恤、赈济、发展经济和共同进步作为自己的目标。"④

在苏州，宗族保障只是社会保障的一部分，此外还有地缘性的社区保障和业缘性的行业保障。⑤ 明清以来，苏州地区工商业发达，吸引全国各地的商人前往从事商业贸易活动。各地商人为联络商情、救助同业受灾之人，纷纷成立会馆组织（见表3-5）。"吴郡金阊，为四方士商辐辏之所。

---

① 曹锦清、张乐天：《传统乡村的社会文化特征：人情与关系网——一个浙北村落的微观考察与透视》，《探索与争鸣》1992年第2期，第51页。

② 中国会馆志编纂委员会：《中国会馆志》，方志出版社2002年版，第11页。

③ 王卫平：《清代苏州的慈善事业》，《中国史研究》1997年第3期，第154页。

④ 王日根：《乡土之链：明清会馆与社会变迁》，天津人民出版社1996年版，第55页。

⑤ 唐力行：《苏州与徽州：16—20世纪两地互动与社会变迁的比较研究》，商务印书馆2007年版，第199页。

故建立会馆,备于他省。"①而同业组织的会馆或公所救助功能具有地域
性的差别,"按照地缘、业缘进行救助的机构主要是工商业领域的会馆公
所,它们并非专门的慈善机构,其救助功能的强弱有明显的地域差异。
在慈善活动发达的苏州、上海一带,社会救济是这些组织的主要功能"②。
苏州的会馆从设置的目的或作用来看,是外地商人在苏州联络乡情和举
办会议事务的公共场所,提供善举的公益机构。苏州的许多行会都把举
办慈善作为第一要务,甚至有的行会成立的目的就是互助。③ 如同治五
年(1866)春建立的安徽会馆,主办业务包括,"为本乡各先贤祭祀、殡舍、
义渡、施医送药,恤贫赈灾"④。又如,1922 年 7 月,山西商人贾命岐等建
立全晋会馆,其建馆宗旨即为"联络商人之感情,会商商务;进行周济旅苏
同乡之困难"⑤。会馆、公所的经费来源主要是由入会的各工商业者个人
赞助或者共同集资,如"徽宁会馆自创始以来,暨堂中一切公需资费较钜,
皆赖同乡竭力襄助"⑥。会馆和公所的经费大部分被用于救助本行业中
的贫困无依无靠者、失去工作者以及因病而死亡者。会馆和公所会为他
们解决生养死葬的困难,并给失业者以资金救济,年老体弱不能继续做工
的则发放回乡的路费。此外,许多会馆还设有义冢,用来埋葬无依无靠的
死者。如红业丹霞公所为红布头、织丝、经梅红三业联合组建,所办业务
为专办旅棺、施材、代葬等事项。⑦ 红木梳妆业公所,"如有伙友年迈无
依,不能做工,由公所内每月酌给膳金若干。如遇有病无力医治,由公所
延医诊治给药。设或身后无着,给发衣衾棺木,暂葬义冢,立碑为记"⑧。

① 苏州博物馆、江苏师范学院历史系、南京大学明清史研究室:《明清苏州工商业碑刻
　　集》,江苏人民出版社 1981 年版,第 359 页。
② 刘宗志:《晚清民间慈善活动兴盛的原因探析》,《郑州轻工业学院学报》(社会科学
　　版)2007 年第 5 期,第 44 页。
③ 孔令奇:《试论清前期苏州的手工业行会》,《社会科学战线》1994 年第 6 期,第 158-
　　159 页。
④ 《会馆公所》,《吴县城区附刊》,吴县政府社会调查处 1931 年编印,第 102 页。
⑤ 《会馆公所》,《吴县城区附刊》,吴县政府社会调查处 1931 年编印,第 101 页。
⑥ 苏州博物馆、江苏师范学院历史系、南京大学明清史研究室:《明清苏州工商业碑刻
　　集》,江苏人民出版社 1981 年版,第 357 页。
⑦ 《会馆公所》,《吴县城区附刊》,吴县政府社会调查处 1931 年编印,第 101 页。
⑧ 苏州博物馆、江苏师范学院历史系、南京大学明清史研究室:《明清苏州工商业碑刻
　　集》,江苏人民出版社 1981 年版,第 140 页。

表 3-5   清至民国时期苏州地区会馆统计

名称	所在地	主持人	成立时间	经费来源及数目	所办事项
兴安会馆	阊门佑圣观弄	虎步陛	康熙年间	地租等,每年二百元	联络乡谊
新安会馆	上塘大街后丁家巷	潘子起	乾隆年间(道光十二年重建)	房租每年七百余元,同乡月捐一千一百余元	联络乡谊,办有医治寄宿舍,凡同乡患病者均可入舍疗养;民国时期为新安同乡会、歙县同乡会
江鲁会馆	大马路	陈士恒	乾隆四十六年	不详	□□北货花生宾客会议机构
宝安会馆	山塘街	宁达才	不详	房租	联络乡谊以谋商业发展
岭南会馆	山塘街	刘月评李配芝	万历年间(康熙五年重建)	房租	联络乡谊以谋商业发展
兰州会馆	山塘街	黎领堂	不详	房租	联络乡谊以谋商业发展
全浙会馆	长春巷	庞蓬许	光绪年间	不详	联络乡谊以谋商业发展,民国时期为杭嘉湖三属同乡会
浙绍会馆	新橘巷	顾保恒	康熙年间	不详	联络乡谊、襄义举、救济受灾乡人
汀州会馆	上塘街	罗醒甫	康熙年间	不详	联络乡谊以谋商业发展
金华会馆	南濠街	杨渭齐	光绪年间	不详	联络乡谊以谋商业发展、相任相恤
山东会馆	山塘街	孙乾甫	光绪年间	不详	联络乡谊以谋商业发展
覃怀会馆	不详	陆戏卿	不详	不详	联络乡谊以谋商业发展
陕西会馆	山塘街	宋汉臣	光绪年间	不详	联络乡谊以谋商业发展
三山会馆	万年桥大街	林樑夫	乾隆年间	不详	联络乡谊以谋商业发展
延宁会馆	不详	廖昌后	不详	不详	联络乡谊以谋商业发展

续表

名称	所在地	主持人	成立时间	经费来源及数目	所办事项
两广会馆	侍其巷	冯祀怀	康熙年间	不详	联络乡谊以谋商业发展
山西会馆	福全巷	赵绶卿	康熙年间	不详	联络乡谊以谋商业发展
武林会馆	上塘街	王长友	康熙年间	不详	锡箔业聚会之所
江宁会馆	中街路	吴剑泉苏坤山	光绪初年建，民国六年由元宁会馆改称	馆内余屋，房租每年百余元	联络乡谊
吴兴会馆	曹家巷	施云阁程金声	乾隆五十四年	房屋租金，每年三百余元	本馆系吴兴驻苏销售湖丝绵绸及有正式牌号者之集团，专门开会整理业务事项
武林会馆	宝林寺前	韩简堂陈植卿	乾隆二年四月	房租及临时募捐，年约三百元	联络乡谊
武安会馆	天库前	韩绪堂李仲炎	光绪十年四月	临时募集，年约一百元	联络乡谊及无定体的慈善事业
宁吴会馆	尚义桥	王伯镛	同治年间	捐款，无定额	施材、整理铜锡业工人贴资赡养
钱江会馆	桃花坞	业中按月轮值	光绪年间	同业捐款年约五百元	本馆系杭绸行商所组成，谋同业间之利益
宜州会馆	吴殿直巷	王绍基	光绪年间	不详	本馆系烟业同行所组成，谋同业间之利益
云贵会馆	南园七号	陈筱石等	宣统三年六月	房租、捐款，年约四百元	联络乡谊，同乡之穷苦者酌助用资
嘉应会馆	裘市街	徐镜蓉	乾隆年间	房租，甚微	联络乡谊，有公墓一所在横山脚下
昆陵会馆	莲花斗	徐坤泉	乾隆三十年	每猪一口带征小洋一分，每年四百六十元	谋猪行同业间之利益，兼培三小学一所
湖南会馆	通和坊	委员会	同治八年	房租，年约九百元	谋旅苏同乡之公益
大兴会馆	齐门外东区	程庭桂	乾隆年间	房租，年约九十元	联络乡谊，掩埋同乡棺柩

续表

名称	所在地	主持人	成立时间	经费来源及数目	所办事项
霞漳会馆	南濠街	苏计六	康熙年间	田产房租,年约八百元	联络乡谊
全晋会馆	中张家巷	贾鸣岐等	民国十一年七月	房租及临时捐款,年约七百元	联络商人之感情,会商商务;周济旅苏同乡之困难
中州会馆	三元坊	吴云谷胡季堂	乾隆三十七年	田产,年约二百元	联络乡谊
奉直会馆	娄门大街	王蕃等	同治年间	房租及花园门券,年约六百元	联络乡谊,外有花园一所,殡舍一所
仙翁会馆	长街	王子卿胡克忠	康熙年间	房租,三十六元;捐款,十元	浅色纸业集会机关并无余续办理业务
安徽会馆	南显子巷	李国棣等	同治五年春	田产,年约六千元;房租,年约五百元	主办本乡各先贤祭祀殡舍义渡施医送药,恤贫赈灾,兼办安徽公学一所
湖北会馆	四摆渡	孙植品潘国俊	光绪十年	房租等,年约三百元	联络乡谊
潮州会馆	上塘街上津桥	郭齐三	康熙二十一年	地租,每年一百五十六元;房租,每年六百八十元	本馆系潮州府属八县旅苏商民所组织,专谋本帮商业上之利益

　　资料来源:《会馆公所》,《吴县城区附刊》,吴县政府社会调查处 1931 年编印,第 100-102 页。

　　会馆不仅资助救济从业地的困难同乡,而且在灾荒之年还关注桑梓的受灾情况并积极给予救助。1920 年 10 月,北方发生旱灾,奉直会馆会董王鼎臣等约集同乡军政各界组织筹募机关,以尽救护桑梓灾民的职责,并邀请著名伶人开演义务筹赈戏,将所得戏款悉数解往灾区。[①] 1926 年国民革命军北伐期间,鄂、赣两军交战导致大量外地难民纷纷涌入苏州。江西会馆安排人员前往安置,散给食粮,采取措施积极救助受难的江西同乡。"自鄂赣军兴而后,时有难民抵境,昨日上午十时许,又有由沪到来江西难民 170 余人,由难民领袖王树德、陈二带领抵苏,至娄门外,即由该管警所派警押至葑门,复由南七警所加派警察押至阊门外江西会馆安置,会

---

①　《奉直会馆筹赈》,《申报》1920 年 10 月 8 日,第 7 版。

馆派员前往散给米粮,筹给旅费。"①可见,从一定程度上讲,"会馆是移动的故乡,这些具有地缘性质的会馆,其身在客地,但其根还是在本籍,从某种意义上是本土社会的一个延伸和组成部分"②。

从表3-5可知,清代至民国时期,苏州地区的会馆数量为数众多,总共有42所,从成立时间上来看,清前期共19所,晚清时期共16所,民国时期共2所,成立时间不详的共4所。大部分会馆均有公产和固定的收入来源,所办事项以联络乡谊为主,同时兼办善举,资助同乡贫困人员,并对灾后同行业的受灾中人进行救济,注重对各行业老弱病残和失业者的救助。1912年民国成立以后,会馆的数量有所缩减,另外一部分因遭受战争摧残而衰败。此外,受到近代工商业发展的影响,一部分会馆和公所的商业性质愈益凸显,开始由以联络乡情为主的团体向近代工商业行业组织转变(见表3-6)。但是会馆和公所联络乡谊,从事慈善救助事业,在灾荒之年对同行中的受灾同业进行救济的社会功能并未发生变化,继续发挥着重要作用。"会馆公所的善举,为工商业者提供了必要的社会保障,强化了同乡同行的凝聚力,维护了苏州社会的稳定"③,如圆金业公所,对行业中人的生老病死和鳏寡孤独及遇到不测,而发生经济和生活困难者,进行抚恤和救济,"年老无倚,饥寒交迫,曾经同业捐资,设立公所,办理善举。所有义冢,仍在原处。一切仍照定章,由同业大行各友,轮当司年、司月,经理其事。……年老无倚,不能做事者,应当津贴赡养。病则医药调治,故则衣冠埋葬,均有公所照章办理"④。粮食业五丰公所,"伙友或一朝溘逝,身后凄凉。职等不忍坐视,爰集同志议助棺木被衾等物,方足大钱十千文,由同业报名司事查给。或领柩无人,殡房暂停一年,开奉代葬。其年老失业伙友,亦酌量赒助"⑤。苏州玉业公所,"向有存义会,系前贤所设置,遇有贫寒之家病殁而无棺者,则由会发给,以安死者。

① 《大批江西难民抵苏》,《苏州明报》1926年9月27日,第3版。
② 黄晓丹、周少川:《明清潮州士商社会之变迁——以北京潮州会馆为中心的考察》,载常建华:《中国社会历史评论》(第二十九卷),天津古籍出版社2022年版,第202页。
③ 王国平、唐力行:《明清以来苏州社会史碑刻集》,苏州大学出版社1998年版,第12页。
④ 苏州博物馆、江苏师范学院历史系、南京大学明清史研究室:《明清苏州工商业碑刻集》,江苏人民出版社1981年版,第177页。
⑤ 江苏省博物馆:《江苏省明清以来碑刻资料选集》,生活·读书·新知三联书店1959年版,第192-193页。

同人等仰承遗志，赓续办理。……况事关善举，尤当慎始而克终"①。面粉业所建立的牛王庙粉业公所就把每月的捐助金额用于周济同业中失业贫乏和孤独无依之人，"凡在娄塘粉业营生者，或因年老残疾、贫无依靠，或因籍隶异乡，在苏病故，即由职等查明，分别周急，代为棺殓。如有家属，济其盘柩回籍；如无，即葬义冢，立石标志。此项应须经费，粉业各自捐助，共成善举，并不募诸他业"②。吴县绚章公所为朱蜡硾笺纸业组织，伙友多为流寓苏地的老病之人，病无所医，死无所葬，鉴于同乡之情，公所徐鸿宾、冯正浩等不忍坐视，"议集资在于吴境北利四图宝成桥弄珍香街口契买程姓基地房屋，建立绚章公所，并设立义冢，□□□□同业老病医药、身故棺殓埋葬，事属善举"③。

表 3-6　民国时期苏州地区各业公所数量统计

名称	地址	行业	基本情况
打铁公所	北园老君堂	打铁业	明万历年间(1573—1619)建，民国时期改为刀剪匠作业同业公会
药业公所	阊门外卢家巷	药商业	顺治十六年建，康熙二十八年毁，三十二年重建，民国时期改为药材参燕业同业公会
崇德公所	尚义桥缸甏河头	书坊业	康熙十年建，原名崇德书院。道光二十五年六月、同治十三年重建。民国时期改为图书文具业同业公会
经业公所	官太尉桥	丝经业	由康熙二十一年所建的元宁会馆(江宁会馆)改建，原在中街路尚使公所对面，民国时期改为经纬业同业公会
集德公所	范庄前祭祀巷	置器漆作业	康熙三十二年建，同治九年重建，十一年与置器公所合并，迁往因果巷，民国时期改为置器业同业公会
允金公所	龙兴桥	硝皮业	康熙年间建，嘉庆二十二年重建，光绪十五年又重建，亦名允宁公所、永宁公所，民国时期并入革制业同业公会

① 王国平、唐力行：《明清以来苏州社会史碑刻集》，苏州大学出版社 1998 年版，第 318-319 页。
② 王国平、唐力行：《明清以来苏州社会史碑刻集》，苏州大学出版社 1998 年版，第 287 页。
③ 王国平、唐力行：《明清以来苏州社会史碑刻集》，苏州大学出版社 1998 年版，第 325 页。

名称	地址	行业	基本情况
面业公所	宫巷关帝庙	面馆业	乾隆二十二年建,四十五年重建,民国时期改名为面馆业同业公会
光裕会所	宫巷第一天门	评弹艺人	乾隆四十年建,民国元年改称光裕社
友乐公所	东美巷	酒馆业	乾隆四十五年所建的菜业公所,于光绪二十八年移此改称,民国时期改为菜馆业同业公会
湖绉公所	曹家巷	绉绸业	乾隆五十四年建,又称吴兴会馆。民国时期并入七襄公所
豆米公所	胥门外水仙庙	豆米行业	乾隆年间建,1930年改为米店业同业公会
圆金公所	蒲林巷	捶打金箔业	嘉庆五年六月在经匠差局公所旧址重修,同治十二年重建,民国时期并入安怀公所
咏勤公所	宝林寺前	洋布洋货业	嘉庆十二年建于梵门桥弄肖家园,同治二年重建;同治十三年洋货部分出建立惟勤公所;民国时期,与尚始公所合并成立华洋布业同业公会
江镇公所	马医科	理发业	嘉庆十三年五月建,同治三年重建,又称整容公所。民国时期改为理发业同业公会
宝珠公所	石塔头	琢造玉器业	嘉庆十三年建,民国时期改为珠晶玉业公所
小木公所	憩桥巷	小木竹艺业	又名巧木公所。嘉庆十五年建,道光二十四年重建,民国时期改为木器业同业公会
柏油公所	阊门外信心巷	柏油业	嘉庆二十四年购地筹建,民国时期改为桐柏油饼业同业公会
玉业公所	周王庙弄周王庙内	苏州琢玉业	嘉庆二十五年在石头塔建玉祖师殿,同治九年重建,民国时期并入珠晶玉业公所
庖人公所	宫巷面业公所内	庖厨业	嘉庆年间建,民国时期改为菜馆业同业公会
梁溪公所	海红坊	无锡羊肉面店业	嘉庆年间创建,咸丰六年又建,同治四年重修,1919年重建
膳业公所	金姆桥东高岗上	饭馆业	道光初年建,民国时期改为菜馆业同业公会
蜡烛公所	三六湾义慈巷	烛铺业	道光二年建,原为嘉庆年间东越会馆,光绪十八年重建,民国时期改为烛业同业公会

续表

名称	地址	行业	基本情况
云锦公所	祥符寺巷	丝织、宋锦、纱缎账房	道光二年建,同治元年重建,光绪元年再建,亦名轩辕宫,民国时期改为纱缎业同业公会,后并入丝业同业公会
七襄公所	文衙弄	绸缎业	道光五年苏州绸缎商建,十九年又建,二十七年重修,民国时期改为绸缎业同业公会
水炉公所	新民桥石灰中弄	水灶业	道光十年建,宣统三年在西北街石皮弄重建,民国时期改为水灶业同业公会
嘉凝公所	阁村坊巷	金线业(包括切金业)	道光十四年建,同治七年重建,民国时期改为织带业同业公会
咸庆公所	西海岛	瓜帽艺业	道光十六年建于神仙庙,咸丰九年移建于此,又称瓜帽公所,民国时期改为帽业同业公会
丽泽公所	刘家浜	金箔业	道光十六年建。民国时期并入安怀公所
性善公所	斑竹巷	漆作店铺业	道光十七年建,初名性善局,二十五年重建,民国时期改为鬃漆业同业公会
承善公所	神道街	装修置器业	道光十七年建,民国时期改为盆桶业同业公会
永和公所	盘门	树柴业	道光二十年建,民国时期改为树柴业同业公会
醴源公所	胥门外窑弄	酒行牙商业	道光二十四年建,民国时期改为烧酒业同业公会
梓义公所	洙泗巷清州观前	水木作	道光三十年整顿,光绪十三年后重建于牛角浜,民国时期改为营造业同业公会
茶馆公所	神道街	茶馆业	道光年间建,又称余德公所,民国时期改为茶馆书场业同业公会
枭盈公所	景德路华岩寺内	弹花业	道光年间建,民国元年重建
太和公所	旧学前	药业饮片	道光年间药王庙改组后成立,同治十二年和光绪十六年分别重建,亦称药业公所、饮片铺公,民国时期改为药业同业公会
钢锯公所	景德路杀猪弄	钢铁锯锉店业	太平天国前建,原址位于镇抚司前,光绪二年十一月移建于此,民国时期并入刀剪匠业同业公会

名称	地址	行业	基本情况
锡善公所	廖家巷打线场	锡器业	太平天国前建,同治十年重建,民国六年又建,又名锡业公所,民国十年并入点成公所,后改为铜锡业同业公会
云章公所	塔倪巷	估衣业	咸丰六年建,光绪二年重建,民国时期改为估衣业同业公会
领业公所	黄鹂坊桥弄内	绒领业	咸丰七年九月建,光绪三十四年并入洋货业长生会,民国时期并入咏勤公所
永和公堂	南濠街黄家巷	南北杂货海货业	咸丰八年建,同治十二年重建,亦称南货公所,民国时期改为南北海货业同业公会
皮货公所	梵门桥弄高井头	皮货商业	咸丰十年前建楚宝堂,同治九年建皮货公所,民国时期改为裘业同业公会
丝业公所	祥符寺巷	丝行业	咸丰十年前建,同治九年整顿,光绪元年重建,民国时期改为丝业同业公会,后与丝织业合并
元宁公所	阊门下塘官宰弄	皮业	咸丰年间(1851—1861)建,同治十三年重建民国时期改为革制业同业公会
铜锡公所	尚义桥	铜锡业	同治元年建,又称宁吴会馆,1921年并入点成公所,后改为铜锡业同业公会
云华绣业公所	小王家巷	零剪、绘绣业	同治五年建,1931年改为零剪顾绣业同业公会
锦文公所	阊门下塘街	顾绣(刺乡)业	同治六年建于金阊香橙弄。光绪十年重建于此,民国时期改为刺绣业同业公会
安怀公所	紫兰巷	银楼业	同治七年建,光绪三十二年重修,民国时期改为金银业同业公会
尚始公所	中街路	棉夏土布业	同治七年建,民国时期改为华洋布业同业公会
浙绍公所	山塘下塘莲花斗	咈布染坊业	同治九年建,又称浙绍长生公所,民国时期改为绸布染业同业公会
两宜公所	宝林寺前	纸业	同治九年至光绪三年建成,又称纸业公所,民国时期改为纸业同业公会
存仁公所	西大营门	铜丝业	同治九年十一月重建,1921年并入点成公所,后改为铜锡业同业公会
巽正公所	齐门外西汇路	木行业	同治十年正月建,民国时期与大隆公所、务本公所合并建立木业同业公会

续表

名称	地址	行业	基本情况
酱业公所	颜家巷	酱坊业	同治十二年三月建,又称和羹堂,1930年改为油酒酱业同业公会,迁址大井巷12号润鞠堂
香业公所	北石子街	香业	同治十二年建,后迁马医科,民国时期改为香业同业公会
猪业公所	齐门内下塘	猪商业	同治十三年四月建,由毗陵会馆发展而来,民国时期改为猪行业同业公会
惟勤公所	文山寺前	洋广杂货业	同治十三年由咏勤公所分出,民国时期改为华洋杂货业同业公会
折扇公所	桃花坞韩衙庄	扇面、扇骨业	同治年间建,民国初年分为扇面和扇骨两个公所
五丰公所	菉葭巷	米店业	光绪三年建,金名米商公所、五丰瑞谷堂,1930年改为米店业同业公会
江鲁公所	胥门外官道	腌腊、鱼蛋、咸货等业	原为乾隆四十六年所建的江鲁会馆,咸丰十年毁于战火,光绪元年重建,六年改称江鲁公所,民国时期改为腌腊鱼腿业同业公会
石业公所	闾门外半边街	石作业	光绪十二年建,三十二年六月重建,民国时期改为石业同业公会
梳妆公所	桃花坞廖家巷	红米梳妆作铺	咸丰十年毁于战火,光绪十五年重建十九年九月复建,又名三义公所,民国时期改为木器业同业公会
彩章公所	廖家巷打线场	回须业	光绪二十三年建,民国时期改为须业同业公会
安仁公所	南采莲巷	寿衣、寿器业	光绪二十三年建,民国时期改为寿器业同业公会
彩绳公所	西海岛五弄	辫绳业	光绪二十四年正月建,宣统年间重建。民国初年易名丝边公所,后改为丝边业同业公会
粉业公所	牛王庙	石粉业	光绪二十四年九月重修,民国时期改为石粉业同业公会
履源公所	东海岛一弄	鞋业	光绪三十年重建,1936年改为履业同业公会
典业公所	清嘉坊	典当业	光绪三十一年建于海红坊,民国初年迁此,后改为典当业同业公会

续表

名称	地址	行业	基本情况
信芳公所	专诸巷内	烟业	光绪三十二年建,又称烟业公所,民国时期改为卷烟业同业公会
茶商公所	永福桥	茶商业	光绪三十二年建,1930 年改为茶叶业同业公会
钱业公所	打线弄	钱业	光绪三十四年建会商处,又称钱业公所。民国时期改为钱业同业公会
锦章公所	桐芳巷	漳绒业	光绪年间(1875—1908)建于潘儒巷,初名绒机公所,民国初年重建于桐芳巷,后并入丝织业同业公会
堃震公所	南濠街	煤炭业	宣统元年建,民国时期改为煤炭业同业公会
务本公所	北街大唐家巷	锯木业	民国时期与巽正公所、大隆公所合并建立木业同业公会
粟裕公所	东北街	粮食行业	又名五丰粟裕堂,1930 年于东北街灵迹司庙成立粮食行业同业公会
绍酒公所	南新路禹川里	绍酒业	又名禹川公所,民国时期改为绍酒业同业公会
小机公所	河沿街更楼弄	贡带业	又名贡带公所,民国时期改为织带业同业公会
三新公所	蒲林巷	浴业	民国时期改为浴堂业同业公会
客烟公所	钱万里桥	客烟	民国时期改为烟业同业公会
积义公所	西大营门	炉坊(化铜)业	1921 年并入点成公所,后改为铜锡业同业公会
旧业公所	周王庙弄	旧货业	民国时期改为旧货业同业公会
霓裳公所	官库巷财神弄	戏衣业	1930 年改为行头戏衣业同业公会
艳容公所	东海岛	香粉业	民国时期改为碱皂香粉业同业公会
正义公所	祥符寺巷	皮制品业	民国时期改为制革业同业公会
丹护公所	宋仙洲巷横街	漆商业	民国时期改为漆业同业公会
豆腐公所	西大营门唐寅坟	豆腐业	民国时期改为豆腐业同业公会
橱柜公所	景德路杀猪弄	橱柜业	民国时期改为盆桶业同业公会
丝边公所	西海岛五弄	丝边业	民国初年由彩绳公所改名而来,后改为丝边业同业公会
扇面公所	桃花坞后新街	扇面业	民国初年由折扇公所分出

续表

名称	地址	行业	基本情况
扇骨公所	桃花坞韩衙庄	扇骨业	民国初年由折扇公所分出
瓮业公所	乔司空巷	瓮业	1914 年 3 月建,1931 年改建为瓮业同业公会
文锦公所	玄妙观内机神殿	丝织业(现卖机户)	1918 年 9 月建,1930 年解体
颜料公所	南濠街谈家巷口	颜料业	1918 年建,又称永华堂公所
纯青公所	文山寺前杨家院子	五金翻砂业	1919 年 2 月建,后改为五金翻砂业同业公会
点成公所	不详	锡铜业	1921 年由锡善、存仁、铜锡、积义四公所合并成立,后改为锡铜业同业公会
苏锡常瓷业公所	不详	瓷器业	1922 年 3 月建
裕明公所	石塔弄	眼镜业	1922 年从珠晶玉公所分出
宜稼公所	中街路	桐油豆饼业	1924 年建
石灰窑同业公所	不详	石灰窑业	1924 年建,1932 年改称石灰砖瓦业同业公会
旅业公所	闾邱坊巷	旅社业	1926 年 9 月 20 日建,1930 年 10 月改为旅社业同业公会
圆竹盆桶公所	庆元坊	盆桶业	1931 年建

　　资料来源:苏州市地方志编纂委员会编:《苏州市志》(第三册),江苏人民出版社 1995 年版,第 449-456 页;《苏州市各业公所一览表》,《苏州市政月刊》1929 年第 1 卷,第 2-3 期。

　　19 世纪 60 年代,席卷江南的太平天国运动对苏州地区造成重大冲击,"两旁河岸,以前繁华兴旺,人烟稠密的城郊区,如今变成荒烟漫漫的废墟了。……许多经营商业的街道和房屋都化为灰烬"[1],同时大部分会馆和公所遭到摧毁,成为废墟。之后,随着工商业的发展和社会经济的恢复,部分会馆和公所得以重建,并逐步转变成资本主义性质的工商业组织同业公会。同业公会组织延续了会馆和公所在自然灾害发生后救助受灾同行的传统,此类活动史料多有记载。如苏州剃头业镇扬公所,"旧属人

---

[1]　王崇武、黎世清:《太平天国史料译丛》(第一辑),神州国光社出版社 1954 年版,第 128 页。

民流寓苏州极夥,向无公所以联乡谊,往往病无所归,殁无所葬",后由商界同乡集议捐赀建立于长洲县半十九都阊半图上津桥西首,后被战火焚毁,1916 年 1 月重建,联乡谊、救济同业的宗旨未变,"商等伏念事关同乡全体公益,何忍废弃半途,勉励图维,会议佥同。先以设立养病所,及寄运旅柩为嘉惠乡人入手办法"①。水作木业梓义公所,"由同业各作头捐助公费,襄办贫病、医药、恤孤、施棺、丧葬等各善举。兵燹后,复经集资兴修。……除照章实行医药、施棺、恤孤、丧葬各善举外,拟就公所旁屋创立工艺实业小学堂一所……专课同业子弟,以资培植后进。所需书本、学费,悉由公所捐款支给,不取分文"②。苏州海宏坊巷梁溪膳业公所遭兵燹,房屋坍塌,连年失修。1928 年 12 月,由各店主量力捐资,将公所房屋略为修整,仍旧照章办理,"所中专留同业中贫苦失业,一时不及回里之伙徒,病者医药,死者棺殓,不外提倡善举,嘉惠同业之意"③。

当遇到灾荒之年或者米价上涨时,会馆和公所积极开展各种形式的慈善救助活动。1918 年 12 月,苏州地区发生灾荒,玉业公所成立永济施粥局,在元妙观、泰伯庙、桥仓街、张家桥、驸马府、堂北寺、三家村和幕家花园等九处,逐日按处放粥,救济灾民。④ 吴江县绸业公所,每年隆冬季节例有施衣施米等善举,救济贫民,"今岁因节气较迟,特提早半月施衣,于阴历十一月望日起,开始发给"⑤。1923 年 12 月,阊门外南阳里连续发生火灾,五十多户江北人的草棚一百多间被悉数焚毁,大火还烧死 2 名小孩,受灾男女老幼均栖身无所,露宿荒郊。胥门外三山会馆苏州济生分会名誉理事刘正康、袁孝谷、曹康侯等于 19 日下午开会集议,决定由济生会出面向广东泉州会馆借得菱塘浜荒地三十多亩,转借南阳里被灾的江北难民,由其从事屯垦,并在该处搭盖草屋居住,搭盖草屋需用的芦席均由济生分会捐款施给。⑥ 又如,1926 年 9 月,盛泽镇风雨成灾,苏州胥门外

①　王国平、唐力行:《明清以来苏州社会史碑刻集》,苏州大学出版社 1998 年版,第311 页。

②　王国平、唐力行:《明清以来苏州社会史碑刻集》,苏州大学出版社 1998 年版,第310 页。

③　王国平、唐力行:《明清以来苏州社会史碑刻集》,苏州大学出版社 1998 年版,第388 页。

④　《慈善团开始施粥》,《申报》1918 年 12 月 2 日,第 7 版。

⑤　《绸业公所施衣有期》,《吴江》1926 年 1 月 1 日,第 3 版。

⑥　《济生分会救济江北被火灾民》,《申报》1923 年 12 月 21 日,第 10 版。

三山会馆济生分会派员调查灾情,以便筹款前往放赈。经查,"被灾损失约百余万,灾民因房屋被毁,家产荡然,致衣、食、住三项完全无着,计有男妇数百人,故该会副会长,前任吴县知事郭曾基,昨已亲带寒衣银米,雇舟至该镇向各灾民,散放急赈"。① 1934 年江南大旱期间,上海洞庭西山金庭会馆董事会,以本年家乡灾荒奇重,乡民生计断绝为由,函陈上海筹募各省旱灾义赈会,请求拨款赈济,以救灾黎。②

　　虽然会馆和公所曾经一度被认为是"落后的封建经济的产物,不能适应时代发展的需要和资产阶级日益增长的经济、政治要求"③,但其作为早期的同乡组织在明清时期异常活跃。民国以后,"会馆的性质经历了一个变化发展的过程,即从以同乡性为主的组织转变为以行业性为主的行会组织"④。即便如此,传统的地缘组织形式仍在活动,甚至一些同乡会馆还相继成立,如全晋会馆成立于 1922 年 7 月,1917 年元宁会馆改为江宁会馆。⑤ 会馆和公所对受灾同业人等实施救济,提供基本的生活物资,妥善安排生老死葬等善举的活动依然继续进行,加强了寓外同乡和同行间的向心力,维护了明清以来苏州地方社会的稳定,"在清末民初这个世变过程中,施善组织的转型不但充分反映了当时在激变中的社会环境,同时也因而成为都市社会主要的稳定力量"⑥。

　　进入近代以后,社会各个群体的流动速度加快,外出学习、做生意和务工等情况日益增多,这就带来移民群体的人数快速增加,尤其是在诸如天津、上海、北京、广州和苏州等一些工商业经济发达的大城市和沿海开放城市。如前所述,传统中国是一个熟人社会,中国人尤为注重乡情,拥有深厚的故土情结,这是以小农经济为基础的农业文明几千年来所形成的情感连结。与此同时,"儒家思想强化了人们对于出生地的依恋,宗族

---

① 《济生分会赈济盛泽灾民》,《苏州明报》1926 年 9 月 23 日,第 4 版。
② 《金庭会馆董事会为洞庭西山灾民乞赈》,《申报》1934 年 10 月 31 日,第 11 版。
③ 马敏、朱英:《传统与近代的二重变奏——晚清苏州商会个案研究》,巴蜀书社 1993 年版,第 44 页。
④ 王卫平:《明清时期江南城市史研究:以苏州为中心》,人民出版社 1999 年版,第 228 页。
⑤ 《会馆公所》,《吴县城区附刊》,吴县政府社会调查处 1931 年编印,第 101-102 页。
⑥ 梁其姿:《变中谋稳:明清至近代的启蒙教育与施善济贫》,上海人民出版社 2017 年版,第 3 页。

组织和同乡会等机构也如此"①,同乡会作为中国传统社会中重要的民间团体,其成员往往包含政、学、商各界人士,对其成员的旅居之地和桑梓故乡都产生了不可小觑的重要影响,"同乡团体实际上成为平衡都市和乡村中国两个世界的桥梁"②。而在自然灾害发生后的灾民赈济以及灾后重建上,同乡会组织及其成员也更愿意为家乡贡献自己的力量。

　　一些城市的同乡会组织由一部分拥有较强经济实力和广泛社会关系的成员组成,他们非常乐意为家乡做出力所能及的贡献,尤其是在自然灾害发生后的灾民赈济方面。通常情况下,自然灾害发生后,地方政府会求助于各旅外的同乡会组织。同乡会组织收到家乡的求赈信息后,会积极参与救灾活动,开展赈灾物资的筹募。同乡会将募捐来的款物转交给家乡的地方政府或慈善团体,以赈济家乡的受灾民众。同时,同乡会还会把灾情和所需的赈济物资呈送给上级政府请求支助,而当上级政府赈济不作为或出现工作推诿时,同乡会甚至会利用自身的影响力向上级政府施压,要求其对受灾民众予以救济。"同乡会的救乡除了长时段日常的慈善事业外,更多的是非常时期的非常之举,他们的所作所为即使不能救同乡于水火之间,起码在某种程度上能缓解同乡的苦难。"③苏州作为明清以来重要的工商业城市,民国时期各地旅苏之人在苏州地区也建有部分同乡会组织,从事联络乡谊,开展慈善公益等活动以救助在苏受难同乡(见表 3-7)。

表 3-7　民国时期部分旅苏同乡会组织统计

名称	所在地	主持人	成立时间	经费来源及数目	所办事业	备考
丹阳旅苏同乡会	缕龙街北	姜证禅林幼山	民国十三年四月	同乡捐资,全年百余元	联络乡谊,俟集有捐款时再行举行慈善事业	
江宁同乡会	中街道路	吴剑泉	民国十五年	附属于江宁会馆内	联络乡谊	

---

① [英]陈学仁:《龙王之怒:1931年长江水灾》,耿金译,上海人民出版社 2023 年版,第 259 页。

② [美]顾德曼:《家乡、城市和国家:上海的地缘网络与认同(1853—1937)》,宋钻友译,上海古籍出版社 2004 年版,第 162 页。

③ 唐力行:《延续与断裂:徽州乡村的超稳定结构与社会变迁》,商务印书馆 2015 年版,第 205 页。

续表

名称	所在地	主持人	成立时间	经费来源及数目	所办事业	备考
洞庭西山旅苏同乡会	南濠街	费廷璜	民国十六年五月	会员费,每年一百余元	联络乡谊	
江西旅苏同乡会	西美巷况公祠	廖光杰	民国九年一月	会员费、房租,每年二百四十元	联络乡谊	系前况公祠改组
江西旅苏同乡会事务分所	留园马路江西会馆	廖光杰	民国九年一月	附属于总会	联络乡谊	系前江西会馆改组
宁波旅苏同乡会	阊门外黄家巷	刘正康			联络乡谊	
歙县旅苏同乡会	阊门外新安会馆	汪已文	民国十八年四月	会员费	联络乡谊	
安徽旅苏同乡会	南显子巷	李国璜	民国十一年三月	由安徽会馆酌拨	联络乡谊	
新安旅苏同乡会	阊门外新安会馆	洪少圃	民国四年	会员费	联络乡谊	
绍兴旅苏同乡会	浙绍会馆		民国三十四年十月	会员费	联络乡谊,赈济同乡	

　　资料来源:《吴县城区附刊》,吴县政府社会调查处1931年编印,第102页;《绍兴旅苏人士,今成立同乡会》,《申报》1946年10月17日,第3版。

　　与此同时,旅居外地的苏州人也纷纷在异乡建立各同乡会组织,作为联络乡谊、赈济受难同乡、增进家乡福祉的机构,如苏州旅京同乡会章程第一条就规定,"本会以互助精神联络乡谊,谋旅京同乡之公益,增进桑梓之福利为宗旨"[1]。此外,在苏州遭受水旱灾害之时,各旅外同乡会组织积极行动,捐款捐物,募集救灾款物以救济家乡受灾同胞。如1919年,苏州地区发生水灾,苏州旅沪同乡会随即召开特别会议筹办灾赈事宜。同乡会事务所附设苏属水灾筹赈处调查各处的确实灾情,详细报告后刊印捐册分送各团体劝募。[2] 同年,太仓遭遇水患,圩岸坍塌,荒歉无收,太仓地方士绅唐文治发函太仓旅沪同乡会请求募捐款项,太仓旅沪同乡会收到函请后,随即刊印募捐册,邀集各同乡共筹捐款。12月14日,旅沪同

---

① 《苏州旅京同乡会章程》,《苏州旅言》1936年第21期,第7页。

② 《苏州旅沪同乡会议筹赈》,《申报》1919年8月27日,第11版。

乡会开会成立太仓水灾急赈事务所,议决由项惠卿、张纶卿、王伯埙各垫一千元,不敷之数备函商恳救生会拨款救济,再由各同乡分途劝募汇款。12月20日,太仓旅沪同乡会因筹募太仓急赈事再次集会,并邀请救生会徐干麟、王一亭、薛文泰等与会,商恳拨款放赈,此次共放赈洋约二万元,棉衣三千套。① 1920年3月23日,苏州旅沪同乡会在上海宝安里事务所召开第二次评干会,苏州东山农会代表朱君在会上报告昆山境内受灾严重,请救助款办理春赈。苏州旅沪同乡会最后"议决拨洋一千元"②。同年6月,上海米价日贵,平民粒食维艰,苏属旅沪居户中部分贫苦之人生活困难,亟应设法救济。为此,苏州旅沪同乡会召开临时会议,提议将上年募集苏属水灾赈余之款,举办平粜以救济旅沪同乡中贫户之米荒。最终决定,仿照锡金公司贴给同乡贫户米价办法,每石酌贴钱二千文,按照所报各户人数多寡计算,发给一种钱票向指定钱店兑现。③ 1926年秋,吴江县盛泽镇发生风灾,损失惨重,苏州济生会副会长袁孝谷及费仲深筹款一千二百元,在风灾善后会发给补恤金,应行抚恤者,一共三十八户。④同时,自然灾害发生后,地方政府通常也会借助同乡会的力量对灾民进行救助。1930年,洞庭东山旅沪同乡会应吴县政府函请,为救济乡梓,从上海购买米粮一千石运至苏州,办理平粜,以惠贫黎。⑤ 1931年大水灾,太仓受灾严重,田禾淹没,庐舍漂流,太仓当地官厅组织水灾急赈委员会多方筹款,并向旅沪太仓同乡会求助。上海市太仓同乡会执行委员项惠卿、胡元明等得悉后,随即委派唐蔚芝等发起筹赈活动,"该会昨日集款一千元,上海济生会亦拨款三千元发交太仓分会,先行散赈"⑥。1946年10月,吴江县滨湖一带受灾严重,灾民饥寒交迫,生活无着,吴江县临时参议会开会议决,"函请旅沪旅苏同乡会进行劝募急赈"⑦,吴江旅沪旅苏同乡会在收到函请后积极利用自身影响开展募捐活动。1946年初夏,吴县洞

① 陆阳:《唐文治年谱》,上海三联书店2013年版,第240-241页。
② 《苏州同乡会开会纪》,《申报》1920年3月24日,第11版。
③ 《苏州旅沪同乡会临时会纪事》,《申报》1920年6月9日,第10版。
④ 《苏州济生会赈款已发放》,《吴江》1926年9月26日,第3版。
⑤ 《财厅准发给运米护照,批洞庭东山旅沪同乡会》,《江苏省政府公报》1930年第496期,第24页。
⑥ 《太仓同乡会乞赈缘起》,《申报》1931年9月5日,第13版。
⑦ 《为决议救济湖滨灾民一案,附送劝募函稿请会核准还》,吴江区档案馆馆藏,卷宗号:0204-001-1025-0076。

庭西山连遭淫雨,田禾悉数被淹,"幸赖地方当局暨旅苏同乡会尽力援助,以机船日夜戽水,农田得免陆沉,农民喘息稍苏"①。同年 9 月 23 日,吴县洞庭西山又遭飓风过境,继以暴雨,导致水位陡涨二尺余。吴县所属的东河等镇田亩被淹,"一面除由该乡镇长等联署呈区公所、县政府、临参会外,并再电西山旅苏同乡会呼吁救济"②。

此外,同乡会组织还在防灾水利工程筹建和河道疏浚等方面发挥重要作用。如苏州阊胥塘河道整理工程由上海工头王荣记承办,工程最初采用人工挖掘,后改为机器拨爬。工程全部竣工后,为保证工程质量,上海苏州旅沪同乡会利用自身关系特地派遣工程师会同江南水利局工程师一同前往验收。③ 由此可见,同乡会团体借助于近代以来发达的信息网络以及内部的组织系统,将自身和桑梓本土有机联系起来,在自然灾害发生后的灾荒赈济中,积极救助受灾同乡,纷纷为家乡的赈济救灾贡献自己的力量。

三、传统士绅社会救助的嬗变

士绅阶层是中国传统社会的一个特殊群体,有学者认为,"绅士"的称谓和势力的形成不是自古就有的,而是于明清时期得以确立、发展和壮大,即是说自明清始,绅士才作为一个完整的、有影响的政治、经济和文化集团出现在中国历史舞台上。④ 而学界的普遍观点认为,士绅群体与科举功名和官僚政治有着密切的联系。张仲礼即指出,"绅士的地位是通过取得功名、学品、学衔和官职而获得的"⑤,"一般持绅士身份者必须具有某种官职、功名、学品或学衔,这种身份会给他们带来不同的特权和程度不等的威望"⑥。士绅阶层对稳定中国封建社会的基层统治具有重要作用,扮演着协调沟通中央政府和地方社会之间的桥梁,"在国家政权深入乡村并推行新政之时,它特别需要乡村精英们的密切合作。当国家政权

---

① 《洞庭西山风雨成灾》,《申报》1946 年 10 月 14 日,第 3 版。
② 《洞庭西山风雨成灾》,《申报》1946 年 10 月 14 日,第 3 版。
③ 《验收苏州胥江浚河工程》,《河海周报》1926 年第 14 卷第 13 期,第 203 页。
④ 赵秀玲:《中国乡里制度》,社会科学文献出版社 2002 年版,第 248 页。
⑤ 张仲礼:《中国绅士:关于其在十九世纪中国社会中作用的研究》,李荣昌译,上海社会科学院出版社 1991 年版,第 1 页。
⑥ 张仲礼:《中国绅士:关于其在十九世纪中国社会中作用的研究》,李荣昌译,上海社会科学院出版社 1991 年版,第 6 页。

企图自上而下地恢复被战争破坏的社会秩序时,特别是在加强控制和推行现代化举措方面,它更离不开乡村精英的支持"①。

在中国传统社会,绅士具有双重身份,他们既是国家政权的后备军,又是乡村社会中的富豪。② 一方面,一些有名的地方士绅出于维护地方社会秩序的目的,通常会利用自身特殊的地位设立一些慈善组织,在灾荒之年承担赈灾济贫的责任,同时也会解决地方社会上的贫孤鳏寡废疾等特殊群体的生活问题。他们开展的慈善救助活动一般会得到地方政府的支持,所需经费主要由个人捐助或者从民间募集。另一方面,地方士绅也通过成立慈善机构的方式参与地方社会活动,灾荒之年救济地方灾民造福桑梓,借此积聚自身的威望与权势,从而对地方社会施加影响,干预并控制地方社会生活。"对于许多绅富特别是已有功名的绅士来说,捐输往往只是谋求乡村社会控制权活动的一部分。"③任云兰通过对近代天津的慈善事业的研究指出,"在地方上有一定社会地位、有一定家庭资产、有声望和有社会影响力的地方官吏、绅士、商人和学人组成的社会群体,由于其特殊的身份,在地方事务中影响力很大,尤其是在社会慈善事业中非常活跃,作用也很独特"④。

在自然灾害发生之际,中央政府通常会向受灾地区的民众发放钱粮衣物实行救助,而当政府因自身财力支绌,无力对灾区开展全面的赈济活动时,就会要求地方社会上的富绅以及商人全力协助政府施赈,广泛号召地方社会力量参与到灾荒赈济之中,士绅群体成为不可忽视的一支力量,以地方士绅为主导的民间慈善救助活动成为国家社会救助体系之外的一个重要补充,发挥着极其重要的作用。士绅群体参与灾荒赈救的范围也基本以其所在的地区或影响力触及的范围为中心,展开相应的赈济工作,具有明显的地缘性特征。当然,也有一些士绅积极从事跨区域的赈济活动,如在光绪初年被称为"丁戊奇荒"的蔓延华北五省的大旱灾期间,江南

---

① [美]杜赞奇:《文化、权力与国家:1900—1942 年的华北农村》,王福明译,江苏人民出版社 2003 年版,第 136 页。

② [美]杜赞奇:《文化、权力与国家:1900—1942 年的华北农村》,王福明译,江苏人民出版社 2003 年版,第 24 页。

③ 吴滔:《明清时期苏松地区的乡村救济事业》,《中国农史》1998 年第 4 期,第 31 页。

④ 任云兰:《近代天津的慈善与社会救济》,天津人民出版社 2007 年版,第 195 页。

士绅就积极开展"义赈"活动,突破传统赈救地域的限制,对灾民展开救助。① 在自然灾害发生后的社会救助中,"在某种程度上,以士绅为代表的江南社会力量,既成了各级政府的合作者,担当起社会管理的责任,又成为社会生态的改善者和社会秩序的维护者"②。

一般来讲,当自然灾害发生时,作为地方具有一定声望和身份的人物,地方士绅通常都会积极主动地参与当地的赈灾事务。1911 年 9 月,江苏省各县迭遭水患,米粮缺乏,江苏士绅任逢莘亲赴灾区视察,协同任锡汾、李钟珏、邵廷松等八人议定救急办法,并电禀督抚及盛冯两大臣请速施行。③ 苏州阊门外士绅苏稼秋联合富商刘正康等开办半济粥厂,为过境苏地的淮海一带难民提供饭食。④ 苏州城内的各施粥厂,一向由城内的富绅捐募资金,在每年冬天开办,以惠穷黎,"苏城阊门外北濠一带,向无粥厂设立。兹有该处绅董刘正康、谢季常等发起,在四摆渡东山庙内增设北濠半济粥厂一所,先期派员调查贫苦,发给小票,于十七日开始施粥"⑤。每年隆冬,吴江县同里镇士绅向有施粥慈善之举,并且已经连续开办数年。如 1926 年冬,士绅王缙绅、任定九等发起募集捐款,定于十一月十六日在财神堂,购米煮粥,以济贫民。⑥ 又如,苏州士绅张仲仁,鉴于数年内战,民生日蹙,与吴荫培等发起创办一施粥厂,开办经费则是将自己的书画作品发券募售,即以所得移充经费。⑦ 1918 年和 1919 年两年冬季,吴县部分士绅集议分筹经费,并得到苏州公益事务所补助若干款项,在桃花坞设立半济粥厂以救助本区域内的贫民,该粥厂已连续开办十三年。1931 年夏,苏州因遭水灾,米值腾贵,为救济灾民,士绅人等议决,"按上届办法于国历十二月十三日,仍在桃花坞桥拱,自建厂屋,开始煮粥

---

① 参见朱浒:《"丁戊奇荒"对江南的冲击及地方社会之反应——兼论光绪二年江南士绅苏北赈灾行动的性质》,《社会科学研究》2008 年第 1 期;朱浒:《赈务对洋务的倾轧——"丁戊奇荒"与李鸿章之洋务事业的顿挫》,《近代史研究》2017 年第 4 期;郝平:《江南"义赈"在山西——以"丁戊奇荒"为中心的考察》,"多学科视野下的华北灾荒与社会变迁研究"会议论文,2009 年 7 月 11 日,山西太原。

② 马俊亚:《区域社会发展与社会冲突比较研究:以江南淮北为中心(1680—1949)》,南京大学出版社 2014 年版,第 151 页。

③ 《苏绅电陈急济民食之办法》,《申报》1911 年 9 月 10 日,第 4 版。

④ 《苏绅嘉惠贫民》,《申报》1916 年 11 月 25 日,第 7 版。

⑤ 《北濠开办施粥》,《申报》1918 年 12 月 19 日,第 7 版。

⑥ 《施粥厂继续开办》,《吴江》1926 年 1 月 10 日,第 3 版。

⑦ 《张仲仁施粥书画》,《大光明》1930 年 11 月 20 日,第 2 版。

惠济贫困",筹募经费及查户给证等手续悉照旧章办理。①

灾荒发生后,米价飞涨,灾民生计维艰。对此,地方士绅会出面举办平粜以济民食,"救济之法一方面赶由官绅开办平粜以济民食,他方面则严禁粮食出洋,即属邻省采办军米亦戒流通。以本省之米,供本省之食,庶几其一苏民困"②。1919 年 8 月,吴县梅雨数旬,米价飞涨,贫苦小民恐慌殊甚。苏州市董贝理泰会同各市乡董事至吴县政府请求开办平粜,以维民食。吴县温知事当即函致丰备义仓,采购食米,举办平粜。③ 黄埭乡则租定该镇芳桥下某姓房屋为平粜事务所,由杨则庭、朱沙台、钱保黎等分别筹备就绪,实行开办,每升米粜价为铜元十二枚。④ 吴江县震泽镇士绅施省之,鉴于各区米价飞涨,虫灾较重,在上海采购包子米一万石,分发七区平粜,按诸市价,每石可减短三元。⑤

除设法平粜外,禁米出口或者采办外米也是一种有效解决民食的办法。"苏省民食,岁虞不给,揆厥原因,由于偷运出境,亟应妥筹完密查禁办法。……淞通锡三口,岁偷苏米不赀,民食昂贵已极,奸商图遂偷运之私,借停市为要挟,殊非真正民意。空言议罚,无裨实况,须特设专员,实行查出充公,并多提奖偿专员。"⑥1918 年 9 月,吴县士绅兼江苏省议员孔昭晋、宋铭劝、冯世德和钱鼐等联合苏州二十八市乡董事五十余人电请江苏省政府请求禁止苏米出口,指出弛禁将导致米价陡涨,人心恐慌,同时对于地方治安影响匪浅。⑦ 对于贩米出洋带来的危害,地方士绅评论道:

> 民以食为天,食以米为本,有则百姓安,无则天下乱。然则米之为物,关系社会国家,不亦重且巨哉。无如一般丧尽天良之奸商,以囤积为若辈之惯技,视私运为发财之捷径,更有劣绅污吏从中狼狈为奸,关卡员司反以米禁为其利弊,以故军米、赈米种种取巧,言不胜言。虽有禁令之取缔,而卒为金钱魔力所战胜。于是,吾人一日不可或无之食米,遂致鼠窃狗偷搬运一空,益以水灾歉收,来源既缺,价值

---

① 《令饬桃坞粥厂开办予以维护由》,《吴县县政公报》1931 年第 70 期,第 8 页。
② 余子:《米荒救济谈》,《木铎周刊》1920 年 5 月 30 日,第 1 版。
③ 《议办平粜》,《申报》1919 年 8 月 1 日,第 7 版。
④ 《黄埭乡开办平粜》,《申报》1922 年 7 月 30 日,第 10 版。
⑤ 《开办平粜》,《吴江》1926 年 4 月 4 日,第 4 版。
⑥ 《令核严防私运米粮办法》,《江苏省政府公报》1928 年第 36 期,第 21 页。
⑦ 《苏民请维米禁之公电》,《申报》1918 年 9 月 13 日,第 7 版。

安得不昂。若辈手段之辣,居心之毒,甚于蛇蝎,实同胞之公敌,社会之蠹贼也。夫奸商丧心病狂,惟利是图,本无道德之可言,然百年一瞬,人寿几何。试问造孽金钱能否久享,悖入悖出,事理之常,为儿孙作马牛至死不悟,可恨亦可怜。人谓:劫人财物者为之盗,我谓贩米出洋者之罪实浮于盗。不过,一则为有形之盗,一则为无形之盗,世人徒知防有形之盗,不知防无形之盗,致使民食前途不堪设想,吁可畏哉。①

1925 年 12 月,吴县横泾乡一带有米船经各米行采购后由胥口沿太湖出境,葑门觅渡桥、胥门横塘和盘门五龙桥等处也有运米船出口事情发生,孔昭晋、吴荫培函请苏州总商会,调查实情。吴县县署准函分令各该市乡警区严查并出示布告严禁。② 苏州士绅张仲仁通过无锡荣宗敬向泰国购买籼米三百万石,鉴于苏州米荒,从无锡所购洋籼米中借拨数十万石,运至苏州平价销售,嘉惠平民。③

另外,在灾荒之年,苏州地区的一些士绅也会提前预订好一些饭店并印制一种施饭、施米票据,免费发放给受灾的贫民,受灾民众可以凭票到指定的饭店就食。天官坊士绅陆孟达(故绅小松之长子),为救济受灾贫民,特地印制一种施饭票,免费施放给附近的贫民,"贫民可凭票到陆宅订约之三饭店吃饭,每票计饭两碗。其饭票约长三寸,上书(凭票请向某处某饭店吃饭两碗,天官坊陆孟记)。是项施饭票,计有千张,每票饭价一百二十文"④。吴县望亭镇士绅陆晋卿,因时近年底,为救济本镇贫病民,"特印大批施米票,每票给米二升,施给本镇一般无靠之男女老幼贫民,发去米票有数百张之多,若陆绅者,可谓乐善不倦也"⑤。山塘街士绅张寿民等,集合同志组织福寿会,宗旨专事救济贫民,"每年临近岁暮之际,向苏城内外各米店,办理每张一、二升的米票百余石,散给贫民。各贫民如在东区,可选择东区一带之米票,西区者可选择西区一带之米票,一如人意"⑥。在米价昂腾、民生困蹙之时,小本营生不足果腹者,一些士绅开平

---

① 锄奸:《斥贩米出洋者》,《木铎周刊》1921 年 11 月 20 日,第 1 版。

② 《请禁私运调查存米》,《申报》1925 年 12 月 29 日,第 7 版。

③ 《米价飞涨中之好消息,张仲仁关心民食》,《吴语》1926 年 3 月 18 日,第 2 版。

④ 《陆绅施送施饭票》,《苏州明报》1926 年 12 月 29 日,第 3 版。

⑤ 《陆绅施印米票,嘉惠贫民》,《苏州明报》1927 年 1 月 28 日,第 3 版。

⑥ 《福寿会代售米票》,《苏州明报》1927 年 1 月 8 日,第 3 版。

民食堂,给贫民及受困商贩发给饭证,凭证购领,"平民食堂与发售平饭,实应环境之迫切需要,可谓及时雨之功德"①。

除此之外,在每年时疫蔓延的季节,地方士绅也会开展为灾民施医送药的活动,积极救助受灾民众。吴江士绅顾允岩,"家学渊源,精习岐黄,顷因时疫盛行,特拟就良方数则,遍送各界俾患疫者,临时不致贻误,闻功效甚广,接方试服而得愈者颇不乏人云"②。四街严氏为同里镇富绅之一,"值此时疫盛行,特备灵宝妙应丹若干,用以普济患疫之人。若严氏者洵可为富而好施矣"③。1926 年 8 月,盛泽镇时疫盛行,绸业领袖汪鞠如、王子宪、王恺军、冯景钦、丁小波等六人,发起创办急救时疫送诊所,以资救济,闾里莫不称颂。④ 吴江城区的施医药局本来已经停办十年,1924 年 7 月,士绅杨秋水、周公才、庄颂美等人发起在中新街米业公所内重新开办施医药局,商定所需经费由各公团善士捐募,并聘请吴叔侯等医士担任施诊,以救患疫民众。⑤

在中国传统社会,民间力量的构成成分异常烦冗,各种势力错综复杂,相互交织。士绅阶层在基层社会中处于主体地位,不仅拥有巨额的物质财富和相对较高的社会地位,一部分人甚至还是退休的各级政府官员,在地方社会生活中有着极大的话语权。另外,在中国传统社会,国家政权对地方社会的控制异常严密,加上重农主义以及安土重迁思想的影响,社会各阶层之间的流动性相对较弱。"在稳定的社区中,一切依照传统的秩序生活,很少发生变动,因此士绅对地方的控制是稳固的。"⑥居住在市镇中最具经济力量的城乡地主和部分商人,凭其强大的经济实力,增加了官府对他们的倚重程度,特别是在一些规模较大的社会工程(如水利、城防等方面的建设)和灾荒严重时期的救赈,往往需要他们的支持或者"义助"。他们和部分士绅构成了江南地方社会发展的砥柱。⑦ 对于地方士

---

① 《筹备发售平饭,沈理事长莅苏指导》,《道义月刊》1944 年第 7 期,第 1 版。

② 白水:《医生热心济世》,《木铎周刊》1919 年 8 月 31 日,第 1 版。

③ 白水:《富而好施》,《木铎周刊》1919 年 8 月 31 日,第 1 版。

④ 《送诊所》,《新盛泽》1926 年 8 月 21 日,第 2 版。

⑤ 《将有施医药局出现》,《吴江》1924 年 7 月 30 日,第 3 版。

⑥ 王笛:《跨出封闭的世界——长江上游区域社会研究(1644—1911)》,中华书局 2001 年版,第 376 页。

⑦ 冯贤亮:《明清江南地区的环境变动与社会控制》,上海人民出版社 2002 年版,第 507 页。

绅在灾荒之年的助赈活动及其产生的效果,当时的报刊这样评价:

> 天气又冷了。在一般豪绅巨贾,开炉取暖,自然毫无关系。可是
> 一般苦力和穷人。他们在工作时间缩短的冬天。妻哭子啼,难得温
> 饱。幸有地方上善良的人士。施米捐衣,更有聚沙成塔,举办粥厂,
> 这是热心关怀社会事业。而为民众造成的嘉惠。贫人当然拜倒欢
> 迎。就是行政诸公,也应当尽能力上的维护。哪知消息传来,施粥在
> 捐税名目繁多中,也收到了一份。虽然是空穴来风,却连累了城北粥
> 厂。热心诸公,杯弓蛇影,开了一个非正式的谈话会。当场由素负令
> 誉的施筠清先生说:在现在消息没有明令以前,我们不应当灰心停止
> 工作,要知贫民期望于我们很深很切。到事实证明时,我们丢手也未
> 迟呢。好了,今年吃施粥的朋友,虽有些苟延残喘的现象。但在慈善
> 家的努力下,大约不至于餐风饮露,风雨飘摇之感吧。①

由此可见,通过灾荒救助,传统士绅阶层在晚清以来的中国地方社会
政治生活中所起的作用是举足轻重的。进入民国以后,随着社会近代化
进程的加快,地方士绅对社会和政治的干预越来越多,同时继续积极参与
地方社会事务的管理,灾荒之年救助受灾民众的社会责任未变。"士绅以
家族和家乡的福祉增进和利益保护为己任,代表着本族、本地的利益,承
担诸多的地方责任。"②他们在维护地方社会秩序、济贫善举、慈善救助等
方面依然抱有一种责无旁贷的使命感。"一些地方绅富,往往对地域社会
负有更强烈的责任感"③,在乡村救济网络中扮演着领袖的角色。而在江
南地区,"士绅力量除了表现在文化领域外,更多的就是经济领域(包括社
会保障),上海、苏州绅商的影响在全国都是首屈一指的,与其他区域士绅
相比较,这应该是江南士绅的一大特征"④。

---

① 贫民:《施粥也要捐?》,《苏州钢报》1929 年 12 月 19 日,第 2 版。
② 唐力行:《延续与断裂:徽州乡村的超稳定结构与社会变迁》,商务印书馆 2015 年版,
　　第 65 页。
③ 吴滔:《明清时期苏松地区的乡村救济事业》,《中国农史》1998 年第 4 期,第 37 页。
④ 徐茂明:《江南士绅与江南社会(1368—1911 年)》,商务印书馆 2004 年版,第 153 页。

第三节　传统和现代救灾思想的碰撞与融合

自然灾害的频繁发生，导致社会失序，经济遭受严重破坏，民众的正常生活受到影响，带来一系列严峻的社会问题。受灾民众除了物质财产和生命安全遭受损失外，日常的交通出行和饮食居住等也受到影响，而始料未及的灾害更是对灾民心理造成重创。面对严重的自然灾害，灾区民众的内心世界是复杂多变的。普通灾民面对灾害的沉重打击变得束手无策，在各种救灾物资还没有运送到位时，面对让人望而生畏的灾荒，一部分灾民内心会产生极度的恐惧情绪，随着灾情的日益严重，进而丧失理性，转向封建迷信以求得心理的慰藉，甚至还会诱发一些异常行为，失去生存的信念。而另一部分灾民虽然对自然灾害也会心存恐惧，但仍能保持相对克制的理性态度，直面灾荒，客观地看待自然灾害及其带来的各种破坏，并积极响应国家的各项救灾举措，配合国家开展自我救助。

一、理性与迷信共存的双重心理

如前文所述，中国传统社会存在着深厚的民间信仰传统。天旱求雨、久雨祈晴、驱瘟逐疫、猛将驱蝗等活动逐渐演变成较为固定的模式，并深深根植于传统社会官民的意识思维之中。"当遇到水灾、旱灾和蝗灾的威胁时，便要施行巫术。"[1]作为传统的农业国家，自然灾害造成的经济损失通常是巨大的，而更严重的则是自然灾害对灾民心理的沉重打击。酷热无雨、久雨不晴及其引发的饥荒、病疫等次生问题更是给灾区民众带来无尽的身心折磨。在这种灾难环境下，如果长时间得不到有效救助，灾民就会产生焦虑不安或者恐惧未来的情绪。"随着干旱的不断延续，人们会变得越来越绝望，烦躁和焦虑的情绪很容易在最后演变为大恐慌。"[2]通常来讲，"这种突如其来的情境转变会引起心理应激，诱发恐慌心理。过度的恐慌心理会使灾民认知能力下降、行为能力受挫，从而导致个体的异常

---

① 费孝通：《江村经济——中国农民的生活》，商务印书馆 2001 年版，第 149 页。
② ［美］柯文：《历史三调：作为事件、经历和神话的义和团》，杜继东译，社会科学文献出版社 2015 年版，第 83 页。

行为,带来更多的非理性行为"①。而这种灾害经历和现实处境,灾区民众极易产生负面影响,有时候一个人的紧张和绝望情绪会传染一家人甚至整个村庄,导致大范围内民众持续担忧和焦虑,形成灾区内群体普遍的"灾民意识"。②

民国以来,虽然科学日渐昌明,但是天命主义的封建思想仍然普遍流行于广大民间社会。频繁发生的水、旱、疫等自然灾害对人们的日常生活造成严重影响并在一些特殊情况下威胁着人们的生命安全,在民众的科学知识和减灾装备还不足以有效应对自然灾害的情况下,对巫术等迷信的需要就会保持不变。"我国人民的心理,向来对于天然的压迫,因饱受天灾不可抗的荒谬观念,每任之自然生灭,而无法摆脱,所谓仰给于天者,实则无可奈何的表示。所以,每当天灾流行,禁屠、祈雨等非科学的举动,即应时而出。"③广大民众,"在平时不讲求以科学之方法,调查雨量,及至旱魃为灾,乃惟知祈雨,禁屠,求木偶、迎龙王"④。自然灾害发生后,灾荒的形成不是一蹴而就的,需要一段时间的逐渐聚积;另外,旱灾发生和发展的方式与水灾也大不相同,对人们生活造成的冲击也就截然不同,在等待政府救助的漫长过程中,灾民内心的焦灼不断堆积。尤其是干旱造成的渐进式苦难,让灾民承受着巨大的心理压力。"水灾形成后,人们最为关注的是已发生之事,而旱灾形成后,人们最为关注的是尚未发生之事。可以说,旱灾给人们造成的心理压力更大。"⑤

因为缺乏科学知识,人们在经历难以预料的漫长的各个阶段中,开始产生焦虑不安的情绪。"洪水对普通民众的心理打击极大。洪水到来时,那毁灭一切的浑然气势,让人类顿觉自身是如此的渺小"⑥,而一般的灾民,"因为缺乏智识和过于贫乏,不知也不能利用科学有效的救灾办法在

---

① 朱华桂:《突发灾害情境下灾民恐慌行为及影响因素分析》,《学海》2012 年第 5 期,第 90 页。

② 张帆:《民国地方社会的生存危机应对——基于 1934 年东南大灾荒的考察》,苏州大学博士学位论文,2017 年,第 195 页。

③ 王龙章:《中国历代灾况与振济政策》,独立出版社 1942 年印行,第 30 页。

④ 《论祈雨禁屠与旱灾》,载竺可桢:《竺可桢文集》,科学出版社 1979 年版,第 93 页。

⑤ 〔美〕柯文:《历史三调:作为事件、经历和神话的义和团》,杜继东译,社会科学文献出版社 2015 年版,第 80 页。

⑥ 马俊亚:《区域社会发展与社会冲突比较研究:以江南淮北为中心(1680—1949)》,南京大学出版社 2014 年版,第 208 页。

灾荒煎迫之下,把一切都委之命运,"于是便只好采用迷信的方法了。各地求雨、禁屠等类的事,便纷纷开演"①,于是迷信和谣言肆虐而生,也就有了一席之地。孙中山曾经有书痛论我国人民深中迷信之毒的文字,他说:"我中国之民,俗尚鬼神,年中迎神赛会之举,化帛烧纸之资,全国计之,每年当在数千万,以此有用之财作无益之事,以有用之物,作无用之施,此冥冥一大漏卮,其数较鸦片为尤甚。"②孙中山的这段文字当为自然灾害发生后束手无措的农民试图借助迷信习俗以抵御自然灾害的真实写照。长时间的亢旱不雨,民众自身无法排除旱荒带来的恐惧,便只有将希望寄托在信仰中可以兴云施雨的众神(见图3-1)。"人们并不是无缘无故相信这些信仰,事实上,信仰出自超越由简单可操作的经验所确定的生活,而这些信仰在仪式中得到了表达,人们试图借助仪式来触及超自然力量并与之沟通。"③面对旱灾,人们能做的首先是祈祷,举行各种各样的祈雨仪式。请神祈雨是一件严肃神圣的事,祷告前一日,沐浴斋戒;祷告时传锣鸣警钟,一律肃静。"苏州警察厅李厅长、吴县郭知事以天时亢旱,于本月十日起在郡庙内设坛祈雨并禁止屠宰三日。"④在吴江,"警厅奉到县令为天气酷热旱象将成,须设坛祈雨

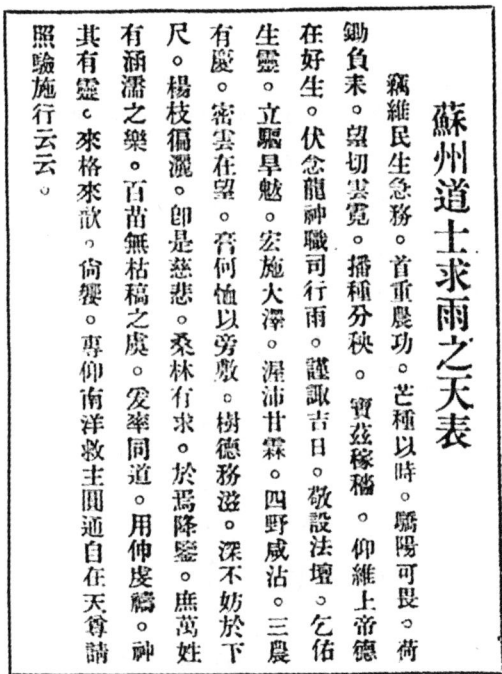

蘇州道士求雨之天表

竊維民生急務。首重農功。芒種以時。驕陽可畏。荷鋤負耒。惄切雲霓。播種分秧。寶茲稼穡。仰維上帝德在好生。伏念龍神職司行雨。謹諏吉日。敬設法壇。乞佑生靈。立驅旱魃。宏施大澤。渥沛甘霖。四野咸沾。三農有慶。楊枝徧灑。即是慈悲。密雲在望。宵何恤以勞敷。樹德務滋。深不妨於下尺。百苗無枯槁之虞。發率同道。用仲虔禱。神有涵濡之樂。來格來歆。倘蒙。專仰南洋救主聞道自在天尊請照驗施行云云。

图 3-1　苏州道士求雨之天表

注:图片来自《苏州道士求雨之天表》,《论语》1934年第 46 期,第 1027 页。

①　郑作励:《一年来中国农村的灾荒》,《星华日报新年特刊》1935 年特刊,第 31 页。
②　周廷栋:《江苏太仓农民的现状》,《社会科学杂志》1930 年第 2 卷第 1 期,第 9 页。
③　[英]布劳尼斯娄·马林诺夫斯基:《自由与文明》,张帆译,世界图书出版公司北京公司 2009 年版,第 138 页。
④　《开屠后继续祈雨》,《申报》1923 年 1 月 15 日,第 10 版。

以表虔诚,全邑一律断屠三天"①。如果这些常规的方法一直未能奏效且干旱引起的焦虑日益加深,人们往往会采取更为激烈的措施。

民国时期,各地开展的迎神祈雨仪式中,最主要的参加者还是缺乏文化知识的一般民众,他们对祈雨禳灾的作用深信不疑,甚至一些地方官员也加入其中,"祈雨由各地长官率领僚属及民众,于空旷处设坛祷告于天,专员所在地,由专员县长领导行之"②。如在苏州,"每逢久晴不雨,祈祷无灵之时,由官绅以趋从,至光福镇迎铜观音法像来苏。到后必有大雨,灵验异常。百求百应,千求千应,由来已久,足证佛法无边,诚则有感。虽一法身,平素并不敬礼,一朝竭诚以求,则杨枝一滴,遍洒三千"③。为求得降雨,有时民众甚至会做出一些过激的行为。1934年6月,常熟久旱不雨,城乡居民饮料等受到严重影响,25日晚8时,"忽有东乡农工四人手执利斧绳索等悄上虞山,突将该地辛峰亭角砍去"。因为他们听闻,"相传天时亢旱,将辛峰亭砍去,下有伏蛟,可活动而下雨"④。

而求雨的过程是异常壮观的⑤,苏州有观音、猛将、马王、周王、春申君等神灵接连出动,成为民众祈雨的对象。⑥ 在一些地区,政府官员也参与到祈雨活动中来。因为他们知道如果强行解散或制止民众的求雨活动可能会引发双方的对抗甚至冲突,从而破坏社会稳定,因此在求雨等迷信活动中,政府官员一定程度上起着推波助澜的作用。在南京,有班禅大师赴京城四门祈雨。太仓断屠祈雨,也有官佐士绅参加。⑦ 在常熟,三峰龙殿的铜龙王由绅商恭迎进城后,当地民众将其供于慧日寺内,县长周衡"每日清晨五时,前往叩拜拈香",并出示布告,禁屠三天。⑧ 官绅连日祈雨,叩求神座,斋奉龙王,"前日更将城隍像抬往西岳,觐见玉帝,请求早沛

---

① 《祈雨断屠》,《新盛泽》1926年8月11日,第4版。
② 《祈雨办法》,《论语》1934年第47期,第1095页。
③ 菊甫:《求雨请铜观音禁屠宰说》,《苏城隐贫会旬刊》1925年第2期,第4版。
④ 《常熟亢旱奇热,辛峰亭被毁》,《申报》1934年6月28日,第11版。
⑤ 关于1934年苏州城祈雨活动参见沈洁:《反迷信与社区信仰空间的现代历程——以1934年苏州的求雨仪式为例》,《史林》2007年第2期;张帆、燕董娇:《论知识人笔下的1934年江南祈雨》,《绍兴文理学院学报》(哲学社会科学)2017年第5期;胡勇军:《仪式中的国家:从祈雨看民国江南地方政权与民间信仰活动之关系》,《江苏社会科学》2017年第1期。
⑥ 《苏人赛会之热烈》,《申报》1934年7月26日,第11版。
⑦ 哲民:《目前水深火热的灾荒》,《新中华》1934年第2卷第15期,第18页。
⑧ 《常熟天时亢旱,县长拈香祈雨》,《申报》1934年7月9日,第10版。

甘霖,官绅耆老,均往城隍像于清早五更三点上岳,犹如废清时觐见皇帝"①。为能求得甘霖,鲜肉同业也加入祈雨的行列当中来。吴县鲜肉业同业,自动断屠。延请四十九名道士,在天后宫虔诚祈雨七日。时限已满后,仍未降甘霖,于是决议再继续断屠七天,并发给全体会员二百余人,每人雨伞两把,毛巾一条,长香一枝,随同羽士集队赴元妙观三清殿行香,以邀天庥,而霈甘霖。②

对于广泛存在的禁屠祈雨活动,《申报》曾作出评论:"各县行政官吏有出示禁屠者,有赴庙拈香者,有设坛举行斋醮者,在彼等关心民瘼或欲借是以安慰社会之人心。然在二十世纪科学昌明之世,犹有此种迷信神力,张皇幽渺之谈,究不可谓非吾国之羞也。"③但是不管出于哪种目的,禁屠祈雨活动都是对民众的欺骗与愚弄,甚至是借助神权迷信活动来稳定封建统治的一种手段,对于有效应对自然灾害起不到丝毫的积极作用,总体上来讲是一种迷信消极的灾害应对方式。

鸦片战争以后,西学东渐,江南社会近代化水平不断提高,江南民众的传统文化心态也在发生嬗变。1901 年,清政府在全国范围内推行新政,在文化上废除科举,提倡新式教育,国内的一些寺庙和祠堂相继被改为各类新式学校。与此同时,民间的祭礼与民俗也被列入禁违之列,遭到政府的明令废除。作为"人文渊薮"之地的苏州,向来重视科学文化事业。民国以来,一些具有新思想的开明人士,通过宣传、演讲、开办学堂、设立阅报处等方式,对下层民众进行思想启蒙,宣传养老恤贫,防灾互助等科学知识。这对自然灾害发生后民众理性应对灾荒起到积极的推动作用。如时人就对断屠求雨作出如下感想:

> 断屠求雨,是原人时代的迷信勾当,我们受过科学洗礼的人,当然是绝对反对的。……在主持市政的诸君们,提倡迷信,当然是不对。我们应该求一个科学解决的办法:在防灾方面,治本是开沟洫,种树木;治标是买抽水机器;都是水旱可以通用的。……在防疫方面,治本是办自来水;治标是开河;我以为可以并行不悖的。④

---

① 《常熟祈雨之怪状》,《大道半月刊》1934 年第 16 期,第 2 页。
② 《鲜肉同业继续断屠》,《吴县日报》1934 年 7 月 14 日,第 4 版。
③ 一得:《降雨果以祈祷得之乎(科学)》,《申报》1926 年 8 月 25 日,第 21 版。
④ 《对于断屠求雨的感想》,《新黎里》1924 年 8 月 16 日,第 4 版。

　　因此,近代以来,随着科学文化知识的不断普及,在水、旱、疫等自然灾害发生后,政府官员大多会采取一些理性的方式引导民众开展灾后自救,而对灾民自发组织的各种求雨驱疫等迷信活动进行劝说和取缔,并通过向灾民宣传防旱驱疫治水的正当途径,引导民众正确认识自然灾害。"天灾流行,国所恒有。应以人力及机械为救济之方"①,一部分稍有科学观念和新知识的人,对禁屠能祈到雨泽的行为不以为然,认为那是引人进入迷途的事,无助于灾荒问题的解决。于是,那些应对自然灾害保持理性头脑的农民,便纷纷向县政府作另一种较为进步的请求。如 1934 年夏,吴县兼旬不雨,旱象已成。为应对旱灾,各乡农民,纷纷向县府报荒,请求县政府开辟望亭沙墩港口,同时拨发戽水机二十架,以冀进行自救。② 另一部分灾民面对自然灾害,为减少或弥补损失,也是积极通过各种途径实行农事补救。"要知道江南地方有个太湖,是储水的仓库,长江的支流,分布在左右,只要动动科学的脑子,来领导民众合办戽水机,疏浚河道,开凿自流井,绝不会旱到田地龟裂的。"③没有新式抽水机,就用传统的戽水装置,或者采取几户人家协同互助的办法,轮流灌溉各家田地,"一不求天拜地,二不禁屠打醮,只是大家努力开河,努力筑坝,用打水机船引塘河里的水来灌田,没有钱用,想法子借;没有人指导,请实验区先生帮忙"④。经过一个多月的努力,田稻已经要秀实了。不断水的田,收成特别好。灾民乐观地对外宣称"记得从前有句古话,叫做'求人不如求己',现在我们可以把它改做:'求神不如求机'了"⑤。此外,一部分灾民还主动通过从事农家副业等多种方式以减少自然灾害带来的损失,分散经济风险,以补贴家用,"农家如能兼营各种副业,如育蚕、养鸡、养鱼、养猪、养羊、养蜂等,以及各种小工业,在在均可增加收入,对于农村经济之发展,裨益良多"⑥。自然灾害发生后,诸如妇女编织手工品、上山采集药材、野果等拿到市场上出售;男人出门打零工、到山上砍伐材木售卖;儿童们到田间地头采挖野菜、河道沟渠中捡拾鱼虾等水产品均为减少灾害损失的有效举措,"女子的刺绣,湖荡里的莲菱以及太湖、阳澄湖种的水产,莫不是农民

---

① 《禁宰求雨》,《吴江》1924 年 8 月 24 日,第 4 版。
② 哲民:《目前水深火热的灾荒》,《新中华》1934 年第 2 卷第 15 期,第 18 页。
③ 浪:《求雨》,《青复月刊》1940 年第 1 卷第 6 期,第 13 页。
④ 公:《求神不如求机》,《新北夏》1934 年 9 月 1 日,第 4 版。
⑤ 公:《求神不如求机》,《新北夏》1934 年 9 月 1 日,第 4 版。
⑥ 黄光祖:《中国农村经济问题》,《苏声月刊》1933 年第 2 卷第 1 期,第 50 页。

绝大的极好的副业"①。以光福镇为例,刺绣是光福镇妇女最普遍的副业,虽然妇女也到田间工作,但大半时间都做着刺绣。有人调查全村刺绣户数,除了在光福镇暂住的两个小学教师的家庭外,就找不出第三家不刺绣的了②,这些都成为自然灾害发生后灾区民众弥补生计、抵御灾害的重要生活来源。

由此可见,民国时期,频发的自然灾害危及民众生命,给灾民带来巨大的身心压力,灾民面对灾害带来的消极影响,内心惶恐不安,充满恐惧,陷入痛苦和绝望之中。"无知识是迷信的母亲,农民社会里的迷信之所以存在,实在是农民没有知识的缘故。"③因此,为寻求心理慰藉,民众开展诸如求神祈雨等各种封建迷信活动。而人们对自然灾害的认知和了解与传统社会时期相比没有发生本质性的改变,依旧把自然灾害看作超越自然界的神灵意志。"无论导致饥荒的确切原因是什么,人们都认为是神的安排。……久旱无雨、不合时令的严寒和水灾等因素似乎表明,引起饥荒的是超自然的力量,同时也进一步证明,人类是从属于神和大自然的。"④而随着民国时期科学知识的传播和普及,一些民众对自然灾害带来的影响抱持理性的态度,摒弃迎神赛会、禁屠祈雨等封建迷信活动,代之以采取多种科学理性的办法积极自救,抱持着乐观的心态。如太仓县虫害问题时有发生,乡民面对虫害,理性应对,"应利用科学方法驱除之"⑤。可见,民国时期的江南民众面对自然灾害,存在着迷信自救和理性应对的双重心态,这是自然灾害发生后最为常见的心理反应,同时也是江南地区自然灾害信仰多元化、江南民众实用主义心理的一种展现。

二、由排拒向认同的理念转变

自然灾害发生后,整个社会处在一种不稳定的失序状态之下,这时灾民想到的首要之事就是如何在缺衣少食的情况下活下去,而政府在这一时期为应对灾荒也广泛开展各种宣传,但当政府的救灾物资不能及时运达灾区或者救济活动的成效还没有完全展现出来时,受灾民众通常会对

---

① 《苏州》,《时事汇报》1934年第1期,第28页。
② 赵丕钟:《苏州光福农民的副业》,《农报》1935年第2卷第27期,第966页。
③ 周廷栋:《江苏太仓农民的现状》,《社会科学杂志》1930年第2卷第1期,第9页。
④ [美]柯文:《历史三调:作为事件、经历和神话的义和团》,杜继东译,社会科学文献出版社2015年版,第97页。
⑤ 周廷栋:《江苏太仓农民的现状》,《社会科学杂志》1930年第2卷第1期,第11页。

政府的宣传行为产生排斥。尤其当民众禁屠祈雨、驱瘟逐疫等行为受到政府制约或者遭到取缔时，灾区民众有时候甚至会采取一些过激行为。"教育之不发达曾引起农民许多无谓的风潮。如因天旱祈雨为官厅禁止而引起极大暴动者不下数次。"①而一些地方官员则会被灾民强迫参加声势浩大的祈雨求神活动。吴江某地的一位官员谈到灾民禁屠祈雨等活动时颇显无奈，"在人们普遍要求对旱灾有所举动的压力下，我不得不发出命令禁止宰猎。我认为这是很有用的，因为流行病往往与旱灾俱来，素食能防止传染病流行。这是这种信仰的真正的作用。在我缺席的情况下组织了游行。强迫人们不抵御旱灾是不利的"②。

如前所述，民国时期自然灾害的频繁发生，对苏州区域社会造成严重影响，经济遭到破坏，次生疫情蔓延城乡，为求生存，灾民离村他适，甚至一部分流徙死亡。当生命安全遭到直接威胁时，有些人的内心世界会失去平衡，导致心理异常，失去生存的信念，越轨行为时有发生。在这种情况之下，面对官方空洞的说教，加上缺乏具体有效的赈济行为，灾民显然不会服从和配合，在行动上表现出排拒的倾向。如1934年7月间，江南发生重大旱灾，苏州首当其冲，地方民众为求降雨连日举行各种迎神赛会活动，愈演愈烈的赛会活动妨碍了城内交通，影响了市容市貌，引起地方政府的不满。苏州地方政府出面劝导，并试图制止。国民党苏州市党部特派员孙丹忱对赛会民众规劝道："天旱就应当设法救济，救济却不必期待神方，希望我阖邑同胞，一方面从速集资购买机器戽水或掘进，一方面全力奉行党政各方决定防旱有效之办法，出一钱得一钱之力，费一日有一日之功，做一工有一工的价值，这才能收到救济的实效。"③然而，赛会民众对其规劝充耳不闻，并未听从政府官员的劝说，甚至赛会活动进一步发展，进入相互攀比的局面。如玉器业的周宣灵王出巡，在仪仗方面与其他不同，完全以玉器之物件为主体，不涉其他凡俗之物，更谢绝外界仪仗参加。④ 整个苏州城内又是龙灯又是会，驸马会、杨王会、观音会、猛将会、城隍会轮番上阵，无一不追求新奇，爆竹之声不绝，并不时引发火灾。

---

① 蔡树邦：《近十年来中国佃农风潮的研究》，《东方杂志》1933年第30卷第10号，第36页。

② 费孝通：《江村经济——中国农民的生活》，商务印书馆2001年版，第150页。

③ 《防旱救灾须循正当途径，非迷信神力所可为功》，《苏州明报》1934年7月22日，第5版。

④ 《迎神祈雨争奇斗胜》，《苏州明报》1934年7月23日，第5版。

1934年7月25日,苏州市公安局以赛会活动影响社会治安为由,发布严禁迎神赛会的告令。但是,部分乡民对此视而不见,仍然继续举行欢送光福铜观音返乡、水仙庙赛会和西津桥何山庙会等活动。最后,在苏州地方政府采取加大严禁的力度,逮捕相关组织赛会活动发起人等措施后,至8月6日,在各方的劝阻之下,持续一个月之久的求雨活动才最终落下帷幕。

　　进入民国后,为构建现代化的政府,国家开展了一些提倡科学和反迷信运动。"第一是用科学的力来打破和防止天然的灾害,第二是培养民力来抵抗灾害。……在科学发达时,可以防止灾害之发生,使不致成为大害。"[①]这一时期国家以舆论宣传和批判作为主要途径,利用报纸、杂志和图书等新式传媒作为宣扬科学、破除迷信的重要载体,开展反迷信活动的宣传并向灾民系统介绍灾害发生的原因以及各种自救和他救措施。"要达到希望,必须自己去做,天上不会掉下来的,求神拜佛是万万得不到的。即便说有神佛来保佑的,然而仍旧要我们人去做,事情才得成功。你们看有哪一件事,是因为求了神佛,就可以不做而成功的吗?"[②]1927年,蒋介石在南京建立国民政府后,全国范围的反迷信、提倡科学运动次第举行,并在一些地区取得良好的成效,尤其是在国民党政府控制力较强的江南地区。通过有效的舆论宣传,人们的心态和行为习惯发生了转变。竺可桢讲道:"禁屠祈雨,迎神赛会,与旱灾如风马牛之不相及,在今日科学昌明之时观之,盖毫无疑义。欲明此理,吾人不得不研究雨之成因。"[③]苏州地区长期以来经济发达、文化昌盛,民众受教育程度相对较高,各种灾后救济措施比较完善,加上政府救灾的积极态度和民间社会力量的大力支持,能够有效帮助受灾民众渡过难关,这让一部分人对现代救灾措施和手段的认识发生转变,心理和行动上由排拒逐渐走向认同,他们在政府的有效引导之下,积极展开自我救助,以期渡过难关。如当虎烈拉、绿喉痧等时疫发生蔓延时,民众不再举行请神驱疫、游神赛会等活动,而是主动采用现代医学技术,采取诸如注射疫苗、布种牛痘等措施加以应对。

　　防疫的方法,有许许多多。九九归源,无非是清洁两字。而布种牛痘尤为重要。小地方应当普遍。大市镇尤其要普遍。幼童当然是

---

①　《救灾与募捐》,《十日谈》1934年第47期,第461页。

②　《育婴院之娘娘诞》,《苏州明报》1927年5月18日,第3版。

③　《论禁屠祈雨与旱灾》,载竺可桢:《竺可桢文集》,科学出版社1979年版,第93页。

要布种，成人也是要的。因为在幼时种过，到了成人，那牛痘的效力，完全退化了。所以要重新布种。贫民方面的布种，须得公家的补助。有些医生，虽也不要钱的，但是多数医生是要钱的。所以那免费布种牛痘，是要一市镇的人民共同出来，使它普遍。因为种了牛痘以后，那身体中间就有抵抗外界疫气的能力了。外界有传染病来就可以靠它抵抗。那传染病就此减少了。这样疫气的流行也减少了。①

如太仓县面对时疫蔓延，在全域范围内广泛开展卫生清洁运动，"施种牛痘，防免时疫，清洁沟渠等，但每个乡镇最好能设立一个公立医院"②，这对于传统农业社会卫生环境是有很大益处的。1931 年，苏州地区瘟疫盛行，苏属西部乡镇接二连三因染疫死了五六个人。由于之前打过防疫针的民众较多，并且大部分人又都预备了药物十滴水，所以该年苏州地区虽然瘟疫比较严重，但死亡的人数并不多。这件事也促使一部分民众意识到卫生的重要性，以及防治瘟疫的正确方式是采取科学的方法而不是靠求神拜佛，"那时乡友才感觉到卫生的重要，而众口同声的承认讲究一点卫生到底要好些。我们何必空空洞洞去铲除迷信，打倒神像，反而遭了乡民的恶感，只看这件小小的医药工作已大杀了求神延巫的风气，以这相同的事实来扩充之，何尝不能彻底改造社会！"③

长时间的久旱不雨，农业生产首当其冲遭受严重损害，一方面作物生长受到影响，另一方面农民无法按时进行农业耕作，严重缺水时更是无法下种。江南地区以种植水稻为主，节水耐旱型作物并不是江南民众的主食，他们也缺乏相关的种植经验。因此，在旱灾发生后，面对政府倡导改种耐旱作物的呼吁，一些灾民内心一开始会产生抵触的情绪，有些灾民宁可看着水稻因缺水一天天枯萎死亡，也不愿意主动改种耐旱类的作物，而是选择继续等待老天爷降雨。对此，苏州各地政府和社会组织派员分赴各地对受灾民众劝说和指导，进行广泛的宣传，并向灾民免费发放耐旱作物的种子。1934 年 7 月 5 日，吴县县长吴企云召集救济旱荒紧急会议，议定一个月内仍不降雨，所有受旱田亩全部改种旱粮，要求各区长迅速查明各区受旱田地亩数、需用种子数量，开报县府，由县府统一采办，免费发

---

①　《各地布种牛痘之必要》，《吴江》1926 年 4 月 25 日，第 3 版。

②　周廷栋：《江苏太仓农民的现状》，《社会科学杂志》1930 年第 2 卷第 1 期，第 13 页。

③　施中一：《旧农村的新气象》，苏州中华基督教青年会 1933 年刊行，第 40 页。

给农户。① 后江苏省建设厅从徐州省立麦作实验场代替农民整批购入荞麦、绿豆、赤小豆、芝麻等旱作种子,发放灾区民众。② 在旱魃肆虐的压力和政府等外部力量的推动和宣传下,一些农民开始主动作出自我调整,各地纷纷开始改种耐旱作物,成为严重旱灾情况下的一种非常态的应对方式。甚至有一部分灾民将家里的衣物、生活用品通过典卖的形式换取部分钱财,主动购买耐旱作物进行种植,并坚持到作物成熟、丰收,有效渡过了难关。"这在一定程度上反映出人们在农业生产活动过程中的生态适应性,其实质是对农业生态系统的积极调控。"③

　　总体上来看,受中国传统文化和近代西方文明的双重影响,民国时期国家在自然灾害应对及灾后的社会救助上态度较为积极,政策法规的宣传和灾后救济举措的实施对灾民产生了一定程度的影响。也正是国家这种积极应对灾荒的态度,使得灾民对政府的态度发生转变,逐渐接受政府提出的救灾方法,由最初的排拒逐步走向认同。"则政府人民,当如何利用科学以为防御之法,研究豫知之方,庶几亡羊补牢,惩前或可以毖后。若徒恃禁屠祈雨为救济之策,则旱魃之为灾,将无已时也。"④

小　结

　　1912 年 1 月,中华民国临时政府成立。民初政局动荡失序,社会秩序紊乱,使得政府对自然灾害的救助有名无实。袁世凯窃取辛亥革命的胜利果实,建立了北京政权继续实行专制统治,思想上尊孔复古,行动上加强对地方社会力量的压制。1914 年,袁世凯为了加强中央集权,停止了地方自治。此后,各地地方精英对当地事务的参与、地方行政机构的活动等经历了种种曲折。原本应由地方自治实现的"地方公益事宜",有的由慈善团体以及其他民间力量继续维持,有的被置于地方行政机构的管

---

① 《县府紧急会议决定,二旬不雨改种旱粮》,《苏州明报》1934 年 7 月 8 日,第 6 版。
② 《耐旱种籽,建厅令查应需若干》,《苏州明报》1934 年 7 月 27 日,第 5 版。
③ 王加华:《农事的破坏与补救——近代江南地区的水旱灾害与农民群众的技术应对》,《中国农史》2006 年第 2 期,第 114 页。
④ 《论祈雨禁屠与旱灾》,载竺可桢:《竺可桢文集》,科学出版社 1979 年版,第 98 页。

辖之下[①],从而导致国家和社会之间互相抗衡、冲突不断,二者的关系异常紧张,对抗明显。1927 年,南京国民政府在形式上统一全国后,国家和社会间的关系开始发生转变,双方不再日趋对抗,而是逐步走向合作,尤其在一些诸如灾荒救助、济贫恤孤等社会"公"领域中表现得尤为明显,只不过以官赈为主的救灾体系开始逐渐削弱,民间社会逐步取代政府成为自然灾害救助的主导力量。在中国社会由传统走向近代的转型期,现代民族国家还未完全建立,国家应对各种公共危机的功能尚不健全,面对严重的自然灾害,传统社会力量在灾荒应对活动中依然发挥着重要作用,呈现出在时代变迁中公共危机应对方式上不变的一面。

　　明清时期,苏州地区善会风行,善堂林立,这些慈善团体是民间济贫施赈的重要载体,主要从事养老、恤孤、掩埋、施粥、育婴等慈善活动。一方面,进入民国以后,此类慈善组织虽然在不同时期进行了改组或改称,但仍力倡善行义举,在灾后的地方社会救济中继续承担着重要责任。同时,由于国家财政力量有限而不得不让渡部分管理地方公共事务的权力,在社会救助方面的重要性日益式微,慈善救助逐步依靠社会力量,社会救济的主体开始发生位移。"政府既无望矣。吾不得不希望商民之努力!"[②]在普济堂、保婴局和育婴堂等传统官方色彩较为浓厚的慈善组织中,民间社会力量的作用日益凸显,养老、恤贫等慈善风气多循前规。另一方面,苏州地区各类地方慈善团体在水灾、旱灾、疫灾等灾害发生后积极对受灾民众实行救助,施粥、平粜、施衣、赈银、习艺等各种救助手段轮番进行,因地制宜,养教结合,形成具有鲜明地方特色的多元化救济体系,在近代中国社会中依然具有一定的生命力。

　　宗族、行业和地方士绅作为明清以来苏州地区重要的社会保障组成部分,遍布城乡各个社区,在民国时期的救灾济贫活动中发挥着重要作用。传统中国是以血缘关系为纽带的宗族社会,在灾害发生后政府救济力量未能触及时,宗族组织的互助救济成为一支重要的社会救济力量。明清以来,苏州地区地方宗族实力庞大,民国时虽有所衰落,但仍承担着地方慈善公益事业。义庄救济同族族人的宗旨也没有发生改变,继续在灾荒之年赈济乡里,维护桑梓的社会稳定。作为明清时期东南地区重要

① ［日］小浜正子:《近代上海的公共性与国家》,葛涛译,上海古籍出版社 2003 年版,第 10-11 页。

② 杨瑞六:《饥馑之根本救济法》,《东方杂志》1920 年第 17 卷第 19 号,第 15 页。

的工商业城市,苏州城内林立着为数众多的同乡之间联络乡情的地缘组织——会馆和公所。办理善举、救济失业同乡、顾恤赈济,是会馆、公所的重要职能。灾荒之年,开展各种形式的慈善救助活动,如玉业公所就曾成立永济施粥局,逐日按处放粥,救济灾民。而士绅阶层作为传统中国社会的一个特殊群体,借助沟通中央政府和地方社会的桥梁作用,在地方社会中具有重要影响力,尤其是在慈善和灾后救济中发挥重要作用,灾荒之年,通常主动参加地方的赈灾事务,通过公益募捐、开办平粜、施粥施药等多种方式救济灾民,乐善不倦。"宗族、行业、社区三个保障系统,形成一个遍布苏州城乡的社区合作网络,维持着明清以来变迁中的苏州社会的稳定。"①

与此同时,频发的自然灾害造成人员死亡、田地被毁和交通阻断,会对灾民心理产生重创,也会对民众的救灾思想和救助理念产生影响,恐惧和焦虑的心理促使传统和现代两种救灾思想产生碰撞与融合。面对严峻的自然灾害,灾民会借助传统的禁屠祈雨、驱瘟逐疫、猛将驱蝗等封建迷信活动来缓解内心的焦恐情绪。近代以来,随着西方文化思想和自然科学知识的广泛传播,受灾民众开始摒弃迎神赛会、断屠祈雨等迷信活动,以科学理性的思想来直面灾荒,采取办法积极自救,抱持乐观心理,"用科学的力来打破和防止天然的灾害,培养民力来抵抗灾害"②。这一时期,苏州民众在面对自然灾害时,存在着迷信自救和理性应对的双重心态。

灾害发生后,若政府缺乏行之有效的救济政策,或救济活动未起到明显效果,受灾民众会对政府行为产生排斥。如若自发组织的自救活动遭到政府限制或取缔,部分灾民甚至会采取过激举动,以对抗政府。政府呼吁改种或补种耐旱作物和采用新式戽水机械,灾民同样在行动上表现出排拒倾向。随后,国家利用报刊、图书等新式传媒作为宣传反迷信活动的载体,对灾民了解灾害本质发挥了重要作用,"无谓的求神保佑,求天降雨,都是些无意识的妄举,于事实上毫无补益"③,进而转变对现代救灾举措的认知,对政府的态度由最初的对抗排拒逐步走向认同配合。从整体上来讲,受传统文化和近代西方文明的冲击,在政府的有效引导之下,灾民最终能够主动做出自我调适,积极自救,官民通力合作,共渡难关。

---

① 唐力行:《明清以来徽州区域社会经济研究》,安徽大学出版社 1999 年版,第 256 页。

② 《救灾与募捐》,《十日谈》1934 年第 47 期,第 461 页。

③ 润农:《卷头漫画:求雨》,《农报》1934 年第 1 卷第 14 期,第 1 页。

第四章　苏州地区现代化的自然灾害
应对机制

民国时期,苏州地区自然灾害频繁发生,导致民生维艰,社会经济秩序紊乱。自然灾害发生后,国家和地方社会都会出台相关的救灾举措,对受灾民众进行救助,以帮助他们渡过难关,同时开展灾区重建和生产生活的恢复。这一时期,虽然苏州地区的传统社会力量仍然在自然灾害的救助中发挥作用,但随着西方科学技术和文化的传入以及现代国家政权的建立,在二者的双重影响之下,民国时期,苏州地区的灾荒救助机制与时俱进,传统因素在应对灾荒中的作用渐趋式微,自然灾害的应对出现社会化的转向。与此同时,灾害应对模式也发生了新的变化,现代化的救灾技术得到广泛推行和应用,新兴阶层和社团组织也积极加入灾害救助体系中,有效缓解了政府所承载的救灾压力。各种有效的灾赈措施既保证了灾区的社会安全,消除了灾民顾虑,又遏制了灾害引发的各种社会冲突,对防止由"灾"变"荒",保持国家政权稳定和社会经济发展起到了积极作用。

第一节　自然灾害救助中的政府力量

自然灾害发生后,通常会出现灾区粮价高昂、物资短缺等现象,这时各级政府通常都会采取各种相应的措施对灾民进行救助,以帮助灾民抵御灾害,共克难关。面对自然灾害的肆虐,北洋政府和国民党政府都展现了政府力量,加强顶层设计,从全局出发制定赈灾方案。1927 年 4 月 18 日,南京国民政府成立,其作为"截至 1949 年为止中国近现代史上最为强盛的现代政权,标志着中国社会中政治整合力的强化"①,国家权力强势回归,很快就制定出一套现代化、制度化的灾害应对程序。各级地方政府根据国民政府的灾害应对整体方案,因地制宜采取多种方式筹募赈济资源,发挥政府在自然灾害应对中的有生力量。

一、完善灾荒救助法规

　　1927 年,南京国民政府成立后,沿用了北京政府时期的做法,设立了赈务处,将自然灾害救助政策逐步纳入制度化和法制化的轨道。南京国民政府统治时期(1927—1949)颁布了多部法律和法规政策,以此对自然灾害的救助方案进行规范。其中,为督促规范公私机构实施救济行政,从1928 年起,国民政府颁布了一系列有关社会救济法规和条例,初步完备了社会救济事业的立法基础。② 同年 8 月,《国民政府赈务处组织条例》公布,条例规定,赈务处直隶于国民政府,掌管各灾区赈济及善后事宜,置处长一人,由内政部部长兼任,综理赈务处事宜。③ 1929 年 3 月,南京国民政府成立赈灾委员会,由"行政院"直接管辖,主要负责办理各灾区的赈灾事宜。到 1930 年,国民政府颁布《救灾准备金法》,规定:"国民政府每年应由经常预算收入总额内,支出百分之一,为中央救灾准备金;但积存满五千万元后,得停止之。省政府每年应由经常预算收入总额内,支出百分之二,为省救灾准备金。省救灾准备金以人口为比例,于每百万人口积存达二十万元后,得停止前项预算支出。……遇有非常灾害,为市县所不能救恤时,以省救灾准备金补助之,不足,再以中央救灾准备金补助之。"④

　　为应对频发的自然灾害,中央政府、地方政府以及一些慈善团体,均积极筹议或实施救济的方法,制定各项法规,以在灾荒之年能及时救助灾民。1927 年,江苏省政府为维护本省民食,救济平民生计及调节他省供求,防止灾荒之年部分奸商私运粮食,特制定了《江苏省过境米粮查验条例》,其中规定:"他省购运米粮,通过苏境,须先由采办米粮各省之省政府,将护照号数、张数,购办米粮之地点、行号石数及在苏境通过之地点,

---

① 忻平:《全息史观与近代城市社会生活》,复旦大学出版社 2009 年版,第 200 页。
② 王云骏:《民国南京城市社会管理》,江苏古籍出版社 2001 年版,第 90 页。
③ 《国民政府赈务处组织条例》,《浙江民政月刊》1928 年第 10 期,第 1 页。
④ 《特别要件:救灾准备金法》,《江苏省政府公报》1930 年第 586 期,第 5-6 页。

告知苏省政府,由省政府饬交验米办事处,逐项查验。"①这一规定对灾荒之年不法商人偷运、私运米粮起到了较好的抑制作用。与此同时,江苏省党部也致函江苏省政府,请求禁止米谷出洋及囤积居奇,"查谷米一项,为人民日用必需之品,迩来苏省人口之骤增,以及军队之屯驻,天灾之盛行,粮秣之供给,在在皆是。值此秋获未登,青黄不接之际,谷米出洋,尤为厉禁,期在救济民食,维持国计。近查有奸商渔利,多有运往外洋,以及囤积居奇之事。罔顾民生,殊堪痛恨!敝会于第二十六次大会公决,函请贵政府令饬各县,严禁米谷运输出洋,以及囤积居奇,俾资接济,而维民食"②。

1928年12月,常熟县制定《限制外县采办米粮办法》,县长吴公耐向江苏省政府呈报办理米禁情形,"为防止目前米贵及免除日后米荒起见,对于奸商偷运,遵照省颁惩罚办法六条之规定,严行处罚。对于邻省采米,尊重省政府俟秋成勘定再行核办之决议案,暂不放行。……至于米粮囤积,意在居奇,亦所不许;并责成公安局及市乡行政局各就地查明囤积户名及数量,每届月终汇报一次,以供职县政府注重分配调剂,供求之参考"③。苏州地方政府对私运米面出洋同样严厉盘查,对被查处的私运物资处以极其严厉的处罚,市公安局局长邹兢称:"西北灾情奇重,待赈孔殷,粮秣一项必赖他省源源接济。避免缺乏,所有国内出产之米谷面粉亟应暂禁出口以及转运各省市。政府转饬所属一体加意防范,严密查缉,如有不顾民食,私将米面运往国外销售以图重利者,即予扣留,严厉处罚。"④至1929年,江苏省制定《本省禁运米粮出境办法》⑤,进一步从法律上和制度上完善了本省米粮出口的相关规定。

1931年11月,南京国民政府公布了《国民政府救济水灾委员会章程》,为应对水灾,国民政府救济委员会拟定在被灾各省设立农赈局,按照灾情的轻重,在一县或者数县各设置办事处,后来又在各地农村组织农村合作社,"俾农民早得复业,盖急赈办法,为直接散放。农赈则采贷放办法,所有贷出之款与麦均需陆续归还。作为一种周转资金,将来本会一切

① 《江苏省过境米粮查验条例》,《江苏省政府公报》1927年第14期,第18页。
② 《请禁米谷出洋及囤积居奇》,《江苏省政府公报》1927年第7期,第10页。
③ 《常熟吴县长禁米周密指令嘉许》,《江苏省政府公报》1928年第66期,第11页。
④ 《令查私运米面出洋即予扣留严厉处罚由》,《苏州市政月刊》1929年第1卷第7-9号,第28-29页。
⑤ 《本省禁运米粮出境办法》,《江苏省政府公报》1929年第88期,第9页。

工作全部结束,而农赈部分,仍可继续进行"①。但在具体的救济旱灾办法上,各省略有不同,1934年江南大旱期间,江苏省建设厅制定救旱办法四条,饬令各县及各省立试验场遵照执行。防旱办法规定:"(1)由各县县长努力提倡开凿自流井,并奖励组织利用合作社,合资购买抽水机器,以开水源,而利灌溉。(2)由省立农具制造所,多制四匹及八匹马力引擎,改良制造方法,务求使用简易,减低生产成本,廉价出售,俾得普遍采用。(3)由省立稻麦棉各专场,注意培育抗旱作物品种,以防旱害。(4)由省立林业试验场,切实注意提倡大面积造林,尤须特别注意于天然林之保护,以调节水旱。"②

而江苏省救旱办法大纲则对各县抗旱救灾作出了进一步要求:"(一)由县政府召集区长会议,筹议规划救旱实施办法,并通知农民一体动员。(二)由县政府尽量筹集抽水机、人力戽水车,以备农民廉价租用(必要时所有打米机均可勒令改为抽水机,省政府并已训令省立农具制造所尽量预备抽水机,以供各县租用)。(三)筑坝费、抽水机租费管理及耗油费用等,均由农民自任,按受益情形摊集。(四)由县政府以县建设经费作担保,向农民银行借款,酌量情形交由区长负责分贷农民。(五)由河湖抽水入支河,其工程较大者一切筑堤设备抽水工作,县政府应代为规划布置,所有开支,于必要时得呈请由建设费项下补助。(六)所有具体方案应由县政府规划拟订,呈省府备案。"③两项救旱办法,主要目的在于明确利用机器汲水,除由农民自动筹办外,同时各县政府应负责主持规划,筹拨经费,协助进行。后来,因为天气持续不雨,考虑到各县境内的河湖水位日益低落,即使终日汲引,水源供给仍显不足,无济于事,于是在7月中旬,江苏省政府制定了汲引江湖水源救济江南亢旱的办法,开放长江三水闸,试图通过利用机器汲引长江、太湖、漏湖、长荡湖、阳澄湖之水分灌通江通湖各处水口,汇注运河,进而转输各处港汊支河,以利民众灌溉,并决定施工办法:"(一)关于疏导江湖各水,引入内地干河工程,规模较大,需费较巨,由省方担任。(二)关于疏导干河,引入各乡支流工程,由各县担任。

---

①　国民政府救济水灾委员会:《国民政府救济水灾委员会报告书》,国民政府救济水灾委员会1933年编印,第113页。

②　《各省防旱纷纷成立防旱会》,《农报》1934年第1卷第13期,第315页。

③　《苏省府规定各县救旱办法大纲》,《申报》1934年7月16日,第11版。

(三)关于疏导支流引水入田工程,由当地受益农民自任。"①

　　苏州地方政府根据国民政府政务处以及江苏省政府民政厅等部门的训令,积极完善相应的法律章程,并采取措施应对灾荒。灾荒之年,一些不法商人借机囤积居奇或者高价售卖粮食,从而导致市场上粮食流通量减少,粮食价格节节上涨。平抑粮食价格是国家救济灾荒、稳定社会秩序的一项重要手段。粮食价格的波动与灾区民众的日常生活息息相关,保持粮食供需平衡和价格稳定是维持灾后社会稳定、巩固统治秩序的重要保证。为平抑米价、保障民食,政府设立平抑米价机构。苏州丰备义仓将存谷二万石运至无锡奢碓后,在苏州城内选择适宜地点酌设平米局多处,平价出售。② 粮食的供求关系,除了受自然灾害影响外,每年春季三四月份青黄不接的时候,通常来讲也正是粮食价格节节上涨之季。"救济办法,唯有请求县署,先将去腊官绅议决之平价米,迅予购办运苏,发店平价出售,俾可维持民食。"③1926 年 4 月,正值春寒料峭、乍暖还寒的时节,苏州地区的食米价格连日升高,导致民众日常生活受到严重影响。吴江县政府成立平价售米处平抑粮食价格,"警所奉林县长谕,米价日昂,民食维艰,自四月一日起,应加限制。如有高抬市价,派警查明,准予解案惩罚。当由市公所召集各米商公议平价"④。同时制定粮价最高限价法规,限定最高米价,"自 4 月 2 号起,一日以内各米行及粮食铺,划一价目。高冬上白米每石不得过十三元四角,次之十三元一角。籼米每石十二元六角。各米业在商会分所组织平价售米处。专粜长籼,零粜食户每人以四升为度,储警佐通告市民。仰体善意,毋许争扰。各米商不得舞弊加价,致干究办"⑤。

　　1934 年,苏州地区遭遇旱灾,市场上米价日渐腾涨,国民党吴县党部特派员孙丹忱代电吴县政府,制定应对办法,"一面应将米价核订一最高价格限制抬涨,一面会同地方人士,速筹巨款,购囤米谷,用防恐慌,而调市价"⑥。吴江第一区会同吴江粮食业同业公会,邀集全城米业会商,由各米行共同组织公粜处与粮食业公会,规定"每户凭户籍册核计,至多不

① 《全国旱灾汇志:各省防旱工作概况》,《农报》1934 年第 1 卷第 14 期,第 345 页。

② 《酌设平米局之筹备》,《申报》1919 年 9 月 11 日,第 7 版。

③ 《米业调剂米价增长办法》,《吴语》1927 年 3 月 2 日,第 2 版。

④ 《黎里:组织平价售米处》,《吴江》1926 年 4 月 18 日,第 4 版。

⑤ 《黎里:组织平价售米处》,《吴江》1926 年 4 月 18 日,第 4 版。

⑥ 《米市涨风依然难抑》,《吴县日报》1934 年 7 月 14 日,第 2 版。

得超过五升。公籴价格,定为每升八角五分"①。1947 年,正值国共内战之际,苏州地区的粮食恐慌日益严重,贫民生计更是粒食维艰。为救济民食,5 月 5 日,吴县政府决定将之前在阊门外中南火柴厂、陆墓镇聚茂盛米号、横泾万森润米号等三处查获的囤粮,共计谷三千八百九十担,糙粳七百十二石,白米三百十一石,全部启封平价销售,并成立平价售粮处,规定"每户不得超过五升,价格则按当日市价八折计算"②。9 月 18 日,吴县政府邀集地方各机关举行物价平议会,最终决定,"最高原折米价绝不超过无锡白籼,白粳酌加运费,折耗以百分之六计算,并由粮会将各项价格,按日造报呈核"③。

面对严峻的旱情,苏州各地纷纷成立救灾机构,制定法规,召开紧急会议以应对旱灾。1934 年 7 月 11 日上午,常熟县召开旱灾救济会议,即日组织旱灾救济委员会,并由各区长组织各区分会。④ 同日下午,常熟县政府举行防旱会议,各区长、农场主任及地方士绅五十余人出席会议。推定农民银行、农会、县农场、各区区长及士绅俞九思、庞甸才等为防旱委员,以常熟县县长为委员长。⑤ 而在吴县,县长全力谋划救灾,组织吴县防旱委员会,具体负责全省救灾事宜,并颁布《救旱办法大纲》。防旱委员会由县长、建设局长、农业推广所管理员、救济院院长、县农会干事长、公安局局长和勘灾委员会主席组成。县长担任主席,县政府延聘专家及地方热心人士若干人为聘任委员,每周二和周五各开会一次,7 月 12 日,防旱委员会召开第一次会议制订组织规程,确定救旱办法。⑥ 吴江县政府则在 7 月 13 日召开第一次临时政务会议,专案讨论防旱事宜,县长徐幼川出席会议,决议通过《吴江县救旱办法大纲》。⑦ 同年 8 月,江苏省建设厅派员赴苏州,访晤吴县县长与建设局局长,商洽工赈办法,经商讨决定在冬闲农隙之时,设立工赈局,征工疏浚全县城乡河道,胥江等外河的疏

---

① 沈剑侠:《吴江民政》,《中华青年月刊》1941 年第 3 卷第 5 期,第 104 页。
② 《苏州启封囤粮,全部就地平卖》,《申报》1947 年 5 月 6 日,第 2 版。
③ 《吴县府开平议会,米价不超锡白籼》,《申报》1947 年 9 月 19 日,第 5 版。
④ (清)徐兆玮:《徐兆玮日记》,李向东、包岐峰、苏醒等标点,黄山书社 2013 年版,第 3746 页。
⑤ 《常熟:县府举行防旱会议》,《申报》1934 年 7 月 13 日,第 9 版。
⑥ 《防旱委员会第一次会议,十万元急救旱灾》,《苏州明报》1934 年 7 月 13 日,第 5 版。
⑦ 《吴江防旱,县府集议》,《苏州明报》1934 年 7 月 14 日,第 5 版。

浚工作也归工赈局办理，以谋救济旱灾治本办法。① 工赈局成立后，对苏州城乡内外河道进行疏浚，效果显著。为进一步推动工赈工作的开展，1935年1月4日，吴县建设委员会召开第四次委员会议，决定组织工赈劝募委员会，推定全体建设委员以及张仲仁、程干卿等为劝募委员。②

综上所述，当自然灾害发生后，中央和地方政府面对灾情纷纷制定并颁布相应的法律法规以更有效地推进各种防灾救灾活动。早期的北京政府对防灾救灾缺乏有效的应对措施，对救灾存有侥幸心理。因此，在1920年之前，北京政府并未设有专门的赈灾部门，也未出台有效的救灾法规，这也影响到各地方省市的救灾成效。1931年长江流域特大水灾和1934年江南大旱灾发生后，国民政府才意识到防范自然灾害的重要性，此后加强顶层设计，陆续出台多项赈灾立法文件，对救灾工作进行全局性的指导，这对灾荒之年的灾害救助活动起到了重要作用。

二、制定灾荒应对方案

如前所述，民国时期苏州地区自然灾害频仍，灾荒发生后地方政府通常会在国家制定的自然灾害应对体系基础之上因势利导、因时制宜，制定符合本地情况的灾荒应对方案。

(一)成立救灾机构

自然灾害发生后，政府通常会成立相应的救灾机构以统领对灾区及灾民的救济活动。1912年南京临时政府成立后，很长一段时间没有设立专门的赈灾机构，全国的救灾事务由内务部下属的民政司负责办理。1920年夏秋之际，华北五省发生严重旱灾，引起全国上下的广泛关注，北洋政府派遣工作人员前往灾区办理赈济，随后成立"国际统一救灾总会"，设立赈灾临时委员会负责办理华北五省的灾赈事宜。同年9月14日，北京政府国务院颁布《筹议赈灾临时委员会章程》，规定"由内务、财政、农商、交通各部合组之专司筹议临时赈灾及善后各事宜。会长以内务次长兼任，各省区因赈灾事项得由地方长官随时遴派主办赈务委员莅会接洽并陈述意见"③，用以专门筹划和商议临时救灾工作。赈务处附属于内务部，为统一赈灾事务，1921年10月29日，北京政府颁布《赈务处暂行章

① 《本县今冬设工赈局》，《苏州明报》1934年8月29日，第6版。
② 《县建设委员会议决组织工赈劝募委会》，《苏州明报》1935年1月5日，第6版。
③ 《筹议赈灾临时委员会章程》，《赈务通告》1920年第1期，第9页。

程》,规定赈务处设置督办、会办和坐办各一到两人,由大总统特派或简派,分管不同事务。同时规定,"办理赈务各官署,所有灾区状况及关于赈济一切事宜,应随时报告赈务处"①。到1930年1月,南京国民政府将查赈委员会改为赈务委员会,将之前所有赈灾委员会组织条例一并撤销,并制订《赈务委员会组织条例》,规定:"赈务委员会直隶于行政院,办理各灾区赈务事宜。赈务委员会委员由国民政府特派委员十一人组织之,指定常务委员五人并以其中一人为主席,内政、外交、财政、交通、铁道、实业各部部长为当然委员。内设总务组、筹赈组、审核组三科,负责计划筹募赈款和赈品以及赈款赈品的散放等事项。同时,赈务委员会在国内各省市设立下级对应的赈务机关—赈务处。"②这也就表明,为因应国民政府赈务委员会的规定,各省、市、县如要办理各项赈务,必须出台相关赈济法规,并建立相应的赈务分会,负责与国民政府赈务委员会对接各项救济事宜。

相较于中央政府全局性的纵向救灾体系,地方政府则相应建立区域性的横向救灾机构。地方政府设立的救灾机构主要针对自然灾害中出现的各类具体问题。如在1934年江南旱灾发生后,江苏省政府制定了《汲引江湖水源救旱办法》,拟具汲引江湖水源计划,投入四十五万元工程费,以江南各县水道和运河为主干,采用抽水机将江湖两源之水注入运河,以在旱灾时各处均有水可疏。最后议定在镇江丹徒口、江阴芦埠港口、武进得胜港口、宜兴高淳港、吴县胥口、吴县望亭沙墩港口、吴江北厍大浦口和吴县唯亭阳澄湖口入致和塘等十六处设置汲水站,并勘定筑墟地点后,分别下发并安装抽水机,技术人员由省建设厅委派,施工及管理由所在县政府负责实行。③ 与此同时,江苏省根据《汲引江湖水源救旱办法》制定了具体的实施细则,将十六处汲水站划分为六个区,每区设工程师一人,负责办理本区内一切事宜。其中,第五区包括无锡梁溪口、吴县唯亭阳澄湖口、吴县无锡望亭沙墩港口;第六区包括吴县胥口、吴江北厍大浦口、吴县吴江瓜泾口。另外,每个汲水站由建设厅委派驻站员一人,常川驻站,监

督坝工,指挥机务管理用油用煤用电机匠机工及本站一切事宜;每站得置测伕一至二人,以供差遣。① 为救济农田灌溉,江苏省建设厅指派工程师李文瀚到苏州,具体办理救济事宜。李文瀚会同吴县县长沿太湖视察后拟在太湖胥江建一大坝,用最大打水机将太湖之水戽入内湖以便灌溉农田。② 苏州下属灾区各县也分别成立相应的救旱机构,吴县组织防旱委员会,并成立农田灌溉机构和旱作物种籽推广机构。灌溉机构负责各地机械或电力新式抽水机的规划、推广和安装,指导农民学习灌溉设备的日常使用和维护,工作人员则由省建设厅和省水利局委派。旱种推广机构负责各地的旱作物种子的购买、派发以及推广宣传工作。吴县防旱委员会成立后便积极筹划电力机械灌溉事宜,拨款购买大批电力戽水机,分发各乡使用。针对部分农民认知不够,不能明了使用方法的问题,吴县防旱委员会要求各区公所会同区农会,在农隙时组织戽水机练习班,以改进农民技能,指导农民使用。③

　　水利工程的修建和水旱灾害的发生密切相关。1929 年 2 月,太湖流域水利委员会正式成立,直接由国民政府管理。其负责管理的项目主要包括防潦工程、海塘工程、航运工程、农田灌溉工程、其他有关水利之各项工程。主要办理关于拟定测量计划及实施测量事项、工程设计及实施事项、调查统计及研究一切水利事项以及各种工程的监督管理及勘验事项。④ 同时负责“太湖及与太湖有关系的湖泊河流之防涝灌溉疏浚及其他水利工程之设计、实施和管理”⑤。在太湖流域水利委员会的带领下,苏州下属各县市纷纷成立各疏浚市河机构。1932 年,常熟县成立疏浚白茆河工程事务所,隶属于县建设厅,并设主任一名,综理事务所的一切事务,“本事务所专为办理疏浚常熟白茆河工程而设”⑥。

　　随着自然灾害的持续影响,地里的田禾相继死亡,这时改种换种就被纳入抗灾计划之中。1928 年,吴县防旱委员会提出“增加农业生产”的七

---

① 《苏省分区汲水救济旱灾》,《申报》1934 年 7 月 16 日,第 11 版。

② 《建厅注意旱荒》,《申报》1934 年 7 月 19 日,第 10 版。

③ 《防旱会所发戽水机,农民未能明了使用方法》,《苏州明报》1934 年 8 月 7 日,第 5 版。

④ 《太湖流域水利工程处暂行条例(十六年十二月七日公布)》,《司法公报》1928 年第 3 期,第 47 页。

⑤ 《太湖流域水利委员会组织条例修正草案》,《立法院公报》1930 年第 15 期,第 14 页。

⑥ 《常熟县疏浚白茆河工程事务所组织规程》,《江苏省政府公报》1932 年第 968 期,第 1 页。

种办法,着手实行"提倡机器抽水""推广化肥""换种""除害""防灾""制造""运送"等改进农业生产事宜,以"增加农业生产"。① 尤其是在旱灾发生后,补种耐旱作物成为应对旱灾的重要手段,为此各地方政府相继成立推广旱种和种植耐旱作物的机构,劝导民众改种耐旱作物,并向灾民提供耐旱种子。如 1934 年江南地区遭遇大旱灾,江苏省建设厅长沈百先鉴于天气苦旱,各县农田稻秧难种,"拟令江南各县农民改种旱地作物,如豆、荞麦、高粱、绿豆、马铃薯等,惟以江南农民不习以上农事,其方法:(一)由县政府筹款代购种子,廉价分发,(二)由省县各农场派员指导、种法及培植计划,同时并令苏州农具制造所将所有抽水机尽量出借农民应急"②。吴县防旱委员会从徐州省立麦作试验场购得耐旱作物如荞麦、赤小豆、绿豆、芝麻和胡萝卜等的种子分发民众播种。③ 常熟县,于 1934 年 7 月 11 日召开防旱会议,各区长、农场主任及地方士绅五十余人参会,议决"动用备荒基金三万二千元,赶购戽水机船二十艘分发各区应用。不及莳秧之农田,设法改种杂粮"④。

水旱灾害经常会带来一些次生性的灾害,如瘟疫和虫灾等。各地方政府为减轻水旱灾害引起的连带性次生灾害的影响,纷纷建立相应的应对机构。为预防时疫和瘟疫的发生和蔓延,各地建立相应的防疫卫生队和时疫医院。《木铎周刊》1919 年 8 月 24 日的一篇报道叙述了设立时疫医院的必要性:

> 时疫蔓延至苏,死亡相继,而乡间疫气较城市为尤烈。揆厥原由,则乡间无时疫医院也。乡民一经触犯疫气,往往以寻常痧症视之。挑痧刮痧慌乱投药因循,贻误性命者十居八九,近闻黄棣、横泾等处已有时疫医院之设立。各市乡不乏慈善君子亦有闻风而兴起者乎,企予望之。⑤

鉴于患时疫而死者日有数起,吴江县政府召集各界人士召开防疫会议,并成立防疫机构。地方士绅王子宁特地同商会、红十字会和绸业公所诸人会商,共同函请旅沪同乡君鞠如、邵伯谦作为代表,赴上海红十字会

① 《增加农业生产具体办法意见书》,《吴县县政公报》1929 年第 1 期,第 8 页。

② 《镇江:苏建厅注意旱灾》,《申报》1934 年 7 月 13 日,第 9 版。

③ 《耐旱种籽》,《苏州明报》1934 年 7 月 27 日,第 5 版。

④ 《常熟:县府举行防旱会议》,《申报》1934 年 7 月 13 日,第 9 版。

⑤ 《各市乡设立时疫医院之必要》,《木铎周刊》1919 年 8 月 24 日,第 1 版。

总办事处面见庄得之理事长,"请愿派医来盛,设立时疫医院救济之。所有经费由盛泽红会拨助,甲子年余款银五百元,如其不敷,则由市董会、商会、红十字会、绸业公所等机关分别劝募云"①。1934 年大旱,吴县望亭镇设立临时时疫医院,由望亭医院医生吴甫卿、中医院李西叶协同办理,为灾民义务诊治。② 吴县城乡防疫医院为防旱灾引起瘟疫流行也提早开办从事防疫工作,以维护公众卫生。③ 城乡三区医院院长分别由施筠清、长运博和刘正康担任,城区三处防疫医院,一律开幕,第一医院设在西北街奉直会馆,第二医院借设天赐庄博习医院,第三医院在金门外南豪会馆。④

同时为应对虫灾,各地或组建除虫局或成立治蝗机构,负责除虫事宜,如吴江县参议会提议各乡制订秋田螟害急宜补救方案,"如已设立除虫局者,仍当积极办理,其未设立之区,即询明该公所有无螟害,分别迅为设立"⑤。吴江县平溪乡除虫局主任黄元蕊会同除虫专员,以夏秋开种之际,即螟虫二化之时,要求农民加力搜除,谕饬各圩圩田,认真遵照办理。⑥ 吴江县第二农校教员张赓韶,会同田业会长陶润身、金松龄在市公所开会磋商,决定从西来圩着手试办除螟试验场,"立秋后又实地检查,见第三期三化成虫飞蛾,出没甚多,禾叶卵块,累累发见,急派人点灯,飞蛾聚集,每夜诱杀,何止数千"⑦。1929 年 4 月 29 日,吴县、常州、嘉定、昆山、太仓、吴江等十六县在苏州设立治蝗所,委派陆积梅为该所主任,负责经管该区治蝗事宜,所址设在吴县政府内。随后,治蝗所主任陆积梅分函投达各县县长,"境内如有蝗患发生,请即就近告知,以便前往接洽扑灭"⑧。

(二)防灾减灾宣传

自然灾害发生后,政府为稳定民心和维护社会秩序的安定,在救助灾

① 《创办时疫医院先声》,《吴江》1926 年 8 月 8 日,第 4 版。

② 《设立防疫医院》,《吴县日报》1934 年 7 月 16 日,第 7 版。

③ 马敏、肖芃:《苏州商会档案丛编(1928—1937)》(第四辑上册),华中师范大学出版社 2009 年版,第 983 页。

④ 《防疫医院明日起开幕》,《苏州明报》1934 年 7 月 12 日,第 5 版。

⑤ 《县参议会决补救秋田螟害》,《吴江》1926 年 8 月 8 日,第 3 版。

⑥ 《平溪除虫局呈县谕饬圩甲督除螟害》,《吴江》1926 年 8 月 15 日,第 3 版。

⑦ 《黎里:除螟消息》,《吴江》1926 年 9 月 5 日,第 4 版。

⑧ 《苏州区治蝗所成立》,《申报》1929 年 5 月 3 日,第 12 版。

荒的同时,也会借助近代传媒通信和报刊等进行防灾减灾知识的宣传。同时,通过防灾减灾知识的宣传也能使灾区民众应对灾害的观念发生变化,减轻对灾害的恐惧感,更好地配合政府应对自然灾害。如江苏省党部就曾要求下属各县党部努力协助水利机关宣传防治水灾办法。若不幸发生水灾,应会同当地政府领导各界组织救灾团体,救济灾民。[①]

灾区民众既是自然灾害的受害者,同时也是抗击自然灾害的主要力量。灾民了解防灾减灾知识,形成科学的灾害观,对有效应对自然灾害具有重要作用。在中国社会,传统观念影响巨大,具有顽强的生命力,新的观念和创新思维在守旧力量的打击之下通常被看作离经叛道之举。近代以来,虽然西学不断涌入,但中国人的观念变革异常缓慢,尤其是在广大乡村社会,科学知识的推广和技术革新更是举步维艰。在农业技术的革新上,"在一种农业知识是由父亲传给儿子的文化中,新农业技术的诞生必然要经历缓慢的阵痛"[②]。如在旱灾发生后,使用传统的人力和牛力戽水的戽水设备费时费力且效率低下。另外,江南地区以种植水稻等水生农作物为主,干旱造成水生作物大面积枯萎甚至死亡,为减少农业损失,各地政府纷纷动员农民使用新式电力或机械戽水机抽水灌溉农田并及时改种耐旱性作物。可是,新式戽水机和耐旱农作物的推广并不是一帆风顺的,面临重重阻力,举步维艰,一开始便遭到灾区民众的抵制。使用人力成本低且效率高的电力戽水机,被一些民众认为耗费太大而拒绝使用。同时,一些耐旱作物的推广则更加困难,江南民众长期种植水稻等水生作物,对耐旱作物不熟悉,也不懂得栽种技术,一些灾民认为耐旱作物不好种植,宁愿让稻田干旱着而静等上天降雨,也不愿意改种一些需水量不大、耐旱性强的作物。

面对灾民的抵制态度,政府需要进行广泛的防灾减灾宣传,派遣专门人员开展耐心的劝导和解说,不厌其烦地解释改种耐旱作物的益处,并给予民众种植指导,以打消民众的顾虑。如适合于旱地种植的作物马铃薯,生长周期短,沿江各省一年可以栽培两季,而且营养丰富,产量也多。在大旱之后,各种作物播种误期的,均可补栽马铃薯,以弥补食粮不足。政府委派农业专家管家骥专门针对马铃薯的栽培方法,播种注意事项、病害

① 《党部协助宣传防灾》,《苏州明报》1935 年 7 月 17 日,第 6 版。
② 〔美〕马若孟:《中国农民经济:河北和山东的农民发展,1890—1949》,史建云译,江苏人民出版社 1999 年版,第 208 页。

防治等编写《马铃薯栽培浅说》，向受灾民众免费发放，并给予免费栽培指导。① 吴县农业推广所也组织农业技术专员亲赴农民家中以及田间地头视察，细心指导农民种植耐旱作物，并且承诺作物收成后政府会计价收购。② 国民党吴县党部甚至拿出部分经费派员前往无锡采购防旱种子，分发各地农民播种，并由吴县民政馆长组织宣传队，广劝农民播种，同时党部还聘请农业专家向农民讲授种豆的简易栽种方法。③ 通过政府部门的不断宣传和耐心讲解，灾区民众逐步了解耐旱作物，改变了之前的坚决态度，认识到耐旱作物对抗旱救灾、减低损失、保障自身生活、抵御旱灾的重要性，进而接受政府换种补种的安排。

　　一些在乡村从事推广采用机械灌溉的工程人员，为了让民众接受机械灌溉，在各种报纸杂志上著文介绍机械戽水机的优点，并与传统的采用人力或者畜力灌溉的戽水机进行对比，让民众了解到人力或者畜力戽水机效率低下，只能将水戽到高度较低的农田，农田越高，需要的人力也就越多，所花费的成本也就越大，若将水抽到一丈以上，则至少需要五个成年劳力，而且每天也只能灌溉三亩农田。如果采用机械戽水机，则情况完全相反，电力戽水机动力充沛，不仅戽水高度更高，而且效率也更高，只要水源充足，便能够大规模灌溉，农民的花费也不多，效率远远超过牛车、风车和人力水车，"除机件外，电力所费每亩只摊得一角一分，可称经济"④。通过宣传，机械戽水机逐步为灾民所接受，甚至当机械戽水机缺乏或不足时，民众还会要求政府把打米机等电力设备用于抗旱，"必要时所有打米机均可勒令改为抽水机"⑤。

　　自然灾害引发的次生性灾难，如时疫的流行很大程度上与民众对卫生知识的认知不足有关。部分民众缺乏良好的卫生习惯，在日常生活中不太注重讲究卫生，尤其是在水旱灾害发生后，如果依然不注意卫生，不注重饮用水的清洁，就会很容易染上痢疾等疾病，增加感染疫病的概率。"在1931年的洪水中，疾病无疑是导致死亡的主要直接原因，导致了农村

———————————

① 管家骥：《马铃薯栽培浅说》，《农报》1934年第1卷第14期，第341页。

② 《农业推广所拟具代购计划》，《苏州明报》1934年8月3日，第6版。

③ 《县党部采购防旱种籽》，《苏州明报》1934年8月7日，第5版。

④ 洪传炯：《电力戽水与救济旱灾》，《电工》1934年第5卷第6期，第555页。

⑤ 《各县救旱办法大纲》，《申报》1934年7月16日，第11版。

地区 70% 和难民收容所 87% 的死亡率。"①在江南地区,水源唯赖河道。而当地居民缺乏环保意识,一方淘洗米蔬,另一方即倾倒便桶,从而导致饮食感染疫菌的机会大增。因此,"防疫之根本办法,首在组织宣讲队深入农村,告以时疫来源及卫生常识"②。在水旱灾害发生后,为防止次生灾害的发生,各地政府积极开展卫生防疫知识宣传和清洁河流道路等工作。吴江县,"有市政责者,逐日宜冷清道,夫弊理洁净,毋使污秽堆积。有地方行政责者,宜令巡警随时干预,遇有老虎灶以不滚水售出,或由用户告明巡警,或由巡警查见,均应科以薄罚"③。1925 年春,吴江发生痘疹传染,仅同里镇儿童因此死亡就高达八十余人,为防御疫疠,吴江举行全县卫生事业,议决通过:"(一)演讲、(二)分发传染病说明书、(三)清洁市河及街道、(四)消毒法、(五)施送药品、(六)注意饮料及茶食点心店"六项办法④,以遏制疫情。1934 年,旱灾发生后,京沪及杭甬两铁路管理局苏州段奉铁道部令,在沿线各站举行全路卫生运动大会,并成立筹备委员会,以预防时疫传染,促进两路员工及其家属共同努力清洁,注意卫生为主旨。"各站布置国语图说,举行大扫除,用文字及演讲宣传防疫,分往各车辆机工厂区实行清洁检查,并接种牛痘,注射预防伤寒疫苗,检查员工体格等。"⑤

与此同时,组织人员大力宣传政府开展的各项救灾工作,在全社会尤其是在灾民群体中广泛宣传,让受灾民众及时了解和掌握政府的救灾活动,这对稳定灾民情绪、消除对灾荒的恐惧具有重要的作用。同时灾民在了解政府正在积极开展救灾工作后,心理上得到了宽慰,也增长了他们在抵抗自然灾害中等待政府救援的信心,有助于政府号召灾民一起从事抗灾和减灾工作。如 1935 年 10 月,沪上名角袁美云来苏州演剧赈灾,救济灾民,两天演出,日夜四场,观众均在三千人以上,功德无量匪浅。然而坊间有流言传出,称招待袁美云的开支过巨,超出所募赈资,引起广大群众的严重不满。后经相关部门详查并及时将真实情况向外界告知,"大中华

---

①　[英]陈学仁:《龙王之怒:1931 年长江水灾》,耿金译,上海人民出版社 2023 年版,第 95 页。

②　祺:《今年之防疫问题》,《申报》1937 年 6 月 22 日,第 6 版。

③　《时疫预防之一端》,《木铎周刊》1919 年 8 月 24 日,第 1 版。

④　《举行卫生运动》,《吴江》1925 年 7 月 20 日,第 3 版。

⑤　《两路防时疫卫生运动》,《吴县日报》1934 年 3 月 22 日,第 2 版。

票房原定计划一切开支,归各票友负担,券资所入,悉数助赈"①,并无所谓靡费,最终流言蜚语不攻自破,得以消除,演剧助阵继续按计划顺利进行。这就是政府通过正面宣传,让灾民及时了解真实情况,取得良好宣传效果的具体展现。可见,政府及时主动将救灾计划和救灾过程公布于众,并广为宣传,接受社会力量的监督,有助于增加灾民对政府的信任。

(三)筹募赈灾经费

赈灾资金的募集是救灾工作中最重要的组成部分,能否有效开展赈灾工作、赈灾的成效如何都与赈灾资金的充足与否息息相关。自然灾害发生后,各级政府和一些地方社会组织都会想方设法通过各种途径和渠道筹集救灾资金。

自然灾害发生后,通常情况下,下级政府会向上级政府申请救灾资金支持,对地方政府而言,上级政府的资助是抗灾救灾最主要的资金来源。自然灾害发生后,小到各乡村镇,大至各级省市政府,均会向他们的上级政府请求资金救助,上级政府则根据下级政府的请赈要求、各灾区灾情以及自身掌握的救灾资源,划拨相应的救灾资金。1934年入夏后,雨水稀少,江南全境及江北沿江各县,均告亢旱,河涸禾槁,江苏省政府通令各县筹款分别办理汲水及补种耐旱作物,以资急救外,同时根据国民政府行政院临时会议议决案,拟具本省救旱善后急要工赈计划,依限呈送,请求拨款举办。② 在中央政府将赈款下拨给各省后,各省政府可根据本省的实际灾况将赈款再另行分配。如果地方政府工作开展一切正常,救灾准备金储备充足,灾荒发生后,他们可以直接从救灾准备金中划拨救灾款项,而不再需要采取其他途径来筹集赈款。如1927年,昆山县农民协会主任蒋英就呈函江苏民政厅,请求在该县备荒救灾费中拨款,救济灾荒,以拯灾黎。③

但是,中国幅员辽阔,各地情况不同,在灾情严重且政府储备的救灾准备金出现不足的情况下,地方政府会采取各种手段来筹措救灾资金,如要求政府公务人员捐资助赈即为办法之一。1934年10月,财政部部长孔祥熙就提议规定公务员就俸加捐办法,通令全国各机关一体施行,"自本年十月起至明年三月止,凡公务员月薪五十元以上者捐一元,百元以上

---

① 《演剧助赈靡费过巨》,《苏州明报》1935年10月30日,第5版。

② 《各省防旱防水计划汇编(一)》,《军政旬刊》1934年第37-38期,第117页。

③ 《江苏省民政厅函(第91号)》,《江苏民政厅公报》1927年第3期,第9页。

者捐二元,每多五十元即增捐一元,由各机关责成会计人员,按月按数照扣,汇解行政院分配拨用,以拯灾黎"①。1935 年 9 月 10 日,苏州召开水灾赈济会议,经县长吴企云批准,会议议决募捐救灾资金一万元。其中公务人员每人捐五角,有田千亩或房屋十万元以上的中产阶级每人捐十元,各业公会每个捐二十元,律师公会会员每人捐一元等。②

　　然而,政府募集赈款最主要的途径还是银行借款和发行公债。银行借款方便快捷,不论中央政府还是地方各级政府都有灾荒之年从银行借款的情况。作为政府,从银行借款,信用方面自不成问题,而且政府还掌握着众多的资源,所以银行方面通常都会积极配合。如 1934 年底,国民政府设立中央冬季急赈会,一开始急赈会本打算通过各地党员的捐款作为赈济资金,划拨给地方各省旱灾赈济会,但后来因为各省党员的捐款程序较为琐碎复杂,短时间之内难以整理汇集,为争取救灾的时间,最终决定"特先向中央银行借款五十万元,交由沪各省旱灾处振会分发各省济急"③。江苏省政府为了应对当年的严重旱灾,收买秋季蚕茧,救济农村,也积极与各家银行洽商,江苏省政府鉴于秋茧行将上市而无人收买,为救济农村计,由建设厅长沈百先与中国、交通、江苏和农民等四银行进行借款。借款二十万元,以收买之秋茧为担保品。④ 此外,江南各地,适值旱荒成灾,为办理积谷防荒,以便向江北各地产米区域收买米谷,"特由财政厅厅长赵棣华与沪中国、交通、上海、江苏、农民等五银行接洽借款,办理积谷防荒,先向江北各地产米区域收买米谷"⑤。

　　对外发行公债也是政府在灾后救济中为吸收社会资源,补充政府财政资金不足而采用的一个重要方法。但与向银行直接借款相比,发行公债筹募资金有许多不便利之处。债券的发行涉及的领域较多,工作繁杂浩大,而且很难在短期内募集到现金。不过,公债的发行也有自身的优势,公债发行的数额一般都比较大,动辄千万元以上,庞大的资金对于赈济灾民以及灾后重建能提供充足的资金保障。1934 年,江苏省以水利建设刻不容缓为由,以盐附税、地契税和田赋税为担保,"公债发行总额为二

---

① 《行政院通过公务员捐俸振灾办法》,《申报》1934 年 10 月 24 日,第 5 版。
② 《苏州:召开水灾赈济会议》,《申报》1935 年 9 月 12 日,第 9 版。
③ 《中央冬季急赈会向中行借款五十万元》,《申报》1934 年 12 月 19 日,第 7 版。
④ 《苏省府向沪银行界借款二十万元》,《申报》1934 年 9 月 19 日,第 10 版。
⑤ 《江苏省政府向沪银行借款》,《申报》1934 年 9 月 21 日,第 10 版。

千万元,其中,在用途支配上,开辟新运河八百万,救济本年江南旱灾举办工赈费四百万"①。同年 11 月,为整治胥江,疏浚两岸河道,吴县政府呈报江苏省建设厅鉴核,请准在本年度内全部疏浚,"所有经费除原预算所列第一期会费外,不足之数,请拨水利建设公债,以竟全功"②。1941 年,江苏建设厅廖家楠拟订应对旱象方案,抑平米价,以田赋作为担保,向全国粮食会议提及,"发行粮食公债,购谷存储,以资抑平米价,以弭灾荒"③。可见,通过发行公债既解决了国家开展水利建设所需要的经费,又缓和了旱情,赈济了灾民;同时,以工代赈纾解了民困,疏浚了河道。

三、开展防灾、减灾与救灾

民国时期,水、旱、疫、虫等自然灾害频繁发生,造成重大社会经济损失。以 1934 年全国遭受的自然灾害为例,据统计,"旱灾有二十省二百二十县,水灾有二十省一百十九县,蝗灾有八省二十一县,其他虫害有十三省七十六县,病害有六省二十七县,风灾有十四省四十六县,雹灾有十省四十四县,霜害有六省二十县,雪害有二省二县,统计损失在十五万万元以上"④。为保证社会生产和生活的正常开展,政府尽其所能,想方设法采取各种防灾、减灾和救灾举措以应对自然灾害,救助受灾民众,减少灾害损失,以便迅速恢复生产。"在歉年,物价高昂之时,或是饥荒之年,资助贫困人口在一定程度上成为地方政府的一件例行公事。"⑤

(一)整治"围湖造田"

近代以来,太湖流域的围湖造田不仅破坏了区域自然生态环境,也成为沿湖下游吴县和吴江两地频发自然灾害的重要因素之一。如前所述,围湖造田有着悠久的历史,长期的围垦湖田,一方面减弱了太湖及其周边湖泊河道的蓄排水能力,另一方面也使江南各地纵横交错的湖荡河道遭到截断,导致河流行水不畅,水利环境遭受破坏。虽然各地政府对围湖造田采取严厉措施予以制止,但囿于巨大的利益,围垦湖田仍屡禁不止。太

① 《苏省发公债二千万》,《益世报(北京)》1934 年 9 月 2 日,第 5 版。
② 《吴县长上呈建厅请拨水利建设公债》,《苏州明报》1934 年 11 月 7 日,第 6 版。
③ 《食粮问题特辑:积谷防饥》,《青复月刊》1941 年第 5 卷第 1 期,第 8 页。
④ 邹树文:《中国农村衰落的原因(上)》,《申报》1936 年 3 月 8 日,第 8 版。
⑤ 〔法〕魏丕信:《十八世纪中国的官僚制度与荒政》,徐建青译,江苏人民出版社 2003 年版,第 2 页。

湖湖面面积不断减缩,湖泊蓄排水的调节功能受到严重影响,导致旱涝灾害不断发生,太湖流域的自然生态环境逐渐恶化。1931 年长江流域大水灾和 1934 年的大旱灾进一步暴露了围湖造田带来的危害,因太湖沿江沿岸被无序垦殖,导致湖泊淤塞,河道被阻,大雨时洪水无处宣泄,泛滥成灾;天旱时,湖泊蓄水不足,导致农田灌溉及居民用水受到影响。

长期的围湖造田带来的一系列的严重后果,使得社会上要求废田还湖的声音不断高涨。1931 年长江流域大水灾后,政府为保护太湖流域的生态环境,对沿湖湖田进行整治,恢复湖泊河流的调蓄水量功能,加强对自然灾害的防治。1931 年 12 月 8 日,行政院第 48 次国务会议通过《废湖还田办法》,从国家层面明确废湖还田的原则和办法,阻碍寻常水流之沙田滩地,及侵占寻常洪水所需停蓄量之湖田应废。河湖沙洲滩地,经水利主管机关之研究认为妨害水流及停储者一律严禁围垦。[①] 1935 年 6 月 7 日,江苏省政府第 749 次会议通过《江苏省制止围垦太湖湖田办法大纲》,明确将 1928 年 8 月以后未经太湖流域水利工程处或太湖流域水利委员会勘准放领的湖田定为私垦的湖田。并明令禁止开垦新的湖田,以防影响蓄水泄洪,否则将予以严办,"凡查明未经核准承领之私垦田荡,无论已围未围,应将垦户拘办,勒令限期拆除围埝,铲除种植物,恢复原状,永禁占垦。各县政府应即出示布告,重申永禁私围湖田之禁,并赶制滨湖田荡形势详图,随时派员巡视,按月报告,以后如查出仍有私围情事,按照第二条办理外,县长及该管区长均予以相当处分"[②]。《江苏省太湖湖田清理处第一期清理办法》则对太湖流域沿湖各县已占垦成熟的湖田规定了登记、查丈、缴价和发照四步清理办法。[③]

根据国民政府和江苏省政府颁布的各项废田还湖办法,苏州市对所属的吴县和吴江两县沿湖围田进行整治,具体区域主要为沿太湖的吴县东太湖和吴江南太湖区域。1914 年,江南水利局成立,专门负责江苏省水利疏浚事务。1919 年 3 月,"江浙水利联合会"成立,在水利联合会的倡议下,同年 11 月 13 日设立"苏浙太湖水利工程局",统管之前分属两省的太湖水利,水利工程局主张通过"浚垦兼施"的方式来筹集更多的水利

① 《废湖还田办法》,《中央周报》,1931 年第 184 期,第 17 页。
② 《江苏省制止围垦太湖湖田办法大纲》,《江苏建设》1935 年第 2 卷第 7 期,第 50 页。
③ 《江苏省太湖湖田清理处第一期清理办法》,《苏声月刊》1935 年第 2 卷第 2 期,第 64 页。

经费,进而整治太湖围田。苏州农会也以太湖滩地放垦有碍水利,影响苏松常嘉湖数郡农田水利,曾致电内务部、农商部及水利局等机关,反对太湖滩地放垦,请求政府制止,"吴县紧邻太湖湖滨,近年来田禾迭遭淹伤,实因湖身容积过狭,水利迭遭破坏,水势泛滥之故"①。吴江县庞山湖七港花瓦泾屑圩有民众私自围垦田亩,擅筑圩堤,妨碍水利。地方士绅薛凤昌等即致函吴县县署,呈请派警铲除。② 江浙水利协会对太湖围垦持明确反对态度,并至江苏省政府请愿,于 1926 年 9 月,推定沈田莘、袁观澜、胡雨人、钱强齐等六人前往东太湖勘视。③ 吴江和吴县两县的地方团体从水利安全的角度,多次呼吁北京政府废除湖田,派员拆圩。

　　但是,由于湖田放垦能够带来巨大收益,不仅垦户不肯放弃围垦,而且整治湖田的各方也都想从中获利,从中枢政权到地方省县政府均卷入湖田利益的争夺之中,屡生摩擦。1927 年南京国民政府建立后,设立"太湖流域水利工程处",由工程处与财政部共同制定湖田清理办法。1929年,太湖湖田局成立,江苏省政府决定将湖田收益收归省政府,这就打破了一直以来由吴江官产处管理湖田事务并从中获取收益的权力和利益格局,引起对方的抵制和不满。至 1935 年冬,江苏省财政厅为清理湖田,在苏州成立太湖湖田清理处,任命董彬前为处长,并在吴江成立太湖湖田清理分处。1934 年江南旱灾期间,大批河南客民和本地土豪掀起大筑湖田的浪潮,吴江县本地人张源祖等认为湖田围垦妨碍水利,因此联名请求吴江县政府制止河南移民陆富龙、刘恩波、施棣辉和陈冠军等领垦湖荡,大规模围湖造田的行为。

　　在湖田整治过程中,湖田垦殖公司和以湖为生的沿湖地方民众,为维护各自的利益而展开旷日持久的对抗,双方争讼不停,甚至地方政府也卷入其中。1935 年 6 月,苏州旅京同乡会叶楚伧致电江苏省政府呼吁解决妨碍水利之垦围问题,勘定放垦线,认为被围湖田妨碍水利,"因一时之近利,贻今后无穷之水患"④,事态严重,必须立即拆除,以维水利而安民生。吴江县旅沪同乡会也分别致电行政院、江苏省政府及扬子江水利委员会

---

① 《苏州农会反对太湖滩地放垦》,《京报》1925 年 8 月 29 日,第 6 版。

② 《士绅函请铲除庞山湖围田圩堤》,《新黎里》1925 年 4 月 1 日,第 2 版。

③ 《勘视太湖水利》,《河海周报》1926 年第 15 卷第 2 期,第 27 页。

④ 《中委叶楚伧等亦注意太湖水利致电省府请限制围垦》,《新江苏报》1935 年 6 月 9日,第 5 版。

等各当局吁请拆除东太湖围田,以维东南水利。① 吴县县长吴企云及地方士绅张一鹏,前往东太湖勘视,认为湖田围成不啻陷吴县、吴江之水利于绝境,必须予以根本铲除,并致电江苏省建设厅,请求派员履勘。1935年6月1日,江苏省建设厅委派工程师王师义及扬子江水利委员会工程师刘衷怀来苏,会同吴江县政府勘视。至6月8日,江苏省政府正式通令江吴两县拆除全部湖田。可是,拆围工作面临重重困难,6月9日,吴江保安队及三千余名农民开始拆围,历时一个月拆除湖田五万亩,数千佃农被遣散。由于湖田面积广大,圩田众多,拆围工作量巨大,短期内很难全部拆除,如吴县木屐村境内的新顾字圩等,"乡民三千余人,工作八小时,仅拆去全圩二分之一"②。

　　1935年6月,吴江县南厍一带,吴县保安队带领军民数十人乘船抵达民生、开南两公司,开展圩图拆除。七十股围农民曾昭金、董可喜等担心自身围田被拆,邀集二百余人进行阻挠。③ 拆除民生围田时,"该处客民已鸣锣示威,意图阻止拆除七十股围,前晨又有客民三四百名,鸣锣聚众"④。垦民利益受损,态度蛮横,甚至开枪抵抗,"有客民约五千人左右,集合顾家圩,誓言如再拆围,决与死斗"⑤,表现出与政府对抗到底的姿态。一时形势紧张,双方剑拔弩张,冲突一触即发。至此,拆除湖田引起的纷争已发展成严重的民生和社会治安问题。吴江和吴县两县境内应拆除的围圩为数众多,且大多为客民所有,数量庞大的客民群体如果因围田被拆而失业,势必铤而走险,影响社会安定。"弱者老死沟壑,强者铤而走险,使沿湖各县未受水利之益,反于治安方面发生隐患。"⑥

　　最后,为平息事态,避免客籍垦民再次挑起事端,发生群体性冲突,江苏省政府委派水利专家赴东太湖一带实地查勘后,颁布《江苏省制止围垦

---

① 《吴江同乡会电请拆除东太湖围田》,《申报》1935年6月29日,第12版。
② 《乡农三十余人列队拆除太湖围》,《新江苏报》1935年6月11日,第7版。
③ 《呈为派员调查本月二十日吴县军民拆除民生开南两围去后忽又折回拆除七十股围及本县军警协助弹压农民骚动情形附送绘图祈》,吴江区档案馆馆藏,卷宗号:0204-003-0107-0057。
④ 《昨日七十股围客民鸣锣开枪聚众阻挠》,《苏州明报》1935年7月22日,第6版。
⑤ 《实行拆围后形势严重,五千客民抵死顽抗》,《苏州明报》1935年6月10日,第6版。
⑥ 《呈为太湖老围拆除计划谨就研究结果历陈事实,仰祈重行审核暂维现状等情》,吴江区档案馆馆藏,卷宗号:0204-003-0048-0144。

太湖湖田办法大纲》①，决定出资将外籍垦民遣送出境，并给予适当经济补偿，"按筑成湖田数量之多寡，酌发遣散费，二千余客民平均每名得二元数角，当即出境他去"②。1937年2月，江苏省政府主席陈果夫发布政府布告，指出太湖大举围垦，不仅侵蚀湖面，而且妨碍太湖流域上下游农田水利，特"令饬江、吴两县切实制止，一律不准在拟定的湖边界线围垦及种植菱草芦苇，以保存储水面积"③。江苏省建设厅也会同扬子江水利委员会会商办法，整理太湖水利，设计开通疏浚环湖各主要港道。④ 由此，东太湖湖田整治工作告一段落，湖田围垦问题得到有效解决，这对于苏州地区湖泊蓄排水功能的维护，增强抵御旱涝灾害的能力以及生态环境的保护，减少自然灾害发生的频率起到重大的促进作用。

(二)水利规划和系统治理

太湖下游地区，濒临长江和大海，地势较为低洼，每逢长江和太湖水位上涨，周边地区被淹状况异常严重。由此，太湖下游地区多筑圩以抵御水旱灾害，"尤以修围为圩，御低区农田水患，惟一之方策"⑤。但是由于圩堤不太坚固，经常发生溃决的状况。另外，如果圩堤过高，圩内的积水过多，往外戽水也会极为不便，"如昆太一带，因骤遭水患，多有听其淹没者。救济之方，厥惟整治水利，培修圩堤，宣达沟洫"⑥。

为了应对自然灾害，位于太湖下游的苏州各地根据实际情况，制定了详细的防灾减灾措施。如太仓市对境内低区田亩的受灾原因进行分析后认为，"低区终年不患亢旱，只虑溢潦。其致灾之由，一为外水之侵入，一为雨水之增积。而外水之源一属江潮急入而不能速退，一属西来清水为潮顶托而激涨。因是低区被淹而灾已成，此就天然方面而言。其实人事未尽，乃其莫辞之咎。即外圩不修，沟壑未备及戽水无方三者之害"⑦。根据致灾原因，太仓市开展水利规划和整治工作，制定了详细的防灾减灾

① 《省政府会议通过制止围垦湖田办法》，《苏州明报》1935年6月8日，第7版。

② 《二千人遣散出境》，《新江苏报》1935年6月9日，第7版。

③ 《江苏省政府布告》，吴江区档案馆馆藏，卷宗号：0204-003-1223-0082。

④ 《苏建设厅将整理太湖水利》，《新江苏报》1936年7月16日，第5版。

⑤ 《令饬修筑圩围以防水患仰遵照由》，《吴县县政公报》1931年第66期，第21页。

⑥ 孙裴忱：《太湖流域之灌溉事业》，《太湖流域水利季刊》1931年第4卷第2-3期，"论著"第5页。

⑦ 林保元：《太仓县境低区防灾计划草案》，《太湖流域水利季刊》1931年第4卷第2-3期，"论著"第2页。

计划，"采取开浚下游直接干河、修筑外围等五项办法防止外水侵入；采取各圩内实行沟洫制度并采用电力灌溉的办法防止雨水的增积；在救治全区水患的规划上，认为首要固在修圩，屏水于圩外而不谋盛涨之分泄及归宿，并在各支河口一律设闸"[1]。

　　现代科学技术的发展和利用，对水利规划和治理水旱灾害发挥着极为重要的作用。民国以来，国民政府和各省市地方政府利用现代科技对一些水域河道进行测量和规划整治。根据 1930 年太湖流域水利委员会颁布的《完成太湖流域精密水准测量计划》，整个太湖流域水准需测路线总计全长一千八百公里。1929 年 4 月，太湖流域水利委员会安排人员开始测量工作，历时一年多才测量完成一百九十四公里，仅为全部工作的十分之一。因为每支测量队每月大约仅能测量完成十一公里，因此如果不增加测量队，那么工期势必会延长几个月的时间，由此可见太湖流域水利测准工作的艰巨。另外，从《完成太湖流域精密水准测量计划》中，我们还可以看到以苏州为中心，纵横太湖流域的河道网络将江南各地区沟通起来，形成了一个庞大的水网体系。

　　从表 4-1 可见，根据《完成太湖流域精密水准测量计划》，对涉及苏州的 15 条河道实行水准测量工作，总长度达到 800 多公里。根据施测规划，1935 年 7 月，扬子江水利委员会派遣测量队对东太湖沿湖各处的地形及湖内淤滩、湖底水深开展勘测，同年 12 月工程竣工，根据勘测结果最后共绘制五千分之一地形图一百零六张。为防御水旱灾害、整治沿湖围田，1936 年，国民政府救济水灾委员会联合扬子江水利委员会会同江苏省政府，根据 1935 年绘制的测量图和 1931 年长江流域大洪水的水位，"拟定了'划定湖界'及'疏浚'两大计划，并由江南水利工程处组设东太湖界桩工程队按照图样定立水泥桩界，实施废湖还田，规定湖界内的不许继续耕种"[2]。同时，工程队还计划在洞庭东山半岛的白洋湾上到横泾黄湾之间的太湖水域中，开浚深水河道一条，以使西南太湖的水流可以直接宣泄出去，"从民国十六年（1927）至民国二十六年（1937），共实测精密水准 1300 公里，东太湖地形 246 平方公里，完成苕溪及东坝河导线水准 660

①　林保元：《太仓县境低区防灾计划草案》，《太湖流域水利季刊》1931 年第 4 卷第 2-3 期，"计划"第 2 页。
②　陈茂山：《试论清末民国时期太湖流域的水旱灾害和减灾活动的时代特征》，《古今农业》1993 年第 2 期，第 29 页。

余公里"[1]。最终,扬子江水利委员会根据整理东太湖的计划,完成了对界桩以内的湖滩草荡一律限期围垦圩田,界桩以外的芦苇、茭草、鱼池、湖田一律铲除的预期目标。[2] 除城外水道外,太湖流域水利委员会还对苏州城内各水道进行了精密水准测量,以沟通内外河道,保证水流畅通。

表 4-1　苏州地区精密水准测量网线

序号	名称	长度(公里)
1	由苏州沿元和塘至常熟	45
2	由常熟至福山口	20
3	由苏州至无锡	45
4	由苏州经吴江至平望	45
5	由平望经震泽、南浔至吴兴	65
6	由平望沿运河至嘉兴	55
7	由常熟经支塘至白茆口	40
8	由苏州经昆山至太仓	50
9	由支塘经太仓至浏河口	55
10	由太仓经黄渡、南翔至吴淞	56
11	由吴江经同里、周庄、珠家阁至青浦	60
12	由昆山沿青阳江、吴淞江经白鹤江至青浦	40
13	由淀山湖边沿斜塘经洙泾至平湖	60
14	由苏州经木渎、横泾至东洞庭太湖边	50
15	由江阴沿应天河至常熟	65

资料来源:《完成太湖流域精密水准测量计划》,《太湖流域水利季刊》1930 年第 3 卷第 4 期,"测量工程"第 1-5 页。

此外,为配合对各河道开展精密水准测量,以疏浚河道并建立系统的排泄水工程,太湖流域水利委员会还在江南各地设立气象站、雨量站和水文监测站,详细收集和获取水文、气象等信息,并逐步形成网络化布局,

---

[1]　陈茂山:《试论清末民国时期太湖流域的水旱灾害和减灾活动的时代特征》,《古今农业》1993 年第 2 期,第 30 页。

[2]　《整理东太湖,围垦圩地芟除芦草,既获良田又利交通》,《庸报》1937 年 7 月 24 日,第 2 版。

"气象台之责任，首在调查各地雨量之多寡，以及历年来雨量变迁之情形。次则在于说明各年度、各地方雨量变迁之原因。知雨量变迁之原因，则虽不能消弭旱灾于无形，但亦可防患未然"。[①] 至 1936 年 7 月底，太湖流域水利委员会共建有"流量站 1 处，水位站兼测流量、蒸发量的 13 处，水位站兼测雨量的 12 处，水位站 30 处，雨量兼蒸发量的 6 处，雨量站 10 处，苏州测候所 1 处"[②]。其中《苏州觅渡桥苏州关雨量》（见表 4-2），详细记载了民国五年（1916）至民国十六年（1927）苏州地区每个月的雨量数据，这对分析苏州地区水旱灾害的形成因素、发生规律以及制定应对策略提供了重要的监测数据。根据对各水道的精密水准测量以及设立在各地的雨量站、气象站及水文监测站提供的信息，苏州地方政府对辖区内的主要河流开展整治，建立现代化的排水网络工程。如位于太湖下游的白茆河，是太湖水域仅次于黄浦江的主要泄水通道，全长大约 60 公里。白茆河两岸地势较为低洼，周边支流纵横交错，长期受到江潮倒灌的影响，白茆河下游近 30 公里的河道经常被上游携带的泥沙淤积，加之白茆河上原有的老闸、南新闸和北新闸三闸，在民国年间相继废弃，造成白茆河的排水受到严重阻碍，进而导致下游大批农田受淹。1936 年 1 月，苏州市政府重新在常熟以东距河口 4 公里左右修建一座钢筋混凝土闸门，沿河地区圩田排水情况有较大改善。[③]

由此可见，民国时期各级水利机构和各级政府对连接苏州各地的河道水网进行精密水准测量、设立雨量站、气象站和水文监测站，并由此建立现代化的排水体系，有效预防河道淤塞导致的水流不畅给苏州地区带来的严重水旱灾害影响，在防灾、减灾工作中发挥了极为重要的作用，同时也表明苏州地方社会在这一时期对自然灾害的应对有了更深层次的认识，自然灾害的应对开始采取防灾与救灾并重、治标与治本兼备的方式，体现出与时俱进的近代化特征。

---

① 《论祈雨禁屠与旱灾》，载竺可桢：《竺可桢文集》，科学出版社 1979 年版，第 94 页。
② 胡孔发、曹幸穗、张文教：《民国时期苏南水灾研究》，《农业考古》2010 年第 3 期，第 11 页。
③ 孟昭华：《中国灾荒史记》，中国社会出版社 1999 年版，第 745 页。

表 4-2　苏州瓦渡桥苏州关雨量统计(1916—1927 年)

(单位:毫米)

年份	一月	二月	三月	四月	五月	六月	七月	八月	九月	十月	十一月	十二月	全年总数
1916	—	—	71.63	122.68	91.44	254.00	176.53	56.13	80.52	94.23	54.86	35.05	—
1917	15.24	20.83	42.93	20.42	47.24	337.31	194.82	157.73	121.67	98.55	41.91	23.11	1127.76
1918	—	23.88	78.23	132.08	57.66	269.49	183.13	154.43	76.31	64.01	164.59	149.35	1344.16
1919	117.86	46.74	110.24	70.10	88.65	450.60	343.92	127.76	112.52	22.86	52.83	39.12	1583.20
1920	28.19	115.32	81.28	88.65	73.66	93.47	147.83	87.63	111.51	31.75	37.34	127.25	1023.88
1921	17.27	13.72	82.30	150.11	84.33	189.74	53.59	332.99	337.57	43.69	56.13	12.19	1373.63
1922	114.81	96.52	55.37	50.55	85.09	138.68	66.04	218.44	265.68	71.63	17.78	1.78	1182.37
1923	9.91	88.14	87.38	156.97	122.68	183.39	342.90	257.81	24.89	6.86	76.45	16.26	1373.64
1924	41.15	107.95	73.15	38.35	204.72	169.16	8.63	70.87	157.73	30.48	16.76	7.87	926.82
1925	37.85	25.15	73.91	28.19	144.27	63.25	240.08	122.68	47.75	86.36	67.31	15.49	952.24
1926	83.96	18.29	61.47	27.94	59.69	147.07	130.81	131.06	191.26	50.80	48.01	109.47	1004.83
1927	27.43	92.20	99.57	97.03	178.05	95.25	109.22	192.28	91.69	23.11	22.35	10.67	1038.85
平均	39.88	58.98	76.46	82.42	103.11	199.18	166.45	158.15	134.18	52.02	54.69	45.63	1175.58

资料来源:太湖流域水利委员会:《完成太湖流域精密水准测量计划》,《太湖流域水利季刊》1928 年第 1 卷第 4 期,"测量工程"第 26-27 页。

（三）多层级的灾赈举措

民国时期，国民政府在延续传统救灾手段的基础之上，制定了一套具有时代特点的、较为成熟的自然灾害应对程序。在自然灾害发生后，政府赈灾工作的固定程序一般包含报灾和勘灾、查赈和放赈、赈灾措施等几个方面。

1.报灾和勘灾

报灾与勘灾是政府对灾民开展赈济工作的前提和依据，在整个救灾工作中处于最先开展的环节。各地发生灾情后，民众通过各种途径向上级政府部门详细汇报灾况，请求政府派员查勘赈济，这也是上级政府及时了解灾区情况的主要依据。为了及时掌握灾情状况并制定相应的救助方案，国民政府在《勘报灾歉条例》中明确规定了各种自然灾害的报灾时限，"旱虫各灾，由渐而成，应由县长随时履勘，至迟不得逾十日，风、雹、水灾及其他急灾，应立时履勘，至迟不得逾三日，履勘后，先将被灾大概情形分报该管省政府及民政厅备案。前项报灾日期，夏灾限立秋前一日，秋灾限立冬前一日为止，但临时急变，因而成灾者，不在此限"①。1931年，江苏省政府第427次会议通过《江苏省勘报灾歉办法》，规定了各县办理勘报灾歉的时限，"苏常沪海属各县，规定九月十五日以前，为呈报灾歉截止限期，十月终为造册送厅核定分数限期。各县水旱风虫灾歉，先期由各区长呈报县政府、财政局，经县局下乡履勘属实，指明受灾歉区域，分别轻重，依限呈报省政府及主管各厅，由各厅分别委员实地履勘"②。因此，各地发生自然灾害后，通常情况下民众会在第一时间向政府报灾，如1920年，吴县部分地区遭受虫灾，乡民损失惨重，"吴县公署，昨日到有乡民数百人，均系葑娄门外及虎丘后面一带农耆，或肩负死稻，或手持玻璃瓶，中贮害虫……纷向署中报灾"③。吴县黄埭乡一带田稻，"发现害稻小虫，收成无望，已经该乡农民赴县报荒在案。兹悉斜塘乡一带，因白露节边，天降大雨，低田积水成灾，是以该处乡农，日昨又有多人，赴县报荒。温知事已令饬该乡地保，详细查明，呈复核夺"④。1934年江南大旱，常熟全县田

---

① 《内财两部公布勘报灾歉条例》，《江苏省政府公报》1928年第47期，第17页。

② 《江苏省勘报灾歉办法》，《江苏省政府公报》1931年第829期，第1-2页。

③ 《乡农呈报虫荒》，《申报》1920年10月1日，第7版。

④ 《斜塘乡民又来报荒》，《申报》1920年10月4日，第7版。

亩,十分之四尚未下种;已插秧者,亦多枯萎,将来收成至多不及三四成。"连日天气炎热,仍无雨意,人心更见惶惶,各乡农民分投县政府、党部、农会等处报荒请愿。"①斜塘乡王墓村和杨泾乡,"因天旱水涸,田禾已枯死一千七百余亩。7月20日,由乡长王锦高等来城,赴县报荒,请求救济"②。

　　勘灾是指政府在接到灾民报荒后,派员分赴灾区实地调研,全面核实灾情,将各地的受灾分数、被灾程度、被灾面积以及被灾人数等信息详细准确上报。《勘报灾歉规程》对勘灾做出明确规定:"县、市灾案省政府据报后,应立即派员会同县、市复勘,将被灾区村名称、地亩面积、各地灾情轻重开列清折,连同被灾地亩略图会呈省政府核定,直隶行政院各市及特别行政区域内灾案,由各该市政府及主管官署就地履勘核定,得省复勘手续。履勘期限,县、市初勘旱虫各灾,应随时履勘,至迟不得逾十日。风雹水灾及他项急灾,应立时履勘,至迟不得逾三日,县、市及委员复勘限十五日。"③

　　1919年7月,吴县各地发生水灾,旧元境各乡农民纷纷前往县城报告田亩尽遭淹没情形,吴县温知事特委派张警佐赴旧长泾各乡查勘水灾,后亲自前往五□泾乡一带并转赴唯亭、角直等处查勘。④ 1925年夏,吴江县遭遇虫灾,四乡田稻多被螟虫侵蚀,荒象已成。四乡各圩将灾情上报县府后呈送省厅。江苏省政府派遣袁行之于10月24日偕同吴江县四科助理钱小松会同各圩长赴各乡查勘灾情。⑤ 经查勘组实地对灾情核实,11月15日,在吴江县公署召开会议,各市乡绅士及议董、农田各会长参会,会议最终议定秋勘成色以五成二上报省厅。⑥ 1934年长江流域大旱灾期间,吴县各乡田亩因旱灾关系,收成大为减少,根据各乡农民报荒统计,损失超过五成有奇。对此,吴县各田主组织勘灾委员会,分派大批调查员,分十三个组分赴各乡实地查勘,结果如实呈报吴县政府。⑦ 勘灾对救灾

① 《常熟乡民纷纷报荒》,《申报》1934年7月17日,第10版。

② 《斜塘乡农民报荒》,《申报》1934年7月21日,第9版。

③ 《中华民国法规大全(1912—1949)》第十卷(上册),何勤华整理,韩君玲点校,商务印书馆2016年版,第209-210页。

④ 《知事赴乡勘灾》,《申报》1919年7月25日,第7版。

⑤ 《省委勘荒员到镇》,《吴江》1925年11月8日,第3版。

⑥ 《秋勘成色以五成二报省》,《吴江》1925年11月22日,第2版。

⑦ 《查勘全邑灾况》,《申报》1934年10月4日,第9版。

而言意义重大,对受灾地区的实地考察,可以在第一时间掌握灾况,根据灾情制定相应的对策,进而对灾民田赋等予以减免或缓征。基于此种情况,1934 年 11 月,国民政府行政院开会修正《勘报灾歉条例》,加大了对受灾民众应缴赋税的减免力度。江苏省政府主席陈果夫出席会议,最终议定"被灾九分以上者蠲正赋十分之八,被灾七分以上者蠲正赋十分之五,被灾五分以上者蠲正赋十分之二"①。

2. 查赈和放赈

查赈主要是对勘灾人员上报的受灾户口进行核实,进而划分各户灾民的受灾等级,以此发放赈票和赈款等救灾物资。查赈一般分成若干个工作小组,根据各个灾区受灾程度的不同,每个小组由一到二名查赈人员组成。查赈小组成员负责核实各家的受灾情况,包括家庭受灾人口、家庭物资和生活物品的受灾情况,然后确定各家的受灾等级,以此发放相应的赈款和赈票。其中,赈票是灾民领取政府发放的赈灾物资以及蠲免田赋缴纳的唯一凭证。查赈比勘灾在赈灾工作中的作用更为重要。查赈人员深入灾区的每一个家庭当中,对灾民的受灾情况进行登记核实,并发放赈灾物资和赈票,灾民凭借赈票从政府相关部门中领取赈灾物资。放赈是指政府赈灾部门根据赈票对灾民实行赈灾物资的发放,是整个救灾活动的最后一步。而在放赈工作开始前要先确定时间和地点,通常情况下会事先张贴公告,以便灾民知晓。放赈时,放赈人员要将赈票回收,并在赈票上详细填写验放记录、实放赈款衣粮一览表等相关材料。放赈结束后,还要将具体领赈人员的赈票姓名及发给的赈款数额、赈衣赈粮数目制作张贴公告,以便灾民监督。如 1942 年 4 月,常熟市赈务支会从江苏省赈会分会领取冬赈款一万元,委托米业公会购定百米七十四石,5 月 5 日起,分三处拨发。在发放赈款和赈米前,赈会支会事先确定三处地点,并张贴公告,广而告之,第一处在西门大街老城隍庙,第二处在南门外社稷庙,第三处在大东门总管庙。"安泾两镇贫户,所有赈票,业已由赈会根据各镇长所报贫民册填就,并由邵委昌等出发抽查,定五月一日起,会同各镇长先期散发,俾使贫户凭证领米。"②

从灾民报灾到政府派遣工作人员勘灾、查赈和最后的放赈,整套流程

---

① 《修正勘报灾歉条例》,《军政公报》1934 年第 175 号,第 3 页。

② 《食米平粜结束后,赈会散发赈米》,《常熟日报》1942 年 4 月 30 日,第 3 版。

的全部完成才意味着一次自然灾害救助工作的基本结束。民国时期,国民政府制订的制度化和多层次的灾害救济方案保证在灾后有效掌握各地灾情,进而针对各地区受灾程度采取不同的应对办法,对减缓灾害带来的严重后果具有重要的意义。

3.赈济措施

灾荒发生后,中央政府和地方政府会根据勘灾结果,分别针对各地的灾情状况,按照勘灾确定的极贫和次贫等级,开展相应的赈济工作,赈灾举措依照轻重缓急的原则,各有侧重。具体赈济措施主要包括急赈、工赈和农赈等,显示出政府的灾荒应对措施在承续传统荒政基础上的现代性趋向。

(1)急赈

急赈是自然灾害发生后政府对灾民最直接有效的救济手段,灾民在灾后缺衣少食,饿毙在即,急赈可以最大程度挽救灾民生命。在清代,急赈也被称为正赈,是一种临时性的应急措施,主要用以资助灾民在紧急情况下渡过难关,使"强者可以不起作乱之心,弱者可以免逃亡之患,难关渡过,则当以工赈继之"①。急赈按照内容可分为平粜、赈粮、施粥和赈银等。民国时期,政府依旧把急赈当成诸多救济灾民方式的首选。1921年3月,苏州和常州一带米价步步高涨,贫民日食维艰,生活无以为继,朱镇守使、王道尹以及军政界人,筹募洋一万元,开办急赈,以惠贫民。② 1928年,国民政府规定凡地方上的偏灾,由各省政府办理急赈,中央赈款仅限于重大灾情或者某一省因救济能力限制实在无法开展救济工作;中央赈款以办理工赈,不办理急赈为原则,实在有因办理急赈必要时,则以施粮为原则。同时,考虑到各地受灾的实际情况有所不同,于是规定受灾面积超过半数县的省份和受灾田亩超过半数以上的市,受灾田亩超过总数70%以上的县,赈济工作由中央直接举办急赈。

赈粮是政府在灾后将粮食直接发放给灾区民众的一种救助手段。自然灾害发生后,灾民普遍缺乏粮食,整日食不果腹,嗷嗷待哺,政府直接将赈粮发放给灾民可以使其暂时免受饥饿,满足最基本的生存需求。赈粮以国家仓库中储备的粮食为主,一些地方仓储就是专门用来储谷备荒的。

---

① 胡彦圣:《论救荒似当以急赈为过渡,以工赈为归宿》,《湖北地方政务研究(半月刊)》1934年第4期,第55页。

② 《苏垣筹募急赈》,《申报》1921年3月14日,第8版。

除此之外,也有临时购买或者从其他省份调运而来的。1926 年 1 月,苏州警务厅长袁孝谷、吴县知事王奎成召集吴县各团体士绅,在吴县县署开会议定筹借款项四万元,采办客米二十万石,办理平价,举行散赈以赈济灾民。[①] 苏州丰备义仓备款四万元采购西贡米,苏州总商会筹款三万元,吴县本地米业筹款二万元委托贝哉安在上海采购客米,运苏赈济贫民。[②] 1930 年,苏州米价飞涨,平民粒食维艰,吴县县长黄蕴深特电省政府叶主席,转行上海殷富米商,购运泰国大批米粮,运苏以济民食。[③] 1941 年冬,苏州开办冬季放赈,由慈善团体以慈善演剧拨款四千元,与省城米行业粮食公会商请廉价出售食粮,购得高等白米六十担,定期施放,以救济社会,"该年施赈,核拨户数七千五百户,家属人口亦达二万零六百八十三口,在受赈人籍贯中,吴县籍的占百分之六十三,外籍者占百分之二十一,外省者占百分之十六"[④]。

赈款是指自然灾害发生后政府向灾民直接发放钱款,以便灾民购买粮食、耕畜、种子和农具等物资从而恢复生产和生活的活动。"当通过公共救济体系直接递送的食物,由于管理和后勤困难受阻或延误时,现金援助可以说是一个有益的选择。"[⑤]自然灾害发生后,赈粮是最先采取的赈济措施,但如果受灾地区交通不便或者地处偏远地区,在这种情况下便采用赈款的方式。赈济极少是完全以实物形式发放的,"发放制钱、特别是银,对于政府来说更为有利,这样可以避免粮食采买和运输当中的许多问题"[⑥]。1930 年,国民政府颁布《救灾准备金法》,规定"国民政府每年应由经常预算收入总额内,支出百分之一,为中央救灾准备金,但积存满五千万元后得停止之;省政府每年应由经常预算收入总额内,支出百分之二,为省救灾准备金。省救灾准备金以人口为比例,于每百万人口积存达二十万元后,得停止前项预算支出;救灾准备金应设保管委员会保管相关救灾准备金,不得移作别用。遇有非常灾害,为市县所不能救恤时,以省救

---

① 《议决救济民食办法》,《申报》1926 年 1 月 12 日,第 6 版。
② 《实行救济民食之办法》,《吴语》1926 年 3 月 22 日,第 2 版。
③ 《电请购运洋米接济民食》,《申报》1930 年 4 月 4 日,第 9 版。
④ 《冬季施米报告》,《青复月刊》1941 年第 3 卷第 3 期,第 21-22 页。
⑤ [印]让·德雷兹、阿玛蒂亚·森:《饥饿与公共行为》,苏雷译,社会科学文献出版社 2006 年版,第 104 页。
⑥ [法]魏丕信:《十八世纪中国的官僚制度与荒政》,徐建青译,江苏人民出版社 2002 年版,第 107 页。

灾准备金补助之，不足，再以中央救灾准备金补助之。同时，财政部还酌征烟酒、奢侈品为水灾附加税，以增加救灾经费"①。而早在 1928 年 2 月，江苏省政府就曾召开救济灾荒第二次全体会议，决议由财政厅向银行借款六十万元，全部充作赈费，用于赈济灾民。② 相较于施粥和平粜等急赈方式，赈款相对方便得多。江苏省政府召开救济灾荒第五次全体委员谈话会，就曾提到 1928 年江苏省的赈灾计划原定为急赈、平粜和工赈三种，其中急赈本拟定施粥，但经全体人员讨论，认为施粥不大妥善，最终采取仅用放款的办法，分电各县造具灾民户口册，等候省政府派员到各县组织各县分会"③。

    为了筹募到更多的救灾资金，江苏省政府还会采取发行赈灾公债的办法。1931 年 8 月，江苏省赈务会以各县报灾颇多，经第十四次会议拟定筹赈办法，并呈请发行赈灾公券 100 万元，以充急赈，用于赈济本省的灾荒。"呈为具报本年水灾筹赈办法，并请发行赈灾库券，窃近月以来，淫雨连绵，河水泛滥，各县报灾请赈，纷至沓来。本会职责所在，自应详切筹维，以资赈救。爰于本月三十日开第十四次会议，共同讨论：金以本年重灾区广，为近年所仅见，非筹拨大宗赈款，难以有济，当由胡朴安拟具筹赈办法，提请公决，经众议决：照原办法通过，复由王一亭提议：呈请发行赈灾库券，以充急赈。并经决议：由会呈请省政府发行赈灾公券一百万元，在库券未经发行以前，先行借用建设公债一百万元，将来即以赈灾库券抵还。另推王一亭为驻沪劝募主任，分向各方劝募。"④与此同时，国民政府救济水灾委员会也议决，"拨盐税库券二百万元，办理急赈，复筹议发行赈灾公债一千万元"⑤。

    平粜是自然灾害发生后政府最常用的赈灾手段，它是指政府以远低于市场价格的方式向灾民出售粮食，借以打击一些不法地主和商人囤积居奇以获取暴利的行为，从而达到平抑粮食价格、避免灾后出现粮荒、保证灾民生活的目的。"在整个的治本办法还不能立刻付诸实行之前，还是

①《救灾准备金法》，《江苏省政府公报》1930 年第 586 期，第 5-6 页。
②《省政府救济灾荒会第一、二次全体会议记录》，《江苏省政府公报》1928 年第 22 期，第 11 页。
③《省政府救济员会第五次谈话会记录》，《江苏省政府公报》1928 年第 27 期，第 7 页。
④《呈报拟具筹振办法并请发行赈灾公债》，《江苏省政府公报》1931 年第 819 期，第 8-9 页。
⑤《中央统一水灾赈务机关》，《江苏省政府公报》1931 年第 846 期，第 8 页。

先从治标入手,彻底调查囤积,举办平粜,调节货源抑平价格。"①自然灾害发生以后,通常会出现粮食价格上涨的情况。灾歉本来就使市场上的粮食储备比较紧缺,如果一些地主富豪和不法奸商再趁机加大囤积居奇甚至将粮食偷偷外运,就会导致受灾地的粮食储量匮乏,粮食供需失衡,价格随之节节上涨,日渐腾贵。"平粜是贫民的福音,也是平民的福音。有了平粜,不平粜的米售价也会低落了。这是供求的原则。所以捐款平粜,直接嘉惠贫民,间接就是嘉惠自己。"②由此,政府在灾后开展平粜,以低于市场价向灾民出售粮食,从而打击不法奸商的囤积居奇行为,达到抑平粮食价格的目的。平粜政策从根本上压制了米价的人为抬升,稳定了最容易出现危机的米市环境,使最下层的饥民也能得到一定的米粮,维持最基本的生产和生活的相对稳定。③

民国时期,苏州地区自然灾害频繁发生,粮食供应紧缺,加上一些不法商人囤积居奇,导致粮价高涨,一些灾民即使领到赈款也无法在市场上买到粮食。这一时期,江苏省政府和苏州地方政府多次出台相关规定并组织平粜活动,以救济灾民。1920 年 6 月,苏州平粜局开办,在城内分设五局,规定"饥民大口,每日米五合,小口减半,问目一□,每期每户至多以三升为限,售价每升七十文,约办三个月"④。次年 6 月,苏州地区的米价继续上涨,民食维艰,升斗小民生计更苦,为此平粜局会同警察厅布告各米商将各种米粮一律平价出售,不得高抬价格,若有私行囤积之户,查出定即充公。⑤ 1930 年,江苏省民政厅鉴于全省因遭灾歉,民食维艰,米价奇昂,为救济民食,饬令各县购米设局平粜,"通令各县,凡仓内积谷并款,准予召集地方公团筹议动拨,定期平粜,以资救济"⑥。1931 年江淮大水期间,各省遭遇严重水灾,"繁盛之区,胥渝巨浸,被灾难民,数逾千万,赈饥之法,除散放急赈外,平粜粮米,尤为切要之图"⑦,铁道部还为救济各省水灾,拟具运输平粜粮米减价办法六条。1932 年 7 月,吴县举办平粜

① 力士:《再论粮食问题》,《青复月刊》1940 年第 1 卷第 6 期,第 18 页。

② 《平粜》,《新闻报》1940 年 1 月 13 日,第 19 版。

③ 冯贤亮:《明清江南地区的环境变动与社会控制》,上海人民出版社 2002 年版,第 218 页。

④ 《开办平粜之情形》,《申报》1920 年 6 月 9 日,第 7 版。

⑤ 《县知事限平米价》,《申报》1921 年 6 月 2 日,第 7 版。

⑥ 《令厅饬县设局平粜》,《江苏省政府公报》1930 年第 457 期,第 9 页。

⑦ 《令知运输平粜粮米减价办法》,《江苏省政府公报》1931 年第 849 期,第 17 页。

活动，城乡各区一律开办，以三个月为期限，大米共计四万石，以户口为分配标准，"乡区支配一万八千石，城区二万二千石，均以户口为标准"①。1934年7月，江南大旱，吴县数月不雨，县长吴企云召集各机关代表及地方人士开会讨论救济办法，议决"函致仓储会，筹备平粜。函致米业不得囤积居奇"②。1947年，国共内战正酣，为防止发生米潮、学潮和工潮，苏州城防部邀集苏城各机关、法团及驻军部队举行紧急会议，决定举办平粜，先行试办一个月。至5月28日，苏州米市的限价已提升至每石三十九万元，吴县政府奉江苏省政府令举办平粜，同时决定向银行贷款，派员赴九江、芜湖等余粮地区采购食米，根据城防部会议预定开办平粜一个月，每日七十二石，价格为二十五万元，自六月一日开始。③

　　灾荒之年，政府举办平粜赈济，通常会考虑各地区之间经济水平的差异，甚至有时还会使用行政手段调控全国的粮食，协调各地的米粮余缺，将丰收地区的粮食紧急运往受灾地，或从有余粮的地区购买粮食，从而达到平衡各地粮食供需，以余补缺，平抑粮价，救济受灾民众的目的。"米粮流通的畅达有助于防止饥荒的发生或在饥荒发生后降低受灾的程度。"④1926年1月，丰备三邑义仓筹款四万元，采办客米二十万石，运至苏州，办理平价。1929年10月，苏州出现米荒，苏州市政府与各社会团体商定，由米商向他埠采办客米平价粜售，每升以三百六十文为标准，至多以一斗为限，期限一个月。⑤昆山县也派人赴上海，采购食米一千包，平价零粜，以惠平民。⑥为救济民食，1930年，江苏省颁令，对于从外埠转运订购的西贡洋米，如果为分运被灾各县救济灾民的，在江苏省内，一律免除内地税厘，免税放行，"而于洋米进口应纳海关税并无关碍，为救济灾荒起见，自可照准"⑦。

　　同时，在自然灾害发生后，也有一些唯利是图的不法商人，为牟取巨利，不顾政府三令五申的禁令，偷偷将米粮转运他地销售，有的甚至偷运

①　《城乡各区定期平粜》，《申报》1932年5月16日，第10版。

②　《县府会商救济旱灾》，《申报》1934年7月8日，第10版。

③　《苏州试办平粜，六月一日开办》，《申报》1947年5月28日，第2版。

④　陈春声：《市场机制与社会变迁——18世纪广东米价分析》，中国人民大学出版社2010年版，第150页。

⑤　《维持民食办法》，《申报》1929年10月9日，第11版。

⑥　《准发给昆山运米护照》，《江苏省政府公报》1930年第499期，第38页。

⑦　《令知赈米在本省境内免税放行》，《江苏省政府公报》1930年第447期，第10页。

出洋，以谋取巨利。尤其是在水旱等灾害发生后，大量的粮食被运出洋，导致粮食价格出现暴涨的局面。"本省产米不敷本省民食，幸洋客籼米源源接济，否则早已不堪设想矣。去岁稍获丰稔，而报载忽有弛禁苏米出口之说，以致领照出口者日有所闻。历来禁运出口之苏米大批运出，市上米价大受影响……一至青黄不接时期，必有极大之恐慌。"①

　　为杜绝此种情况，江苏省政府规定："当以取缔奸商私运粮食出口，应先由财政部通令海关，严行查禁，其取缔奸商囤积粮食，及取缔粮食不正当消耗，拟由本部分行各省厅就当地情形严行取缔。"②与此相应，苏州地方政府也采取措施禁止食米出口，在米粮集结地设立关卡严格检查，并要求商人不准过多存储粮食，发现违规禁囤者，即全部没收用以平粜。1926年4月，吴江北库益泰米行不顾民食，私自偷运白米八十石出省，江苏省水警十五队巡船发现后，即行扣住押解到县，"闻照章米谷船只，须悉数充公云"③。苏州山塘街与娄门外两米行，由该业捐客蔡某将米谷大批偷运至常熟彭家桥出口，苏常道尹李菘圃先派员向各方面调查，随后即将私运奸商拘案严惩，货物充公。④ 常熟县政府规定，"无论何县前来采办米粮，必须取具该管县政府文照，填明确实自运及采办数量，由采办人持呈职县政府核准验讫盖印，方即照数起运，违即照偷运处罚。至米粮囤积，意在居奇，亦所不许"⑤。1929年，苏州市公安局局长邹兢发布指示，"凡是不顾民食，私将米面运往国外销售以图重利者，即予扣留，严厉处罚"⑥。1931年，吴县政府通令各区，重申严禁私运米粮出境，"除通令外，合行令仰该厅长转饬严密查禁，毋稍疏忽"⑦。通过运用平粜和禁止米粮出境等手段，有效抑制了青黄不接之时苏州地区市面上米粮市价日涨、民食前途日趋严重的局面。

　　（2）以工代赈

　　以工代赈是一种常见的灾后救助形式，它是指为灾民提供劳动的机

①　《严申苏米出境禁令》，《江苏省政府公报》1928年第24期，第12页。

②　《从严取缔奸商私运囤积粮食》，《江苏省政府公报》1930年第370期，第17页。

③　《运米出省之破露》，《吴江》1926年4月4日，第2版。

④　《彻查私运米石出境》，《申报》1926年6月8日，第10版。

⑤　《常熟吴县长禁米周密指令嘉许》，《江苏省政府公报》1928年第66期，第11页。

⑥　《令查私运米面出洋即予扣留严厉处罚由》，《苏州市政月刊》1929年第1卷第7-9期，第28页。

⑦　《各区区长：奉令查禁私运米粮出境由》，《吴县县政公报》1931年第61期，第13页。

会,灾民通过劳动获得报酬的有偿赈济方式。① 自然灾害发生后政府吸纳受灾民众中的劳动力,组织他们参与灾区河道疏浚、开挖沟渠、筑路修桥和植树造林等工程。"几个世纪以来,帝国的官员一直在征用饥荒中的灾民修筑堤坝和疏浚河道。"②而灾民通过劳动获得相应的粮食和工资,这样既完成了灾后地方建设,又可以使灾民得到赈济,实现救荒与防灾并举、救人与建设并重,"许多河流都见底了,正可趁这个机会利用灾民去疏浚,以利交通,以免旱灾的再临"③。"以社会救济的立场说,工赈的中心是在于工人的赈济;工程本身的成就倒是次要的目标,因为工程的设计不过用为救助人的工具,甚至于工程的成就也应该是为增加人民生活的福利。"④可见,工赈具有明显的优点,是为人而设的,而且不是单单为了完成工程。工赈的中心是人力的使用,使受赈者运用其技能自力更生,通过劳动换取相应的报酬,工赈本身的成就倒是次要的目标;另外,工赈增加了就业的机会,将难民或者赋闲的灾民中具有劳动能力的人组织起来参加工赈,也一定程度上减少了灾民引发社会冲突混乱的因素,对社会稳定和政权稳固大有益处,"利用无业游民,浚河筑路,以消地方隐患。……各县之河渠沟洫,淤塞不通者,比比皆是。……利用游民,浚河筑路,一以增进人民之利益,一以减少宵小之生产。盖游民得有职业,自不至铤而走险,流为盗匪,诚属一举而两得者也"⑤。最后,从地方建设上看,灾荒之年政府组织灾民从事以工代赈,支付给灾民的工资通常比正常工程支付给工人的工资低,这就节省了政府的开支成本。"工赈实际上是把赈济资财变成生产费用,有利于灾区的可持续发展。"⑥1931 年江淮大水期间,国民政府特地成立水灾救济委员会,设立了工赈处从事灾区的救助事宜。水灾救济委员会在办理具体的救灾事务时,在治本方面采取以工代赈的方法,组织灾民修筑堤防,疏浚河道;灾民则通过自身劳动获得生活物资的救济,从而保障生活,渡过难关。1931 年 11 月,江苏省制定《江苏省二十年度筹办工赈简则》,规定"工赈经费先由各县积存建设经费项下除去

① 张奇林:《社会救助与社会福利》,人民出版社 2012 年版,第 143 页。
② [英]陈学仁:《龙王之怒:1931 年长江水灾》,耿金译,上海人民出版社 2023 年版,第 213-214 页。
③ 《再谈灾荒》,《东方杂志》1934 年第 31 卷第 18 号,第 4 页。
④ 俞敏良:《论工赈》,《红十字月刊》1947 年第 19 期,第 13 页。
⑤ 《利用游民浚河筑路》,《江苏省政府公报》1927 年第 8-9 期,第 34 页。
⑥ 杨琪:《民国时期的减灾研究(1912—1937)》,齐鲁书社 2009 年版,第 156 页。

已经核拨之款项外,酌提半数充之。如有不足,再由民政厅设法添置,必要时得呈请省府发行省公债并请省府转呈中央赈务机关核拨,另补清单。在工灾民除每日计口授食外,得酌给工资或食粮,仍以各县当地平时价格为标准"[1]。与此同时,政府下拨的经费也被用在灾区建设,防治水患和救济灾民一举两得。所以,工赈被认为是最符合科学原则及最实用的救灾方法,"为民国历届政府和赈灾组织所重视"[2]。

　　民国时期,苏州地区的工赈主要表现为灾后组织灾民开展水利工程建设,疏浚河道,开挖市河;在工赈方法上继续沿用传统时代的做法,地方上水利建设的资金由地方政府负责筹募,大型工程则由国家采取以工代赈的方式,并拨发一定的建设经费,用来兴修水利、疏浚河道以及购买一些抽水机械设备。1926 年春,吴江大旱,天久不雨,河道淤塞,禾苗枯萎,饥民遍地。吴江城区市议长吴铭刚发起开浚城中北塘河,采用以工代赈的形式组织灾民,从北门至西门疏浚北塘河。[3] 1934 年夏天,江南遭遇百年一遇的特大旱灾,苏州城内各河道淤塞,水色黑污,船只不能行驶,饮料发生问题。阊门内各界于 7 月 1 日下午在北区救火会开会,商议开浚河道,数十人出席,结果决议成立金阊浚河委员会,采用以工代赈的办法疏浚各河道,并推定戎法岑、曹菽乔、吴子深、费仲深、陆麟仲等六十九人为委员,负责筹款,即日开工。[4] 7 月 27 日,江苏省建设厅长沈百先在"行政院"救旱临时会议上提出"江苏省救旱善后急要工赈计划",其中水利事项包括应整治及开浚的河道工程六处,"东部治理方策,以开浚吴淞江及沿江各口筑闸,疏浚为急要工作,自镇江至苏州之运河淤塞日甚,在镇江至常州一段更属淤高,蓄泄两难,农田交通,均受其害。应就地势之高下不同,分别筑闸,抬高水位及加深浚,以畅水流。沿河民众,盼治已久,亟应举办"[5]。8 月 29 日,江苏省建设厅委派工程师赴苏州,与吴县县长及建设局长商洽工赈办法,决定设立工赈局,整理胥江及疏浚九曲塘河。[6] 常熟县也成立工赈浚河委员会,采取以工代赈的方式疏浚内外河道。1934年 12 月 20 日,浚河委员会开会议决,"本年度应浚各河,除城河为征工

① 《江苏省二十年度筹办工赈简则》,苏州市档案馆馆藏,卷宗号:I14-002-0454-004。
② 刘五书:《论民国时期的以工代赈救荒》,《史学月刊》1997 年第 2 期,第 76 页。
③ 《开浚北塘河之刍议》,《新盛泽》1926 年 5 月 21 日,第 3 版。
④ 《中市浚河》,《吴县日报》1934 年 7 月 2 日,第 7 版。
⑤ 《苏省救旱善后工赈计划》,《申报》1934 年 7 月 27 日,第 9 版。
⑥ 《本县今冬设工赈局》,《苏州明报》1934 年 8 月 29 日,第 6 版。

外，各乡河道疏浚，均属工赈性质。组织工赈浚河会，以专责成"①。1935年1月，常熟县行政会议决定，举办工赈浚河会，将各乡市河一律加以疏浚，并成立工程处，既可便利交通，又可以工代赈，"由县长兼任正主任，各区长任副主任，监工员由各区雇员负责，至其征工方法，以三十人为一排，十排为一组，三组为一队，分设排组队长等，由乡镇长负责，酌支津贴"②。同年3月，完成应浚各河的测量工作，李墓塘第四干河，徐六泾梅塘黄泗浦等六河，全长约63公里，均已动工。同时利用在押的欠租佃农开展浚河，以工代赈，以兴水利。③

1931年8月，江苏省民政厅议决各县关于筹划工赈办法，经省政府讨论，最后决定，"令各县长注意安置灾民，并就建设水利积谷等款，筹划各县工赈办法"④。1934年，江苏省政府决定采取以工代赈的方式，疏浚江南河道，整顿江南海塘工程。其中涉及苏州地区的工程主要有二：一是江南海塘工程。1932年秋，受风灾损毁严重，原请全国经济委员会拨款举办，但函电往返，费时甚久最终无果。4月16日，江苏省组织成立海塘工程处，以彭禹谟为主任筹办招商投标，采办木石及打桩砌石等事宜。此项工程历时近5个月，共用款40余万元，修复、加固、整理并改建从苏浙交界的金山卫开始到常熟福山港沿线300多公里中的16000多米，使沿线16个县得到屏障。二是江南各运河整治和赤山河湖流域整治。办理江南工赈，江苏省政府会议曾经通过拨水利建设公债300万元办理疏浚。其中运河整治包括丹金溧运河、黄田港及澄锡运河、镇江至无锡段、宜溧运河的河道拓宽和疏浚等，完成土方1100多万方。赤山湖河流域整治包括修筑堤防、修建闸坝以及疏浚赤山湖河流域干支流等。

1934年11月21日，工赈工程处和镇武工赈工程处分别成立，后各工赈工程陆续开工。⑤此外，早在1934年8月，江苏省政府委员会第685次会议就通过了《江苏省救济旱灾举办工赈暂行办法》，指出"工赈施行计划分省办与补助各县二种；工赈按方给值，以发食粮为主（每公方平均发给价值一角之食粮），不足时，得经发银币；省办工赈施工，由建设厅主办，

① 《常熟县组织工赈浚河会》，《申报》1934年12月23日，第10版。
② 《常熟：工赈浚河将动工》，《申报》1935年1月19日，第11版。
③ 《农田水利》，《农报》1935年第2卷第8期，第277-278页。
④ 《令各县遵办赈灾》，《江苏省政府公报》1931年第832期，第17页。
⑤ 沈百先：《一年来之江苏水利建设》，《苏声月刊》1934年第1期第2卷，第45页。

每项各设工赈处,其组织另定之,补助各县工赈施工,由建设厅派员指导各该县政府办理;发给食粮,省办者由工赈处领发。五日一领,先期开具所需数量,通知省农业仓库管理委员会核发(分包装封,以便领发包装,随发随收,以资周转),安排分发灾工,并公布数量,助县者由县政府领发"①。为救济江南各县旱灾,同年 9 月 19 日,江苏省政府召开省务会议,议决"于水利建设公债项下,拨一百万元补助受灾各县工赈,浚河开塘经费。……并按照各县受灾状况及其地方财力,规定补助款额"②。而在开展工赈的过程中,对于近十万灾工的人员安排,江苏省政府规定,"工伙每三十人为一排,设排长一人统率之,每排领取赈款;排长得取百分之五,其余按土均分,每十排为一组,设组长一人;每三组或四组为一队,设队长一人,以资统帅。……另由工赈处予以津贴所有工伙住宿等事宜,由所在地的县政府尽量设法安顿,必要时并得呈请拨款搭盖工棚"③。此外,江苏省建设厅为配合各市开展以工代赈,特拨发电力戽水机到各个区市,"其中拨戽水机十二架到苏,令县府分发各乡,为农田戽水之用"④。

　　1935 年,江苏省政府制定各县以工代赈救旱办法大纲,规定由各县政府尽量筹集抽水机、人力戽水车,以备农民廉价租用,甚至在必要的时候所有的打米机均可勒令改为抽水机。同时,江苏省政府还训令省立农具制造所尽量预备抽水机,以备各县租用。另外,由河湖抽水入支河,工程规模较大的,所有的筑坝设备、抽水工作,县政府应该代为规划布置。所有开支在必要时呈请省政府由建设经费项下补助。⑤ 在江苏省政府、省建设厅等部门的支持指导下,苏州下属各县积极采取以工代赈的方式开展河流疏浚、堤岸修筑等工作,如 1934 年吴江县组织灾民对所属各区河道进行疏浚(见表 4-3)。

---

① 《江苏省救济旱灾举办工赈暂行办法》,《江苏建设》1935 年第 2 卷第 7 期,第 3 页。

② 《苏省拨百万元救济江南旱灾》,《申报》1934 年 9 月 20 日,第 6 版。

③ 《苏省旱灾工赈近况》,《申报》1934 年 12 月 24 日,第 9 版。

④ 《大批戽水机运到》,《申报》1934 年 7 月 24 日,第 10 版。

⑤ 《江苏省政府令颁各县救旱办法大纲(二十三年七月)》,《吴江县政》1934 年第 1 卷第 3 期,第 21 页。

表 4-3　1934 年吴江县各区工赈浚河调查

区名	河道名称	长度(公尺)	土方(立方米)	备注
第一区	后村港	906	982.4	建设厅核准
	三多港	601.5	1803	县政府派员测量
第二区	长条港	1093	3887.7	建设厅核准
第三区	西河浜	580	935	县政府派员测量
第四区	朝霞港	1200	5658	建设厅核准
	东洋港	1570	4788	
	南胃港	296	8555	县政府派员测量
	田维浜	1500	465	
	蟹鱼浜	450	1195	
第六区	小港里长浜	600	1508	建设厅核准
	大胜港下浜	640	1612	
	城思村前港	169	459	县政府派员测量
	白荡湾西浜	180	488	
	南汾港	300	879	
	北汾港	350	997	
	时基湾港	450	1084	
	东湾港	100	290	
	登头港	330	929	
	其余自动开浚河道	7497	19822	
第八区	古塘港	148	6645	建设厅核准
	窑头港	545	1802	
	三官桥港	425	915	县政府派员测量
	毛字港	434	854	

资料来源:《吴江县各区工赈浚河调查表》,吴江区档案馆馆藏,卷宗号:0204-003-0309-0104。

工赈具有重要的意义,不仅能帮助灾民通过自身的劳动获得生活所需的资金和粮食,增加抵御自然灾害的勇气和信心,而且有助于国家通过使用相对廉价的劳动力进行大型社会工程的建设,减少了社会工程的投资成本,节省了政府财政开支。"一方面既可以赈救灾民,一方面又可以谋江南水利之救治,此诚一举而两得其利也。"①因此,工赈成为灾后屡行有效的救灾赈济方式。

(3)农赈

农赈主要是救济因灾贫困、无力自救的农民,采用贷款的方式向农民提供重建资金,从而帮助灾民恢复生产,灾后重建家园。"农赈是赈务的最后一步;同时,农赈是合作的初步。"②农赈最早创始于1931年秋,时年长江流域一带遭遇空前的水患,灾情惨重,国民政府为帮助灾民恢复生产,特地成立国民政府救济水灾委员会,在急赈和工赈之外,向美国借小麦四十五万吨开展救济,以赈灾民。对于如何救济灾区失去生产能力的农民以及恢复破产的农村,沪上绅商章元善提出农赈的意见,后被国民政府采纳,农赈方案就此确立。农赈方案大纲规定,"农赈之目的在已设施急赈工赈,而认为可以恢复农事之灾区,积极救济灾民,使从事农业复兴工作"③。一开始,国民政府打算在所有的受灾省份分别设立农赈局和农赈委员会,但二者的职责有所区别,其中农赈委员会负责监督对灾民的赈济。而农赈局则根据各县的实际受灾情况,分别轻重,在一个县或几个县份共同设置一个农赈办事处。"原定计划,拟在被灾各省设立农赈局,分别灾情轻重,于一县或数县各设办事处,又于各地组织农村合作社,俾农民早得复业。"④办事处在各自管辖的村镇中设置农村互助社,作为开展农赈工作的具体单位。国民政府水灾救济委员会在农赈方案中规定,"农赈的主要工作为接济农事资金,指导农业方法,推行农村合作,其一切设施由农赈处计划办理;农赈基金暂定一千万元,由本委员会指拨,其中一部分得以美麦作抵数;农赈处为节省现金之使用,及便利灾农购买起见,暂不以现金直接贷与灾农,而以赊放粮食、农具、耕牛、种籽、肥料等必需品代之"⑤。

可见,农赈实质上就是将赈款借给农民,使农民可以购买生产资料以开展灾后重建,到期后将借款本金归还。这是政府帮助灾区民众恢复重建的一种手段,"所有培修民堤,排泄积水,保育耕牛,购买籽种,甚至修盖

①　沈百先:《江苏省之水利建设》,《东方杂志》1935年第32卷第19号,第218页。
②　章元善:《农赈的意义》,《救灾会刊》1923年第11卷第1册,第11页。
③　宋之英:《农赈在合作运动的地位》,《自觉》1933年第23期,第13页。
④　国民政府救济水灾委员会:《国民政府救济水灾委员会报告书》,国民政府救济水灾委员会1933年编印,第113页。
⑤　孟昭华:《中国灾荒史记》,中国社会出版社1999年版,第759-760页。

房屋,添置农具,皆属农赈范围"①。但是,农赈并非无条件的施赈,而是"贷款贷麦于灾区农民,使尽速于最短时期内收获农产物,恢复生产力,得早日脱离灾境,而达自助自救之目的"②,这就要求借款有相应的手续和担保。自然灾害发生后,生产资料遭到破坏,农民家贫如洗,一无所有,缺少可以抵押的财物。因此,要想恢复生产力,必须联合遭受同样痛苦的灾民团结起来,互相扶助,增进自己的经济力量,成立农村合作社,再以团体的信用、相互之间的担保,出面承借贷款。农村互助社一方面是农赈区内农民为承借农赈而组织的团体,另一方面,"互助社实际上是一种简化的信用合作社,农赈的最终目的还是要把互助社办成信用合作社。农赈与其他两种赈济形式的区别在于,急赈是慈善救济,具有施舍的性质,工赈是按工作量支出的工资,这两项支出的赈款,都无法收回。而放给互助社的无息贷款,则可于下年秋收后,由互助社收回还给出贷者"③。

　　1931年长江流域大水灾后,国民政府水灾救济委员会分别在安徽和江苏等五个省份开展农赈工作。与其他省份农赈工作有所不同,江苏省独立开办本省的农赈工作,没有委托其他组织代办,同时也没有要求各县市成立互助社组织,"而是将赈款贷与农民借款团体代表人,由代表人负责分别贷给各农民,将来还款,惟此代表人是问。……该会将款收回,重新贷给农民,办理农业改良使用社及农业仓库等事宜"④。1934年,江南大旱发生后,政府在号召民众补种耐旱农作物的同时向农民提供借贷,如吴江县政府以县建设经费作抵押,向农民银行借款一万元,交给各区区长负责分贷农民,为购机救旱之用。⑤ 1935年春季,遭遇旱灾,农村经济受到重创,元气大伤,部分灾情严重地区的农户甚至颗粒无收,为了应对旱灾,灾民家中的积蓄也多耗费得荡然无存。在此情况之下,国民政府担心如果不对农民提供援助,势必影响下一年的春耕,又将造成旱荒后的春荒,由此形成恶性循环。因此,1934年12月,国民政府就开始实施农业借贷计划,在给各省下拨赈款时,要求各受灾市县举办农贷以加强对灾民的救济,帮助灾民恢复来年的生产。与此同时,各级政府还通过其他方式

① 《农赈与合作》,《合作讯附刊》1932年第1期,第1页。
② 《农赈与合作》,《合作讯附刊》1932年第1期,第2页。
③ 杨琪:《民国时期的减灾研究(1912—1937)》,齐鲁书社2009年版,第164页。
④ 孟昭华:《中国灾荒史记》,中国社会出版社1999年版,第761页。
⑤ 《吴江防旱,县府集议借款万元分贷农行》,《苏州明报》1934年7月14日,第5版。

对灾民提供救助。为防止旱灾发生后，农民因农田荒芜，粮食奇缺，生活无以为继，而将耕牛贱卖甚至宰杀，江苏农民银行特地举办耕牛放款计划并制定十项办法。具体办法为："（一）本行为便利农民畜养耕牛起见，办理耕牛放款。（二）凡农民欲卖耕牛或以耕牛为抵押，均可向本行申请此种借款。（三）抵押之耕牛，以强壮能供农作之用者为限（其年龄以三龄至八龄为限），由本行烙印（在牛角上烙印）。（四）在本行抵质之耕牛，应由本行代为担保耕牛寿险，以期安全。保费得按最惠办法优待之，如遇发生疾病之时，本行亦应有协助防治及供给各种便利之责。（五）此项放款以农民组织之合作社或其他负连带责任之组织为限，并须由乡镇区长为见证人，殷实商店或公正人士为承还保证人。（六）此种借款至多不得超过抵质耕牛估价之六成。（七）借款期内，至长不得过八个月。（八）在借款期内，借款人对于耕牛须互负监督之责，牛主未得本行同意，不得将耕牛私行变卖或屠宰。"①这样，农民即使把耕牛抵押给银行，依然能够保有耕牛的耕作使用权；另外，农民还能得到相当于抵质耕牛估价六成的借款，且借期长达 8 个月，这对农民开展灾害补种和恢复农耕起到重要的推动作用。这种救济方法较之单纯的施粥、施银的意义更加积极，对灾民和贫民更是化"输血"为"造血"，使他们在关键时刻能够依靠些微的资金和自己的力量自食其力，既维护了他们做人的尊严，也减轻了政府和士绅救济的负担，这种积极有效的救济方法更符合近代社会的救助理念。②

农业仓库和农业借贷一样，也对自然灾害发生后的恢复生产起到了重要的作用。1928 年，国民政府内政部鉴于仓储事业对灾后恢复农村经济的重要性，颁布了《义仓管理规则》，规定"地方公有之积谷仓廒，以救济灾歉为目的者，均称为义仓，依本规则管理之，旧有之常平仓，储备仓，社仓及其他名目之谷仓，一律改称义仓"③，以此对全国原有的各类农仓实行统一管理。1930 年 1 月，国民政府对《义仓管理规则》作了进一步修改，制定了《各地仓储管理规则》，通令全国实行，主要规定农业仓库之仓谷仅能供给当地平粜与农民放贷，防止非法侵蚀；每户以积储一石谷为最高额；收集仓储基金以地方公款为主，辅之以派收捐募；各市县政府负责管理监督仓储事业，并应按年造具积谷总数呈转内政部查核。在农业仓

---

① 《镇江：苏省农行举办耕牛放款》，《申报》1934 年 11 月 19 日，第 7 版。

② 任云兰：《近代天津的慈善与社会》，天津人民出版社 2007 年版，第 102 页。

③ 《义仓管理规则》，《军事政治月刊》1928 年第 16 期，第 10 页。

库的建设上,江苏省政府十分重视,采取积极推进的态度,走在全国前列,
地方政府和银行建立的农仓也均有起色。1933 年,江苏省政府成立农村
金融救济委员会,负责各县农业仓库的成立,并制定了农业仓库规程,江
苏省建设厅和省财政厅负责督导检查,同时要求各县成立相应的农业仓
库管理委员会。

1934 年 6 月,江苏省财政厅召开会议,重新修订粮食调节办法以及
农业仓库规程,同年 7 月,省政府通过了《江苏省农业仓库经营承认暂行
办法》,规定"据农本局 1936 年 11 月统计,苏省已设立官营农仓,省仓 26
所,县仓 121 所。其经营业务,一是直接办理农民来仓储押,一是由政府
在各县收买农产品。此外,苏省尚有合作社、私人及其他机关经营的仓库
232 所"①。1929 年春,江苏省农民银行在苏州下属的吴江县盛泽镇建立
农业仓库,这是我国开办的首家新式农业仓储,主要办理丝绸储押工作。
1930 年,全国粮食丰收,加上洋米在国内大量倾销,导致粮价下降,谷贱
伤农,农民遭受惨重损失。江苏省农民银行抓住时机,进一步扩大业务,
在省内积极推行合作事业,大量建造农业仓储,农仓遍及昆山、松江、武进
和常熟等地。到 1935 年冬天,农业银行自办及委办的仓库已有 17 县 97
处,仓房 2434 间,储押数量近 30 万石。农产品价值约 50 万元。迨下期
止,时仅六月,仓库之发展又增至 39 县 184 所 5021 间,又 30 厩,储押数
量增至米麦豆等 467890.96 石,棉花杂粮等 344836.63 斤,土布 96486
匹,豆饼等 168225 片,农具 51025 件,黄狼皮、耕牛等 2897 只,生丝、金银
37320.46 两等,储押数值达四百万余元。② 此外,农业银行将办理仓库作
为救济农村经济的重要政策,并选择农产丰富、交通便利之处设立农业仓
库。同时在储押产品方面,注意各县特产,如无锡的蚕茧、苏州和常州的
稻谷等。作为试点,在省内各县分期建立仓库十所,其中已建设完成的有
吴县等七所,业务均极发展。另外,农业银行还在苏州农校添设仓库课
程,训练仓库人才。③ 1947 年,经吴县政府制订当年贷款计划,吴县农业
贷款总额为 100 亿元,主要分为农具、渔业、蚕丝、牲畜、种子和果业等

① 杨琪:《二三十年代国民政府的仓储与农业仓库建设》,《中国农史》2003 年第 2 期,
    第 47 页。
② 《江苏省农民银行业务报告(下)》,《银行周报》1935 年第 19 卷第 18 期,第 29 页。
③ 《江苏省农民银行业务报告(下)》,《银行周报》1935 年第 19 卷第 18 期,第 30 页。

六项。①

由此可见农业银行在江苏省内各县建立的农业仓储数量之巨大、储存物资种类之丰富、存款数额之多，以及重视程度之深，这对于灾后开展农贷，帮助农民恢复生产，渡过难关，促进农业生产良性循环起到积极作用。

第二节　新型社会组织与自然灾害救助

中国是一个自然灾害频发的国家，长期以来形成了一套较为完善的灾荒救助机制，即国家政权颁布相关的救济法令、制度和政策措施，并运用行政力量来组织实施，对灾民提供救助。从本质上讲，这是一种政府行为，在自然灾害的预防及灾后救助中发挥重要作用。鸦片战争以后，随着中央政权的衰落以及列强的不断入侵，国家面临政治、经济和外交等方面错综复杂的问题，尤其是财力和物力资源的匮乏使其在应对频繁发生的自然灾害时表现出力不从心的态势，无力承担全部的救灾恤贫活动，从而被迫将救灾济贫等"公"领域中的权力和责任部分让渡于民间社会。"在以财政拨款为主要经济来源的社会救助体制中，国家财政状况的好坏，直接关系社会救助的规模和实效。"②当政府的救灾功能一旦遭到削弱或丧失时，民间社会的力量就会迸发出来，各种新型社会组织在各大城市中次第成立。"江南较高的经济发展水平和活跃的社会力量对灾荒的救济发挥了相当重要的作用，特别是嘉道以后，逐渐成为社会救济的主力军。"③民国时期，苏州地区在自然灾害的应对上，从救灾主体到救灾力量以至救灾组织都发生了转变，新旧之间互相杂糅交织，新型社会组织在救灾济贫活动中日益发挥重要作用，并逐步促进自然灾害应对方式的现代化转向。

一、各类合作社组织的灾荒赈济

民国以来，频繁发生的自然灾害和兵匪战乱，导致农村经济日益凋

① 《苏州本年农贷一百亿元》，《申报》1947年1月17日，第3版。

② 陈桦、刘宗志：《救灾与济贫：中国封建时代的社会救助活动（1750—1911）》，中国人民大学出版社2005年版，第33页。

③ 余新忠：《清代江南的瘟疫与社会：一项医疗社会史的研究》，中国人民大学出版社2003年版，第331页。

敝,生产力水平低下,农业技术落后。广大农民在沉重赋税的压力之下,生活每况愈下,抵御自然灾害的能力也随之受到严重削弱。而农业危机的加深,使得灾荒年甚一年,外粮销售加剧,农产品出口减退,农民生产不但无利可图,且随时有破产的可能。为重振日益衰败的农村经济,增强农民抵御自然灾害的能力,1927 年南京国民政府成立以后,开始在农村地区推广社会合作组织。"合作社是依据农民自治自立的精神和互助协作的精神组成的,是真正的农村自己的机关,也就是惟一的复兴农村的机关。我们要想救济这破产的中国农村,也惟有来扩大合作运动的一个办法。"①"合作社为农村间发展经济,宽裕金融,改良农业所必需的组织。"②各地合作社组织在国民政府的倡导下,成为推行农业经济政策和农村复兴的重要工具,而各种金融与救济机关的介入,又使其成为调剂农产金融与救济农民不可或缺的基本组织。"合作社组织,一则固可以建立团结的基础,随时能够防御不测,补助政府所莫及,他则便可以维持经济的能力于恒久。"③另外,灾后重建需要大量资金,农民本已遭受自然灾害的沉重打击,没有足够的资金重建家园,这时候就只能通过农村贷款的途径募集重建资金。而部分银行对贷款人有明确的限制条件,如办理农村放款最早的江苏农民银行,其虽已有六年的农贷历史,但对于其放款的对象明确规定必须是有组织的农民,"即以合作社为中心,其放款之目的物为农产品"。④

1931 年,国民政府正式颁布《农村合作社暂行规程》,通令各省组织农村合作社。此后,经过不断宣传和提倡,农村社会合作事业迅速发展起来。1934 年,江南大旱之时,蒋介石即电令江浙赣皖各省,督促推行农村合作以抵御灾荒,"查救灾之道端赖平时早为防范,临时熟筹补苴,故古者三年耕必有一年之食。而本委员长年来一再严令各省,筹办积谷,并督促各省推行农村合作等事,其意要即在此"⑤。此外,面对日益凋敝的农村经济,除了国家层面积极推动合作事业,以梁漱溟为代表的一批爱国知识分子也主动发起乡村建设运动,范围涉及山东、河北、江苏等省,如"定县、

① 唐昌明:《今日中国农村经济合作运动之急需》,《农业一九三三》1933 年第 8 期,第 132 页。
② 石民佣:《复兴农村的途径》,《苏声月刊》1933 年第 2 卷第 1 期,第 44 页。
③ 谢平横:《合作组织与救济灾荒》,《江苏合作》1936 年第 3 期,第 4 页。
④ 郑作励:《一年来中国农村的灾荒》,《星华日报新年特刊》1935 年特刊,第 31 页。
⑤ 《蒋令苏浙各省妥拟防灾计划》,《申报》1934 年 8 月 7 日,第 8 版。

邹平、昆山、巴县、萧山、辉县等地方,都有乡村实验区的成立"①。这些实验区通过开展新式教育、改良农业、提倡合作、金融流通等措施,以振兴濒危的农村经济,"救济农村经济已成为今日最重要的问题了,而推行合作事业,又为救济农村的一条捷径,因为各种农村问题,如高利贷的盘剥,生产技术的落伍,买卖事业的不良,公共设备的缺乏,无不仰赖合作事业之改进,所以各省各县,莫不以提倡合作事业为当今的急务"②。

　　民国时期,苏州地区水、旱、虫灾频发,导致农作物歉收,农业生产受到影响,农民收入锐减,加上农民生活支出也日益增加,如果农民一旦陷入负债,将很难脱离贫困。为此,苏州各地纷纷成立各种合作社组织,以活跃农村经济,帮助农民摆脱困境,"灾荒的遭遇,我们为要求生存,必然要取适当的救济,现在我要讲自然侵袭的一种灾荒的救济,这种自然的灾荒,若以合作社会化,普遍合作组织,便能找得挽救的途径"③。1928年,吴县成立合作指导所,此后农村合作事业迅速发展,在江苏各县合作事业中长期处于领先地位,尤其是结合当地农村副业成立的各种生产合作社,对推动和恢复乡村经济发展起到了重要作用。同年,吴县农民协会委员彭东孙向江苏省农工厅呈请,在吴县南园和葑门外试办两合作社以销售农产物及贩卖农事用品,并认为合作社为唯一利农良策。④ 同时,对于加入合作社组织的农民有严格的品性要求和资格审查标准,并非所有的农民都可以加入,"一须调查其品性。使游荡怠惰犯烟犯赌之农民,不得入社;二须严审其资格。使投机之非农民不得入社;三须社员明了其责任。凡经营失败所受之损失。由社员负连带无限之责,增厚团体信用。四须社员明了借款之用途。限于社员生利事业。用不得当,随时可以追还"⑤。

　　至1935年,吴县共建有合作社62所。其中,38所为1928年至1933年成立,24所为1934年成立,在这62所合作社中有信用合作社、养蚕合作社、储藏合作社、利用合作社和消费养鱼等合作社。其中养蚕合作社为数最多,信用合作社次之,其他储藏利用等合作社又次之,各类入社社员

①　孔雪雄:《中国今日之农村运动》,商务印书馆1934年版,第17页。

②　马家骥:《一年来之吴县合作事业》,《苏州明报》1935年1月1日,第3版。

③　谢平横:《合作组织与救济灾荒》,《江苏合作》1936年第3期,第3页。

④　《呈省农工厅请饬县拨款为开办南园葑区合作社资本由》,载何庚虎:《吴县农民(建设)》,出版时间不详,第35页。

⑤　《农业银行和农业合作》,载何庚虎:《吴县农民(学术)》,出版时间不详,第10页。

2258人,缴纳股金共9982元。后因农村经济的日益崩溃以及各机关团体的努力,苏州的社会合作事业快速发展,尤其是在养蚕和信用合作两个方面。以养蚕合作社为例,在光福就有23所,并于1931年成立了联合会组织,这对于在灾荒之年恢复农村副业、保障农民经济生活起到了重要的推动作用。如1935年,吴县11家蚕业合作社联合组织成立旺米蚕业合作社,该社的规模与历史,虽然不及光福联合社,但是其蚕种统一、技术精良,育蚕的成绩是各地所不能比拟的,干茧一担的价格竟达到一百三十五元,比光福的干茧还高出十二元。① 此项成绩的取得,即是在合作社的技术指导下,全体社员共同努力的结果。

在中国农村地区,免除水旱灾害与植树造林、储蓄雨量有着密切的关系。而要达到此目的,必须有良好的组织介入。通常来讲,通过组织林业合作社,广植森林功效巨大,不但可以调节水量,还可以改善气候,连较难处置的风雹灾害也会由此减少;另外,开展组织灌溉合作社,以合作的方式,购买灌溉机器,并通过合作社严密的组织与管理发展水利,减少水旱灾害的发生,降低灾害影响,"灌溉水之供给,并非取之无尽用之不竭者,故农人必须设法互相保障水源勿使荒废,方能各享灌溉之利"②。中国作为一个小农经济为主的传统农业国家,一般农民个人力量无法单独购买农业生产设备,这时合作组织的作用就显现出来,"假使像抽水机农家个人没有这样的力量购他,即使每家能,也无所用,所以由共同设备起来,供大家使用,以增加他们的生产"③。全国经济委员会曾于1931年左右,在长江流域,成立模范灌溉管理局,试办江苏武进、无锡、吴江等县的水利事业。④ 1932年夏,苏州天气久旱,呈现灾象,人力灌溉出现困难,以致农田干涸,稻禾相继枯死。善人桥改进会为解决农田抽水问题,从苏州农具制造所租借四匹和十六匹马力戽水机各一架,并向上海新农具推行所购买一架三匹马力戽水机,推动共同灌溉,不分昼夜灌溉受旱灾影响的农田,总共挽救稻田1963.9亩。其中,塘湾278.9亩,陈家浜32亩,河湾郎36亩,吴巷上25亩,善人桥42亩,接家塘28亩,三里村24亩,吴家荡82

---

① 马家骥:《一年来之吴县合作事业》,《苏州明报》1935年1月1日,第3版。

② 梁庆椿:《中国旱与旱灾之分析》,《社会科学杂志》1935年第6卷第1期,第42页。

③ 唐昌明:《今日中国农村经济合作运动之急需》,《农业一九三三》1933年第8期,第133页。

④ 王龙章:《中国历代灾况与振济政策》,独立出版社1942年印行,第30页。

亩,双堰356亩,旱木泾194亩,善人桥西156亩。1933年,改进会购置戽水机一架,同时劝导家境殷实的农民购置戽水机两架,三架戽水机轮流使用,共灌溉1273.4亩农田,从而使入社农户的部分田禾免遭旱魃影响,同时又兼顾了农村副业。

　　1934年,苏州旱灾奇重,各处农田无不龟裂,稻禾多半枯焦,收成较佳者,也不过五六成,灾情最重的,只能收得一二成,颗粒无收的农户比比皆是。虽然苏州市党政各机关设立防旱委员会购置机器,分发各乡戽水,但因为款细机少,对于抵御旱灾无补于事。吴县灌溉合作社指导员马家骥指出,如果能事先策划,由各乡遍设灌溉合作社,预先购买大批机器,则旱灾虽不能幸免,但损失可以大大降低。由此马家骥提议,"今后之农事,无论水旱,均有多置机器及组织合作之必要。盖有大批机器,不特水旱无忧,且能节省人工费用……爰拟先在木渎、光福、浒关、横泾、尹山、郭巷、唯亭、甪直等处组织业佃灌溉合作社,俟办有成效,再普及各乡"①。后来该业佃灌溉合作社将计划呈送江苏省建设厅核示批准后,改名为水利合作社,广置戽水机在第二区木渎、第三区光福、第四区浒关、第五区横泾、第八区尹山郭巷、第九区唯亭、第十区甪直等七区先行试办。其中,以上七区中,光福已设有西腌灌溉合作社一处,木渎亦由仇家木桥合作社兼营灌溉事业,成绩较佳,后推而广之,普及全区。其余五区因需要急切,环境优良,应即着手进行,其具体办法由各区区长会同各乡乡长遵照省合作社暂行条例。② 对于合作社组织在防治水旱灾害中发挥的作用,时人有此评论:

　　　　吾以为如欲永免旱魃之灾,非采用机器抽水机不可。惟每一具之抽水机器,价值颇巨,农民能力薄弱,购买非易。救济之道,必须联络农民,组织一灌溉合作社。就农民所有耕地之大小,以为比例,各出相当资金,合购抽水机一具,其机器之大小,务以所欲灌溉之面积为标准,面积大者,购较大马力之机器。……诚为现代抵抗亢旱之唯一利器也。各村农民,苟均能起而自动集合相当之人数,组织灌溉合作社,购买机器一具,则从此以后必可永免旱魃之为害,而作物之收

---

① 《根本防除水旱两灾,组织业佃灌溉合作社》,《苏州明报》1934年10月18日,第6版。
② 《救济农村计划:防除水旱根本办法,设水利合作社广置戽水机》,《苏州明报》1934年11月3日,第7版。

获，亦可确保安全。①

由此可知，"以合作的精神，有自助互助的情感，真正理智的表现组合，更有合作社的鼓励，合作社的力量，这才能有真正成功的！这才可算是水灾的治本办法"②。

合作社在农村金融事业中也发挥了重要作用。合作社组织通过银行以抵押方式贷款给农民，通常月利息一般在分厘以下，这和农业仓库、传统典当以及高利贷资本有所区别，其利率是相对较低的。江苏和浙江两省很早就设立了农民银行，这就使得合作组织金融有了较稳定的资金源头。"最近中国银行、上海银行鉴于农村经济已将破产，亦均先后添设农业合作贷款部，实行放款与农民组织之合作社，以作经济上之扶助。……吴县作为江苏省的首县，推行合作事业亦有四五年之历史。"③1934年，苏州旱灾期间，各大银行对救济农村尤为注意，均拟有详细的救济计划，并且有多家已开始实行。苏州银行界的钱新之认为："欲使农村经济安定，农民生活不起恐慌，则第一需提高农民智识，最好能普设合作社，使彼等有机会聚集，知识稍具，则一切科学化农具都会使用，至于银行界如何与农民打成一片，则需耐劳忍苦之人赴乡间设法加以救济。"④1932年1月，善人桥农村改进会借贷所成立，主要从事农村金融借贷业务，借贷所章程规定，借款主要用于戽水施肥，取购田产，购买耕牛，购置农具、工具等，可以用田单、粮串、房契、农具、耕牛、蚕具，或稻、麦等作抵押。如无抵押品，则需保证人一位，负责担保，"1934年借贷所放出养蚕、施肥、戽水及其他等借款，计四千七百另三元六角四分五厘，月息一分二厘"⑤。1934年，江苏省农民银行为救济农村经济、扶助农产，特地分区组织各类合作社，吴县等十六县为第一区，省农民银行委派冯赞先主持办理。⑥ 善人桥农村改进会借贷所发放的贷款资金即来源于江苏省农民银行苏州分行。

从表4-4可知，为救济农村，借贷所从苏州农民银行贷出资金，而放款对象主要为当地乡民及部分合作社组织，在一年多的时间内放款总额

---

① 李钟衡：《对于吾乡水旱灾防治之意见》，《新苏农》1932年第6期，第25页。
② 谢平横：《合作组织与救济灾荒》，《江苏合作》1936年第3期，第4页。
③ 马家骥：《一年来之吴县合作事业》，《苏州明报》1935年1月1日，第3版。
④ 《普设合作社救济农村》，《苏州明报》1934年5月15日，第5版。
⑤ 《善人桥农村改进会概况》，《教育与职业》1934年第156期，第401页。
⑥ 《省农行分区设合作社》，《苏州明报》1934年6月23日，第5版。

高达四千四百五十八元四角八分,借款总人数为 116 人,其中包括善人桥、塘湾两个合作社以及双堰临时灌溉合作社。乡民借款用途主要涉及戽水、养蚕、肥料、赎田、购置戽水机器、还债、还租米等方面,所出借款项基本用于农业生产活动,这对于减轻农民贫苦,缓解农村生产资金困难以及农民戽水、购买农业化肥等起到了促进作用。除此以外,改进会还在灾荒之时以及冬季雨雪之季,救助辖区内无衣无食的贫农。1932 年 12 月,改进会发起组织冬季临时济贫会,征募衣米,改进会主席张仲仁捐助四十三元八角,购米六石五斗;另外,办理冬季济贫会还向社会各界募得棉衣三十套,米六石五斗,受惠贫农总计 65 人。①

表 4-4　1932 年 1 月至 1933 年 5 月贷款处逐月放款统计

时间	借款人数	用途	放款数（元）	款项来源	借入利息	放出利息
1932 年 1 月	9 人	购农具肥料猪食及租田之用	540	苏州农民银行	一分	一分三厘
1932 年 5 月	13 人	施肥养蚕及租田之用	220	苏州农民银行	一分	一分三厘
1932 年 6 月	5 人	施肥及购田之用	235	苏州农民银行	一分	一分三厘
1932 年 7 月	2 人及塘湾、三里乡两合作社	施肥戽水购戽水机器之用	880	苏州农民银行	一分	一分三厘
1932 年 8 月	40 人及塘湾合作社	38 人为戽水之用,3 人病殁棺殓之用	332	苏州农民银行	一分	一分三厘
1932 年 9 月	12 人及塘湾合作社及双堰灌溉合作社	3 人购田,3 人养羊作资本,1 人置房产,余为戽水之用	957	苏州农民银行	一分	一分三厘
1932 年 10 月	塘湾合作社	购戽水风箱	119.08	苏州农民银行	一分	一分三厘
1932 年 11 月	2 人	延长借款及做小生意资本	15	苏州农民银行	一分	一分三厘
1932 年 12 月	16 人	还付豆饼欠账及解会款,购买车木树料、婚娶之用	492	苏州农民银行	一分	一分二厘
1933 年 1 月	11 人及塘湾、善人桥两合作社	延长借款及购车木树料猪食豆饼	588	苏州农民银行	一分	一分二厘
1933 年 4 月	1 人	丧事用途	20	苏州农民银行	一分	一分二厘
1933 年 5 月	3 人	购肥养蚕赎押米	60	苏州农民银行	一分	一分三厘

资料来源:《吴县善人桥农村改进会概况》,《河南教育月刊》1933 年第 3 卷第 15 期,第 201-202 页。

---

① 《善人桥农村改进会概况》,《教育与职业》1934 年第 156 期,第 401 页。

　　民国时期,频繁发生的自然灾害以及工商业发展带来的冲击导致苏州地区的农村经济日益衰败,农民面临破产的境地。在此种情况之下,为挽救濒危的乡村经济,国家开始在地方社会推动农村合作化运动,而苏州地区的合作化运动一直走在江苏省乃至全国的前列,各种性质的合作社组织相继成立。各类合作社组织通过引导乡民自助互助,推广生产技术,活跃农村金融,兴办地方事务,应对自然灾害的侵扰,从而挽救日益凋敝的农村经济。"农民经济最枯竭的时候,要算在春夏之交,因为这时有生活上的支出,有耕种费的支出,而收入毫无,这就是所谓'青黄不接'的时候,要救济这种困难,那就有赖于农民银行和信用合作社的组织和运用了。"①对于社会合作组织在抵御灾荒、繁荣农村经济方面所起的作用,时人评论:"总之,合作社组织在社会上能普遍化,社会才得有繁荣;天灾人祸袭击,农村濒于破产的中国,更需要合作普遍化的组织,挽狂澜于不已倒。"②

二、银行金融机构的辅助赈灾

　　中国作为一个农业大国,农民为国家之本,当时农村人口占全国总人口的百分之八十,食粮牲畜、棉麻蚕桑等生活资料均取之于农村,而大宗税收如盐税和田赋也均由农民供给,可见农民在国民经济发展中的重要性。然而,农民在经济上长期处于劣势地位,收入低下,田亩无权,牲畜不备,农具简陋,人工缺乏。1935年,中国华洋义赈会曾对江、浙、皖、苏四省的农民年收入进行过调查,据调查结果推算,一家五口维持最低生活的年收入应当在一百五十元左右。而江苏各村农民的年收入状况为"年收入在150元以下的,占52.4%;151元到500元的,占31.7%;501元到1000元的,占4.7%;1000元以上的占1.2%"③,由此可见农民收入之低。农民没有充足的资金进行农田改善,农业生产不能增收,在天灾人祸发生之时,农村社会极易陷于民不聊生的境地。农村经济衰落的病根则在于农村的贫困,而农村贫困的根源又是城市中的富商将资金流向市场所致。农村缺少流通金融等相关机构,农民无法募得资金购买各种生产资料、提高农村生产力,从而降低了抵御自然灾害的能力。

①　周廷栋:《江苏太仓农民的现状》,《社会科学杂志》1930年第2卷第1期,第8页。
②　谢平横:《合作组织与救济灾荒》,《江苏合作》1936年第3期,第5页。
③　李树青:《中国农民的贫穷程度》,《东方杂志》1935年第32卷第19号,第78页。

　　因此,在自然灾害发生后,各地政府通常会根据实际灾况,因地制宜制定一些法规政策以应对灾情,比较具有代表性的为各省相继成立各类金融银行,向农民提供金融贷款,或者以发行公债的方式筹措资金,作为救灾济贫的有效办法。水旱疫等自然灾害发生后,农民普遍缺少抵御灾荒和灾后重建的资金,如果能在经济上得到资助,那么他们添购器械、改良种子、兴修水利、垦殖荒地、渔牧森林等农村事业就能够次第开展。"时至今日,财政竭蹶。地方公款,始也挹注,终也沦亡。饥馑载道,室有禁脔,其险状为何如。如以公款做农民银行基金,结果而善,为苏农民之福。"[1]1931年江淮大水期间,江苏省赈务委员会就以各县报灾颇多,制定筹赈办法,呈请江苏省政府发行赈灾公券,以充急赈。最终经会议决议,"由赈务委员会呈请省政府发行赈灾公债一百万元,在库券未经发行以前,先行借用建设公债一百万,以充急赈,将来即以赈灾库券抵还"[2]。

　　1927年3月,为振兴农村经济,救助灾荒,更新庶政,苏州曾拟创办吴县农工银行,以旧有的丰备义仓资产二十万元拨作银行基金。后经吴县临时行政委员会决议通过,但因当时正处吴县政府改组,创办吴县农业银行的建议最终未能落实。同年6月,江苏省政务会议通过以田亩捐税作为农民银行基金的决议,8月开始在全省各县正式推进筹备农民银行,以苏农民之困。1928年初,吴江县县长吴士翘以农业银行为救济农村经济破产之要图,上任不到数月便已征集资金十余万元,着手筹备农民银行。[3] 而吴县本来以三十六万元作为创办农民银行的基金,但因为遭到军政费用和荒歉缓征等层层削减,最终剩余不足十万元,并且十万元中的一半也被挪作他用。这就导致本来农民银行筹设之始时将总行设在吴县的打算落空,致使吴县失去领袖地位,引起社会上下不满。最终经过各方协调,以吴县公款公产处二十万元作为创办吴县农民银行的基金,"创办农民银行,流通农民金融以免经济压迫之苦,实为拥护农民之切实办法"[4]。1934年4月,交通部邮政储备金汇业总局,鉴于灾后各地农产品物价低落,农村经济日益衰落,特地在其储备金项目下拨给五百万元作为

---

[1]　《设立农业银行之急要》,载何庚虎:《吴县农民(倡议)》,出版时间不详,第1页。

[2]　《呈报拟具筹赈办法并请发行赈灾公债》,《江苏省政府公报》1931年第819期,第10页。

[3]　陆承谋:《筹备农业银行及农业农民合作社之经过谈》,载何庚虎:《吴县农民(学术)》,出版时间不详,第9页。

[4]　《设立农业银行之急要》,载何庚虎:《吴县农民(倡议)》,出版时间不详,第2页。

基金,利用国内各城市内乡镇邻区,设立农民贷款押汇机关,决定以江苏和浙江两省作为先行试办的试点省份。贷款金额方面,江苏省约定为八十万,贷款地设在各县乡镇邮局所在地。① 此决议不仅使农民有低利息之款可贷,而且还能使农产品随时流向各地,有效缓解自然灾害对农民生活的冲击及对农村经济的破坏。

自然灾害的发生造成农村经济凋敝,农民极度缺乏耕牛、农具和种子等生产资料。农民为求自力更生起见,需要贷款,自极迫切。面对严重的水旱灾害造成农村经济枯竭的状况,江苏省政府指令各省筹办农民贷款所,以帮助农民解决灾荒发生后所面临的资金和生产资料短缺问题。对此,国民党江苏省县党部转令社会事业委员会及农村改进会制订县党部农民贷款所组织章程、办事细则、申请书、保证书等,要求各县遵照办理。如无相当基金,应一面劝募,一面节约开支,最低限度亦须筹办一小规模农民贷款所,事关调剂农村金融。② 为此,吴县城厢第一、二、三公所与救济院合办贫民贷款所,面向所辖区域内的贫民发放贷款,这对维护社会正常秩序、恢复农村经济大有裨益。后来因为第二三区公所归并入第一区公所后,到贷款所贷款的贫民人数大为减少,为让全区民众知晓贷款所地址及放款条件,第一区公所吴区长特地分函各乡镇长,告知灾民及贫民如若缺乏资本,可至贷款所请贷。此外,贷款所为惠及更多贫民,让社会上的一般贫民能够通过借贷资金营业谋生,还酌量在吴县城内外设立八处分所并物色主办人员,由各乡镇长介绍需要放款人员至区贷款所请贷。③

1935 年 1 月,国民党吴县党部为体念贫民生计,令饬银行业同业公会设立贫民小本贷款处,并委派党部秘书长姜洪前往银行业同业公会接洽。银行业同业公会则以各会员因业务繁忙、无暇顾及为由推脱,但同时表示愿意出资一千元呈交党部应贷。为此,国民党吴县党部特派员孙丹忱提议由吴县商会筹备设立贫民小本贷款处,并训令吴县钱业同业公会主席卢燕庭相予协助,以谋充实资本。④ 1935 年 9 月,吴县因上年旱灾奇重,加上沪市金融奇紧影响,农工商各业均日趋衰落,资本雄厚的尚且能

① 《邮政储金拨五百万元在江浙两省试办放款》,《苏州明报》1934 年 4 月 14 日,第 7 版。
② 《省令筹办农民贷款所》,《苏州明报》1934 年 2 月 20 日,第 5 版。
③ 《贷款所普及贫民贷款》,《苏州明报》1934 年 11 月 28 日,第 7 版。
④ 《县党部饬商会设立小本贷款处》,《苏州明报》1935 年 1 月 19 日,第 7 版。

设法维持,至于小本经营者,则均感周转不灵,借贷无门且处于困苦颠沛之中。吴县县长吴企云集议设立吴县小本贷款处,以使经营小本农工商业者可以申请借款,以维持生计。贷款处所需经费除由金城银行苏州分行承担八万元外,其余经费在吴县建设结余款内收回建设公债本息项下借用二万元,在吴县救济院基金项下借用二万元,共计资本十二万元。①小本贷款处的设立对灾后工商业者恢复经营、农民振兴农村经济发挥了重要作用。

　　民国时期,除了通过设立各类银行金融机构和贫民小本贷款处提振经济以及对灾民提供救助外,赈款的来源和募捐方式呈现出多样化的特点,新的资金募集途径不断出现,传统的募捐方式已经不再适应形势发展的需要。发行赈灾公券就是一种新的资金募集方式,1927 年南京国民政府成立后,通过发行赈灾公债募集救灾资金的方式变得更加普遍,仅次数可资查考的就多达 3 次,每次发行公债的金额均在千万元以上。如 1931年 9 月,国民政府以国税项下担保发行赈灾公券 8000 万元,以救济长江流域大水灾受灾民众;1935 年 11 月,以国库担付息金,以新增关税还本,发行水灾工赈公债 2000 万元。② 除中央政府采用发行公债的办法以筹募救灾款项外,地方政府和一些金融机构如银行业也多次采用此种公债发行模式。如 1931 年长江流域大水灾,中央银行、中国银行和交通银行就曾联合发行赈灾公债。采用发行公债的方式筹募救灾所需资金,在当时是属于具有近代化特征的灾荒救助手段。灾荒之年,农民以债券方式进行完粮纳税在苏州地区也曾经出现过。1925 年,苏州遭遇严重旱灾,吴县忙漕项下各粮户在上缴完银米一成七厘后,又被预征 1926 年的银米一元五角,当时农民就是以县公债券的形式归还的。③ 以此种方式完纳租赋的例子在当时比比皆是。1931 年 8 月,江苏下属各市县灾重区广,各县报灾颇多,纷纷请赈,江苏省赈务会爰经第十四次会议制定筹赈办法,呈请发行赈灾公券,以充急赈。会议议决由胡朴安拟具筹赈办法,提请公决,后经众议决,照原办法通过。复由上海绅商王一亭提议,呈请发行赈灾库券,以充急赈。最后,江苏省政府发行赈灾公券一百万元,而在

---

①　《救济贫民生计,设吴县小本贷款处》,《苏州明报》1935 年 9 月 22 日,第 6 版。

②　参见洪京陵:《中国现代史资料选辑(1931—1937)》(第四册),中国人民大学出版社1989 年版,第 227-230 页。

③　《本会致吴县债券委员会函》,《吴县市乡公会文牍季刊》1926 年第 2 期,第 5 页。

库券未经发行以前，先行借用建设公债一百万元，将来即以赈灾库券抵还。另外推定王一亭为驻沪劝募主任，分向各方劝募。① 1934 年江南旱灾期间，江苏省政府也曾发行公债总额二千万元，其中用于支配救济本年江南地区旱灾举办工赈费四百万。②

除发行公债募集救灾资金外，为筹集整治疏浚河道的费用，还曾发行水利建设公债。苏州境内胥江及光福、木渎之间的河道，为吴县西部水上交通的干路，年久失浚，淤塞严重，该段河道曾由江苏省建设厅及太湖流域水利委员会拟具疏浚计划，当时议定采用征工浚河的方案。1934 年 11 月，吴县县长吴企云经过调查发现，整治胥江计划有一部分需要使用机船疏浚，和援用征工条例不符，且疏浚两河道工程及经费花销巨大，若以征工办理，没有大规模的组织以及长期的施工，存在较大困难。另外，疏浚支流小巷也需要技术人员的指导督促，如果征用无浚河经验的农民，此巨大工程很难取得较好成绩。由此，县长吴企云认为疏浚胥江及光福、木渎间河道两工程不适于征工办理，并具呈建设厅鉴核，请准在本年度内全部疏浚，所有经费除原预算所列第一期会费外，不足之数，请拨水利建设公债，以竟全功。③

三、近代交通与通讯机构的灾赈助推

农业经济的繁荣无疑与农业耕作技术的进步紧密相关，然而交通和通信设施的进步对于促进农村经济的发展以及生产技术的革新同样发挥着至关重要的作用，"解决中国经济社会病态的最好方法，就是成立一个现代的交通系统"④。交通与通信技术的迅猛发展极大地推动了灾害救助工作的效率提高。随着现代交通与通信手段的不断进步，全国各地区间的时空距离被显著拉近，城市与地区之间的互联互通变得更加高效与便捷。"现在各大埠米价的高涨，看来好像是由于国内米粮的缺乏。但是熟悉情形的，就知道这并不是涨价的原因了。……现在的涨价，一方面由于米商的囤米，以冀居奇获利，一方面由于交通阻塞，内地的积谷不能运

---

① 《呈报拟具筹振办法并请发行振灾公债》，《江苏省政府公报》1931 年第 819 期，第 9-10 页。

② 《苏省发公债二千万》，《益世报(北京)》1934 年 9 月 2 日，第 5 版。

③ 《吴县长上呈建厅请拨水利建设公债》，《苏州明报》1934 年 11 月 7 日，第 6 版。

④ 《中国当前急务建立现代交通系统》，《申报》1945 年 12 月 17 日，第 3 版。

出。"①可见,近代交通对米粮价格和运输业带来的影响是比较大的。

高效畅通的交通网络及多元化的通信设备在自然灾害应对中,对灾情信息的即时、精准传播起着至为重要的作用。这些基础设施不仅能保障各种救灾行动迅速启动部署,还能确保救援物资及时送达灾区,同时让受灾群众迅速撤离至安全地带,并顺利获得必要的援助。"我国农村间崎岖的道路,笨重的手车,狭小的河流,缓滞的小船,这种交通的工具,日行百里,已煞费精力,载重千斤,实为难能,因此甲地所需不能取之乙地,即使能够,其运价亦必昂贵。因此,种种致有的所在聚积几十年的谷粮,仓库无容纳之处,而遭焚毁。"②对于交通运输和灾荒救助之间的关系以及交通在应对自然灾害中的重要性,孙中山曾指出,"一个地方发生了饥荒,可是离这里不远的地方粮食却丰收,这又是常有的事。就因为缺少铁路或适当的道路,饥民就得不到别的地方多余的食物来维持生命"③。而救灾行动的效果与运输速度和效率紧密相关,至关重要,以铁路和水路这两种运输方式的比较为例,"从运输速度而论,照理火车胜于帆船,因火车之速率大于帆船者,固不俟言,且船运须遇顺风,若逆风而行,则其行运甚慢,苟偶值干旱,则河道之水量不足,搁浅误时,其运输速度之不及火车也远甚"④。可见,自然灾害的应对,"非一地方之力量所能解决,有须通盘筹计为总解决者。若运送问题防灾问题等是也,至修筑道路以谋交通之便利,固与运输问题有关"⑤。

苏州地处京沪交通要冲,境内不仅开通了苏嘉公路,还修筑了苏嘉铁路。密布的水道网络紧密连接着各乡市镇,同时,运河、吴淞江可以直达浙江和上海以及沿城盘胥一带,水路交通均较便捷。明清以来,苏州作为江南著名的工商业城市,经济繁荣,文化昌盛,其中最重要的原因之一就在于拥有比较便捷的水陆交通网络。京杭大运河伴城而过,河道水网纵横交错,相互交织。这一独特的地理优势对于自然灾害发生后的物资迅

---

① 《天灾与洋米进口》,《东方杂志》1934 年第 31 卷第 17 号,第 1-2 页。

② 石民佣:《复兴农村的途径》,《苏声月刊》1933 年第 2 卷第 1 期,第 45 页。

③ 孙中山:《中国的现在和未来》,载广东省社会科学院历史研究室、中国社会科学院近代史研究所中华民国史研究室、中山大学历史系孙中山研究室:《孙中山全集》(第一卷),中华书局 1981 年版,第 91 页。

④ 杜修昌:《调查火车与帆船农产物运费比较之简报》,《农报》1934 年第 1 卷第 15 期,第 358 页。

⑤ 《增加农业生产具体办法意见书》,《吴县县政公报》1929 年第 1 期,第 8 页。

速调配与人员高效运输起到了至关重要的作用。近代以来，随着中国社会的快速近代化进程，依托机械动力的现代化新式交通工具相继涌现并迅猛发展，其中，近代铁路交通与轮船航运业尤为显著。在众多交通运输方式中，铁路交通以其无与伦比的便捷与速度，成为最为引人注目的存在。鸦片战争后，西方列强开始在中国着手投资并修筑铁路，开启了近代中国铁路修筑的帷幕。从甲午战争至辛亥革命前，中国的铁路修筑里程达 9000 余公里，年均修路 560 多公里。1927 年，南京国民政府建立后，铁路修筑出现了一个快速发展的高潮期。民国时期，铁路运输在救灾物资的大规模调运以及将受灾民众紧急疏散至非灾区方面，扮演着至关重要的角色。这一特定时期，铁路运输的顺畅与否，直接关系到灾害救援的成效与民众生命的安危，二者之间存在着紧密而不可分割的联系。

途经苏州的首条铁路是沪宁铁路，该铁路于 1908 年全线竣工并投入运营。其中，苏州至上海段采用了预备双轨设计，其余路段则采用了更为传统的单轨铺设方式，沪宁铁路苏州至上海段总长约 90 公里，"苏州站在府城北郭外，站有地道，翼以两月台，由东往，由西来，皆从地道行。站以内办事处，外设官厅，男女候车室，规模宏备，屋宇壮丽"①。1912 年，全长 704 里的沪杭甬铁路建成通车，不久，另一条经过苏州的铁路苏嘉铁路也于 1936 年 4 月建成通车，"苏嘉铁路自苏州至嘉兴，全长 75.7 公里。江苏境内吴县至盛泽 53.261 公里。在江苏境内设置相门、吴江、八坼、平望、盛泽五个车站，每日自苏州至嘉兴，及嘉兴至苏州。初通时每天开行 4 对客车"②。至"20 世纪初，江南地区基本上形成了以铁路交通、内河航运、邮政电讯为主干的交通信息网络，这对近代江南市场的发育、对商品的流通以及市场信息的传递都起了巨大的推动作用"③。

交通的便捷和运输业的发展，使江南各区域间物资流通的速度进一步加快，如苏嘉铁路的修筑就有解决江浙之间运输力量薄弱、发展两地经济往来的考虑，"惟查由苏州至杭州，沿途物产最为著名，如蚕丝绸缎，及米麦牲畜等，估计每年输出蚕丝约 200 余万元，绸缎 600 余万元，米麦 500 余万元，牲畜鱼虾约 200 余万元；输入货品则煤油约有 50 余万元，卷

---

① 曹允源、李根源：《民国吴县志(一)》卷三十《公署三》，江苏古籍出版社 1991 年版，第 460 页。

② 张晓铃、周顺世：《江苏铁路发展史》，中国铁道出版社 2015 年版，第 59-60 页。

③ 段本洛、单强：《近代江南农村》，江苏人民出版社 1994 年版，第 114-115 页。

烟约有 30 余万元,布匹约有 100 余万元,南北杂货约 130 余万元。为谋发展实业及灾荒救助起见,自非力求交通便利不可。即该处虽已筑有公路,并有舟楫之便,一则运输力量薄弱,一则时间不太经济,故实有修筑之必要"①。便捷的铁路交通同时也促进了江南和其他地区以及江南各地之间的联系。自然灾害发生后,在对灾民的救助过程中,最重要的是为他们及时提供维持生存所必需的衣物粮食以及救灾设备。1928 年 12 月,浙江发生水灾,浙江水灾筹赈委员会发函苏州商会,委托其购买赈济物资。苏州商会接到委托函后,"在苏价购施棉袄一万件,内六千件运至上海,四千件运至杭州,属饬车务处照慈善章程减半取费装运"②,并通过沪宁、沪杭甬铁路将赈灾物品快速安全地运送至目的地。1931 年,长江流域大水灾,铁路在赈灾物资的运输中起到了至关重要的作用,如江宁水灾义赈协会在苏州募集各式棉衣 1000 余套,就是通过沪宁铁路从苏州运至南京并进行散放冬赈的。③ 再如,1934 年江南亢旱,天久不雨,江浙两省政府以及部分地方机关人士,积极开展防旱工作,以救恤农田,为保证从外地购买的抽水机等设备及时运至灾区,江浙两省路局特令车务处,转饬沿线各站积极协调,"遇有各处购备防旱用之抽水机,交由本路运输者,应尽先设法随到随运,以资协助"④。

轮船航运在自然灾害发生后的物资运输中同样扮演着至关重要的角色。对于享有"江南水乡"美誉的苏州而言,轮船航运的顺畅与否,直接关乎灾荒之年民众的安危与救助的成效。苏州的近代轮船航运业肇始于19 世纪 80 年代,尽管其后曾一度迎来蓬勃发展的黄金时期,然而,受制于国内外多重复杂因素的交织影响,其发展历程始终显得步履维艰,进展缓慢。1895 年 4 月 17 日,清政府被迫与日本签订《马关条约》,次年 9 月27 日,苏州正式对外开埠。《马关条约》签订后,"长江可上溯到重庆,江

①　秦孝仪:《中华民国史料丛编——十年来之中国经济建设(1927—1937)》,中国国民党中央委员会党史委员会 1976 年影印版,第 78 页。

②　马敏、肖芃:《苏州商会档案丛编(1928—1937)》(第四辑上册),华中师范大学出版社2009 年版,第 1017 页。

③　中央统计处:《呈请展缓赈品运输免费免税期限(自二十一年一月一日起再展期三个月以利赈务)》,《中国国民党指导下之政治成绩统计》1931 年第 12 期,第 2 页。

④　《路局尽先装运防旱抽水机》,《申报》1934 年 7 月 25 日,第 10 版。

浙则可进入运河而至苏州、杭州,此三处开为口岸"①。外国商人的小轮船依据条约规定驶入吴淞江、大运河以及苏州和杭州府境内,先后侵入上海、杭州和苏州之间的广大水域。随后,英法等国的轮船公司根据利益均沾的原则也陆续开通苏州与周边各城市之间的水上交通航线。面对各国商船不断涌入内河的局面,清政府被迫对之前制定的航运政策进行调整,"时势所趋,亦难阻止,清廷于光绪二十四年(1898)公布内港行轮章程,准许在口岸注册之华洋各项轮船,按照章程,可任便往来贸易"②。此后,华商轮船航运业开始在国内各地区开办起来,以苏州为中心的太湖流域,表现尤为突出。上海作为中国最大的通商口岸,资本主义工商业的发展最为充分,资金供应也更为充足。上海周边的苏州和杭州一带,河网纵横,水量充足,多数适合小轮船通航。为此,总部设在上海的各中外轮船公司也陆续到苏州开辟内河航线,甚至一部分还在苏州开设分公司以扩大经营范围。此外,国内其他地区和苏州本地的一些商人也投身于兴办近代新式轮船企业,从事内河航运并不断扩大经营规模。如 1901 年由公茂机器造船厂老板郑良裕创办的公茂轮船公司,利用自有船厂造船,最初只有资本二万两,自造小轮三只,兼备拖船,航行上海、苏州、无锡一线,由隔日一班,进而逐日往来。1904 年增开苏州、常熟航班。到 1910 年已有小轮九只,航线已达上海及苏、常、镇、杭、嘉、湖各处。③ 进入民国以后,苏州的轮船航运业继续发展,据统计,"1918 年,在苏州轮船局登记经营的航运企业有 21 家,所有轮船价值合银 83300 两"④。此后一直到 1937 年抗日战争全面爆发前,苏州的轮船航运业进入快速的发展期,"民国二十六年(1937),以苏州为中心的航线有 42 条,轮船公司发展到 63 家,小轮船有 77 艘,重叠航线 1704 公里"⑤。由此逐步形成江南地区以苏州为中心,向南可至杭州,向东可达上海,向西经过无锡和常州抵达镇江,向北经

① 王树槐:《中国现代化的区域研究:江苏省,1860—1916》,"中研院"近代史研究所 1984 年版,第 333 页。

② 王树槐:《中国现代化的区域研究:江苏省,1860—1916》,"中研院"近代史研究所 1984 年版,第 334 页。

③ 樊百川:《中国轮船航运业的兴起》,中国社会科学出版社 2007 年版,第 319-320 页。

④ 苏州市地方志编纂委员会:《苏州市志》(第一册),江苏人民出版社 1995 年版,第 533-534 页。

⑤ 苏州市地方志编纂委员会:《苏州市志》(第一册),江苏人民出版社 1995 年版,第 534 页。

常熟连通长江的多条内河航线,甚至在较为偏僻的乡村之地以及太湖东
西洞庭山都有固定的轮船往来行驶。以苏州到杭州、苏州到常熟和苏州
到上海的三大航线为主,外加 47 条支流航线为辅,总共有 59 家轮船公司
和近百艘小轮船参与其中的水上营运航行网络,其规模在苏南各地中首
屈一指。如以京沪路沿线的轮船运输为例,"上海至苏州轮班每日往来各
一次,搭客甚少,全赖货运。上海至常熟轮班途经青阳港、昆山至常熟,每
日往来各二次,承运该航线的通商轮船局同时与铁路订约办理联运"①。
而苏州境内的昆山至太仓、常熟班,每日往返四次,与铁路列车连接。每
日平均约载客五六十人;唯亭至昆山班,每日往返各二次,每次搭客平均
约四五十人;苏州至常熟班,每日往来各二次,搭客约二百人。② 由表 4-5
可见,民国时期,以苏州为中心开通了为数众多的内河航运路线,将苏州
和江南其他地区紧密连接起来,大幅缩短了各地的空间距离,这些内河航
线不仅载客,也运输物资,一方面沟通了苏州和周边地区的人员交流和经
济联系,另一方面在自然灾害发生后,可以快速有效地将救灾物资运送至
受灾地,对各地之间救灾物资和赈粮转运起到重要作用。

表 4-5　以苏州为中心的内河航运线路

序号	航线起讫	经过地点	里程(公里)	轮局或公司名称	轮船名称
1	苏州—上海	巴城、昆山、三江口、黄渡	140	招商内河轮船局、戴生昌轮局、源通轮局、公茂轮局	兴财、利源、源吉、同荣、永兴、大利
2	苏州—杭州	吴江、八坼、震泽、南浔、湖州、菱湖、塘栖	119	招商内河公司、源通平安、戴生昌轮局、顺生商号	利川、河安、大肖等
3	苏州—南浔	吴江、八坼、平望、震泽	57	招商内河轮局	永胜
4	苏州—湖州	吴江、八坼、震泽、南浔	89	交通轮局、庆记轮局	吉利、鸿顺、庆顺

① 《京沪路沿线轮船运输概况表(二十二年六月制)》,《京沪沪杭甬铁路日刊》1933 年第 719 号,第 85 页。
② 《京沪路沿线轮船运输概况表(二十二年六月制)》(续),《京沪沪杭甬铁路日刊》1933年第 720 号,第 95-96 页。

续表

序号	航线起讫	经过地点	里程（公里）	轮局或公司名称	轮船名称
5	苏州—嘉兴	吴江、八坼、平望、黎里、盛泽、王江泾	68	宁绍轮局	宁平、宁安、宁吉
6	苏州—黎里	吴江、八坼、平望	38	新记轮局、洽记成轮局	新顺、永吉
7	苏州—新塍	吴江、八坼、平望、黎里、盛泽	66	新记轮局	新大、新顺大
8	苏州—西塘	同里、周庄、莘塔、芦墟、陶庄	43	永济轮局、协和轮局	苏芦、协利
9	苏州—芦墟	同里、周庄、莘塔	31	永济轮局	新苏芦、新永丰
10	苏州—周庄	同里	22	苏同轮局、东兴汽轮局	苏同、嘉兴
11	苏州—千窑	同里、北厍、芦墟、陶庄、西塘	47	宋连记汽轮局	新丰
12	苏州—东山	蠡市、横泾、浦庄、渡村	32	通源义记轮局、公茂轮局	顺庆、裕成、裕泰
13	苏州—东山	横泾、木渎、胥口	56	裕丰轮局、公茂轮局	瑞康、裕成
14	苏州—渡村	横泾、浦庄	25	保大轮局	飞虎
15	苏州—横泾		20	保兴庆记轮局	庆岁二号
16	苏州—光福	西津桥、木渎、善人桥	25	福利轮局、合记汽船公司	福新、龙翔
17	苏州—平望	吴江、八坼	38	洽记成轮局	兴顺
18	苏州—木渎	西津桥	13	集成轮局、公茂轮局	永成、临安
19	苏州—木渎	浒墅关、通安桥、东渚	30	光益汽轮局	大星
20	苏州—西华	浒墅关、通安桥、东渚、光福	35	福利新记轮局、东利轮船公司	福利、苏华新、联苏
21	苏州—金墅	浒墅关、通安桥	35	利浒合作轮局	元安
22	苏州—望亭	浒墅关	27	永安汽船局	联安
23	苏州—浒墅关		18	利浒合作轮局	元元
24	苏州—无锡	浒墅关、新安	52	苏锡汽轮局	福仁、福泰
25	苏州—北㘰	陆墓、蠡口、北桥、荡口、羊尖、严家桥、东湖塘、陈墅	71	衡泰轮局	永泰、云龙、连泰、惠振

序号	航线起讫	经过地点	里程（公里）	轮局或公司名称	轮船名称
26	苏州—羊尖	陆墓、蠡口、北桥、荡口、甘露	40	三星轮局	三胜
27	苏州—甘露	陆墓、蠡口、北桥、荡口	30	通达轮局、招商内河轮船公司	瑞兴、瑞顺
28	苏州—荡口	陆墓、蠡口、北桥	27	衡利新记轮局	华利
29	苏州—港口	陆墓、蠡口、常熟	70	惠长轮局	振泰、义通
30	苏州—常熟	陆墓、蠡口、吴塔、张家甸	52	通达轮局、招商内河轮船公司、裕源轮局、协和轮局、惠通轮局、公茂轮局	瑞昌、嘉兴、翔岛二号、通湖、协和、津江、吉量
31	苏州—昆山	外跨塘、唯亭、正仪	36	苏昆轮局、苏唯轮局	永尉、锦永
32	苏州—陈墓	斜塘、车坊、甪直	36	甪直轮局、裕大轮局	飞宏、华通
33	苏州—唯亭	斜塘、外跨塘	21	洽记公司	联和
34	苏州—甪直	斜塘、车坊	28	甪直轮局	飞电
35	苏州—廊下	坊桥、荡口、安镇	48	华发轮局、新新轮局	华发、新新
36	苏州—梅村	坊桥、茅塘桥	23	协利汽船局、普益轮局	飞凫、长风
37	苏州—谢埭桥	陆墓、北桥	38	新华轮局	华丽
38	苏州—横泾	五涞桥、沈店桥、太平桥、湘城、陆巷	38	交通轮局	新吉利
39	苏州—黄埭	陆墓、蠡口	18	苏埭轮船局	黄埭
40	苏州—光福	横塘、木渎、水桥镇、后塘村、塘村	46	苏东轮船局	苏东
41	苏州—陆港	木渎、胥口、西山	48	裕丰轮船局	裕丰元号
42	苏州—蒋墩	木渎、水桥镇	34	协兴汽轮公司、香溪轮局	良友、香溪
43	苏州—莫城	陆墓、蠡口、塘角、湘城、陆港	50	通达轮局	瑞丰
44	苏州—羊尖	陆墓、蠡口、洞泾港、张家甸	45	通达轮局	瑞义

续表

序号	航线起讫	经过地点	里程（公里）	轮局或公司名称	轮船名称
45	苏州—东张市	陆墓、蠡口、湘城、陆巷、东塘市、白茆、支塘	69		新庆安
46	苏州—大塘门	后宅	29	泰利汽轮局	横锡
47	苏州—越溪	王龙桥、蠡墅	13	兴利汽轮局	洪泰
48	苏州—太仓	外跨塘、唯亭、正仪、昆山	55	苏津轮局	津利
49	苏州—西山	胥口	25	利航公司	远北
50	角直—嘉善	陆墓、周庄、芦墟、西塘	63	公记轮局	利航

资料来源：郭孝义：《江苏航运史》（近代部分），人民交通出版社1990年版，第99-102页。

　　此外，救灾信息在社会上的广泛传播和即时交流，高度依赖先进的通讯技术。无论是获取灾情信息，还是传播救灾思想，都离不开报刊等现代新式传媒网络的贡献。近代以来，各类新式报纸、图书杂志及电话电报等公共传媒和通信技术蓬勃发展，为自然灾害发生后的信息传递以及民众获取灾情真实情况开辟了崭新的途径，在自然灾害应对中扮演着举足轻重的角色。"黎区全胜信局，新设长途电话，接线之处为杭州、濮院、平望、湖州、双林、盛泽、乌镇、临平、南汇、斜桥、硖石、平湖、南浔、新塍、池湾、嘉兴、新埭、陶家笕、油车港、王泾港，自此消息灵通，千里如一室矣。"[1]自然灾害发生后，为募集救灾款物，呼吁社会各界力量捐钱捐物，通过借助语言、文字和图片等种类丰富的方式介绍灾区的具体情况，以及灾民面临的生活物资匮乏急需救助的惨状，从而引起社会各界的广泛关注，达到募集救灾钱物的目的。光绪初年，蔓延华北地区的"丁戊奇荒"发生后，上海的一些报刊就开始对灾情进行持续、深入和广泛的报道。如光绪四年（1878），《申报》就刊载了山西各地不忍直视的受灾场景："灵石县三家村九十二家，（饿死）三百多人，全家饿死七十二家。……山西首府太原更为惨烈，省内大约饿死者一半，太原城内饿死者两万有余。"[2]光绪三年（1877），江北之淮徐、山东之青济一带水旱频仍，饿殍载道，上海果育堂等

---

[1]　《新设长途电话》，《吴江》1926年12月26日，第3版。

[2]　《山西饥民单》，《申报》1878年4月11日，第3版。

慈善团体在《申报》刊登了赈济公告,劝捐山东赈荒,并派人前往赈济,"赈恤所虑灾黎散处,遍逮为难。敝堂曾酿银千两,专派司事附入招商局,唐徐二君速赴淮徐相机接赈"①。

信息网络的构建与发展极大地促进了民间社会通过更为迅捷的途径掌握自然灾害的真实状况。在民国时期,报纸与杂志作为极具影响力的传播媒介,无可争议地成为灾荒信息高效传播的核心载体。特别是《申报》《新闻报》《东方杂志》及《苏报》等在上海乃至全国范围内享有盛誉的报刊,自其创刊之初起,每当江南或全国其他地区遭遇自然灾害等公共事件时,均会展开深入、详尽且持续的报道。此外,这些报刊还成为推广救灾新思想与新理念的重要平台,为社会的进步与发展贡献了不可磨灭的作用。自然灾害发生后,江南地区的士绅阶层积极发起筹募善款的活动,广泛动员民众参与赈济捐助,并开展了诸如义赈等多样化的救助行动。这些活动的广泛传播与深远影响,很大程度上得益于报纸、杂志等新型传媒手段的强力推动与宣传。如光绪十六年(1890),苏州遭遇旱灾,天气亢晴达三月之久,苏州士绅谢家福即在《申报》刊载:"太属积谷较少县份,择其向来种植早稻。境棉上年均无收成之区,摘查鳏寡孤独极苦之户,量为抚恤。俟三属毕后再行酌看。……值此亢晴三月之久,不雪不寒,一再商酌似不若培修圩岸,以工代赈俾壮者不至坐食。"②与此同时,一些报刊也会刊文对地方上的救灾活动进行报道和评价,如光绪九年(1883),《申报》就上海绅商经元善等对直隶、河南、陕西和山西四省的救灾活动发表评论:"上海诸善士自六七年前筹办山东旱灾,款巨时长,在事之人无不悉心竭力,所集之款涓滴归公。遂觉自有赈务以来,法良意美,当以此次为第一善举。"③

新式报纸、图书、杂志以及电报电话等媒介,以其迅猛的传播速度、广泛的覆盖范围和高效的传播效率,在灾荒信息的快速获取、各地灾荒救助的积极劝募、灾情实况的即时通报以及募捐救灾信息的广泛传播等方面,均展现出了不可估量的重要价值,对自然灾害的报道与救助工作产生了深远的推动作用。如在20世纪30年代,自然灾害救助已变成全球性的慈善活动,"国内外的读者在他们的晨报上阅读到了对国内洪水的描述,

---

① 《果育堂劝捐山东赈荒启》,《申报》1877年5月5日,第3版。

② 《谢绥之大善士致本馆协赈所书》,《申报》1890年2月9日,第2版。

③ 《上海筹赈无已时说》,《申报》1883年8月1日,第1版。

许多人都被感动了，纷纷为救灾工作捐款"①。报纸、杂志和电话等传媒通信工具成为近代以来社会各阶层之间联系和交往的纽带，扩大了民众对灾荒信息的了解，增强了社会各阶层应对自然灾害的向心力和凝聚力，一定程度上加速了近代苏州社会的变迁。

四、华洋义赈会苏州分会的灾荒救助

民国时期，面对频繁发生的自然灾害，仅仅依赖国家之力显得极为有限且不足。加之连绵不断的战乱和政局的动荡不安，国家在防灾和救灾方面经常处于力不从心的境地。由此，民间社会成为国家救助自然灾害外一支不可或缺的力量，在救灾和济贫活动中发挥着异常重要的作用。近代义赈活动肇始于晚清以来的江南地区，以士绅群体为主的地方社会力量广泛参与灾荒赈济活动，至民国时期各义赈组织和团体对灾区重建和维持社会稳定起到相当重要的作用。而在各种义赈团体中规模最大、影响力最强、组织最为严密和最具号召力的莫过于华洋义赈会。② 华洋义赈会是由中外人士为避免民间义赈组织各自为政、互不统属从而导致救灾效果大打折扣而共同倡导成立的，"民国九年(1920)被灾省份，赈务机关，相继而起，各自为政，不相连属。故重复遗漏之弊，在所难免"，及十年冬(1921)，"赈务结束，各省赈团，方始召集会议，遂议设总会于北京，现有分会十三处"。③ 华洋义赈会成立后主要以救灾济贫为宗旨，救济与防灾并重，偏重防灾，工作内容与政治和宗教无关，实行人道主义救助，是具有民间性和国际性的慈善团体，"本会施赈方针已择定防灾计划书，盖以近年水旱多缘人事不修，救止之方策防为要。凡植林浚河诸事皆所当行"④。与当时国内其他慈善组织相比，无论是施赈力度还是施赈范围，华洋义赈会在当时均可谓首屈一指，李文海将华洋义赈会的成立称为"历

① ［英］陈学仁：《龙王之怒：1931 年长江水灾》，耿金译，上海人民出版社 2023 年版，第 216 页。

② 关于华洋义赈会的研究，参见蔡勤禹：《民间组织与灾荒救治——民国华洋义赈会研究》，商务印书馆 2005 年版。

③ 《科学方法之救灾述略》，《中国华洋义赈救灾总会丛刊·乙种》1926 年第 22 号，第 13-14 页。

④ 《序言：一年以来四方多故兵匪横行在在足为赈事进行之》，《中国华洋义赈救灾总会丛刊·甲种》1927 年第 20 号，第 1 页。

史灾难的补偿"①。

华洋义赈会在全国设有十三处分会,江苏和浙江两省也建有分会,其经费来源主要是国内外募捐。在江南地区,华洋义赈会的赈灾内容主要包括急赈、农赈和工赈等,除此之外,在其他一些地区还设有专门为改良耕种模式而成立的农业技术试验场,以及资助贫苦农家子弟读书成为农业技术人才。农赈是协助被灾农民恢复农事的工作,目标是协助灾农尽可能地在最短时期内收获农产物,"所有培修民堤,排除积水,购置牛犁籽种,甚至修盖房屋,添置器具都可请求协助"②。但是农赈跟急赈又有所不同,农赈是将资金借给农民,农民等到有了收成,就要分期摊还。

而开展工赈则是华洋义赈会主要从事的赈灾活动内容,《中国华洋义赈救灾总会概况》指出:"我国水旱等灾如能运用科学方法,为预防止,必可减至最低限度,中国华洋救灾总会之防灾工作,不特直接有利于灾民,间接实能促进国家之经济建设。"③在开展具体赈济活动时,华洋义赈会遵照"以经济的方法,为大量之赈济,不欲养成依赖性质,使人民欲堕穷途的原则"④。华洋义赈会注重防灾,认为救灾不如防灾,一切有关水利及交通事业均愿意竭力协助,因此对于灾区各项工程建设均采取治本的办法,"筑路、修堤、掘井、凿渠等是,既可以工代赈,救济当时之灾民,又可于工成之后,防止未来之灾荒"⑤。如在一些灾情较重的地区,虽然各地踊跃捐款捐物救助,但灾民仍嗷嗷待哺,哀鸿遍野,华洋义赈会认为造成该种情况的原因在于交通不便,运输受到阻隔,"其最大原因厥为交通便利,人民易于逃荒,粮食便于输送,倘中国内地各处能兴筑道路,疏浚内河,则舟车便利,自鲜荒歉之患"⑥。因此,通过开展工赈,水灾时筑堤设坝,以阻滞湍流河水之泛滥;旱灾时积极改良水利以防干旱,仅在1927年冬,华洋义赈会即拟具六十二个工程计划,分布在全国十二个省份,总花费在八

---

① 李文海、程歗、刘仰东等:《中国近代十大灾荒》,上海人民出版社1994年版,第160页。
② 《农赈是协助被灾农民恢复农事的工作》,《中国华洋义赈救灾总会丛刊·戊种》1932年第1号,第2页。
③ 中国华洋义赈救灾总会:《中国华洋义赈救灾总会概况》,1936年版,第24页。
④ 中国华洋义赈救灾总会:《账务实施手册》(上篇),1924年版,第3页。
⑤ 章元善:《中国农村中之雷发巽式合作社——介绍华洋义赈会的合作事业》,《民间》1931年第1卷第14期,第1页。
⑥ 姜子航:《华洋义赈会之工作》,《社会科学杂志》1931年第3卷第8期,第201页。

百万元左右。

1920 年冬,美国人巴克蒙发起开办苏州华洋义赈分会,地址暂设在苏州观前街利济药房。最初推选苏州市公益事务所董事蒋季和为在华会长,后因蒋季和事务纷繁,不能兼顾,于是改推苏州总商会会长庞天笙为在华会长,而洋会长则由巴克蒙担任。① 1921 年 2 月 25 日下午,苏州华洋义赈分会在观前街青年会事务所召开苏州义赈会委员会会议,庞天笙、蒋季和、巴克蒙、柏乐文、程干卿等到会,会议议决,设华洋义赈分会于苏州总商会,公推庞天笙、蒋季和、巴克蒙、柏乐文四人为分会主任,书记由樊生君担任,司库由金翰春担任。另外规定凡属于苏州各机关直接送交义赈总会者应报知分会,以便稽核。② 苏州华洋义赈分会成立后,积极开展各种赈灾济贫活动,在灾荒之年对受灾民众的救济发挥了重要作用。1921 年,山东、山西、陕西、江苏和浙江等省旱灾严重,苏州商会致函苏州华洋义赈分会请求赈济,后经华洋义赈会发动募捐赈济活动,共收捐赈款"大洋二万六百三十一元六角,小洋两千三百六十一元,钱二千六十文,储蓄票十八元,公债券五元,铜洋二十五元,棉衣裤二万六十二条"③。1921年 2 月 25 日,苏州华洋义赈分会邀请苏州慈善家汪炳霞在申衙前汪义庄开新闻记者茶话会,商议组织旱灾纪念日筹备会,蒋季和、庞天笙、程干卿等出席。会上由在灾地服务的姚铁心报告灾民苦况,号召报界予以报道并撰拟募捐通告。会议最后议决由庞天笙委托苏州各大商家门首设立募捐桶,分成二十个区,以二人为一组,佩戴特别徽章,手持集赈罐及纪念章,沿途挨户捐募。巴克蒙、柏乐文还提议筹备会发起人每人捐洋二十五元,并以与会人员只有二十五人,和预定人数一百人相差甚远,请求在场人员积极介绍。④ 同年 3 月 5 日,苏州华洋义赈分会发起举行旱灾急赈,由各校学生担任义勇员,手持陶罐分赴各街巷,演说旱灾纪念理由,开展募捐。⑤ 苏州华洋义赈分会决定在急赈大会期内募集资金一万元用于救助受灾民众,该项资金除了在旱灾急赈会上已经破罐募集的五千余元外,其余部分由巴克蒙以旱灾纪念银质徽章一百枚亲自向各界募捐,得洋二

---

① 《苏州:筹设华洋义赈分会》,《申报》1920 年 12 月 25 日,第 7 版。

② 《苏州:华洋义赈分会开会》,《申报》1921 年 2 月 28 日,第 7 版。

③ 《为直鲁豫陕湘等省捐赈事函华洋义赈会》,苏州市档案馆馆藏,卷宗号:I14-002-0166-017。

④ 《苏州筹备旱灾纪念》,《民国日报》1921 年 2 月 28 日,第 8 版。

⑤ 《举行旱灾纪念》,《申报》1921 年 3 月 6 日,第 7 版。

千五百元,剩余二千余元决定通过游艺会以资补足。① 随后,华洋义赈会
苏州分会为筹备春赈游艺会,先后两次邀集苏城各慈善家在苏州总商会
苦儿院开会,分配职务及预备布置活动。② 1921 年 3 月 12 日,苏州华洋
义赈分会在青年会事务所召开茶话会,庞天笙、潘振霄、巴克蒙等悉数到
会,会议讨论联络苏州城内外的各界领袖组织筹赈游艺会,由庞天笙担任
商借。③ 根据会议安排,23 日到 25 日,苏州华洋义赈分会假座留园召开
游艺大会,时间分为每天下午二点到六点和晚上七点到九点两个时段,表
演项目包括弹词、幻术、滩簧、西国魔术、音乐、西人唱歌、洋琴活动、影戏、
五色电灯、演火棍、京剧、双簧等,颇为壮观,票价一元,所收券资全部用于
赈济灾荒,实在是热心慈善之美举。④ 4 月 1 日至 3 日,苏州华洋义赈分
会假座阊门外的留园再次举行游艺会,前两日恰逢雨天,游客因之稍减,
但所收游券,仍有数百张。3 日天气放晴,游客如织,甚至一些政界要人
也纷纷到会,如苏常镇守使朱琛甫、水警厅长赵云生、苏警厅长李明达,吴
县知事温栋圃,"其所收券资,较之前两日,陡增数倍。临时捐款者亦甚
多"⑤。1922 年 2 月,澄阳一带水灾严重,为从来所未有,冬尽春初之时,
灾民嗷嗷待哺,"中国华洋义赈会有鉴及此,特于去冬实地调查,得大小灾
民三千余口,遂于日前,在青阳镇南街乐善堂散放,大口每名发给钱一千
文,小口每名钱五百文,共计是日放去大洋千余元"⑥。与此同时,自然灾
害发生后,灾民往往缺少遮身蔽体的衣服,再适值寒冬腊月,必将有大批
灾民被冻死。因此,施衣和施钱、施粥同样重要。为此,上海华洋义赈会
还为灾民散放棉衣棉裤,如"通过苏州苦儿院捐助棉衣一百八十条,旧棉
裤八十二条,散放灾区,救助灾黎"⑦。

　　灾荒之年,华洋义赈会也对受灾贫民开展积极救助,发挥不可或缺的
重要作用。1922 年,苏浙皖三省被灾严重,受灾县数江苏 42 县,浙江 22
县,安徽 49 县,灾民共计 1523 万余人,其中极贫者 713 万余人,次贫者

① 《苏垣筹募急赈》,《申报》1921 年 3 月 14 日,第 8 版。
② 《筹备春赈游艺会》,《申报》1921 年 3 月 29 日,第 8 版。
③ 《苏华洋义赈会筹备进行》,《民国日报》1921 年 3 月 15 日,第 8 版。
④ 《苏州:华洋义赈之游艺会》,《申报》1921 年 4 月 3 日,第 7 版。
⑤ 《苏募赈游艺会之盛况》,《民国日报》1921 年 4 月 6 日,第 8 版。
⑥ 《青阳散放冬赈记》,《申报》1922 年 2 月 15 日,第 10 版。
⑦ 《为收到苦儿院捐助事函上海华洋义赈会》,苏州市档案馆馆藏,卷宗号:I14-002-
　　0166-082。

810余万人，衣食住三者俱无，情况至为惨酷。中华华洋义赈会接到上海礼查汇、中客利等旅社同人310人来函后，随即邀集会员，召开全体大会，商议解决办法，展开赈济，先后将赈衣赈款拨运灾区。① 1931年江淮大水，上海华洋义赈会于8月27日举行水灾急赈会。经董事会通过，组织募捐委员会，以资筹济。各方捐款十分踊跃，在放赈方面，江苏和浙江等五省已支配赈款，并聘请专员实行放赈。② 1934年大旱灾发生后，苏州地区大量灾民嗷嗷待哺。苏州普益社及长老会各团体，受上海华洋义赈会的委托，前往浏河、嘉定、方泰、昆山等各灾区放赈，根据各地实际情况开展赈济，"今该社复鉴于江阴等灾况，又为当务之急，自应前往放赈，今日(二号)普益社干事屈厚伯、诸辛生、诸重华等行方棹往澄，想一般灾民闻此好消息，无异天旱望云霓也"③。

华洋义赈会作为民国时期全国最具代表性的民间义赈团体，它的成立一定程度上填补了政府官赈的空白，成为国内灾荒救济的一支重要力量。《大公报》曾对华洋义赈会在农村开办合作事业以救助灾荒所做的贡献做出高度评价："华洋义赈救灾总会为国内农村合作事业之首创者，统计所办合作社，全国现达一万余处，成绩均优良。……该义赈会办理四省合作，艰辛缔造，成效昭然，农民受福实多，其功殊不可没。"④在华洋义赈会举行十五周年纪念日之际，时人也曾对其在水旱灾害以及慈善救助方面的贡献予以评价：

> 每一次灾荒到来，灾民动以万计。财产损失，动以十百万计。各慈善团体莫不尽力救济，以期减轻灾民的痛苦。可是大多数只能救灾于事后，而不能防灾于事前，他们除施赈以外至多不过在水灾发生时从事于防护抢堵罢了。只有华洋义赈会却能具远大的眼光，在施赈以外还建设水利工程，以防止水旱等灾，倡办农村合作，以复兴农村经济。该会不但做了许多慈善性质的救济事业，而且做了不少建设性质的社会事业。
>
> 后一种事业是最值得我们来称道的。我们知道我国之所以多灾，不外乎两种原因。其一，列强的经济势力深入了内地。农村日益

---

① 《华洋义赈会近闻种种》，《时报》1922年1月12日，第9版。
② 《各省灾赈昨讯，急赈会定期开大会》，《申报》1931年8月29日，第17版。
③ 《华洋义赈会赈济灾黎》，《苏州明报》1934年5月3日，第4版。
④ 《褒扬华洋义赈会》，《大公报(上海)》1936年5月16日，第4版。

陷于破产的状态。农民的衣食尚且不足,当然更没有余力来改良耕种的技术。其二,过去的中国当局对于水利建设,也太过忽视。华洋义赈会本其赈灾所得的经验,深知中国灾荒的这两种根原。不从根原上来着手。灾荒是不胜其救济的。因此,该会的名称虽是义赈,而其事业却不以此为限。该会在赈饿以外,还用以工代赈的办法凿渠筑堤以防止水旱灾的酿成。建筑公路,以便农产物的吞吐。创办农村合作社,以苏解农民的经济困苦。这些事业是艰难而且繁重的。幸赖该会热心的中外人士的惨淡经营,才有今日这样卓著的成绩。我们可以说,该会在我国复兴农村经济的工作上建了一个良好的基础了。现在乘该会举行十五周年纪念之日,我们除把该会过去的成绩,表扬一番以外,更希望该会继续努力,为我国人民造福于无穷。①

苏州华洋义赈会分会践行总会赈灾救难的宗旨,在灾荒之年积极运作,筹募款物对受灾民众实行救济,取得了巨大成效,对促进苏州地区社会经济的恢复和发展以及社会的稳定起到了重要且积极的作用。

第三节　现代化防灾减灾技术手段的运用

民国时期,中国社会处于一个急剧变革的时代,开始从传统社会向近代社会转型。欧风美雨的洗礼以及近代西方科学技术的不断涌入,使人们对救灾技术和手段有了新的认识和理解。无论是新的救灾组织的出现,还是救灾技术的进步以及新的救灾手段的运用,都开始向近代化方面迈进,现代化的救灾技术开始在防灾、抗灾和减灾活动中得到广泛运用,并呈现出方式多样化、技术多元化的特征。"人类在灾害面前并非总是束手无策,往往也会动用可以利用的物质和人力资源予以应对,并形成相应的救荒机制。"②

一、现代水利工程与内外河道疏浚

救灾只是权宜之计,水利工程的兴建和疏浚河川才是消弭水旱灾害

① 立:《华洋义赈会十五周年纪念》,《申报》1936年11月16日,第7版。
② 夏明方:《文明的"双相":灾害与历史的缠绕》,广西师范大学出版社2020年版,第110页。

的根本办法,"水利一兴,则旱涝有备,可转荒芜为乐土"①。一方面,水患消弭,人们可以安于田亩,努力生产;另一方面,生产出来的物资增加,有了积蓄,即使遇到水灾、旱灾、蝗灾、疫灾等各种自然灾害,也可以避免饥荒流离。而防止水利工程出现问题是一项艰巨的任务,需要定期开展堤防维护、河道疏浚。以苏州地区为中心的太湖流域水网密布、河港交叉,水文情况异常复杂,上游有东坝阻隔上游来水,中游有漏湖、洮湖调蓄水位,下游有吴淞江、白茆河等泄水河道,水利环境异常优越,所以历史上少有旱灾发生。"自东吴以迄光绪十五年,一千四百余年间水患九十六次,旱灾不过三四次而已。"②自晚清时期起,水利设施屡遭破坏,导致河网布局混乱。特别是河道,经过人为改造,出现水文生态紊乱,进而导致水利系统的失衡,频繁引发水旱灾害,造成了严重的后果,"遇着雨量稀少的年份,江湖的水量太少,便遭旱灾;若遭逢淫雨连绵的季节,湖水一时不易宣泄,而江潮又巨量侵入,无从阻止,便成水患"③。自然灾害的发生虽然多由气候的灾变而引起,但是森林植被过度砍伐及水利设施的失修都对水旱等自然灾害的扩大产生直接影响,"天灾并不是完全源自自然,水利失修、沟渠失理,林木不植,皆是发生水旱的条件"④。

"水利兴则生产足,水利废则民力困,其一兴一废,直接影响于全国经济之盛衰,间接影响于政治之隆洿。国无中外,世无今古,未有任其境内江河淤塞,堤防毁败,旱潦荐臻,而可以谋经济之振起者。"⑤水利建设对农业生产的影响很大,而农业生产又关系到社会发展的稳定。吴觉农对1914年各省所遭受的灾荒进行调查统计,发现当年因水利设施失修引发水旱灾害导致的被害农田及园圃亩数共 653475445 亩,其中被水亩数 41622567 亩,被旱亩数竟高达 588780805 亩,几乎占了全国农田的二分之一。⑥ 1927 年 4 月,南京国民政府成立后,开始把水利建设作为恢复农村经济、预防水旱灾害、拯救乡村社会的重要手段。1933 年,江苏省政府主席陈果夫对于复兴农村经济,指出"水利建设是农村复兴的基础,凡在改良及增加生产之先若不从事兴修水利必将徒耗人力。故今后各省县于

---

① (明)张瀚:《松窗梦语》卷四三《农纪》,中华书局 1985 年版,第 74 页。

② 《白茆闸工程计划概要》,《扬子江水利委员会年报》1935 年第 1 期,第 98 页。

③ 《孔部长昨赴常熟主持白茆闸奠基典礼》,《申报》1936 年 1 月 31 日,第 11 版。

④ 王龙章:《中国历代灾况与振济政策》,独立出版社 1942 年印行,第 450 页。

⑤ 汪胡桢:《统制全国水利方案》,《水利月刊》1933 年第 5 卷第 4 期,第 3 页。

⑥ 吴觉农:《中国的农民问题》,《东方杂志》1922 年第 19 卷第 16 号,第 6-7 页。

规定其建设程序时,除经济、军事必要之道路建设外,应先发展水利建设①。而在各类工程中,"又以水利工程为优先,因为它们在抵御自然灾害中具有关键作用,这些工程包括修筑堤坝,疏浚河道、沟渠和修筑灌溉工程"②。因忽视水利设施建设和维护,导致河道水位上升、淤塞、水流不畅,进而引发水旱灾害的情况在江南地区多有发生,"去岁苏省水灾,今岁浙省水灾,太湖流域淹没田庐,漂沉禾稼,公私损失至数千万,皆因沿江水道淤塞不能泄泻所致"③。吴县县长吴企云在谈到该县的水利建设时指出:"本县农田灌溉予取予求于水利,历代民丰物阜。故近已久未与修,支流淤塞。旱则车戽维艰,潦则宣泄不易。水利建设衰落,斯农村蒙其影响。播为九河,同为逆流。"④由此可知,水利建设的落后和水利设施的失修是导致水患频发、农村衰落的重要原因。因此,"如果水利办理得宜,非但旱灾可以绝对避免,则水灾亦可不致发生"⑤。

　　江南地区作为我国重要的水稻产区,历来对水资源的依赖程度极高。尽管其他农作物如棉花和小麦并不完全依赖雨水生长,但长期的干旱仍会导致土壤逐渐贫瘠,进而引起地力下降和农作物产量减少。另外,河身长期淤塞也容易酿成水患,因此在我国,无论南北,水利建设都异常重要。"防潦、灌溉、疏浚、宣泄,便利航运,发展水利等等都是。不过,其中最关系于农业的,还只有灌溉和排水两项。"⑥太湖流域的吴淞江古称三江之一,上承接太湖之水,下流合黄浦而注入于海,作为太湖下游重要的泄水要道,其干流长达二百余里,河道两旁泾渎港浦错横交注,百川宣泄,由此是赖。吴淞江的淤塞将会直接导致沿江的苏南吴县、昆山、吴江、太仓等太湖以东八县地区遭受水患,疏浚后则直接或间接受益的田亩,至少在八百万亩,可知疏浚之功,自昔所重。苏松地区作为东南要区,水利修举,更

①　《复兴农村——陈果夫提案原文》,《中央夜报》1933 年 4 月 26 日,第 1 版。

②　[法]魏丕信:《十八世纪中国的官僚制度与荒政》,徐建青译,江苏人民出版社 2003 年版,第 215 页。

③　(清)徐兆玮:《徐兆玮日记》,李向东、包岐峰、苏醒等标点,黄山书社 2013 年版,第 2403 页。

④　吴企云:《吴县建设与水利》,《苏州明报(新屋落成纪念国庆增刊)》1935 年特刊,第 7 页。

⑤　维行:《江南旱灾》,载中央陆军军官学校特别训练班:《明耻》1935 年第 1 卷第 10 期,第 4 页。

⑥　张培刚:《近年来的灾荒》,《独立评论》1935 年第 150 期,第 13 页。

加刻不容缓。但由于吴淞江河道长期以来缺乏全局规划，未能进行统一的治理，旋浚旋淤，河道淤塞的情况一直未能改变。吴淞江河道的严重淤塞，不仅对江南地区航运业造成严重影响，水路运输也受到严重制约，河道两岸以水运为生的船户收入锐减，甚至出现生活难以为继的局面。近代以来围垦湖田之风也使吴淞江两岸的湖田不断侵蚀江堤，导致河身曲折，形成许多弯道，这既不利于上游太湖的泄水，也对沿江航运业造成妨碍。因此，整治吴淞江一直是民国时期各届政府治理江南水利的首要任务。

1918年，江南水利局分设吴淞江水利工程局，其任务之一即为承担疏浚之责，但是当时因为江苏省所拨款项的支绌，所以施工之处仅为西自梵王渡铁路桥，东至新闸桥这一段河道。但是对于吴淞江的疏浚活动一直没有停止，1924年，吴淞江沿江八县法团，组织吴淞江水利协会，自行议筹款项，大举疏浚。① 吴江县盛家库市河衔接吴淞江，为南北船只往来的要道，同时又为太湖要口。因近年太湖沿岸周边满植菱芦，吴淞江口也因此逐渐淤塞。有鉴于此，苏州太湖水利局督办于1925年2月委派职员对吴淞江口进行测量估工，并从事开浚疏通。② 1934年江南大旱期间，太湖流域水利委员会认为吴淞江作为太湖泄水要道，其通塞和沿江各县水利关系巨大。自旱灾发生以来，淤积甚重，航运灌溉，交通其困，而一旦遭逢淫潦，则又会导致泛滥成灾。太湖流域水利委员会"遂根据前太湖水利局及前江南水利局测量规定疏浚计划，呈请国府拨款整治，特分令沿江各县，转饬一体予以协助"③。

全国经济委员会积极筹划并组织，经过与国民政府交通部、江浙两省政府以及上海特别市政府等各方代表沟通和磋商，最终达成了一项治理办法。从瓜泾口到老盘龙港这一段的上游河道，由江苏省政府负责疏浚整治；下游自老盘龙港以东至出口，除虞姬墩梵王渡外，由上海市政府负责办理。盘龙港至虞姬墩这一段的截弯取直工程，因为所需要的费用较巨，由全国经济委员会拨款兴办。④ 1935年，全国经济委员会划拨20万

---

① 《吴淞江上承太湖之水关系东南财赋》，《苏州明报》1934年1月11日，第5版。
② 《开浚吴淞江口》，《新黎里》1925年5月16日，第3版。
③ 《测量吴淞江筹划疏浚》，《苏州明报》1934年6月26日，第7版。
④ 宙：《疏浚吴淞江计划及其实施办法》，《中央时事周报》1934年第3卷第37期，第9-10页。

元经费作为吴淞江截弯取直工程之用，工程的具体实施开展由太湖水利委员会负责。① 在南京国民政府的监督指导之下，吴淞江的疏浚整治和截弯取直工程进展顺利。在盘龙港至虞姬墩这一河段，为取直河道就截掉三处河湾，不仅使航运里程缩短，也使大水时期上游来水更容易下泄入海，对沿江两岸的农田灌溉也起到了保护作用。吴淞江疏浚取直工程从1935 年 3 月正式开始，于同年 10 月结束，历时 8 个月，总共花费经费 12万余元。这次疏浚取直河道工程基本上解决了吴淞江的失浚局面，"灌溉交通，均已深受其利"。此后，即使遇到干旱少雨的时节，"农田均尚有水可庤，航运亦未阻绝。水利大兴，潦旱无忧，田畴丰收，农村复兴，庶其有望"。②

　　白茆河在江苏常熟县东南，流经白茆镇，过支塘东北流至白茆口入长江，为常熟地区的重要河道，同样也是太湖下游的重要泄水要道，"计自河墩口迄白茆口，长凡一百六十一里，近纳尚湖（常熟西湖）、昆城湖，而远接于阳城、巴城诸湖，支港连贯实为太湖宣泄之巨流"③，对整个苏州地区的水利安全至为重要，"东南诸水，咸汇太湖，由三江入海。而三江允失故道，东江不可复寻，独娄江尚在。吴淞江虽在而多涸，其别出一支从常熟白茆港入海，最大且驶"④。又曰"太湖吞纳众流，犹人之有腹，白茆吴淞则尾闾也，阳城昆城唯亭诸湖犹脉络也，尾闾不泄，腹且胀为病，四肢百脉无不病者"⑤，由此可见白茆河与太湖之间的关系可谓重要。作为重要的水利枢纽，白茆河虽然不长，但支流连络周围数百里，与江阴、无锡、吴县、昆山各县水利均有重大关系，"上接太湖，下通长江，长凡五十余里，为昆太常熟航运之通衢，太湖洪水宣泄之要口。白茆一港之通塞，非仅常熟一县利害之攸关，太湖全流域水利亦将受其影响"⑥。民国以来，白茆河淤塞严重，自支塘下驶，经东胜桥后，水量较浅；再下至朱家巷、蒋家湾深约

---

① 《吴淞江虞姬截弯工程之举办》，《中国国民党指导下之政治成绩统计》1935 年第 3期，第 159 页。

② 沈百先：《工赈浚河与江苏之水利建设》，《江苏建设月刊》1935 年第 2 卷第 8 期，第 2 页。

③ 《白茆河道之位置》，《申报》1936 年 2 月 7 日，第 9 版。

④ 《白茆与太湖关系》，《申报》1936 年 2 月 7 日，第 9 版。

⑤ 《白茆与太湖关系》，《申报》1936 年 2 月 7 日，第 9 版。

⑥ 华钟文：《白茆河调查报告》，《太湖流域水利季刊》1931 年第 4 卷第 2-3 期，"调查"第 2 页。

三尺八寸,水面四五丈不等。河面较窄,而水也较浅,"北干自支塘以上至沙墩港,阻碍孔多,疏浚必不容缓。南干则波涛浩渺,惟拦路港、章练塘有浅窄处,亦当量为疏通"①。1931 年,太湖流域水利委员会曾对白茆河流域进行调查,认为"太湖之泛滥为灾,由于下游之淤塞。下游五干,南干黄浦、北干白茆两大河流天然对待。今也一通一塞,如人之半身不遂,脉络不能交通,疾病自然丛起"②。水利委员会的这一结论,使白茆河的地位进一步提升,成为疏浚整治中的重点,常熟民间请求疏浚的呼声也随之日益高涨。"若泖河以下深广畅通,实为江、浙河流之冠,今该局(谓太湖水利工程局)注重淀、泖,而以白茆、蕴藻、刘河、七浦为关系较轻,夫淀湖、泖湖面广洪深,安有工程之可言?"③

为预防水旱灾害,疏通江苏省各县水利,全国经济委员会拨款 30 万元作为治理白茆河的经费,具体事务由扬子江水利委员会负责。这次治理不是采取大规模疏浚河道的方式,而是计划在白茆口与长江交叉口建造一座大闸。当江水高涨时可以放闸拒潮,江水低落时可以开闸引水,既能放江水倒灌又可以在大旱之年开闸引水灌溉救旱。1936 年 1 月 30 日,白茆闸举行隆重的开工奠基典礼,财政部部长兼扬子江水利委员会委员孔祥熙出席会议并致辞,水利委员会会长傅汝霖主持典礼仪式,沈百先、郑肇经、宋希尚、孙辅世及一众水利官员 200 余人参加。同年 8 月,白茆闸最终建成,整个工期历时 7 个多月,总花费 30 余万元。

进入民国以后,随着水泥、钢材以及灌浆等西方现代建筑科技的次第引入,"近代以来,水泥在水利工程中广泛使用,民国时期已具备了水泥灌浆技术。还从德国引进了水泥灌浆机全套设备。采用钢筋混凝土结构的水工建筑已逐渐普遍"④。一些水利工程中的重要部分如堤坝、防洪坝、闸门等,在工程材料、施工程序等方面均有严格要求,以保证水利工程的安全。建成后的白茆河闸,闸门材质为钢筋混凝土,闸身总长 44 公尺,闸

---

① (清)徐兆玮:《徐兆玮日记》,李向东、包岐峰、苏醒等标点,黄山书社 2013 年版,第 3707 页。

② (清)徐兆玮:《徐兆玮日记》,李向东、包岐峰、苏醒等标点,黄山书社 2013 年版,第 3707 页。

③ (清)徐兆玮:《徐兆玮日记》,李向东、包岐峰、苏醒等标点,黄山书社 2013 年版,第 3707 页。

④ 李勤:《试论民国时期水利事业从传统到现代的转变》,《三峡大学学报》(人文社会科学版)2005 年第 5 期,第 23 页。

门共设有 5 个排水孔洞,每孔宽 7.4 公尺,为悬吊结构闸门,并装有起重手摇机,以方便随时启闭。另外,为方便当地交通,工程施工人员在闸上建有桥梁。白茆河闸建成后,"宣泄有节,旱涝有备,纳泥沙于故道,拒潮汛于闸外,有冲刷之力,无崩圮之患,而苏省江南各县均蒙其利也"①。

在灾害面前,国家政权也发挥了不可替代的作用,组织了地方社会难以胜任的大规模整治工程。② 除国家层面筹建现代化的大型水利工程以防水旱灾害之外,地方政府也在积极开展城市内外河道的疏浚以及农田水利工程的整治工作,"至于疏浚问题,吾以为首当大浚护城内河,且有余地可供拓宽,俾直接引城外运河之水,而徐以灌溉中部者也"③。"汲水救旱之成绩,虽尚属不恶,惟仍属急则治标之计,根本图治犹在开浚河道。"④1925 年 3 月,苏州地区天久不雨,城内河道均已污浊枯竭,既阻交通,亦碍卫生,苏州警备厅长陈健君即训令各区,"详细调查河浜名称及淤塞情形,分别无可开浚、急宜开浚、暂缓开浚三项,列表填明限文到十五日内具报,毋得稽延"⑤。同年 5 月,太湖水利局派员测量吴江瓜泾港及城外盛家库市河水道,并估计工程,预备疏浚,太湖水利局职员金天翮、萧福咏为疏浚吴江瓜泾事务所正副主任。5 月 24 日开始施工,先从盛库市河着手,填筑坝基,进行疏浚。⑥ 施工从江城外窑桥处新桥旁两地作坝,先用抽水机抽水,约二日,待水干涸,遂用人力开掘,"于夏历闰月初八日下午开坝,一时观者甚盛云"⑦。鉴于苏州城内阊胥门至横塘木渎一带的河道,日形淤浅,急需浚治,苏州士绅张一麔、周师熊、季厚柏、张一鹏等与苏州旅沪同乡会、苏州总商会筹商解决办法,组织成立阊胥塘渎整治河道会。公推张一麔为主任,经即分呈省长道尹县署,请予立案保护,整理河道,"拟集资四万元,先就阊胥一带施工,东经枫桥为止,西至木渎镇市梢为止,自大日晖桥至归泾桥止一段开浚"⑧。

1930 年,苏州市政府计划对市内及县属各河道开展疏浚整治,整个

---

① 《白茆建闸之利益》,《申报》1936 年 2 月 7 日,第 9 版。

② [美]黄宗智:《长江三角洲小农家庭与乡村发展》,中华书局 2000 年版,第 38 页。

③ 金天翮:《整理苏城河道之商榷》,《苏州市政月刊》1929 年第 1 卷第 4-6 号,第 10 页。

④ 《江苏省二十三年办理救旱汲水总报告》,《江苏建设》1935 年第 2 卷第 1 期,第 33 页。

⑤ 《警厅筹备疏竣城河》,《申报》1925 年 3 月 7 日,第 11 版。

⑥ 《开浚瓜泾口工程事务所成立》,《吴江》1925 年 5 月 17 日,第 2 版。

⑦ 《瓜泾港口工竣开坝》,《吴江》1925 年 6 月 7 日,第 3 版。

⑧ 《阊胥塘渎浚河定期施工》,《吴语》1926 年 3 月 2 日,第 2 版。

工程分两个阶段进行,"首先,从饮水、消防、清洁和交通四个方面仔细考虑,对城内淤塞的河道,分别从速开浚或填实;其次,对于确有存在必要的水路交通要道,在其浅窄之处,疏浚而开拓之"①。其中,苏州市阊门外渡僧桥至南新桥一段浅塞河道,修治计划由苏州市政府办理。② 1933年,吴县政府奉令组织征工浚河委员会,聘请地方士绅施筠清、钱介一、沈伯寒、宋友发等四人为委员,又令委各乡区区长为当然委员。苏州城东浚河委员会,则联合北局苏州救火联合会召开第三次会议,联合会委员程干卿、庞复庭、张云博等出席。会议议决由上海商业储蓄银行代收捐款共计三千余元,疏浚临顿路全河工程已达三分之一;其中吴县仓储管理委员会捐助临顿路平江路开浚费各五百元。总之,"治苏城之水道,三言括之,一曰流,二曰宽且深,能如是,则虽不能复平江城坊图之旧,然而朱门临水书舫迎风,其于美术之点缀,为不少矣。夫苏,水国也,水道之设施,宜较陆地为尤急,所谓因地制宜,而不可拘以墟"③。

1934年春季,江南地区雨量稀少,入夏后亢旱更为严重,吴县西北乡一带为灾情最严重的地区。推原其故,江湖水位低落,流量不能畅达,固属根本问题。而各河淤浅,久未疏浚,加上京沪铁路沿线桥梁涵洞林立,也极易淤塞,运河来水也大受限制束缚,成为各区受灾症结之所在。④ 施筠清、邓耕莘等士绅联名提请苏州建设局开辟胥门涵洞以利城内水流。地方人士王鸿宝、张叔良、徐厚如、王仲华、刘锦三等在桃花坞钱江会馆召集当地人士开会讨论浚河,议定"西自圣公会板桥起,东至小日晖桥止,计长二百五十丈,亟需开浚"⑤。在常熟县,"县行政会议决定举办工赈浚河会,成立工程处,将各乡市河一律加以疏浚,既可便利交通,又可以工代赈。经费除由省核拨一万元之外,不足之数额由地方政府筹足"⑥。为解决地方政府在疏浚农田水利工作中资金短绌的情况,江苏省行政院制订农民银行办理小型农田水利贷款办法,谕令各行遵照执行,具体方法如下:第一,各县举办小型农田水利工程,如有融通资金之必要时,得依本办

---

① 苏州市政筹备处:《工作计划与实施》,《苏州市政筹备处半年汇刊》1930年第1卷,第44页。

② 《修治河道计划》,《申报》1930年1月8日,第3版。

③ 《整理苏城河道之商榷》,《苏州市政月刊》1929年第1卷第4-6号,第10页。

④ 《江苏省二十三年办理救旱汲水总报告》,《江苏建设》1935年第2卷第1期,第77页。

⑤ 《桃花坞河道商议开浚》,《吴县日报》1934年7月23日,第5版。

⑥ 《城东浚河委员会议事》,《苏州明报》1934年3月5日,第5版。

法之规定向当地中国农民银行申请借款。第二,贷款用途:①挖塘或浚塘;②凿井或修井;③修理圩堤;④购置吸水装置及设备。第三,借贷人员:①经合法登记之农民团体;②农民个人;③农事改进及乡镇造产机关。第四,贷款成数:贷款兴办小型农田水利工程,其所需费用应由贷款方至少自筹二成,但得以工料折算抵充,其余不足之数,由农林部与本行按照二八比例配贷。第五,贷款期限:贷款本息偿还期限以一年为原则,必要时酌情延长,但至多不超过三年。[①] 通过银行贷款,有效保障了城市内外河道疏浚以及农田水利工程整治工作所需的资金。

二、新式救灾工具的使用与推广

苏州地区在正常年份降水丰富,雨量充沛,境内水道纵横,被誉为"水乡泽国",但这并不意味着苏州地区不会遭受旱灾的侵扰。虽然苏州地区旱灾的发生频率相对较低,但也时常发生。同其他自然灾害一样,旱灾也对苏州地区造成了严重影响,长时间的干旱不雨不仅会使已经栽种下地的农作物遭受重大损失,而且也会延缓未播种作物的种植。1934 年苏州大旱,吴江县很多地方的水稻插秧受到影响,未能如期进行,在横扇镇,"农田已播种者,统计仅十之三四。前于十八日起连日天降甘霖,河水暗涨三寸,目下农民等正在积极耕种,但雨量太小,乡间小港,仍未有水,故数天之内,续种不过一二成之谱"[②]。面对旱灾带来的严重危害,人们纷纷采取一系列措施积极应对,以最大限度地减少损失。"工欲善其事,必先利其器",完备的农业技术和工具的使用对有效应对自然灾害具有重要作用。近代江南地区的农具以传统农具为主,1895 年中日甲午战争之后,西方近代新式农业机具开始引入国内并根据各地实际情况改良推广使用。进入民国以后,新式农业机具的引进与改良步伐开始加快,用于农业生产的新式农具逐渐增多,带来劳动效率的提高,"农人使用新式农具,利用机械,其有代替劳力,增进工作,节省消费等效。俾益于农人者甚大"[③]。在这一过程中,作为经济最发达的江南地区走在全国前列,以新式抽水机为代表的农业机具开始在该区域广泛投入使用。

---

① 《中国农民银行办理小型农田水利贷款办法》,吴江区档案馆馆藏,卷宗号:0204-002-0092-0009。

② 《横扇旱象一斑》,《吴江日报》1934 年 7 月 29 日,第 3 版。

③ 蒋逸之:《新式农具之使用与组织合作社》,《新苏农》1932 年第 6 期,第 34 页。

　　对于已经播种或者插秧的农田,遭遇旱灾侵袭后,最主要的补救措施就是戽水灌溉。江南地区长期以来主要的灌溉工具为戽斗和水车,其中水车分为人力脚踏、风力转动、牛力转动及人工手摇等几种,而其中又以牛转水车和人力脚踏最为普遍,"引水器具所用动力虽有风力水力畜力等,然普通仍以人力为主。吾国力畜既少,且为节省饲料起见,虽有力畜亦不多用,而以人力代之"①。在农业机具的使用上,江南大多数地区仍以传统农具为主,新式农具在农业生产活动中的使用依然较为少见,"在苏南大部农村中,整个生产过程还保留着全套的落后技术与农具,少数地区也有用戽水机灌溉"②。一直到抗战全面爆发前,吴江县"农民所用农具,旧式居多,惟客民所种湖田,则皆备具车水机、碾米机,其他各项,仍用旧式";常熟县,"新式农具,有引擎戽水机,但不甚普遍"。在苏州一带,"有些地方虽然施行轮种制,并采用以电泵抽水的新的灌溉及排水方法,而一般的田间工作现在仍然是同几百年以前一样的原始方式"③。尤其是在一些新式灌溉机械设备的使用上,仍然主要集中在少数富裕农户家庭,一般普通农户因受财力所限,使用相对较少,"戽水机如在无锡有两千多部,苏州有一千多部,但四分之三都操在地主富农手里,戽水机燃油与肥田粉均来自英美"④。导致这种情况出现的主要原因在于普通农户因贫穷而无力担负,因为,"一百个农民当中大约只有两、三个人买得起新式农具,而一个老式犁只需两元,并且可以用很多年"⑤。

　　然而,机器的效率要远胜人工。"人力戽水,耗力费时。偶遇天旱,田中需水既急。水位更形低落,坐视荒歉,无从补救。故亟宜改用机力戽水,以收事半功倍之效。"⑥旧式的风车、水车和牛车等戽水设备在车水和农田灌溉上效率低下,无法和新式机器戽水机相比,"普通最长之车,不过

① 梁庆椿:《中国旱与旱灾之分析》,《社会科学杂志》1935年第6卷第1期,第38页。
② 苏南人民行政公署土地改革委员会:《土地改革前的苏南农村》,苏南新华印刷厂1951年版,第14页。
③ 章有义:《中国近代农业史资料》(第二辑),生活·读书·新知三联书店1957年版,第392页。
④ 苏南人民行政公署土地改革委员会:《土地改革前的苏南农村》,苏南新华印刷厂1951年版,第14页。
⑤ 章有义:《中国近代农业史资料》(第二辑),生活·读书·新知三联书店1957年版,第407页。
⑥ 孙棐忱:《太湖流域之灌溉事业》,《太湖流域水利季刊》1931年第4卷第2-3期,"论著"第5页。

扬水高至七八尺,盖倾斜过急,水不及戽起而已流失矣"①。尤其是在天气亢旱日久,河道内存水不多时,人们需要付出极大的努力,效果却常常不明显。以戽水机为例,在戽水机未出现之前,农民大多用脚踏地龙骨车,每次戽水需要五到九人不等,以五人而论,一小时只能戽水几十担,最多时则一二百担。如果采用牛力,需要一人管理,戽水成绩超过五壮汉的脚踏戽水量。而如果使用新式电力戽水机,则一部五匹马力的引擎,每分钟可戽水五十担,每小时可灌溉两三千担之多。由此可知,一部五匹马力的机器,远超过一二百人或者数十头牛轮流戽水所及。②

1934年江南大旱,吴江震泽,"农民已竭全家之力,灌救已种者,从早上四点钟起来,到晚上六点钟止,在这样火一般的太阳下,有时更要踏夜车,已是力尽精疲,还是希望甚微"③。深夜里辛苦戽入田地的水,在白天烈日的照晒下很快干涸,经常性的情况是,"尽管这些拯救庄稼的努力哀婉动人,但它们多数却以悲剧性的结局而告终"④。江南地区传统的戽水设备大多采用牛力,但在江南农家中拥有耕牛的并不普遍,甚至一些拥有耕牛的家庭在遭受自然灾害后为求生存而把耕牛转卖或屠宰。即使在相对富裕的苏州地区,由于农村经济的萧条以及地主沉重的赋税剥削,"大多人家把那忠心于主人的畜生换了大洋送上田主还租了;牛没有了,农人自己还是要继下去工作的,水车的联队全是农夫农妇们自己在绕着大车盘打水了"⑤。而新式戽水机的戽水效率则要远远超过牛车、风车和人力水车,"抽水机之好处极多,其汲水能力,比之人工水车,约大数十倍。设用人工水车数日间所能汲之水量,而机器只需数时间即能汲之,其工作之效率既高,则能灌溉之面积可广,而时间可省"⑥。1924年,苏州建成戚墅堰电厂并投入使用,苏南部分地区开始实施电力灌溉,电力灌溉在生产效率,耗费成本等方面都优于传统的风车、水车和牛车等戽水设备,"耕田戽水机器种类繁多,最要者莫若电力机器抽水,高地灌溉,实利赖之"⑦。对于采取电力灌溉所能取得的效果,1934年苏州地区大旱期间,时人感叹:

---

① 梁庆椿:《中国旱与旱灾之分析》,《社会科学杂志》1935年第6卷第1期,第38页。
② 蒋逸之:《新式农具之使用与组织合作社》,《新苏农》1932年第6期,第34-35页。
③ 匡仁:《旱灾已成之震泽四乡农民的苦况》,《吴江日报》1934年8月8日,第3版。
④ [英]麦高温:《中国人生活的明与暗》,朱涛、倪静译,中华书局2006年版,第254页。
⑤ 沈圣时:《旱象》,《申报》1934年7月13日,第15版。
⑥ 李钟衡:《对于吾乡水旱灾防治之意见》,《新苏农》1932年第6期,第25页。
⑦ 《增加农业生产具体办法意见书》,《吴县县政公报》1929年第1期,第7页。

"所以,在这次所谓空前的大旱灾中,如果能有两百架或两百架以上的'吸水帮浦'把上述各处的水流,引入内河,而复辗转灌溉,绝不至会有'大旱之望云霓'吧? 即使仍然有所荒芜,不至于有四十万亩之多吧。然则以位于水区的苏州,而竟还要闹旱荒。宁非人类的奇耻大辱与笑话?"①

　　鉴于该年各省亢旱成灾,禾稼歉收,影响民食。国民政府颁布防救灾荒四项办法,下发各省遵照实行,其中第三项就规定,"应由各地方政府,劝导乡镇农村,购置小号新式抽水机"②。江苏省政府考虑到各县农民所用的农具大多过于陈旧,施用费工费时,减低耕作效能,增加农民负担,对农村经济影响匪浅,特地委派技正、吴诚在京沪铁路沿线苏州胥门外枣市街设立农具制造所,地点设在前铜元制造局旧址,面积四十余亩。该所以改良旧式农具、制造新式农具为研究中心工作,所出新式农具包括四匹卧式柴油引擎、高压力柴油引擎、冲灯式柴油引擎、离心抽水机等。③ 这些新式农具坚固耐用,对于抗旱戽水帮助甚大,农民非常喜欢使用,该种新式农具畅销全国。天气依旧亢热,气温逐步增高,数月未获畅雨,1934 年 7 月 12 日,吴县政府召开防旱会议,议决在灌溉农田上,乡间用戽水机,城区附郭则借用打米机及救火帮浦。④ 与此同时,吴江也举行防旱紧急会议,县长徐幼川及各机关团体、各区区长参加。在听取各区区长对旱情汇报及各区抽水机器购置情况后,会议议决由各区分别购办机器灌溉农田。⑤ 为应对旱灾带来的影响,苏州各方采取各种救助措施,一方面继续使用传统戽水设备,另一方面积极推进新式灌溉机器的使用。常熟县政府出面购买戽水机十六架,分发灾区,以资救济,同时考虑电力戽水机械奇缺,为保障农田灌溉,政府甚至出面至邻县代为租借,并下令在旱灾结束之前,"境内所租邻邑戽水机船,一律不准出境"⑥。太仓县政府设法从外地订购大戽水机十二架,分发各区使用,同时征集私人戽水机、碾米机及马达等尽量协助戽水。苏州地方士绅张一鹏,鉴于亢旱严重,农民焦急万分,与苏州田业公会商议,特地向上海订购柴油戽水机三十架,分发四

①　房龙:《苏州农民暴动的经过与前瞻》,《劳动季报》1935 年第 4 期,第 129 页。

②　《蒋委员长颁示防救灾荒四项办法》(二十三年九月电令),《吴江县政》1934 年第 1 卷第 3 期,第 2 页。

③　张渭渔:《苏省农具制造所之新农具》,《农报》1937 年第 4 卷第 10 期,第 555-556 页。

④　《议定防灾办法》,《申报》1934 年 7 月 13 日,第 9 版。

⑤　《吴江防旱紧急会议》,《苏州明报》1934 年 7 月 9 日,第 6 版。

⑥　《常熟通讯:县政府集议救旱》,《农报》1934 年第 1 卷第 14 期,第 349 页。

乡,所需二万余元经费由张一鹏及田业公会垫付,吴县分到新式戽水机共有一百余架,分列四乡敷用,将外河之水戽入内河,转灌入田。①

　　1934年7月4日,吴县县长吴企云召集各机关代表及地方人士开会,讨论抗旱办法,会后致函苏州田业会广置戽水机,分发各乡使用。7月12日,吴县召开防灾会议,决定疏浚城区内外的原有公井,并在各要隘添开新井,决定筹募的五万元开井经费由政府和地方共同负担,作为开井以及购置新式戽水机之用。② 7月20日,吴县召开防旱委员第三次会议,通饬各乡小浜应利用风车戽水以节省人力牛力。戽水机按照马力大小,以各乡地形高低进行分配,面积较大的以拨给大号为原则,戽水机不收取租金,所需燃料由田户分担。③ 防旱委员张云博两次亲赴上海购办大批电力戽水机,第一批订购机器已经到货分发各乡应用。第二批共订购四十三架,共花费二万余元。④ 戽水机的具体分配情况如下:望亭六匹马力和十二匹马力各一架,木渎十二匹马力一架,光福六匹一架,横泾十二匹一架,葑门附郭、角直、外跨塘河、车坊、田泾和陈墓六匹各一架,陆墓八匹一架。⑤ 在吴县第二区木渎乡,区长偕同全体职员分往各乡,劝令乡民一致总动员,推广使用各式机械共同戽水,共有“人力踏车四十八部、戽水机船一只,装十六匹马力戽水机一部”。7月31日,吴县召开防旱委员第六次会议,县长吴企云和公安局局长王伯麟等出席,该次会议延续第三次防旱委员所做出的决议,继续向各乡推广使用新式戽水机器,划拨第五区和第九区两区各二十匹马力机一架,第十四区十五匹马力机一架。⑥ 新式戽水机在抽水灌溉上便捷高效,救旱效果明显,吴县各乡民众纷纷请领。吴县防旱委员会第六次会议通过决议继续拨发一批戽水机供各乡民众使用,其中第六区、第九区和第十四区分别拨发一架。⑦

---

① 《救旱措施》,《苏州明报》1934年7月11日,第5版。

② 《议定防灾办法》,《申报》1934年7月13日,第9版。

③ 《救旱委员会第三次会议,戽水机分配各区使用》,《苏州明报》1934年7月21日,第5版。

④ 《分发各乡电力戽水机,开动简法及补救办法》,《吴县日报》1934年7月20日,第4版。

⑤ 《救旱委员会第三次会议,戽水机分配各区使用》,《苏州明报》1934年7月21日,第5版。

⑥ 《防旱委员会议》,《苏州明报》1934年8月1日,第5版。

⑦ 《各乡纷纷请领戽水机,防旱会议决续拨一批》,《吴县日报》1934年8月1日,第5版。

　　但是,对于防旱委员会拨发给各区的戽水机,也出现了部分民众知识有限,不能明了使用方法,以致一些地区未能达到救济成效的情况。有鉴于此,吴县农会于8月6日召开会议,呈请吴县政府,并通令各区公所会同区农会,在农民闲暇时组织戽水机练习班,教习使用办法,以帮助农民改进技能。① 如对于电力戽水机引擎不能开动的原因和补救方法如下:(一)初开时之汽油未能吸入,应再加汽油于汽油杯内,重新开动。(二)气缸内冷油太多,须开放气缸头之汽油杯,关紧汽油凡而,空摇若干转,即可排尽。(三)油箱内油太少,应即加油。(四)扑落积灰太多,须取下用汽油洗净。(五)气缸内有水,须将水设法排除。(六)气缸在寒天太冷,须在水箱内略加温水。(七)扑落走电,皮线受损,须重配新扑落与水线。(八)凡而漏气,须用凡而砂磨准。(九)麦尼多受损,须检查修理。② 但是,在推广新式戽水机的过程中也遇到一些问题,如在吴江开弦弓村,有两台动力抽水泵,一台为私人所有,另一台为合作工厂所有。承包全年的灌溉,按每亩收费。然而这种机器尚未被普遍采用,主要是因为使用机械而节约下来的劳力尚未找到生产性的出路。从村民的观点来看,他们宁愿使用旧水车,不愿缴纳动力泵费用而自己耽搁数月。③

　　此外,为确保各地所拨发的戽水机器能够真正用于灌溉受灾农田,1934年8月16日,吴县政府召开第九次防旱委员会会议,县长吴企云、县党部特派员孙丹忱、吴县救济院冯心支和吴县商会主席施筠清等参加,会议议决加拨吴县第十一区戽水机两架,并强调之前所拨发各区的戽水机和机油不得挪作他用或移作他机使用,否则将予以严惩。④ 此外,各地水利合作社、灌溉合作社组织也想方设法积极置备机器船只,广置戽水机,雇用技师工人分赴各乡指导戽水抗旱。如光福镇设有西崦灌溉合作社,木渎镇设有仇家木桥合作社均兼营灌溉事业,购置新式戽水设备用于亢旱期间灌溉受灾田亩。⑤ 江苏省专门设立农具制造所,以制造农具、改进农村社会、增益生产为目的,自1928年成立,为远近各省顾客所赞许。而且其进货出品,均由财政部特许予以免税。因此,凡是在其处采购使用

---

① 《防旱会所发戽水机,农民未能明了使用方法》,《苏州明报》1934年8月7日,第5版。
② 《分发各乡电力戽水机,开动简法及补救办法》,《吴县日报》1934年7月20日,第4版。
③ 费孝通:《江村农民生活及其变迁》,敦煌文艺出版社1997年版,第126页。
④ 《防旱委员会第九次会议》,《苏州明报》1934年8月16日,第5版。
⑤ 《救济农村计划:防除水旱根本办法》,《苏州明报》1934年11月3日,第7版。

新式农具的,无不同受利益。1934 年春耕伊始,江南地区普遍遭受旱灾影响,数月亢旱不雨。在农村急需用农具之时,该所为提倡改良起见,再次将价格减低,以广招徕而求普惠。①

通过推广采用新技术和新工具的方式,可以看到苏州民众在水旱灾害发生时对所经营的农业活动采取了一种经验式的方法。在预防旱涝的工具选择上也完全从经济和效率的原则出发,如需要紧急灌溉时,通常会选择新式的戽水机器;而需要排灌时就选用抽水水泵,这对于水旱灾害救助起到积极有效的作用。

三、农业技术改进与农事补救

在水旱灾害的肆虐之下,首先受到严重损害的还是农业生产。亢旱不雨或久雨不晴都会给农作物带来直接影响,危害其正常生长;而水旱灾害带给农民的则是间接的影响,导致农民无法按照正常的农业生产周期进行农作物的耕作播种。有农谚云:“头时黄秧,二时豆,三时只好种红豆。”②因此,为应对严重水旱灾害带来的影响,减少和弥补损失,灾区民众因地因时制宜采取一系列灵活有效的农事补救和农业技术改进措施。

阴雨绵绵,久雨不晴,会导致田地泥泞不堪,影响农作物的正常种植,为了降低损失,就必须想方设法把被因雨耽误的农时补救回来。另外,连续降雨还会把已经种植的低田农作物淹没,如果不及时将田地里的积水排出,那么农作物也会被水淹死,“禾之长成未秀也先有三眼,大水之年,水没第一眼者逾三日不退,稻根即浮烂。没第二眼者,可二日。没第三眼者,一日不退,堂肚中之嫩穗皆烂矣”③。1919 年,吴县自五月下旬起,梅雨连绵不止。乡民虽尽力戽放,但因后外河与田陌贯通,水深数尺,禾苗为水所浸,已溃烂不堪。④ 1921 年 10 月,吴县横泾各乡淫雨为灾,水势数日不退,乡民稻禾 90％被淹,稻根腐烂,竟有颗粒无收者。⑤ 1923 年 7 月,光福镇西华、金墅、东渚等乡,“因自夏历上月中旬淫雨连绵,直至本月初间,始行雨止放晴,农民所种低田,田禾被淹,十之八九已死,秋收无

① 《改良农具,售价减低》,《苏州明报》1934 年 3 月 22 日,第 6 版。
② 李心仁:《常熟的旱灾》,《农报》1934 年第 1 卷第 15 期,第 386 页。
③ (清)姜小板:《浦泖农咨》,道光十四年(1834)刊印本。
④ 《乡民群集报荒》,《申报》1919 年 7 月 18 日,第 8 版。
⑤ 《横泾乡民赴县报荒》,《申报》1921 年 11 月 5 日,第 11 版。

望"①。鉴于上述情况,当时最重要的解决措施即为想方设法排出农田内的积水。在积水排出之后,还没有播种的田亩可以赶时种植;已经播种的田地,如果农作物没有受到大雨的影响,便不必过度担心,即使部分作物因遭大雨而毁,如果节气上没有延迟太久,还可以通过及时补种相关农作物来补救。

对于苏州地区而言,消除积水最有效的办法就是用水车车水,"大水之年,未种而水至,则以车救为主",这时候技术先进的车水工具就派上了用场。由于车水工具短缺,在江南地区,有时候遇到阴雨连绵的天气,通常会将同一个圩内的所有水车都集中起来一起戽水,这被称为"大棚车","遇大雨连绵,河水汛溢,则集合圩之车戽水以救,谓之大棚车。"②排水的过程需要各方协同合作进行,在排水时必须把一瑾地里的水从公共水沟里排出去。此时同一瑾地里劳动的人是共命运的。因此,在集体排水的时候,会事先制定好管理规则,"每逢需要排水时,总管理人向其他管理人发布命令。清晨,这些管理人员敲着锣通知值班人员。半小时以后,如果任一值班人员没有到水车前来,在同一水车前工作的另两个人就停止工作,拿着水车的枢轴到最近的杂货铺去并带回四十斤酒和一些水果、点心等,这些东西的费用作为对缺席者的罚款。但如果是管理人没有通知那个缺席者,管理人员自己必须承担责任"③。

将积水从田中排出只是抵御洪涝灾害的第一步,接下来要进行的也是最重要的工作,即抓紧补种相关的作物以减少损失。1931年大水灾过后,实业部就饬令遭受水灾的各省市抓紧时间筹措和购买生长周期短的作物种子,指导动员农民,等待水势退落,抓紧补种,以求减低损失,"洪水泛滥,以致农民田禾,多被淹没,损失重大,灾害堪虞,亟应竭人力共谋补救,关于赈济灾民,虽属刻不容缓,而筹措籽种,指导农民,速种其他短期作物,以期秋收有着,尤为最有效率之积极办法"④。水稻是苏州地区最主要的农作物,其次为油菜、小麦等,水稻的种植从每年六月开始,十二月初结束。水稻收获以后,部分高地可以种植小麦和油菜,作为补充性的农

---

① 《农民纷纷来城报荒》,《申报》1923年7月28日,第10版。

② 民国《乌青镇志》卷七《农桑》,载《中国地方志集成·乡镇志专辑(23)》,上海书店出版社1992年版,第404页。

③ 费孝通:《江村农民生活及其变迁》,敦煌文艺出版社1997年版,第133页。

④ 《水灾后之补救办法》,《江苏农矿》1931年第15期,第6页。

作物,产量也仅供家庭食用。因此,水稻的补种,尤其是补种晚稻是江南地区挽救灾害影响,减少灾害造成损失的最主要方式,"近日天气转变,恰如新秋,乍雨乍晴,城乡连得阵雨,已有二三寸,天空云雾迷漫,尚有雨意,农民仍在插秧,以图补救"①。为了最大限度地减少灾害造成的损失,充分利用农时,不耽搁节气,水灾之后补种水稻时还需要有相应的技术措施。其中最主要的就是要赶早,不耽误农时,即"设法早车,买苗,速种"。接下来就是要选择合适的秧苗,这就需要技术经验丰富的稻农了。在秧苗的选择上要以黄色老苗为上,这种秧苗在运输途中不会枯萎而死掉,所谓"下船不令蒸坏",且插入田中容易生根发芽。最后,在补种水稻的时间节点上也有讲究,补种一般要赶在立秋之前,如果正巧碰到天气连续晴热或者阴雨连绵,立秋过后稍微推迟几天也可以。水灾之后补种水稻,虽然是在特殊情况下采取的补救措施,但是如果技术措施得当,也会收到良好的效果,补种也会有较高的收成。因此,在苏州地区不仅农民大多采取这种方式,就是政府也极力提倡,"夏月被灾,尚可觅秧补种,(官府)应一面查勘,随即劝谕,设法补种,以资薄收"②。当然,补种要想取得一定的收成,必须顺应农时,不能逾越节气,换句话讲就是要保证作物有足够的生长时间,如前所述,节气可以短暂逾越,但不能过分延迟。而水稻的栽种具有较强的季节性以及较长的生长周期,所以在节气已逾,无法补种水稻的情况下,人们便改种生长周期较短、可以充分利用剩余短暂农时的杂粮菜蔬,如荞麦,生长期一般只有 60—80 天。③

　　同样,如果遇到天气亢旱、久旱不雨的情况,也会对农作物造成一定程度的侵害,甚至绝收。面对旱灾危害,人们也会采取一系列的应对措施以减少损失,如前所述的积极戽水灌溉或补种晚稻等。这时候如果车水灌溉农田遇到困难,对于已经栽种的农田,通常情况下会采取中耕保滴、肥水点浇的办法以增强秧苗抵御旱灾的能力,"或遇天少雨,急锄一遍,勿令开裂,俟天兴云,则浇粪肥待雨,勿使缺水,则稻发不竭"④。但是这些措施只是权宜之计,治标不治本,无法从根本上解决问题。如果旱灾持续

---

① 《畅雨后农民插秧》,《申报》1934 年 7 月 24 日,第 10 版。

② (清)陈方瀛修,俞樾等纂:《光绪川沙厅志》卷四《民赋·救荒事宜》,光绪五年(1879)刊印本。

③ 李竞雄:《作物栽培学》,高等教育出版社 1959 年版,第 257 页。

④ 周庆云:民国《南浔志》卷三十《农桑》,民国十七年(1928)刊印本。

不退，在短时间内无法解决，那么还是要采取往田地中戽水灌溉以插秧的办法。1934年江南大旱，吴江震泽农民通宵达旦，戽水入田，以"补种秧苗"①。《沈氏农书》中对此也有记述："若旱年，车水种田，便到夏至也无妨。只要倒平田底，停当生活，以候雨到；雨不到则车种，须要一日车水，次日削平田底，第三日插秧，使土中热气散尽，后则无虫蛀之患。"意思就是，和水灾后的水稻补种一样，旱灾发生后戽水插秧等同样需要一系列的技术措施予以保障。

　　如果旱灾长时间持续，水稻的插秧期被过度延迟，而水稻的插秧又是有时间和节气限制的，或者持续的亢旱不雨使已插秧的秧苗枯萎旱死，而又无法补种，在这种情况下，政府牵头积极推进农事补救，引导更多的农民选择改种耐旱作物以挽救生产，如大豆、绿豆等。但是，苏州是著名的江南水乡，其民众以水田作物的种植为主，稻米是该区域内民众最主要的食粮，节水耐旱作物不是他们日常生活的主食。最主要的原因在于多数民众缺乏种植耐旱农作物的经验，这就导致一部分农民对改种节水耐旱作物抱有畏惧和抵制的心态，宁可坚持被动地等待上天降雨，也不愿意改换种植耐旱作物。因此，旱灾发生后，即使种植耐旱作物的状况并不普遍，但这也不失为减少旱灾影响，成为减少灾害损失，亡羊补牢的有效措施之一。1934年夏，天气苦旱，江南各县稻秧难种，苏州从入夏到立秋一直天气炎热，亢旱少雨，由于已经过了水稻插秧的节气，各地政府和一些社会慈善团体及个人开始向农户推广耐旱作物，向灾民发放耐旱作物种子，并劝说、指导灾民改种耐旱作物，以减少旱灾造成的损失，"龟裂坚硬田地，因转瞬立秋，非补种耐旱作物不可"②。

　　面对日益严峻的旱灾，一方面，江苏省政府也下令各县积极预防荒歉，同时准备耐旱种子廉价分发给各县农民领种，并派农业指导员分赴各乡指导农民改种秋大豆、赤豆粟、高粱、玉蜀黍等耐旱作物。③ 江苏省建设厅厅长沈百先要求各县农民改种旱地作物，如大豆、荞麦、绿豆、马铃薯等。但江南农民长期种植水稻，不擅长旱地作物的种植，普遍不配合。对此，江苏省建设厅决议由县政府筹款从苏北徐州等地代替农民整批购入

---

① 《灌溉困难，播种不及，震泽四乡灾象已成》，《吴江日报》1934年7月30日，第3版。
② 《农民苦旱》，《吴江日报》1934年8月7日，第3版。
③ 《省府令县预防荒歉，准备耐旱种籽分发农民》，《苏州明报》1934年7月17日，第5版。

耐旱作物种子,廉价分发给农民,"兹经编定栽培各种旱作物浅说,除分令省立农事实验场协助办理外,合行检发前项浅说,令仰该县长照式翻印,广为散发,并代农民采购种子……旱作物共有八种:荞麦、马铃薯、秋大豆、小豆、黍、高粱、粟、玉蜀黍"①,并且要求由省县各农场派员指导,向农民介绍旱粮种法及培植计划,同时令苏州农具制造所将所有抽水机尽量出借给农民应急。② 另一方面,江苏省政府还要求各地充分利用土地资源,将一部分闲置土地由各县政府倡导农民种植冬季作物,如小麦、大豆、蚕豆等。所需的种子由各县政府代为整批购入,廉价分售给农民,如果各县资金不足,可以组织成立信用合作社,向其介绍银行低利息贷款。③

　　为应对旱灾,苏州下属各县及党政团体积极响应。1934 年 7 月 5日,吴县召开救济旱荒紧急会议,县长吴企云及各区区长参加,会议的主要内容就是讨论救旱防灾的切实方法。经过讨论,最终议定如果一旬内仍不下雨,仍然可以播种禾苗的田地采用直播法;如果两旬后仍不降雨,则应改种旱粮,比如大豆、荞麦等。各区长查明需用种子数量,报告县政府,由县政府委派县农业推广所负责采办。④ 吴江县也召开紧急会议,要求各乡镇长努力做好灾民工作,补种和改种两手准备,"转饬各该乡镇长加紧督率农民,日夜尽量车灌。其万一无法补种者,则劝导速即改种旱粮,如大豆、绿豆、荞麦等类,以资补救万一"⑤。常熟县,同样也召开旱灾救济会,县长及各区区长悉数到会,要求"各乡稻田不及播种者,设法改种绿豆,豆种由县发给"⑥。同时议定,向受灾严重的东乡二、五、六各区发放麦种,进行改种,并要求各区长调查受灾最严重的农户,造册呈报,准予贷放麦种两千石。推定俞九思、瞿良士、庞甸材、王谦齐等向银行借款一万元,同时在备荒金下拨用一万元购办麦种。⑦ 11 月 23 日,第六区饥民迫于生活,竟屡次发生闹荒风潮,界牌乡农民甚至拦劫米粮。对此,旱灾救济会督促各米商将之前预定的一千二百石麦种赶速办妥。最终,因第六区受灾最重分得七百担,第二区得三百担,第五区得二百担,转给农民

---

① 《指导农民,改种耐旱作物》,《吴江日报》1934 年 7 月 26 日,第 3 版。

② 《镇江:苏建厅注意旱灾》,《申报》1934 年 7 月 13 日,第 9 版。

③ 《旱灾之后民食缺乏,省令种植冬季作物》,《苏州明报》1934 年 10 月 3 日,第 6 版。

④ 《县府紧急会议决定,二旬不雨改种旱粮》,《苏州明报》1934 年 7 月 8 日,第 6 版。

⑤ 《改种旱粮,补救万一》,《吴江日报》1934 年 7 月 14 日,第 3 版。

⑥ 《常熟通讯:县政府集议救旱》,《农报》1934 年第 1 卷第 14 期,第 349 页。

⑦ 《常熟:旱灾救济会借款贷放麦种》,《申报》1934 年 10 月 21 日,第 10 版。

播种以冀明年春熟,得有收入补救。① 吴县党部特派员孙丹忱特地从部门业务经费中划拨若干,派员前往无锡等地,采购防旱种子绿豆十五石,运至善人桥一带,就未插秧的田亩,由民教馆长协助分发各农民播种,并组织宣传队,广劝农民播种,同时聘请农业专家说明种豆的简易栽种法,翻印说明书,分发该处农民。② 1934年8月16日,吴县召开防旱会议,会议决定由县政府垫款帮助农民代办各区所需的耐旱作物,并要求各区将所需耐旱作物种籽数量限期呈报,据称,"吴县第一区报称需秋大豆十二石七斗,绿豆十四石;第十八区需秋大豆一千四百亩,绿豆赤豆各四百亩"③。在严峻的旱灾威胁和政府等外部力量的推动之下,广大农民开始自我调适,接受政府的号召,陆续改种或补种耐旱能力较强、需水量相对较少的农作物,如玉米、赤豆和土豆等成为当时的主选,对应对旱灾影响、维持民食起到了积极的效果,"这在一定程度上反映出人们在农业生产活动过程中的生态适应性,其实质是对农业生态系统的积极调控"④。

可见,在水旱灾害的严重威胁下,为弥补农业生产遭受的损失,政府通过各种途径积极引导民众,最终苏州民众主动接受,并从下而上采取一系列技术改进措施。水灾发生后,可排消积水,补种秧苗,如果节气已经延迟,则可改种其他农业作物,如荞麦、大豆等;旱灾发生后,则是积极戽水入田栽种秧苗或努力抽水灌溉,如遇旱情持续不退导致节气已过,则可选择种植一些耐旱作物,如马铃薯、玉米等,这些农业生产中为应对水旱灾害而采取的非常态方式,在自然灾害发生之时起到了良好的救助效果,同时这也是苏州民众在自然灾害面前灵活有效的抗灾思想的体现。

四、新型粮食仓储备荒体系建构

仓储政策是我国古代传统社会应对自然灾害的重要组成部分,即通过充实谷物的积蓄,以备在灾荒之年对灾民进行有效的赈济。仓储政策的具体内容,实际上就是仓库制度。⑤ "当市场粮食价格过于高昂的时候,政府往往发官仓储备之米,减价在市场出售,平抑粮价,缓解粮食的供

---

① 《常熟:旱灾救济会贷放麦种》,《申报》1934年11月25日,第9版。
② 《县党部采购防旱种籽》,《苏州明报》1934年8月7日,第5版。
③ 《旱魃为灾,全县荒歉约占二成》,《苏州明报》1934年8月16日,第5版。
④ 王加华:《农事的破坏与补救——近代江南地区水旱灾害与农民群众的技术应对》,《中国农史》2006年第2期,第114页。
⑤ 邓拓:《中国救荒史》,北京出版社1998年版,第427页。

需矛盾。"①我国仓储种类众多,作用各有不同,但就防灾救荒而言,以常平仓、社仓和义仓影响最大,分布地区也最为广泛。常平仓、社仓与义仓等不同类型的仓储制度,尽管各自功能有别,却各尽其责,相互补充。这些仓储机构在平时积累粮食储备,在灾荒年份通过平价销售和借贷粮食等方式,为受灾民众提供援助。这些措施共同构成了传统社会相对完善的防灾和救灾体系,对于保障受灾民众的生活和维护社会稳定发挥了重要作用。

　　常平仓、社仓和义仓产生的时代、功能和设立地点等存在较为明显的不同。常平仓通常为官方主办,由官府买卖谷物,用以调剂物价兼备救荒,义仓和社仓则多属于半民间性质,由民间社会出资兴办,仓谷也完全来自私人捐输,由地方精英具体管理,"在直省则设有常平仓,乡村则有设社仓,市镇则有义仓"②。同时,各类仓储的救助侧重点也各不相同,常平仓主要是办理平粜,"在青黄不接的季节,生活发生困难的贫穷农民可以从政府的常平仓中借粮、借种,'春借秋还';当遇到灾荒,粮食减产,但其严重程度又未达到赈济标准时,地方政府也往往向贫民出借仓谷或银钱,以助其渡过难关"③。社仓的基本功能是借贷,灾民春季从官府手中借得粮食,等秋天收获后再偿还,而义仓则主要是将食米无偿赈济灾民,间或从事借贷,"各省社仓为粮户借放而设,义仓专为赈恤之需"④。明清时期苏州地区的仓储系统也是社区保障系统的一个分支,仓储系统大致分为府县的预备仓、济农仓、常平仓等和乡镇的社仓、义仓两大类,这些仓储并不同时存在,而是前后相继、交相重叠,它们主要通过平粜、借贷、赈济等方式对百姓实施保障,晚清苏州最为有名的仓廪是陶澍、林则徐创建的"长元吴丰备义仓"。⑤

　　近代以来,苏州地区自然灾害频繁发生,导致社会经济萧条,人民生计出现困顿。道光十三年(1833)九、十月间,太仓、嘉定、宝山等州县连遭

① 陈桦、刘宗志:《救灾与济贫:中国封建时代的社会救助活动(1750—1911)》,中国人民大学出版社2005年版,第24页。
② 《清朝通典》卷十三《食货十三·轻重上》,商务印书馆1935年发行。
③ 陈桦、刘宗志:《救灾与济贫:中国封建时代的社会救助活动(1750—1911)》,中国人民大学出版社2005年版,第71页。
④ 刘锦藻:《清朝续文献通考》(第一册)卷六十《市籴五》,商务印书馆1936年发行。
⑤ 唐力行:《苏州与徽州:16—20世纪两地互动与社会变迁的比较研究》,商务印书馆2007年版,第205-206页。

风雨为灾。收割在田的稻谷无从晾晒,霉烂生芽。棉花先结花铃,多已脱落,即使晚结之铃,也已腐烂,收成失望。时任江苏巡抚的林则徐条陈道光三年(1823)以来吴地灾患对农业和手工业造成的损失时提到:"自癸未以来,民气未复。辛卯、壬辰淫潦为患。今春苦雨,麦仅半稔。秋来风雨如晦,秀而不实者比比矣。吴中士女业纺织者什九,吉贝之植多于艺禾。频岁木棉又不登,价数倍于昔,而布缕之值反贱。盖人情先食后衣,岁俭苦饥,衣虽敝而惮改,为其势然耳!然而贸布者为之裹足矣!业绩者为之辍机矣,小民生计之蹙未有甚于今日者也。"①由此萌发设立义仓之念。苏州丰备义仓创办于道光十五年(1835),由时任江苏巡抚的林则徐亲自参与筹建,林则徐后来在苏州巡抚衙门内建设"丰备仓",随后从无锡采购大米和谷物存放在丰备仓内,储粮救灾,标志着苏州丰备义仓正式建成。"节署之最后一进,旧为楼屋,年久失修,濒于倾圮。余商之同人,葺为义仓。自正月初十兴工,至今成大小廒座十间。……于昨二十八日进谷三百石,今日进一千五百石。其谷买自无锡许庆丰行中,系周介堂(岱龄)承购,议定一石可作米五斗五升,由无锡运送至苏,船停盘门外吴县仓前。"②苏州丰备义仓建成后,得到了地方绅士的积极捐助。捐田者络绎不绝,义仓拥有的田产也随之不断增多,田租成为丰备义仓的最主要的收入来源。③但这一时期,政府控制了丰备义仓的经营和管理职权,"出纳官主之,士绅不与"。虽然地方绅士为义仓捐输大量田亩,但他们不被准许参与义仓具体的经营和管理事务,只拥有建议和监督权。咸丰十年(1860),太平军攻占苏州,丰备义仓毁于兵燹,积储一空。同治五年(1866),苏州地方士绅潘遵祁和冯桂芬等在"平江路庆林桥东堍"建立仓廒,标志着苏州丰备义仓开始正式重建。重建后的丰备义仓在管理形式上发生了变化,由政府和地方绅士一同管理,但在重建的过程中地方士绅出力相对较多,即"官绅会办,而偏重在绅"④。进入民国以后,丰备义仓划归苏州城市自治公所办理。1914 年,苏州城市自治公所停办之后,丰备义仓又重新由地方士绅管理,继续在备谷救灾、慈善义举等方面发挥重

① 来新夏:《林则徐年谱》,上海人民出版社 1981 年版,第 134 页。
② 来新夏:《林则徐年谱》,上海人民出版社 1981 年版,第 159 页。
③ 黄鸿山、王卫平:《传统仓储制度社会保障功能的近代发展——以晚清苏州府长元吴丰备义仓为例》,《中国农史》2005 年第 2 期,第 70 页。
④ 吴大根:《长元吴丰备义仓全案续编》卷六《报销》,光绪二十五年(1899)刊印本,苏州图书馆藏。

要作用。1920 年,丰备义仓举行平粜,救济贫民。① 1926 年,苏州丰备义仓拨给食米三千石摊派到各市民公社,具体是办平价饭店还是举办平粜,由各公社自主决定。②

晚清时期以来,苏州地区自然灾害频发,社会经济环境持续恶化,导致民众生活陷入极度困境,许多人失去家园,流离失所。面对这一严峻形势,苏州丰备义仓挺身而出,积极投身于救灾工作中,为受灾民众提供必要且及时的援助,保障其基本生活需求,有效维护了地方社会的稳定与安宁。但清代以来,苏州地区人口急剧增加,而土地数量则相对不足,出现粮食生产无法满足本地民众的消费需求,严重依赖四川和两湖地区的客米的现象。粮食供应不足导致社会矛盾激化,再加上自然灾害的影响,以及传统仓储制度本身具有的弊端,苏州地区的常平仓在晚清时期"久已名存实亡",一度兴盛的义仓和社仓状况也每况愈下,这就对苏州的备荒仓储体系提出了更高更新的要求。

储粮备荒组织在中国很早便有设立,如前文所述,各地设立的常平仓、社仓、义仓等,在灾荒之年对于平粜粮价、借贷赈济灾民,发挥重要作用。但是,传统的仓储组织存在诸多问题。如常平仓的平粜功能适应于城市,而社仓的借贷功能则倾向于乡村。此外,一方面,如果全部由政府去兴办,粮食储蓄数量受限,如果一时闹荒,储蓄之量不足以供一日之需;另一方面,也存在管理不周、组织不全的隐患,常患损失,易生流弊。加上民国时期,社会动荡不定,国家财政短绌,传统的备荒组织大都出现经营难以为继的情况,如苏州丰备义仓在民国时期防灾救荒上就出现衰败的状况。进入民国以后,旧有谷仓大都破坏,仓储制度衰落不堪,直到 1933 年以后,各省才相继制定积谷的举措。1934 年 1 月,江苏省政府召开会议,要求各县制订积谷备荒方案。原定 1933 年下半年内,每县至少要贮藏 5000 石的粮食,到期后全省各县积谷共达 286375 石,所存谷款也有 30 万元左右。③ 同年,江苏省财政厅提议在全省范围内建筑新式仓库,以备收储农产品,该计划经江苏省政府第 652 次会议通过。吴县即为第一期计划试点建筑的五个新式仓库之一。吴县仓库建于城外十八里的浒墅关,以储存米麦等农产品为主,丝绸草席为副,建筑仓廒八十间,储丝室储

---

① 苏州市档案局:《苏州市民公社档案资料选编》,内部发行,时间不详,第 144 页。

② 《领取仓米之函知》,《申报》1926 年 7 月 7 日,第 10 版。

③ 邓拓:《中国救荒史》,北京出版社 1998 年版,第 445 页。

席室二十间,占地约二十亩。① 根据江苏省制定的积谷备荒方案,各试点县份先行试办,江苏省建设厅一面督促各该县修筑仓廒,成立县农业仓库管理委员会,一面按照各该县实际情形,分组收买仓谷,每个小组的成员,"由财厅,县府及当地士绅各派一人,共同负责;收买物品,暂以稻豆两种为限;收买价格,均按当地农民售价,抬高一角至一角五分"②。《各地方建仓积谷办法大纲》规定:"地方积谷仓,除备荒恤贫外,必要时并应运用于辅助农村生产事业之发展;仓谷之使用,贷谷、平粜、散放。关于贷谷于每年青黄不接时,准贫户告贷,俟新谷登场时按一分加息,本利归仓。关于散放积谷,以急赈为限,并须呈经省政府核准。"③

　　为应对灾荒,根据江苏省政府指令,苏州各地广泛成立各种新型社会合作社组织,粮食储蓄合作社即为其中之一。而"若以合作社的组织,在某一需要的范围内组织一社,储蓄固可以超出最高的荒期数量,且管理上尤为安全万分。莫说风雹灾可以安然度过,就是水旱灾,以至其他一切的甚么灾荒,至不能生产粮食的时候,亦都能够安然的度过了。储蓄合作社愈是普遍,灾荒痛苦愈可减免"④。这种新型粮食储蓄合作社,以存储谷及粮食种子为主,各仓积谷不准挪作别用⑤,这就可以确保在灾荒之年将谷物和种子贷放给灾民,以减轻灾民损失,降低受灾民众痛苦。如吴江平望镇合作社,有社员一千多人,且多为病穷,急需救济。在春耕临近之际,合作社即向吴江县积谷保管委员会贷谷一千市石发放给社内农民。⑥ 吴江县合作社则联合黎里办事处,将县属仓储内的种子、肥料以及食米等按户拨发给本区内农民,以帮助他们开展春耕,解决青黄不接之际的食米恐慌问题。⑦ 吴江横扇镇居民均以务农为生,并且所有参加合作社的社员均为农民。1947年春,吴江发生旱荒,春耕开始之时,合作社社员食米均

---

① 《苏省第一期拟建筑吴县等五县新式仓库》,《江苏月报》1934年第2卷第1期,第24页。

② 《苏省试办农业仓库已著成效》,《农报》1934年第1卷第2期,第38页。

③ 《各地方建仓积谷办法》,《农报》1936年第3卷第35期,第1866-1867页。

④ 谢平横:《合作组织与救济灾荒》,《江苏合作》1936年第3期,第4页。

⑤ 《为积谷备荒暂为规定初步办法仰切实遵照由》,《吴县县政公报》1933年第117期,第6页。

⑥ 《函请准予贷谷一千市石以济社农由》,吴江区档案馆馆藏,卷宗号:0204-002-0459-0034。

⑦ 《为农村凋敝民食维艰函请转呈赐准贷谷以利春耕由》,吴江区档案馆馆藏,卷宗号:0204-002-0840-0021。

已告罄,嗷嗷待哺,急需救济。横扇镇镇公所为此积极推行合作与自治联系,遵照江苏省地方自治实施方案,各保设立合作社办理生产、运销、消费、农仓加工等业务。横扇镇粮食合作社即筹办积谷五千石接济赤贫民众,以帮助社员渡过难关。① 梅堰镇合作社,社员也多数以农业为主业,经济状况因遭连年战祸,加之物价高涨,几乎无法生存,过去农业贷款也无着落,导致破产者众多。为维持农民生计,合作社分配各粮食合作社将积谷贷借给农民,以作为从业资本,造福农民。②

　　除此之外,为积极发挥义仓的赈济功能,吴江区在区公所成立之后,组织吴江义仓管理委员会管理吴江区原有的积谷经费一万零一百元。1931 年,江南大雨期间,鉴于梅雨过多,义仓管理委员会特地购办籼米一千石储藏,以防荒歉。1932 年秋,吴江发生水患,义仓管理委员会将仓谷出贷给各乡,以济民食。1935 年 6 月,吴江遭遇大旱,义仓管理委员会又利用仓储经费,购买米谷一千二百石,以遵省令,实行完全积谷。③ 1934 年 8 月 16 日,江苏省财政厅朱玉吾奉命前往苏州,调查吴县仓库现况,并催促立即成立浒关省立仓库。经过与吴县县长商讨,组成县仓库委员会,要求务必于秋收以前,在苏州城乡成立若干县仓,办理农民抵押贷款等事,以救济农村经济。④ 12 月 1 日,吴县农业仓库成立,其管理种类,第一步主要为农产储押米麦豆等,以备荒歉发生时,可以拨资赈济。第二步等待将来再进一步扩充后,举办农具储押以及运销事业,农业仓库一开始先成立七处。当日下午,农业仓库委员会在吴县县府举行会议,议决向苏州农业银行借款,订立合同草约,支取手续等。⑤ 1935 年 9 月,江苏省政府主席陈果夫电请行政院设法调剂民食,鉴于各地粮价高低不一,国民党中央曾筹设粮食运销局。江苏省电令各县仿照设立粮食管理机关,江苏银行及农业银行会同各县,积极筹拨款项,办理粮食运销,以调剂民食。⑥

---

① 《为联名请贷积谷五千石以济赤贫农民由》,吴江区档案馆馆藏,卷宗号:0204-002-0840-0079。

② 《为呈请追加借贷积谷五百石以维农本而利生产仰祈》,吴江区档案馆馆藏,卷宗号:0204-002-0840-0026。

③ 《吴江县政》,江苏省吴江县政府编印(1935 年 7 月),1935 年第 2 卷第 2-3 期,第 17 页,苏州市档案馆馆藏,卷宗号:I02-008-0044-001。

④ 《财厅为救济农村经济派委来苏促设县仓库》,《苏州明报》1934 年 8 月 16 日,第 5 版。

⑤ 《县农业仓库斜塘等七处定今日正式成立》,《苏州明报》1934 年 12 月 1 日,第 7 版。

⑥ 《江苏与农民两行筹办粮食运销》,《苏州明报》1935 年 9 月 18 日,第 6 版。

1941 年 3 月,国民政府内政部根据民政会议决议,咨请各省令饬各县设仓储粮,以备灾荒。具体办法为将各县市原有之仓储及各区乡之义仓一律恢复。尚未设立的县市,应同时筹办。仓储的具体储量根据各县大小以及各区乡人口的多少而定。所需要的经费由各县各区各乡公款拨充。同年 10 月,国民政府粮食管理委员会决定补救粮食办法三项:地方尽量积谷、恢复县农仓或设置公仓奖助米商购储、中央配给。江苏省民政厅依据上述三项办法督饬各县切实遵办。遵照国民政府内政部和民政厅的指令,苏州各地积极筹款积谷备荒,兴建各种新式仓储。至 1941 年,苏州下属各县的购谷专款额,"吴县 10000 元,吴江 20000 元,常熟 8000 元,昆山 8000 元;太仓上半年积谷费 2000 元,下半年预算未据造送"①。

作为新型仓储备荒体系,粮食储蓄合作社和农业仓库等为农民借贷资金和储押农产品提供了方便。那些家庭经济能力薄弱的农户,在农产收获后,不必急于将大批农产品卖出,而是以库单为担保储存于仓库之中暂缓出卖,免受低廉市价的盘剥,等待价格昂贵之时再出售,"一进一出,农民得利非鲜"②,有效保护了农民的利益。另外,各地仓储合作社在灾后将种子、肥料和食米等拨给本区灾民,也有利于降低灾民损失和开展灾后重建工作。

第四节　新兴阶层和社会群体的赈灾举措

民国时期,社会经济的发展与变革引发了社会各阶层的分化和重新整合,传统的社会等级框架被打破,一批新的社会群体和阶层在这一时期应运而生。随着新兴阶层和社会群体的兴起,以苏州为中心的江南地区在自然灾害的治理应对上,呈现出传统应对模式向近代应对模式嬗变的时代特征。中国传统社会的灾荒治理,是以政府为主导的相对较为单一的应对模式,这与封建社会高度的中央集权统治息息相关。清末新政以来,在内外因素的交相影响下,国家和社会的关系发生了变化,国家对地方社会的控制力量逐步减弱和缩小,而民间社会力量趁势崛起,社会活动的空间在不断扩大,对传统社会中官方主导的单一灾荒应对模式形成冲

①　江苏省政府秘书处:《江苏省政年刊》,苏州印务局 1941 年编印,第 95 页。
②　黄光祖:《中国农村经济问题》,《苏声月刊》1933 年第 2 卷第 1 期,第 50 页。

击和挑战。"一贯由国家掌控的学务、卫生、实业、市政、公益善举等方面的管理权让渡给了绅商,商人参与的社会事务特别是地方事务越来越多。"①晚清以来,在地方自治风潮和民间慈善救助传统的双重影响和推动之下,新兴阶层、新式团体和社会组织以及新式救灾理念在苏州地区的自然灾害应对中呈现出多元化的特征,以绅商为代表的苏州地方精英阶层,充分运用多途径的自然灾害治理方式,在自然灾害的应对中发挥重要作用,进而推动了传统灾害应对机制的现代化转型。

一、近代绅商阶层的崛起

在中国传统社会,士绅享有特殊的社会地位,具有较高的文化水平,他们向上可以为官,向下可以为民,扮演着协调沟通政府和民众的纽带与桥梁,在处理地方社会事务中发挥着重要作用,"举凡地方社会秩序的维持,兴办水利、道路、学校、慈善等公益事业,无一不经由士绅来操办"②。清初,中央王朝权力集中,国家牢牢掌握公共权力的话语权,在公共事务的管理上处于主导地位。与此同时,各地民间社会力量举办的各类慈善组织如善会、善堂等不断发展壮大,虽然受到各级国家机构的制约,但在处理地方事务中的主导权也在不断增大,这一点在江南和华南等地表现得尤为明显。鸦片战争以后,随着国家权力的衰微和财政状况的短绌,地方社会力量在抗灾救灾等公共领域中的作用日益彰显,有效弥补了国家在自然灾害救助中的不足,而以士绅为主体的地方精英则在民间灾害救助中发挥着日益重要的作用,成为国家政治社会变迁中的一支重要力量。晚清以后,对于自然灾害的治理,以政府为单一主体的治理模式逐步转变为国家和地方协同治理,且以地方社会力量为主体的多元化治理模式。

从历史上对自然灾害应对的长时段来看,灾荒赈济需要国家和地方社会共同行动,两者共同承担灾害风险,从而共同消除灾害带来的各种负面影响,也就是说对于公共突发事件的解决需要政府和地方社会的协调合作。政府和民间组织对于诸如灾荒赈济等事件的处理,二者相互合作,形成一种良性的互动机制,从而有效应对自然灾害,这也就是学术界所关注的国家与社会的关系问题。而要形成良性的互动机制,关键在于社会各阶级实现有效的整合与统一。国家与社会的合作与对立的程度,将会

① 任云兰:《近代天津的慈善与社会救济》,天津人民出版社 2007 年版,第 211 页。
② 马敏:《官商之间:社会剧变中的近代绅商》,华中师范大学出版社 2003 年版,第 2 页。

对诸如自然灾害等公共危机的应对成效产生重要影响。如前所述,在传统社会,士绅在中央政府和地方社会之间扮演着桥梁的角色,承担着较多的社会责任,是国家社会生活中不容忽视的一支力量。当自然灾害发生后,士绅阶层通常会积极地参与灾害赈济、水利工程建设等活动,政府也会通过多种方式引导和号召地方士绅积极参与救灾,从而形成"官、绅、民"一体化的多元应对灾荒机制。1905 年,科举制度的废除,"是一个新旧中国的分水岭,它标志着一个时代的结束和另一个时代的开始"①,与此同时,这也使得传统士绅阶层发生急剧的分化,成为绅、商合流的关键因素,"士绅虽然受到废除科举的打击,但是士商合流却在加速进行,一个新的绅商阶层出现并发挥着重要的作用"②。

　　辛亥革命前后,随着中国社会出现一系列空前的剧变,作为传统社会等级结构的中枢和官僚政治基石的士绅阶层,在 19 世纪末 20 世纪初这样一个中国社会"百年未有之大变局"下发生了流转变迁。一个"以科举功名和职衔、顶戴为标识,附骥于官场,又同时广泛涉足工商经营活动,孜孜牟利"③的新的社会阶层——"绅商"产生,并成为民国初期一支举足轻重的社会力量。如果说传统的士绅阶层主要从事兴学育才、慈善公益以及赈济灾荒等活动,那么绅商集团则以经营工商活动为主,兼顾地方社会公益慈善等活动。绅商既不是传统意义上的商人或者绅士,也不是真正意义的近代工商业资本家,马敏将绅商定义为"官商之间"④,"他们集绅与商的双重身份和双重性格于一身,上通官府,下达工商,构成官与商的中介、城市与乡村的桥梁,对近代社会经济和政治发展起着不可低估的作用"⑤。

　　与中国传统社会的士绅阶层相比,近代绅商阶层大多在经营工商业的同时,也把目光紧盯封建性的土地经营,染指地租剥削,经营领域广泛,经济实力相对更为雄厚,这也使他们更有能力从事一些地方公益事业,如筑路修桥、灾荒赈济以及养老恤孤、施棺育婴等慈善事业。"绅商阶层为

①　许纪霖、陈达凯:《中国现代化史》(第一卷),上海三联书店 1995 年版,第 19 页。
②　唐力行:《延续与断裂:徽州乡村的超稳定结构与社会变迁》,商务印书馆 2015 年版,第 378 页。
③　马敏:《官商之间:社会剧变中的近代绅商》,华中师范大学出版社 2003 年版,第 1 页。
④　马敏:《官商之间:社会剧变中的近代绅商》,华中师范大学出版社 2003 年版,第 392 页。
⑤　马敏:《晚清绅商与近代经济发展》,《中国经济史研究》1996 年第 3 期,第 52 页。

商业大都会苏州城乡社会保障系统的建立提供了雄厚的物质基础。"①如苏州绅商尤先甲等就不仅拥有田产及商业资本收入,还投资从事近代企业经营,经济实力雄厚(见表4-6)。南通著名绅商张謇,从经营实业入手,然后兴办教育,而后从事慈善和公益以及推动地方自治。张謇曾讲:"窃謇抱村落主义,经营地方自治,如实业、教育、水利、交通、慈善、公益诸端。"②上海绅商经元善,热心义赈救灾,其在举办义赈慈善事业上,甚至

表 4-6　尤先甲等苏州绅商产业及收入情况

姓名	田产及收入	商业资本及收入	近代企业投资	其他收入
尤先甲	祖传田产 6000—7000 亩,年收租约 5 万元	同仁和绸缎庄资本 2 万元,年销售额约 6 万元	投资苏经苏纶丝、纱两厂,新老股各占 20 股以上,最低资本额 2600 两	商会、学务活动中少量补贴
张履谦	祖传田产 4000—5000 亩,年收租约 3 万元	保裕典资本 2 万元,年营业额 9 万元,年收典息约 1.5 万元	投资苏经苏纶丝、纱两厂,但在任该两厂经理期间垫款甚多	商会、学务活动中少量补贴
王立鏊	祖传田产约 2000 亩,年收租约 1.5 万元	同顺典资本 6 万元,年营业额 9 万元,年收典息约 1.5 万元。永生、晋生、元昌等钱庄资本共约 5.6 万元。另在上海开有大德、鼎康等钱庄	投资苏经苏纶丝、纱两厂,但在任该两厂经理期间垫款甚多	商会、学务活动中少量补贴
潘祖谦	祖传田产约 2000 亩,年收租约 1.5 万元	潘万成酱园,资本不详。典当一间,资本不详	苏省铁路股东,贫民习艺所资本 5000 元	商会、学务活动中少量补贴
杭祖良	购置田产数百亩	杭禄富记纱缎庄,资本约 2 万元	苏省铁路股东,苏经苏纶厂少量股本	商会、学务活动中少量补贴

资料来源:马敏:《官商之间:社会剧变中的近代绅商》,华中师范大学出版社 2003 年版,第 164 页。

---

① 王国平、唐力行:《明清以来苏州社会史碑刻集》,苏州大学出版社 1998 年版,第 14 页。

② 张謇:《张季子九录·自治录(册十三)》卷三《呈报南通地方自治第二十五年报告会筹务处成立文》,中华书局 1935 年再版。

略胜张謇一筹。光绪三年(1877)，河南等省发生特大旱灾，经元善从报纸上获悉后，恻隐之心油然而生，于是联合沪上绅商开展义赈，募集款物救济河南灾民。光绪四年(1878)，为能专心募捐从事义赈，经元善在上海创办"协赈公所"，作为组织沪上绅商举行义赈募捐活动的组织机构。从1878年到1893年，十六年间经元善组织参与办理过多次重大的义赈活动，范围涉及河南、山西、安徽、江苏、浙江、山东、奉天和顺直等数省，募得捐款达数百万元。此外，经元善除了举办义赈活动救助各地灾民外，其所经营的慈善事业还包括设立公济堂、放生局、善会善堂等救助孤寡病独老者。

　　晚清时期，中国社会开始由传统向近代转型，在这一转型过程中，新兴绅商阶层在灾荒救助等社会公益事业等"公"领域发挥越来越重要的作用。苏州作为明清以来全国著名的工商业城市，经济发达，商业繁荣，历来官宦绅商云集，据马敏对苏州商会档案和其他地方史料的统计，"苏州城厢在晚清至民国时期的绅商总数，有功名、职衔可考者和无征者，大约在200人，主要任职于商务总会、商团、各业公所，占苏州城绅士总人数的10%左右，约占总人口的0.04%。而一些商品经济发达的市镇，绅商人数也较为庞大。如吴江、震泽、盛泽、昆山、新阳、梅里等六个县、镇有功名和职衔可考的绅商就近200人"①。数量庞大的绅商群体在推动"公"领域的扩张中作用显著，主要体现在城市公益事业的整合上，如传统善会善堂数量的增加。这一时期，各种专门从事社会慈善公益事业的"公局""公所"纷纷成立，苏州地区的表现尤为突出，可谓典型代表(见表4-7)。

表4-7　晚清至民国时期苏州地区各类慈善"公局""公所"的统计情况

名　称	地　点	备　注
推仁局	宝林寺西	清同治五年郡人程肇清创立，附于洋货公所内，专助掩埋
种善局	桻和坊	清同治六年里人端木灿澄创建，施棺代葬
毓元局	长春宫	清同治七年里人吴振宗创建，护婴恤鬶
轮香局	桃花坞	清嘉庆二十年郡人胡宁受创建，设义塾，又设惜学会。同治四年里人谢家福等重建，并设殡舍

① 参见马敏：《官商之间：社会剧变中的近代绅商》，华中师范大学出版社2003年版，第102-103页。

名　称	地　点	备　注
儒孤学舍	桃花坞	清同治间郡人谢家福创建,经费向赖各绅筹拨,宣统末因经费不足停办
恤孤局	梵门桥巷	同治五年长洲知县蒯德模合建,拨给官田三百亩以赡经费
洗心局	剪金桥巷	清同治十年郡人冯芳植创建,旧家子弟不肖者送局管束。宣统末因官无拨款停办
养牲局（俗称牲庙）	枣市桥	清嘉庆十七年郡人韩是升创建,收养老病耕牛,光绪九年由同人集资重建,代赊棺木等善举
太湖救生局	胥门外枣市	郡人宋俊等创建,湖中渔船随地施救,按生毙分别给赏
康济局	司前街南采莲巷	清光绪间由朱樾创建,收埋代葬,惜字恤嫠,并设义塾
万年惜字局	胥门外长春巷	清同治九年里人毕晋、程栋捐资创建,专收字纸
助葬会	王洗马巷	吴钊、尤先甲等创办,专为窘儒助葬。宣统二年续办扩充,为四民代葬
体仁局	尚义桥东北	清光绪二十八年徐俊元、吴韶生等创建,专收病殇婴孩,经费由各钱庄及钱业公所按月捐助
接婴局	光福镇	经费由本镇绅商捐助
栖流所	王废基	收养老病游民,冬收春放
贫民习艺所	王废基	由栖流所改,其经费由藩库拨发,在地方行政费内拨款
积善局	在旧学前	清光绪二十年郡人吴韶生、宁沿基等创建,先办义塾惜字,继恤嫠保婴,种牛痘,急救等
仁济局	天后宫东院	清同治四年句容人创建,为同业身故者寄柩
永元局	浒墅镇	
安仁局	县桥巷	清同治六年里人顾长泰等建,设义塾以教里中子弟
安仁南局	王猛子桥	咸丰四年建,施棺代葬,施药赈粥
安节局	娄门新桥巷	冯桂芬等创设,收养名门嫠妇,田房两租外,全赖各项捐款
保息局	在齐门新桥巷	冯桂芬创办,养老恤嫠施棺,并设义塾
周急局	菉葭巷	清道光间郡人黄寿凤赁屋设局,办恤嫠、济盲,保婴、义塾

续表

名　称	地　点	备　注
公义局	大智寺内	清同治十二年里人蒋恩需创办,收埋代葬,惜字施粥
昌善局	六和仓后	康熙四十六年郡人顾开韩等创建,捐办施棺、代葬、惜字放生
永善局	阊门外半边街	清光绪元年郡人顾秀庭创建,专办留婴、殡国诸善举
同善局	蔚门外	创始于蔚溪彭氏,施医药,施棺代葬
迁善局	甪直镇	同治九年里人杨引传等创建,管束旧家子弟不肖者
惜字局	周庄镇	康熙年间庵僧了能创设
积善局	唯亭镇	乾隆四十六年里人王永和设,施棺代葬,惜字

　　资料来源：马敏：《官商之间：社会剧变中的近代绅商》,华中师范大学出版社 2003 年版,第 233-235 页。

　　从表 4-7 可知,首先,晚清时期苏州地区的各类慈善性组织局、所、会,其性质和功能跟传统的善会善堂相比并没有发生根本性的改变,仍以济贫、恤嫠、施棺、代葬、施粥、留婴等为主,从这一点来讲仍属于传统的慈善组织类型。但是,在这一时期,局、所、会等慈善性组织的救助面更为广泛,慈善救济所包含的内容也更多,在组织和管理上也比传统的善会善堂更为成熟。其次,这些局、所、会等慈善组织大多为苏州地方上有名的绅商倡议创办和管理,如著名绅商尤先甲、吴韶声、谢家福等,这表明近代绅商阶层雄厚的经济实力和社会威望使其能更广泛和深入地对地方社会施加影响,承担地方社会赈灾、济贫和助困的责任。

　　当然,"传统社会向近代社会的转型是一个漫长的过程,在社会的变迁中,传统和现代交互融合"[1],二者不是截然割裂的,而是具有延续性,"吴中富厚之家多乐于为善,冬则施衣被,夏则施帐扇,死而不能殓者施棺,病而无医者施药,岁荒则施粥米,近时又开乐善好施建坊之例,社仓、义仓给奖议叙,进身有阶,人心益踊跃矣"[2]。这就说明,近代以来,苏州地区慈善事业的兴盛,与当地富绅大贾大都具有乐善好施、助困济贫的传统美德有关。而进入民国以后,日益资产阶级化的绅商阶层在地方社会

---

[1]　王庆国：《近代城市转型中的火灾及其应对机制——以杭州为中心》,载任吉东：《城市史研究》(第 46 辑),社会科学文献出版社 2022 年版,第 92 页。

[2]　曹允源、李根源：《民国吴县志(一)》卷五十二上《风俗》,江苏古籍出版社 1991 年版,第 848 页。

公益慈善领域中扮演着更加积极的角色,承担着更为重要的责任,呈现出鲜明的近代化特征。

二、绅商群体与地方灾赈活动

苏州是明清以来江南地区最重要的工商业城市,经济繁荣,文化昌盛,各地商人辐辏云集,和北京、汉口、佛山并称"天下四聚"。为数众多的外地商人为加强联谊,纷纷建立以地缘关系为基础的会馆和以行业关系为基础的公所组织。会馆和公所的基本职能之一,即为周济同业,兴办各类慈善事业。清末,为应对严峻的内外危机,挽救垂危的封建统治,1901年,清政府推出戊戌维新时被扼杀的各项条款,实行"新政",新政的内容之一即兴办实业,鼓励各地建立商会组织,以维护政权。1904年,清政府颁布《奏定商会简明章程二十六条》,谕令"凡各省各埠如前经各行众商公立,有商业公所及商务公会等名目者,应即遵照现定部章一律改为商会以规划一,其未立会所之处亦即体察,商务繁简酌筹举办;凡属商务繁富之区,不论系会垣系城埠,宜设立商务总会,而于商务稍次之地,设立分会"①。由此,中国具备近代色彩的新式商人组织开始出现。与会馆和公所等旧式的商人组织有所不同,这一时期各地成立的商会社团基本由资产阶级化的绅商阶层所创办和主导。

在全国各大城市陆续成立商务总会之时,苏州地区的绅商也不甘人后,纷纷行动起来,积极组织筹划苏州商会的创立。1905年6月20日,苏州绅商王同愈作为代表向清政府商部提交说帖,呈请成立苏州商会总会。十天以后,也就是6月30日,苏州绅商向清政府商部递交了正式呈稿,详细阐述了成立苏州商会的必要性和重要性,"伏念苏州城实为吴中省会,北辖常、镇,南通嘉、湖,东控松、太,西抱具区,民物繁庞,商务向称殷赈。近年城外又辟为通商口岸,他日宁沪铁路告成,苏城尤当孔道,货物流行,华洋毕萃……独无商会以维持其间,微论官与商既多隔阂,即商与商亦复纷歧,自应遵照大部奏定章程,设立商会。以调查商业、和协商情、开通商智、研究商学为宗旨,而以保卫公益、调息纷争、改良品物、发达营业为成效。祛个人自私之见,辟公众乐利之源,以冀仰副朝廷整顿商务

---

① 《奏定商会简明章程二十六条》,《东方杂志》1904年第1期,第204页。

之至意"①。同年 7 月 17 日，商部最终批复王同愈等苏州绅商，"苏城为
吴中省会，民物殷繁，近年城外又辟为通商口岸，他日宁沪铁路告成，地当
孔道，商务更当兴盛。该绅等眷怀桑梓，拟纠合苏城各业商人，鸠工择地，
先在省垣设立商务总会，以资公益，自应准如所请。维是上海设立总会在
先，此后一应事宜尤应联络一气，俾免纷歧"②。至此，苏州商会最终获准
成立。随后，苏州绅商开始筹备商会成立事宜，拟议商会章程，考虑商会
会董人选。1905 年 10 月 6 日，苏州商会总会召开正式成立大会，苏城各
业代表一共 64 人齐聚吴县赛儿巷七襄公所。会议经全体与会人员投票
表决，最终选举尤先甲为总理，倪思久为协理，同时还选出商会首任会董
16 人。1905 年 12 月 11 日，清政府颁给的商会关防(印章)正式启用，标
志着苏州商会总会正式成立。此后，苏州商会受时代变迁的影响，几易其
名。1916 年，苏州商务总会依据《商会法》改为苏州总商会。1929 年，又
改组为吴县商会。在苏州商会成立后开展的具体实践活动中，其一方面
不断加强自身组织方面的建设，与国内其他省市的商会团体广泛联系；另
一方面积极参与地方政治活动和地方公益慈善等事业，取得显著效果。
清末民初时期，苏州商会通过赈济贫民、协助办理慈善公益机构、灾后募
捐等活动，起到了"通官商之邮"的中介和桥梁作用，承担起了一定的社会
责任。

(一)创设慈善组织，开展济贫活动

如前所述，鸦片战争以后，受到自然灾害、内外战争以及国内经济衰
败等多种因素的影响，中国社会出现大量生活贫困的灾民和失业游民。
有清一代，虽然各省府州县均设有普济堂、留养局、栖流所和养济院等传
统善会善堂组织以帮助孤贫民众，安置因灾而致的灾民和社会上的游民。
但这一时期此类慈善团体救助灾民的方式都重视收养而轻视教育，换句
话说有养无教。随着西学东渐，西方近代化的赈济思想和理念开始传入
中国，主张通过"教养兼施"以救济贫民等底层民众的人越来越多，这种救
助理念得到迅速传播和发展。"查各省举办慈善事业，半多有养无教，除

① 章开沅、刘望龄、叶万忠：《苏州商会档案丛编(1905—1911)》(第一辑)，华中师范大
　学出版社 1991 年版，第 3 页。

② 章开沅、刘望龄、叶万忠：《苏州商会档案丛编(1905—1911)》(第一辑)，华中师范大
　学出版社 1991 年版，第 4 页。

老弱残废不堪工作外,其余年力精壮之民,亟须教养兼施。"①1907 年,清政府民政部以国家财力不逮为由,颁行《整饬保息善政并妥筹办法折》,要求"各该省督抚责成地方官绅,体察情形,以育婴堂附设蒙养学堂,养济院、栖流所、清节堂附设工艺厂,统计原有经费,妥为办理。其有官绅把持公产抗不服查者,应即从严参办。其有急公好义者,有成绩者亦应酌予奖励。以为地方任事者总期民有恒业,款不虚糜,无负朝廷兴养立教之至意"②。但是,后来因为自然灾害不断发生,"饥民徧野,不下数百万人,若不设法安插,赈恤亦穷于筹措"③。为此,清政府民政部通令各省,"创建贫民大工厂,广收极贫子弟入厂肄习。或劝募绅商合力创办,或将旧有之善堂、善举酌量改并,以宏教养,而遏乱萌"④。在此情况下,1910 年 8 月,长、元、吴三县分别"知照苏州男普济堂、栖流所绅董,将旧有善堂酌量改并",同时照会苏州商会,"希即劝募绅商,迅将此项工厂合力创办,以宏教养"。⑤

1910 年 11 月,苏州商务总会组织城内各业代表在商会开会,议定将潘济翁创办的贫民习艺所进行推广,同时对增开何项手工及构成商酌添补,遗憾的是最终未能达成一致意见。而对于开办贫民工厂所需的各项经费,则由参会者自愿募捐,"所募款目,二万元归工厂,二千元置办棉衣,经众商酌,如有盈余,统拨入工厂费内"⑥。可见,苏州商会是想利用自身的影响力劝募苏城各行业主捐助款项,成立贫民工厂,从而聘用教员教授没有一技之长的贫民实用手艺,使其能够自谋职业,自食其力。然而,遗憾的是受到各种因素影响,原先所定的二万元开办经费以及二千元置办棉衣费均未能凑齐,贫民工厂最终也没有能够如愿建成。但是,苏州商会和苏州丰备义仓对贫民习艺所的资助并没有停止,仍旧给予相应的款项

①　章开沅、刘望龄、叶万忠:《苏州商会档案丛编(1905—1911)》(第一辑),华中师范大学出版社 1991 年版,第 721 页。

②　《民政部奏整饬保息善政并妥筹办法折》,《东方杂志》1907 年第 4 卷第 5 期,第 198 页。

③　章开沅、刘望龄、叶万忠:《苏州商会档案丛编(1905—1911)》(第一辑),华中师范大学出版社 1991 年版,第 721 页。

④　章开沅、刘望龄、叶万忠:《苏州商会档案丛编(1905—1911)》(第一辑),华中师范大学出版社 1991 年版,第 721 页。

⑤　章开沅、刘望龄、叶万忠:《苏州商会档案丛编(1905—1911)》(第一辑),华中师范大学出版社 1991 年版,第 721 页。

⑥　章开沅、刘望龄、叶万忠:《苏州商会档案丛编(1905—1911)》(第一辑),华中师范大学出版社 1991 年版,第 721 页。

资助使其能够继续开办下去。从 1913 年 7 月至 1914 年 3 月不到一年的时间内,丰备义仓就"协拨贫民习艺所"达 4726 元之多。① 后来,吴县贫民习艺所因所需经费支绌严重,无法继续开办,于 1923 年 8 月 30 日,解散所收艺徒,实行停办。②

　　虽然贫民工厂最后没能顺利创办,但苏州商会救助灾民和贫民的活动并未停止。1911 年夏,江苏南部一带发生洪灾,沿江沿湖地区水溢溃堤,淹伤禾稼,灾歉将成,苏州地区的米价也日渐增长,贫民谋食维艰,发生抢米运动。同年 10 月,武昌起义爆发,至 11 月初,苏州实现和平光复。这一时期,苏州政局异常复杂,政治上各种势力盘根错节,经济方面金融停滞,工商坐困。1912 年 3 月,苏州发生"阊门兵变",大批士兵在阊门地区抢掠沿街商铺,打砸烧抢,致使苏城阊门一带原本繁华的市街一片狼藉。"慨自去秋大水偏灾之后,米珠薪桂,已极困难,复因兵燹之影响,市中一败涂地,举凡向日工艺一律停止,嗟彼小民,生机顿绝。穷檐陋巷之中,比户尘封,炊烟久断,比比皆是。又有破落之家,典质既罄,借贷无门,八口嗷嗷,求人觍颜,饥肠辘辘,欲生不可,寻死不能。"③在贫民生计遭遇恐慌,金融工商业遭受苦难之际,上海部分绅商发起苏州急赈会,先从急赈入手,筹设工艺厂以资生计。苏州商会也积极谋划以救济桑梓,1912 年 9 月,潘祖谦、尤先甲、吴荫培等十三位商会会董发起邀请苏城诸大善士集议解决办法。9 月 22 日,在刘家浜苏州商务总会召开会议,共同决议将急赈会改为苏城济贫会,公推王胜之、吴颖芝、曹智涵为筹办工厂主任,陆静涵、吴研农为办赈主任,罗焕章负责办理赈务,参会各善士认捐六千七百元,所捐之款,以四成为限,赈济鳏寡孤独病废残疾之人。以六成内提出洋二千元,到冬令时筹办施布棉布衣服,以济贫户。④ 接着,苏州商会又假借苏城济贫会的名义对外发布募捐公告,"同人等爰特发起急募义捐,拟先办急赈一次,以救目前,然后再行筹设工艺厂,以养其生,庶不致演成种种恶剧,而吾苏元气或可渐复也。由发起人力任筹募外,仰祈仁

① 《长元吴丰备义仓全案四续编》卷六《概算附报销册》,转引自黄鸿山:《中国近代慈善事业研究——以晚清江南为中心》,天津古籍出版社 2011 年版,第 44 页。
② 《县委接收贫民习艺所》,《申报》1923 年 10 月 6 日,第 10 版。
③ 马敏、祖苏:《苏州商会档案丛编(1912—1919)》(第二辑),华中师范大学出版社 2004 年版,第 287 页。
④ 马敏、祖苏:《苏州商会档案丛编(1912—1919)》(第二辑),华中师范大学出版社 2004 年版,第 286 页。

人君子富商巨绅或慷慨解囊,或广为劝募,婆心佛力,倡赞斯举,聚沙成塔,福田自种,收获必丰"①。苏州商会成立后积极参与地方公益事业,筹建各类慈善组织,对解决部分灾贫民的基本生活发挥了重要作用,也在一定程度上维护了苏州地方社会的安定。

(二)积极运作赈灾救荒

除创立慈善组织开展济贫救助活动外,在自然灾害发生后,苏州商会还积极参与救灾活动,组织开展赈灾救荒活动。虽然苏州商会成立后一再强调其为一商业组织,章程也明文规定"一应善举,无关大局、无关要义者(如布施、周济、养而不教之类),本会经费虽裕,概不担任,亦不得于会中提议"②,但在自然灾害发生后的具体赈灾济贫活动中,苏州商会都给予了大力的援助。苏州商会不仅积极投身于对本地灾民的救助工作,同时也慷慨解囊,对身处外地的受灾民众提供力所能及的援助。如光绪三十二年(1906),湖南发生水患,哀鸿遍野,惨不忍睹。上海商务总会竭力筹拨,先后汇解银十二万两及面粉、药丸等物,并致函苏州总商会分饬筹募,"除通饬遵办外,合将图册照送。为此照会贵绅,烦为查照,竭力劝募,一俟集有成数,即行汇交上海商会查收转汇济赈"③。苏州总商会收函后积极响应,劝募苏城各业商人慷慨解囊,捐款捐物,救助湖南受灾民众。光绪三十三年(1907),顺直一带猝被水灾,洼下各村落俱成泽国,苏州总商会在收到顺直助赈局的函请外,同样积极劝募各业义赈,最终募集赈款二万元汇解该局。④

民国时期,全国各地频繁遭受灾荒侵袭,民众对食米的需求急剧攀升,从而导致米价腾贵。苏州地区亦受到波及,时常面临米价高企乃至粮荒的严峻挑战。面对该种情况,苏州商会凭借其深厚的社会影响力与强大的组织能力,积极介入并有效运作,努力缓解这一危机,"商务总会调查近日苏属存米大半盖藏如洗,连日邀集米商会议,拟请都督筹借库款发商

① 马敏、祖苏:《苏州商会档案丛编(1912—1919)》(第二辑),华中师范大学出版社 2004 年版,第 287 页。

② 章开沅、刘望龄、叶万忠:《苏州商会档案丛编(1905—1911)》(第一辑),华中师范大学出版社 1991 年版,第 31 页。

③ 章开沅、刘望龄、叶万忠:《苏州商会档案丛编(1905—1911)》(第一辑),华中师范大学出版社 1991 年版,第 713 页。

④ 章开沅、刘望龄、叶万忠:《苏州商会档案丛编(1905—1911)》(第一辑),华中师范大学出版社 1991 年版,第 714 页。

采办湘米,以资接济"①。1919 年 7 月,苏州地区淫雨兼旬,米价逐步增昂,加上正值青黄不接之时,各地出现人心惶惶的状况。苏州各县知事以及一些公私团体纷纷致函苏州总商会,"乃入冬以后,新谷正值登场,米价反逐步渐昂,计自历冬至十一月以迄今春两月之中,每石米价骤涨至二元有余,从前糙粳均在四元左右,现已涨至六元以外;冬白均在六元以内,现已涨至七元以外"②。

　　对此,一方面,苏州商会向官府呈请,设法禁运米粮出口,"拟请严定惩治私运米粮出口办法,通令各属关局税所,查扣截留,货则充公,人则拘办,俾职狡谋而维民食"③。1923 年 9 月,日本发生震灾,一些奸商贩运粮食出口,以谋巨利。苏州总商会会长贝理泰致电江苏督省两长,请咨政府通电禁米出口,"苏地粮价腾昂,又值青黄不接。奸商托名贩运,平民生计恐慌,合亟电呈钧座钧核,伏乞迅赐咨陈政府,通电所属,切实申明禁米出口,以杜奸巧,而维民食"④。又如,1924 年,驻防厦门海军来苏采办食米,苏州总商会担心妨碍民食,6 月 3 日特公电督省两署,"厦门海军来苏采购米石,旬日之间米价步涨,全省民食顿起恐慌。苏省禁米出口,历奉申令有案,若因军米弛禁,奸商乘机私运,弊害流毒无穷。伏乞迅电政府,磋商海军,改向他省采办,一面并令行所属,重申旧禁"⑤。与此同时,苏州商会还对各米业负责人进行劝谕,让其知晓天灾流行时期应该平减米价以保全社会治安,"总商会会商米业董事,劝导各大行商,共济时艰,概认若干石,平价分粜各米店,以资挹注"⑥。此外,为救济饥民,办理急赈,苏州总商会还协助苏州电话局对所辖各商铺使用电话邮政等加收赈款,"所有部辖各电话局应每号每月加收赈费大洋五角。自本年九月一日起施行,以六个月为限。加收赈款每十日解交指定之银行,收入本部赈灾委员

---

①　《苏垣维持民食种种》,《申报》1912 年 5 月 29 日,第 6 版。

②　马敏、祖苏:《苏州商会档案丛编(1919—1927)》(第三辑下册),华中师范大学出版社2009 年版,第 1403 页。

③　马敏、祖苏:《苏州商会档案丛编(1919—1927)》(第三辑下册),华中师范大学出版社2009 年版,第 1403 页。

④　《总商会电省维持民食》,《申报》1923 年 9 月 15 日,第 10 版。

⑤　《商会电省反对在苏采米》,《申报》1924 年 6 月 6 日,第 10 版。

⑥　苏州市档案局:《苏州市民公社档案资料选编》,内部发行,时间不详,第 142 页。

会账内"①。

另一方面,苏州商会积极运作,购办平价米进行平粜,以解燃眉之急而安定民心。吴县公署根据吴县议事会决议,函请苏州商会劝谕米商平价,并呈省禁米出口,并请丰备义仓举办平粜,"丰备义仓分设五路平粜,总商会邀集米商议定价格,并电询赣、皖设法采办客米接济,各公社请命丰备仓推广平粜及劝导各大行商概以米石平价分粜"②。1926 年 1 月 27日,苏州商会在吴县公署举行会议,讨论救济米荒、筹款平价问题。米业董事、商会会长、三邑丰备义仓两董事以及地方士绅三十余人到会,"决议筹款四万元购运客米,分散各米店平价"③。但因时值新春,市场上需米量甚巨,四万元采购的客米投入市场后,不仅未能使米价下跌,米价反而有增无减,昂贵如故。对此,苏州商会会长、丰备义仓仓董吴问潮、吴县王知事等再次开会邀集士绅,讨论解决办法。④ 经议决,由苏州商会出面替丰备义仓向银、钱两业筹借银七万元作为购米基金,赴安徽芜湖采购客籼运苏济销,借期两个月,以发售平米收回之价如数清还。⑤

然而,米价仍持续飙升,毫无减缓之势。面对此严峻局面,苏州总商会再次紧急召集各业代表开会,共同商讨对策。经过深入集议,与会者一致认为苏州市场上的存米已近乎枯竭,米业虽有意补充库存,却因采购难度加大,加上各米行米店也无充足储备,供应紧张局势难以缓解。因此,暂时的救济办法是,"唯有请求县署,先将去腊官绅议决之平价米,迅予购办运苏,发店平价出售,一面由米业自集资本,采购洋米运苏,平价出售,俾可维持民食,一面拟请省署,对于此项预备平价之洋米,准予免税,庶可实行平价,略无高抬"⑥。1930 年春,苏州地区的米价连日来骤涨不已,最高每石竟达十七元,平民恐慌异常。苏州总商会为救济平民,稳定社会秩序,致函义仓,从速赶办平粜。县市办理平粜,每月大约一万五千石,三个

---

① 《告知因各省洪水为灾,接交通部令第电话用话加收赈费大洋五角,明六个月为限,并请转在各商铺》,苏州市档案馆馆藏,卷宗号:I14-001-0603-136。

② 马敏、祖苏:《苏州商会档案丛编(1919—1927)》(第三辑下册),华中师范大学出版社2009 年版,第 1464-1465 页。

③ 《办平价米与县公债》,《申报》1926 年 1 月 29 日,第 6 版。

④ 《购办平米将再集议》,《申报》1926 年 2 月 21 日,第 10 版。

⑤ 马敏、祖苏:《苏州商会档案丛编(1919—1927)》(第三辑下册),华中师范大学出版社2009 年版,第 1471 页。

⑥ 《米业调剂米价增长办法》,《吴语》1927 年 3 月 2 日,第 2 版。

月内可办理四万五千石。① 1934 年苏州大旱,米价日渐飞涨,平民生计维艰,苏州商会即向吴县政府及国民党吴县党部商议平抑米价办法:"本部以为应付目前,一面应将米价核定一最高价格限制抬涨;一面会同地方人士,速筹巨款,购囤米谷,用防恐慌,而调市价,否则旱灾演成,来源不继,影响所及,治安堪虞。盖食为民天,关系至大。"②商会主席施筠清遂召集米业代表开会,最终议定四项办法:"一、由粮食行业公会通告各会员,停止供给外邑采办,以资接济。二、由米店业公会,将最近十日内实销数额,并现存实在数目列表呈报,以资稽考。三、起码籼米价格,更属关系贫民食粮,应由两公会商决定抑低。四、呈请政府,暂行取消洋米进口税,以资

开源。上列四项办法,由商会通知两公会代表召集开会,于三日内具复办理。"③1937 年 8 月,吴县县商会组成物价评定委员会,限定米谷和其他生活物资的最高定价,以求稳定非常时期的商业市场及社会秩序。通过苏州商会的积极协调和运作,苏州地区的米价开始逐步回落,贫民也得到有效救助,缓解了饥荒引起的社会动荡。

灾荒之年开办粥厂,施粥救助灾民以及举办平价饭店也是灾荒赈济的一种有效形式(见图 4-1)。吴滔对清至民初嘉定宝山地区的乡村赈济、粥厂设置以及对灾荒救济起到的作用进行了细致的研究。④ 灾荒之年,免费为灾民施粥是传统社会时期一种古老的灾荒

图 4-1　施粥

注:图片来自丰子恺:《子恺漫画全集之五:都市相》,上海开明书店 1945 年发行,第 46 页。

① 《积极筹办平粜》,《申报》1930 年 4 月 1 日,第 10 版。
② 《米市涨风依然难抑,今日各米店门市一律涨四角》,《吴县日报》1934 年 7 月 14 日,第 5 版。
③ 《商会集议救济民食》,《申报》1934 年 7 月 17 日,第 10 版。
④ 参见吴滔:《清至民初嘉定宝山地区分厂传统之转变——从赈济饥荒到乡镇自治》,《清史研究》2004 年第 2 期。

救济方法,是指"官府在灾区或在灾民流亡集中之地或交通要道或僧庙等地煮粥施于灾民"①。粥赈有着其他灾荒赈济方式无可替代的优点,"灾黎未赈之先,待哺孔迫,既赈之后,续命犹难,惟施粥以调剂其间,则费易办而事易集。又如外至流民,户口难稽,人数无定,非煮粥曷济乎?此不独富厚耆硕,宜行之乡里,即有司亦当行之郡邑,而不可废也"②。粥厂通常设在人口相对较为集中的地方,主要是为了照顾老弱病残等灾民,"犹恐远近贫民跋涉拥挤,强悍者虑其滋事,老弱者难免向隅"③,减少他们来回奔波的辛劳,因为"这些人不可能仅为一碗稀粥而奔走30里地或者更远的路"④。民国时期,政府和一些地方慈善团体仍将施粥作为一种救济贫民的办法。施粥的制度、原则和方法没有发生太大的改变,但施粥的范围和取得的效果远超传统时代。如苏州木渎镇施粥厂,历年举行施粥,已开办十一年。凡是年龄在六十岁以上或十五岁以下的贫穷孤苦及疾病残废之人都可以申请登记,核发领粥证,凭证给粥。⑤ 每年自开办以来,每日领粥者约四百人,即使在农历春节因故停办的五天期间,也向被救助之人每人给发白米二升,以供年节之需,甚至对附近的乞丐数十人,也每人发白米二升。⑥

因施粥的手续和所需设备简便,方法简单易行,苏州商会在救助灾民时也多采取该种方式。如《申报》1921年刊载,"苏城每届冬令,东西南北中五区,向设半济粥厂,嘉惠穷黎,现已届开办之期,苏州总商会昨日发出通告,定于夏历本月初五日,邀集历年经办之各绅董莅会,会议开办手续"⑦。由此可见,苏州商会把每年冬季开办粥厂救济贫民视作一项例行工作。在开办粥厂和平价饭店等活动中,苏州商会主要依托分布在苏城各处的各市民公社进行。"在特殊时期,如米价上涨的困难时期,市民公

① 曾国安:《灾害保障学》,湖南人民出版社1998年版,第88页。
② 李文海、夏明方:《中国荒政全书》(第二辑),北京古籍出版社2003年版,第132页。
③ 来新夏:《林则徐年谱》,上海人民出版社1981年版,第141页。
④ [法]魏丕信:《十八世纪中国的官僚制度与荒政》,徐建青译,江苏人民出版社2003年版,第114页。
⑤ 《苏州施粥》,《弘化月刊》1949年第92期第15版,第15页。
⑥ 《施粥报告》,《弘化月刊》1949年第93期第15版,第15页。
⑦ 《会议开办粥厂》,《申报》1921年11月4日,第11版。

社开办平价米店和平价饭店,帮助政府渡过难关,共保社会安定。"①苏州市民公社的发起人和主要职员绝大多数是社会上较有影响力的中上层商人,这些中上层商人同时也大多为商会会员,这种情况一直延续到民国年间都没有发生多大变化。另外,市民公社的经费也主要靠社员自筹或捐助,所以在市民公社和苏州商会二者之间的关系问题上,"市民公社始终把商会看作自己的顶头上司,而商会也俨然把市民公社看作自己的基层组织"②。1926 年 4 月,苏州总商会为筹措警饷,采办平米进行平粜,致函市民公社,要求市民公社协助办理,"本城发售平米,今日议决,由市民公社协助办理。请迅即定期召集各市民公社开会,并先期知照丰备义仓及敝会,以便届时公同讨论"③。

市民公社在接受商会委托办设粥厂的过程中也遭遇过经费不足而难以为继甚至面临停办等问题,"本邑自各市民公社,纷纷开办半济粥厂后,以无款补助,断难持久"④。这时,苏州商会主动出面协调,为其筹募资金,"会同地方士绅,在县署共同议决,准由丰备义仓,每年拨给洋 3600元,集资接济,嗣后历年以来,均循此案办理"⑤。为扩充开办粥厂经费,苏州商会积极奔走,多方筹措,想尽了各种办法。1921 年 1 月,南京下关查验处查获私运米粮五百二十八包,悉数充公。苏州商会随即函请江苏省王省长,希望将充公之米分别发往南京和苏州两商会,以转济贫民。最后,苏州总商会共领取大米二百六十四包,经议定分别派发给苏城十八个市民公社和十二个半施粥厂,共计每包九十斛算,平均分派苏城三十一处,每处领得大米七百五十斛。⑥

市民公社在开办平价饭店上也会及时向苏州商会报告经营情况,并请求给予经费支持。如 1919 年娄江市民公社为组织娄江平价饭店,曾致函苏州总商会,"迩因柴荒米贵,百物奇昂起见,组织娄江平价饭店,所有募启、简章,早呈台端,谅邀尊鉴矣"⑦。平价饭店开办后,一般的苦力负

---

① 郑芸:《现代化视野中的早期市民社会——苏州市民公社个案分析》,社会科学文献出版社 2008 年版,第 274 页。
② 苏州市档案局:《苏州市民公社档案资料选编》,内部发行,时间不详,第 20 页。
③ 苏州市档案局:《苏州市民公社档案资料选编》,内部发行,时间不详,第 147 页。
④ 《各市民公社,开办半济粥厂》,《苏州明报》1925 年 11 月 11 日,第 4 版。
⑤ 《各市民公社,开办半济粥厂》,《苏州明报》1925 年 11 月 11 日,第 4 版。
⑥ 《商会提取充公米之交涉》,《申报》1921 年 1 月 30 日,第 8 版。
⑦ 苏州市档案局:《苏州市民公社档案资料选编》,内部发行,时间不详,第 149 页。

贩贫民,纷纷前往就食,人数有增无减。后因为经费短绌,娄江平价饭店请求苏州总商会给予支持,"迩来米珠薪桂,达于极点,贫民终日所得,难求一饱。同人等言念及此,爰有娄江平价饭店之举。惟是经费问题,需赖仁人之赐。素稔执事乐善为怀,务祈慨助"①。民国时期,在自然灾害发生后,苏州商会积极运作,奔走呼号,通过采取平抑米价、购米平粜、开办粥厂和平价饭店等措施对灾民进行救助,一定程度上缓解了自然灾害对苏州社会经济的破坏,保证了民众的基本生存,如"娄江平价饭店,虽僻处城东,贫民不少,一日三餐,悉就食于饭店"②。

苏州商会开展的慈善救助活动是多方位的,不仅对水旱灾害中的受灾民众给予救助,而且对一些因人祸兵灾导致的商民损失,苏州商会也会竭尽全力予以援助。1924—1925年江浙战争期间,"苏州望亭接壤锡界,此次齐兵溃退,首蒙劫掠之灾,军队征调往来尤属必经之道,首当其冲,镇上各商号所遭之损失颇巨"③。1925年3月,苏州商会统计汇总了各家商铺的损失情况,并将清单呈给苏常镇守使以及道尹,"为维持商业妥筹善后起见,应如何量予抚恤之处,请予量予救济,俾活商业"④。随后,苏州商会继续为商民吁请,"此次后事损失,商民直接、间接受害不可胜计。吴县被灾既重,自应恳请酌拨赈款,借资拯救。敝会谨代表灾民,竭诚请命,伏布鉴准试行"⑤。苏常镇守使收函后极为重视,调查后回复道:"承示此次兵溃南窜,望亭商会会员所遭损失颇巨,自属实情。应如何抚恤,俟奉到军、民两长通令再行另案办理。直严禁匪徒及冒充军人扰及地方布告一节,兹特缮就两张,送祈查收,转发实贴可也。"⑥可见,兵灾发生后,苏州商会利用自身影响力积极与地方政府沟通,以维护商民利益,减少兵灾造成的损失。1929年3月,上海奉贤地区发生地方动乱,部分民众的正

① 苏州市档案局:《苏州市民公社档案资料选编》,内部发行,时间不详,第150页。
② 苏州市档案局:《苏州市民公社档案资料选编》,内部发行,时间不详,第151页。
③ 马敏、祖苏:《苏州商会档案丛编(1919—1927)》(第三辑下册),华中师范大学出版社2009年版,第1664页。
④ 马敏、祖苏:《苏州商会档案丛编(1919—1927)》(第三辑下册),华中师范大学出版社2009年版,第1664页。
⑤ 马敏、祖苏:《苏州商会档案丛编(1919—1927)》(第三辑下册),华中师范大学出版社2009年版,第1668页。
⑥ 马敏、祖苏:《苏州商会档案丛编(1919—1927)》(第三辑下册),华中师范大学出版社2009年版,第1665页。

常生活受到严重影响。为保障民食，维护地方社会秩序，苏州商会为救灾恤邻，召开全体会董会议，经讨论，决定发起劝募活动，奉贤县庄行镇惨遭劫掠焚烧，"全镇一空，前准该镇商会来函，以饿殍载道，骨肉流离，乞为多多劝募，以资赈恤，并附收条一册到会，经本会第二十六次常委会议决分函各业劝募等语言，即希为劝募送会汇转，并随时填给收条为证，并希速尤为盼荷"①。苏州商会的劝募函发出后，没过多久便得到苏城各业及地方士绅的积极响应，他们纷纷慷慨解囊予以救助。苏州总商会为筹募赈资甚至组织义演赈灾。1920年，北方各地灾情严重，为救助受灾民众，苏州总商会决议在全浙会馆开演昆剧以筹募赈资，并致函道厅县称："此次全浙会馆开演昆剧，前经绅君面请展期，均邀核准在案。开演以来，秩序安谧。现因北地灾情，由会商承各界热心善士，拟在本月十七日起，即假该会馆地方客串五天，所有券资，悉数助赈。"②

民国以来，苏州地区传统会馆和公所的济贫施棺等善举活动随着时代变迁日益式微，苏州商会逐渐成为开展慈善救助等公益事业的重要力量，不仅在救济本地灾民活动中尤为关注，更为热心，而且不分畛域，积极筹募赈灾物资救助国内其他各受灾省市，发挥了至关重要的作用。除此之外，苏州商会还充分施展自身的组织网络优势，发动同业公会及其所属成员，并联合社会上的各阶层人员，将散处各地的慈善资源有机整合在一起，形成了一张覆盖苏州城乡内外的慈善救助网络，体现出其积极承担社会赈济责任的精神。"商会作为一个民间社团组织，在推动中国走向近代化的过程中，明显地发挥了重要作用。从发展社会公益事业中的地位及其影响即可看出，它实际上已成为苏州城市近代化过程中所不可缺少的一支重要辅助力量，往往起到官府所力不能逮的作用。"③

三、西方传教士的慈善救助

鸦片战争之后，英国侵略者强行撬开中国的大门，美国、法国等西方列强也纷至沓来，与此同时，中西方之间的交流与联系也日益频繁。为配

---

① 《为分函劝募庄行行共灾赈款事函各业》，苏州市档案馆馆藏，卷宗号：I14-002-0351-050。

② 《为全浙会馆演剧助赈事致道厅县函》，苏州市档案馆馆藏，卷宗号：I14-022-0163-077。

③ 马敏、朱英：《传统与近代的二重变奏——晚清苏州商会个案研究》，巴蜀书社1993年版，第229页。

合其军事侵略中国的行动,这一时期,众多西方传教士以传教为幌子,大量涌入中国,他们的活动足迹遍布各个通商口岸。西方传教士这一新式群体进入中国后,一开始只是在沿海开放地区活动,后来,随着清政府被迫开放的地区越来越多,传教士的活动范围开始拓展至中国内地,广泛介入中国基层社会生活。他们不仅在开放地区兴办医院和新式学校,推广西医知识和开展西式教育,为赢得中国人的好感,还建立各种慈善机构,从事慈善救助事业,将西方的救灾思想和救灾理念传播到中国的慈善救济事业领域,如"基督教传教士把包括科学和技术在内的西方价值观引入中国"[①]。

西方教会势力进入苏州最早可追溯到 19 世纪中叶,最先来到苏州的基督教士是监理公会的戴医生。道光三十年(1850)十月,戴医生及其同伴一行四人从上海来到苏州,他们身着华服,沿途布道宣传,随后返沪。据《王韬评传》中引《蘅华馆日记》云:"咸丰四年(1854)八月三十日同(西人)麦、慕二牧师登洞庭山……九月朔日……是日礼拜,麦、慕二牧师登岸讲书"[②],这是西方教会势力进入苏州最早的记载。此后,教会力量在苏州地区的发展几经波折,1883 年初,美国传教士柏乐文在美国新教监理会中国教区以及苏州当地人的帮助之下,购买天赐庄七亩民田,建立了"苏州博习医院",这是美国基督教监理公会在中国设立的第一所教会医院。当时在中国内地,从北京到上海的广大区域之间,还没有一家正式的西式医院,博习医院之创设,"实为嚆矢"。博习医院自建立以来,对西医的传播起到积极的促进作用,在西医新技术、新疗法的应用,公共卫生和疾病的预防,以及对受灾民众的救助等方面作出了巨大贡献。

苏州博习医院成立之后,柏乐文便将西方新发明的新技术、新设备引入医院,如麻醉术、消毒法、X 光机等。至 1917 年,苏州博习医院已经成为当时国内较为先进的西医医院,拥有病理切片机、膀胱镜、显微镜、验眼电镜以及全套 X 光仪器等先进设备,与此同时,博习医院还致力于医学教育与人才培养,自己培养医科学生和护士。博习医院以其高明的医术、先进的设备和技术赢得了苏州人的信任,吸引为数众多的患病国人到此求医问药,如苏州乐群中学校长金志仁的长子金陵背上患有疮疡,即到博

---

① 梁其姿:《变中谋稳:明清至近代的启蒙教育与施善济贫》,上海人民出版社 2017 年版,第 221 页。

② 苏州市地方志编纂委员会:《苏州市志》(第三册),江苏人民出版社 1995 版,第 1142 页。

习医院求治。① 苏州圣公会女传道郭素玉的丈夫胡君患有胃病,经过博习医院 X 光诊断,确诊为十二指肠有病,胡君听从医生劝告,在一个星期二的早上动了手术,情况良好。② 经过 30 多年的开拓,博习医院信誉倍增,至 1919 年,年门诊量已达 12630 人次,住院 1075 人次,割症 608 人次。③

　　疫病流行之时,教会医疗机构积极参与对染疫人员的救治,成为一支不可或缺的防治力量,发挥了重要作用。博习医院的创办人柏乐文自医院建立之初,就十分重视公共卫生以及各种疾病的预防工作。为改善医院周边的环境,防止疟疾、霍乱、鼠疫等疾病的发生和传播,柏乐文派人在医院周围撒上石灰和沙石。博习医院的外科医生美国人苏迈尔还定期去东吴大学进行蚊虫危害与防治宣讲,并在东吴大学积极开展灭蚊灭虫活动。1919 年,苏州地区时疫流行,博习医院里染疫死亡的人数占整个医院死亡人数的四分之一,为杜绝疫病传播,医院开展清洁街道、疏通沟渠等活动,以"屏绝蝇虫,勿使其繁殖为染疾媒介"。柏乐文还参与组织苏州红十字会的建立,并陈述成立红十字会的宗旨:"民众遇有危险,红会有保护维持之责,对于防疫医疗亦属分内应办之事。"④1926 年夏,江南地区暴发大规模疫情,苏州尤为严重,"苏地近来时疫之盛,为近三十年来所未有"⑤,苏州城内三处时疫医院,均人满为患,在这场大瘟疫中,博习医院积极行动,为受灾民众免费注射防疫针以应对时疫侵袭。此外,博习医院还在全院范围内开展体格检查,鼓励民众注射伤寒、副伤寒、白喉、猩红热等流行病的疫苗及接种牛痘苗。从 1928 年起,博习医院每逢星期五上午10:00—12:00,免费为民众施种牛痘苗。1935 年 2 月,博习医院还派遣 4 位医生赴苏州近郊农村北里巷开展健康周的宣讲活动,宣讲内容主要为讲习清洁卫生和预防疾病的方法,并免费为乡村民众进行体格检查。

　　博习医院依靠中西慈善家捐助的经费建立后,"得以成就三吴十万贫

① 杨镜秋:《卫理公会传教士占据天赐庄八十年史话》,苏州市档案馆馆藏,卷宗号:C41-001-0021-038。
② 杨镜秋:《卫理公会传教士占据天赐庄八十年史话》,苏州市档案馆馆藏,卷宗号:C41-001-0021-038。
③ 吴小娣:《苏州近代基督教慈善事业研究(1850—1937)》,苏州科技学院硕士学位论文,2014 年,第 20 页。
④ 苏州市卫生局:《苏州卫生志》,江苏科学技术出版社 1995 版,第 188 页。
⑤ 《时疫猖獗中之种种》,《申报》1926 年 8 月 2 日,第 10 版。

且病者得有救星"[1]。据称苏州博习医院创办 50 年来，治疗病人达 100
万人次。[2] 传教士柏乐文性格仁慈，精通医术，服务医院四十五年，他最
大的贡献就是提倡禁烟、放足、办学校并组织中国医学会，一生精力尽瘁
于此，"对于苏州慈善事业，无不尽力辅助，人皆敬之"[3]。此外，苏州博习
医院在发生天灾人祸时还免费向受灾民众、贫苦病人提供帮助，送医护
药，免费施治，"苏州博习医院专门设立救济贫病基金以补助贫病者治病
之用，该院仅在 1929 年就为 1296 位贫病者免费给药"[4]。博习医院还与
苏州"乐群社"合办婴儿卫生讲习社及胎教卫生会，派一名公共卫生护士，
对婴儿进行家访，同时医院还设有产前检查门诊和育婴室，与婴儿保健门
诊一起应诊。[5] 从 1928 年到 1933 年的五年间，到苏州医院就诊的一共
有六十八人，其中有四人曾在博习医院住院诊疗过。博习医院对现代医
学技术进行广泛宣传，取得了良好的社会效应，如"种痘在乡间本来只有
并且只信用人浆，通过宣传，现在居然前后有了二百五十人由我们用了可
靠的牛苗而种牛痘了"。[6]

　　自然灾害发生后对受灾民众进行救济也是西方传教士来到中国后开
展的慈善救助活动的重要内容。传教士通过开设孤儿院、开办医院从事
救灾，这些社会义务本来按照习俗是由地方绅士担任的。来华传教士的
赈济活动最早发轫于山东。光绪三年(1877)，山东地区遭遇大水灾，慕维
廉和李提摩太等西方传教士在《申报》上介绍了西方的救灾新思想和新方
法，并发布祈赈信息，鼓励沪上华洋各界精英积极募捐，救济灾民。慕维
廉等人甚至代表上海水灾赈济委员会在《申报》上刊载《晋豫灾荒劝赈略
言》："今岁晋豫凶灾尤甚，于东鲁苦楚情形，难以言状，先生其可代筹乎
……富绅巨商乐善好施，倘肯踊跃捐输，其款或交至廉处或汇丰银行或大

---

① 《博习医院年根》，苏州市档案馆馆藏，卷宗号：I20-001-0004-001。
② 《苏州博习医院五十周年纪念册》，转引自王国平、王鹤亭：《苏州教会医院创办的历
　　史条件——以博习医院为中心》，《苏州科技学院学报》(社会科学版)2005 年第 1 期，
　　第 124 页。
③ 杨镜秋：《卫理公会传教士占据天赐庄八十年史话》，苏州市档案馆馆藏，卷宗号：
　　C41-001-0021-038。
④ 李传斌：《基督教在华医疗事业与近代中国(1835—1937)》，苏州大学博士学位论文，
　　2001 年，第 169 页。
⑤ 夏东民、龚政、张孝芳：《博习医院(苏州)始末》，《中华医学杂志》1997 年第 27 卷第 2
　　期，第 85 页。
⑥ 施中一：《旧农村的新气象》，苏州中华基督教青年会 1933 年刊行，第 40 页。

礼拜堂礼记先生或江海关总办处，均可收仔速递晋豫。"①在参与赈济的外国传教士当中，以英国浸礼会的传教士李提摩太最具声望。为了筹募更多的赈灾款物，1877 年 3 月，慕维廉组织在上海的外国商人和外交人员等成立"山东赈灾委员会"，将筹募到的赈灾款物寄送给李提摩太，由李提摩太负责分发给各受灾民众。1878 年 1 月，寓居上海的西方传教士成立"中国赈灾基金委员会"，推举慕维廉负责操办具体事项。基金会成立后积极运作，从各处通商口岸的外国侨民中共募集赈款 204.56 万两，派遣三十多名工作人员前往灾区开展赈济工作，据估计，"1876 年共有四万一千二百八十一名病人在大约四十所医院和诊疗所接受过治疗；三十年后，据报道每年至少有二百万病人在二百五十所教会医院和诊疗所接受治疗"②。1926 年，苏州虎疫③蔓延日盛，教会医院积极响应苏州警察厅和医疗界设立的临时防疫委员会的号召，主动筹措经费开展公益性的义诊活动，并表示"均承允予担任，概尽义务"，同时根据染疫病人的实际情况实行差别收费，即"有钱者收诊费，中等人稍微酌收，贫人不取分文"④。

　　1934 年夏，苏州地区遭遇百年难遇的严重旱灾，导致农作物歉收，灾民流离失所，陷入衣食无着的困境。12 月 19 日，一些来自美国的传教士成立了吴县义赈筹委会，并致电上海筹募各省旱灾义赈会，请求拨给救赈物资以资施赈，同时聘请吴县县长吴企云担任义赈筹委会会长，传教士章德(美)为副会长，佳尔逊(美)为会计，余文光为总干事，陈朝揩为事务。⑤1935 年苏州遭遇水患，灾情严重，哀鸿遍野，苏州基督教会为救助灾民，扩大募捐起见，由苏州基督教联合会发起，仿照苏州普益社和青年会劝募棉衣的办法，组织基督教会冬衣劝募队，由基督教徒会同信教民众分组向苏城内外挨家挨户劝募冬衣。⑥

　　在灾荒赈济的具体操作上，西方传教士和中国政府开展的官赈活动形成了鲜明对比。他们在赈济活动中注意区分主次，对灾民的救助按照

① 《晋豫灾荒劝赈略言》，《申报》1877 年 10 月 19 日，第 3 版。
② [美]费正清、刘广京：《剑桥中国晚清史(1800—1911 年)》(上卷)，中国社会科学院历史研究所编译室译，中国社会科学出版社 1993 年版，第 366 页。
③ 注：虎疫即霍乱，民国时期因霍乱最为猖獗，其发病范围广，死亡率高，霍乱拉丁文译音虎烈拉，故称霍乱为虎疫。
④ 《警医界议组防疫委员会》，《申报》1926 年 8 月 2 日，第 10 版。
⑤ 《传教士组建义赈筹募会》，《苏州明报》1934 年 8 月 16 日，第 3 版。
⑥ 《基督教会劝募冬衣》，《苏州明报》1935 年 10 月 9 日，第 7 版。

受灾程度的轻重缓急,先重后轻,依次展开。同时,为了避免中国官赈中出现的弊端以及在实施赈济的过程中受到灾区地方政府的影响,西方传教士通常选择中国政府官赈没有顾及的地区对受灾最严重的灾民进行救助。西方来华传教士独特的赈济理念和赈济方式影响深远,一方面,改变了中国民众长期以来对基督教等西方教会的偏见;另一方面,也使中国民众逐渐接受西方新的救灾思想和救灾理念,一定程度上改变了中国传统的慈善模式,这对于开展灾后救济具有重要的推动作用。

四、艺人群体参与慈善赈灾

明清以来,以苏州为中心的江南地区慈善事业,“不仅仅是一种民间社会主导的生活救助行为,还是一种以劝人为善为宗旨的教化活动”[1]。进入民国以后,随着西方救灾思想的不断涌入,杂糅中西文化的慈善理念逐渐渗透到社会生活的各个领域和阶层。同时,近代城市化的发展和工商业的崛起以及西方文化的传入,也使城市居民的娱乐生活日益丰富多彩,各种艺术表演蓬勃兴起,涌现出一批知名的艺术表演家。随着城市文化的发展,一批娱乐明星发展成本地重要的文化符号,在社会上具有一定的影响力。灾荒之年,他们在各大城市通过义演等具有娱乐性质的方式为灾民筹募款物,将娱乐和慈善有机结合在一起,成为民国时期自然灾害救助的重要手段,我们姑且将其称为娱乐募捐。义演[2]是众多筹募善款赈物方式中被运用最多的一种,具体形式一般为艺人们通过表演、出售门票,将售卖门票所获得的款项以及租金、捐款等用于赈济灾民。“慈善义演是近代中国新出现的一种社会文化现象,主要是通过演艺筹集资金用

---

① 王卫平:《慈风善脉:明末清代江南地区的慈善传承与发展》,《苏州大学学报》(哲学社会科学版)2016 年第 3 期,第 183 页。

② 有关慈善义演,郭常英、岳鹏星、朱从兵、杨丽倩等学者做了卓有成效的研究,取得丰硕成果。参见郭常英:《慈善义演:晚清以来社会史研究的新视角》,《清史研究》2018 年第 4 期;郭常英:《慈善义演参与主体与中国近代都市文化》,《史学月刊》2018 年第 6 期;郭常英:《中国近代慈善义演文献及其研究》,社会科学文献出版社 2018 年版;郭常英、岳鹏星:《寓善于乐:清末都市中的慈善义演》,《史学月刊》2015 年第 12 期;朱从兵:《慈善义演性质的确定与可能的三重悖论》,《史学月刊》2018 年第 6 期;杨丽倩:《1931 年大水灾与慈善义演——以〈申报〉为中心的考察》,《忻州师范学院学报》2020 年第 4 期。

于社会慈善活动。"①娱乐明星凭借个人影响力，演出往往座无虚席，筹款效果十分可观。当然，他们同时也可以通过慈善义演来展示个人良好的社会形象，提高自己的社会知名度，树立积极的正面形象。因此，民国时期娱乐名角参演助赈的现象在江南地区非常普遍，随处可见。

在众多娱乐明星参与的慈善义演当中，著名的京剧表演艺术家梅兰芳在全国各地的慈善义演活动最多，影响力最大，所取得的募捐效果也最为卓著。1931年，河南和江西灾情奇重，当时名满海内外的京剧大师梅兰芳就登台上海大舞台演剧一天一夜，为江西、河南两省募集赈款。通过表演《霸王别姬》《法门寺》等剧目，将"所得票资，悉数用以振济该二省灾民"②。1934年江南旱灾期间，梅兰芳在各地巡回义演，为灾民募集钱物。12月8日至10日，梅兰芳应各省救济旱灾南京分会的邀请赴南京表演义务戏三天，票价分为五元和十元两种，此次义演共募集善款过万，"各界人士，均共襄义举"③。梅兰芳在南京演剧筹赈，前后共八日，影响力巨大，甚至连行政院长汪精卫也设宴款待，"义演共集款巨万，盛况得未曾有"④。南京义演结束后，梅兰芳又接受上海各省筹赈会的邀请，赴沪连演五日，以赈济灾黎。1934年12月13日，梅兰芳应上海筹募各省旱灾义赈会主任杜月笙的邀请，在上海大舞台演剧助赈，票价分为一元、二元、五元和十元四种，所收的券资全部充作赈资。⑤ 梅兰芳在京沪两地巡回义演期间，北京与上海两地的诸多知名票友皆以能与梅兰芳同台献艺为无上荣耀，并纷纷慷慨解囊，鼎力相助。梅兰芳数次义演所筹集的全部善款，均悉数用于灾区赈济工作，此举在当时广为流传，成为一段佳话。

演剧助赈作为灾荒之年筹募赈灾资金的一种惯用方式，有时甚至连地方政府也会采用。1935年夏秋之交，苏州地区淫雨为灾，江河泛滥，灾民嗷嗷待哺，待赈孔殷。苏州筹募水灾赈款委员会决议邀请梅兰芳来苏州演剧，筹助赈资。10月2日，苏州筹募水灾赈款委员会和吴县县长吴企云分别修书一封，推定张云博和刘广华两人赴沪，敦请梅兰芳来苏州演艺，以戏资助为赈款。县长吴企云致梅兰芳函云：

---

① 郭常英、岳鹏星：《寓善于乐：清末都市中的慈善义演》，《史学月刊》2015年第12期，第61页。

② 《梅兰芳为河南江西赈灾演剧》，《申报》1931年1月18日，第16版。

③ 《旱灾义务戏：梅兰芳出演盛况》，《励志》1934年第2卷第50期，第28页。

④ 《梅兰芳归沪演剧筹赈》，《申报》1934年12月18日，第11版。

⑤ 《杜月笙商请梅兰芳等在大舞台演剧助振》，《申报》1934年12月11日，第12版。

　　豌华先生惠鉴，本年夏秋之交，淫雨为灾，江河泛滥，灾区广袤，待赈孔殷。爰由本县政府会同县党部发起组织筹募水灾赈款委员会，正在进行。适奉江苏民政厅训令，以准江苏水灾救济总会咨送分会规程，转令遵照，自应积极筹募。惟查往年成例，有演剧助赈之举，窃思先生仁心仁术，薄海同钦，今由会公推张云博、刘广华两先生来沪，敦请来苏演艺，用特转为劝驾，氍毹席上，散金银而拯鸿雁，倾忱感佩，延颈欢迎。①

　　梅兰芳受邀前往苏州献演赈灾剧目，于各游艺场馆分别义务演出一天，义演所筹集的收入券款全部用于赈济灾民。同年 10 月 9 日，吴县水灾赈济委员会以大中华票社的名义，邀请沪上享有盛誉的昆曲名伶袁美云，于 25 日与 26 日两日，亲临苏州献艺，演绎经典剧目。所有售票所得，均全额捐赠，作为赈灾之用。水灾委员会致袁美云函云：

　　本年江河溃决，受灾区域广袤，苏北徐海各县又复先后陆沉，哀鸿遍野，待哺嗷嗷，残酷之情，诚非笔墨所能形容。本邑各界，业已组织水灾赈款委员会，大中华票社诸票友，热心救济，拟定于本月二十五六两日，借座新舞台彩排表演，以券资所得，悉数助赈。素仰女士氍毹席上，素负盛名，而艺术精神尤为钦佩，仁怀义举，谅表同情。故敢为灾民请命，特央狄祥麟先生投前敦请。珞希芳帅莅苏，客串两日。借剧场仙霓雅集之歌舞，博人民尽慷慨解囊之义务。②

　　袁美云在苏州新舞台演剧两天，日夜四场，每场观众人数均在三千以上，票房收入颇丰，所有售出剧资，全部充作赈款，功绩匪浅。1934 年秋冬，江苏省著名的票房苏声社应邀前往苏州，于 12 月 28 日和 29 日两天在开明大戏院演唱义务京剧，日夜四场。演出门票收入所得，同样悉数充作冬赈之用，以救济贫民。③ 1935 年 11 月 15 日，吴县水灾救济分会召开第六次常务委员会议讨论邀请沪上著名影星胡蝶来苏州义务演剧三天，筹款助赈。会议最后决议，委托苏州大戏院商请明星公司的周经理和胡蝶女士来苏州义演，并将原定三天的演出延长一天，券价照旧，除去演剧

①　《演剧助赈，水灾会敦请梅兰芳》，《苏州明报》1935 年 10 月 2 日，第 6 版。

②　《水灾筹款敦请袁美云来苏演剧》，《苏州明报》1935 年 10 月 9 日，第 7 版。

③　《为救济贫民苏声社义演京剧希其赐办推销戏票》，苏州市档案馆馆藏，卷宗号：I14-005-0137-017。

的最低限度开支,其余全部充赈。①

　　除了曲剧业人员举办的各种义演助赈外,其他社会团体也积极发挥自身优势,结合本行业实际,举办形式多样的义演活动,为筹募赈资、赈济灾民贫民贡献力量。尤其值得一提的是,当时流行于江南地区的苏州评弹也成为灾荒之年募集赈款的一种重要的戏曲手段。"说书业光裕公所,历奉府县备案保护,以年终会书之资,悉数拨充公所经费,办理同业中抚恤孤寡等各项善举"②,这种长期良好的行业风气自然潜移默化影响到苏州本土的评弹艺人,他们积极参与到演剧助阵活动之中。评弹艺人从事公益慈善救济事业,与其整体收入水平较高、经济实力雄厚有一定关系。如著名的评话大家唐耿良二十六岁时,"便在苏州豆粉园买了一所房子,那是一幢民国时代的中西结合的寓所,楼下有天井、客堂、厢房、储藏室、厨房、柴房,楼上有正房、前后厢房、阳台,前门是幽深的豆粉园,后门是一条小河"③。民国以来,国内战争频繁,社会局势混乱,为资助社会上的弱势群体,评弹从业者纷纷举办各种形式的慈善义演活动,通过自身技艺来筹募救灾款物,从事社会公益事业,"其中说书组,诸评话弹词名家,屡次通宵奔波,出力献艺,尤其是光裕社诸艺员,还有自劝播音劝募。此种为国家、为公益之事业,实令人钦佩"④。

　　1931年长江大水灾期间,书场业同业公会召开紧急执监委员联席会议,讨论筹款助赈办法。最终议定,"(一)由该会会同光裕社、润余社等说书界团体,联名通告全市书场,轮流弹唱名家会书两天,将售得之款,全数拨助赈灾。(二)函请华商烟厂,届时派员至各场送香烟,以资号召,裨益筹款"⑤。同年9月4日,上海书业公会召集全体会员开会,"劝募结果,计当场认捐者有七千五百元"⑥。同时,上海书场业同业公会还联合苏州光裕社驻沪代表在全市各书场轮流弹唱会书两天,以资筹款赈灾,"已有东方书场、得意楼书场等相继举行,并由光裕社说书同业,热心参加会书

①　《水灾救济分会请胡蝶等义务演戏》,《苏州明报》1935年11月15日,第6版。

②　江苏省博物馆:《江苏省明清以来碑刻资料选集》,生活·读书·新知三联书店1959年版,第330页。

③　唐耿良:《别梦依稀——我的评弹生涯》,唐力行整理,商务印书馆2008年版,第50页。

④　江枫:《野航室话》,《生报》1939年4月21日,第2版。

⑤　《同业公会消息》,《申报》1931年9月5日,第16版。

⑥　《书业公会认捐七千五百元书》,《申报》1931年9月5日,第13版。

及排演书戏计东方书场两天,售款共洋四千七百二十六元九角五分(茶役小账一并在内),再由该场主人凑入洋二百七十三元零五分,两共合计洋五千元,已交王一亭君转解水灾急赈会。得意楼书场两天计售得洋三十二元二角,小洋六百十二角,铜元二百八十八枚,茶役小账在内及郎女士捐助洋五元、沈君翁君各捐助洋一元、已一并解缴水灾急赈会"①。

　　1934年江南大旱,苏州评弹组织光裕说书研究社,于12月5日至7日,借吴苑茶社举行赈灾表演数回,每天由该社留沪有名气社员来苏送客,所得劳费尽数拨给慈善团体用以赈济灾黎。② 为响应苏州市各界防汛救灾委员会,苏州光裕社理事长钱景章亲自前往静园书场拜访郭子卿,商请准予假座该书场义唱大会书一场,郭子卿与静园书场监理张健飞慨然应允,"7月22日夜场,特请光裕社第一流名家,义务大会唱,以表热心公益事宜。阵容方面,兹已排定,王燕、汪云峰等六档,如此阵容,堪称坚强无比,听书救灾,一举二得"③。7月28日,光裕社评话弹词研究会提议救济水灾,在南京大剧院献奏劳军运动后,二十九档先生热心公益,新老八书场同时举行。④ 接着,8月13日夜场,光裕社假座沧州及阊门外雅乐、龙园三书场,再次举行防汛水灾捐款特别大会书一场,各艺员踊跃参加,盛况空前。⑤

　　1937年全面抗战爆发,苏州沦陷后,原有的慈善组织多数遭到破坏,慈善活动也大多被迫停办。为维护社会秩序,救助受灾民众,"苏城年终饥寒维持会"在寒冬腊月开展施粥、施米、施药等活动以救济灾民,其开展活动的资金来源就是通过"聘请光裕社社员徐玉庠、范玉山及范雪君等,假太监弄吴苑与西贯桥云苑举行特别会串。兹以筹募冬赈经费,定明日起日夜场三天,届时前往听书者,既娱身心,又行善事,洵属两得也"⑥。全面抗战期间,有一次梅兰芳来苏州义演,票房收入全部捐给苏州慈善事

①　《书场业助赈五千余元》,《申报》1931年9月16日,第13版。
②　《光裕社举行赈灾会书》,《苏州明报》1934年12月2日,第7版。
③　《苏州静园书场救灾大会书》,《书坛专刊》1949年7月23日,第36号。
④　《光裕评弹会提议救济水灾》,《书坛专刊》1949年7月30日,第38号。
⑤　《苏州再度举行救灾会书》,《书坛专刊》1949年8月17日,第43期。
⑥　《年终饥寒会聘请名家演会串,筹募冬赈经费明日起假吴苑云苑举行》,《苏州新报》1940年8月19日,第3版。

业,苏城年终饥寒维持会也分得一份。① 面对物价飞涨、货币贬值严重等现实,评弹艺人适时转变救助方式,由对灾民直接资助钱款变更为实物资助,"静园于十四日举行慈善会书一天,场方与先生均全部义务,小账亦分文不收,每位售十三元,附赠米票一升,向濂溪坊三泰米号支取,此举颇堪赞佩。由听众分作善举,施送贫民,闻共计施米十石"②。

　　除了评弹艺人的义演助赈外,书场老板、电台经理和评弹票友等也在评弹艺人的带动下参与到慈善救助活动中来。在评弹艺人义演时,有些场东不仅免费提供场地,而且还将当日书场收入的一部分拿出用于慈善救济。1931 年 9 月,沪上大亨王晓籁、杜月笙等发起演剧筹款助赈,"于十四日起假大舞台举行三天,串演者即均沪上著名票友,三日皆售满座,总计净获洋五万九千元,悉数交各省水灾会助赈,闻大舞台则台主黄金荣免费借座,故无开支,灾民颇受实惠云"③。甚至一些评弹义演活动就是由场东组织发起的,"静园经理韩文忠拟于不日举行义务书一场,所得票款,由听众将票根分送贫苦者,凭票根向静园领取施米。此种冬令善举,造福小民不浅"④。此外,一些评弹票友有时候也会利用书场没有书演的时候上台义务表演会书,"说书业祖师三皇诞辰,各书场循例休业一天。萝月庵主主持之苏沪银联社诸弹词票友,为筹募平江儿童教养院经费,假座沧州、东方二书场日夜义唱会书,排定节目,精彩异常"⑤。

　　有时为筹募更多的赈资,艺人在义演时也会借助苏州商会的力量,希望商会出面帮助其出售门票或者向各业商人派销赈灾义演的戏票。如1931 年,苏州临时济贫会就曾致函苏州商会,"特请上海大舞台全体艺员演剧,以清歌妙舞之均为拯弱救焚之举,素仰贵会先生慈悲慷慨,兹奉上戏券 3 张,还请广为应募,届时入席"⑥。1934 年秋冬,吴县米价高涨,人心震动不安,吴县党部发起筹募冬赈施粥,以济贫民。普余社社员于 12

① 今成、晓岷:《我所知道的苏城年终饥寒维持会》,载苏州市地方志编纂委员会办公室、苏州市政协文史委员会:《苏州史志资料选辑》(第三十辑),内部发行,2005 年,第 347 页。
② 《会书生涯衰落,今起望可鼎盛》,《苏州书坛》1949 年 1 月 20 日。
③ 《王晓籁等演剧筹得五万九千元》,《申报》1931 年 9 月 17 日,第 13 版。
④ 一叶楼主:《书坛缤纷录》,《苏州书坛》1949 年 1 月 6 日。
⑤ 横云:《弦边新讯》,《铁报》1947 年 11 月 20 日,第 3 版。
⑥ 《为举行募捐演剧并奉送戏券事致吴县商会函》,苏州市档案馆馆藏,卷宗号:I14-002-0254-024。

月9日,假座乐沧书场,聘请弹词名家唱名书四场,所得票资半数赞助施粥。为了出售书票,吴县党部函请苏州商会帮助代销,送至书券三百张,请其按户分销。[①] 此外,苏州商会还会帮助一些团体或者慈善组织向地方政府提出助赈开演请求,地方政府通常都会给予力所能及的支持,"准函全浙会馆开演昆剧,售券助赈,等因。准此。查事关善举,深为赞同"[②]。另外,通过苏州商会的沟通协调,地方政府有时还会免收慈善义演应该缴纳的房租,"既专为赈务而设,事属公益,应缴房金,自应蠲免充赈"[③]。

民国时期,一些新式群体的出现以及多样化的社会慈善救助活动,一定程度上缓解了社会弱势群体的生活困难。西方文化的传入使中国社会传统的艺术表现形式变得丰富多彩,娱乐与慈善有机结合,一方面传播了慈善救助理念,另一方面也提高了民众参与社会慈善救助事业的关注度。面对严峻的自然灾害,西方传教士群体、各类社会名流名角积极献艺献智,发挥自身力量,踊跃赞助,群策群力,使自然灾害救助突破畛域观念,集中各阶层人力和物力用于赈灾,取得了良好的社会效果。

小　结

1927年,南京国民政府成立后,针对应对自然灾害问题,制定了一套制度化的救灾机制,展现了政府在自然灾害救助中的力量。其在继承传统社会荒政的基础之上,完善灾害救助的法律法规、制定详备的灾荒应对方案,进而展开具体的防灾、减灾和救灾活动。然而,由于政府的常态治理和日常准备不足,加上国家财政状况的不断恶化,尽管国民政府做出了诸多灾荒应对顶层设计,但在具体行动上未能与时俱进。防灾和减灾行动受到诸多力量和因素的掣肘,加上各地政府执行力的差异和各地实际情况的不同,一些好的救灾规划未能得到有效落实,出现政策规划和落地

---

① 《为筹募冬赈施粥以济贫民请代销评弹书券由》,苏州市档案馆馆藏,卷宗号:I14-005-0151-139。

② 《为准全浙会馆演剧助赈事复苏州总商会》,苏州市档案馆馆藏,卷宗号:I14-002-0163-078。

③ 《为准全浙会馆演剧助赈事复苏州总商会》,苏州市档案馆馆藏,卷宗号:I14-002-0163-078。

执行的差距,从而导致救灾成效大打折扣。

当政府的救灾功能遭到削弱或者丧失,代之而起的便是民间社会力量。民国时期,救灾主体、救灾力量和救灾理念均发生了嬗变,传统的救灾济贫模式开始向近代化转型,出现了自然灾害应对方式的社会化转向,一批新型社会组织在灾荒应对中发挥了重要作用。苏州各地通过成立各种社会合作组织来应对灾荒、救济濒危的农村经济。各类社会合作组织在农田灌溉、金融贷款、恢复农村副业以及繁荣农村经济以抵御灾荒等方面起到力挽狂澜的作用。灾荒发生后,中央政府为募集救灾资金,通常采取发行公债的方式,而地方政府则通过设立各类金融机构向农民发放贷款以缓解灾荒对农民生活的冲击和对农村经济的破坏。1927年南京国民政府成立后,发行赈灾公券成为政府筹措救灾资金的重要手段,而农民则通过各地设立的各种金融贷款机构获得灾害重建的必备资金以购买种子、耕牛、农具等生产资料。此外,近代新式报刊、图书和杂志等公共传媒,也为救灾民众获取灾况提供了新的渠道,同时也为募集救灾款物、呼吁各界捐款捐物、介绍灾情提供了便捷有效的手段。另外,民国时期,以苏州地区为中心,为数众多的内河航运路线以及近代沪宁、苏嘉和沪杭铁路的修建通车,对沟通苏州和周边区域的人员往来和经济联系,运送救灾物资发挥了重要作用。如1934年为救助江南各地旱灾,运输戽水设备,沪宁铁路局就特令各车务处,"遇有各处购备防旱用之抽水机,交由本路运输者,应尽先设法随到随运,以资协助"①。

随着新式救灾组织的出现和救灾技术的进步,现代化的救灾技术开始运用在防灾救灾中,并呈现出方式多样化、技术多元化的特征。为消弭水旱灾害,这一时期苏州地区大力开展内外河道疏浚和筹建现代水利工程等活动,如吴淞江取直工程和白茆河的疏浚以及苏州城市内外河道的淤塞整治。而在救灾工具的使用上,积极推广现代化的采用电力的新式戽水设备以取代传统的旧式风车、水车和牛车等汲水设备。为减轻灾害损失,还实行一系列农事补救和农业技术改进措施的推广,排水补种,在部分高地种植小麦和油菜籽作为补充性农作物或者改种耐旱作物,免费向农民发放种籽等,这些非常态的灾害应对方式,在灾荒发生后起到了良好的救助效果。另外,为弥补传统仓储制度的弊端以及旧有仓谷的衰败,

---

① 《路局尽先装运防旱抽水机》,《申报》1934年7月25日,第10版。

从而在灾荒之年保障民食,各县积极构建新型粮食仓储备荒体系。同时在各县成立粮食合作社以及义仓管理委员会等机构和组织,将仓储积谷、种子、肥料和食米等贷给农民,"将所有积谷和谷款,悉数购办种子,贷给极贫自耕农"[①],从而调剂民食,保障民生。

近代以来,新兴阶层、新式社团组织和新式救灾理念在苏州地区的灾荒应对中呈现多元化的特征,传统的地方士绅开始向亦绅亦商的绅商阶层转型,以绅商为代表的地方精英阶层顺势崛起,在经营工商活动的同时兼顾地方慈善公益事业,在地方社会"公"领域中发挥越来越重要的作用,如民间赈济、养老恤孤、义赈救灾等。这一时期由绅商阶层创办的商会组织发挥中介和桥梁的作用,承担相应的社会责任。苏州商会创设慈善组织,设立贫民工厂,奉行"教养兼施"理念,教授贫民实用手艺。同时组织具体的济贫救灾活动,如开展急赈、购米平粜,通过其下属组织苏州市民公社开办粥厂和平价饭店,运用自身影响呈请官方禁运米粮出口等。苏州商会的慈善救助活动表现出全方位的特征,不仅在水旱灾害中伸出援手,也在兵灾人祸中积极救助;不仅救济本埠灾民,对外地逃荒逃难到苏州的灾民也施以援助,依靠其自身组织系统,形成了一张覆盖苏州城乡内外的慈善救助网络,体现出其积极承担社会赈济责任的精神。

与此同时,一批新兴阶层、社会群体和新的救灾理念也在这一时期应运而生,并逐渐渗透到社会生活的众多领域。新式群体由于经济实力较为雄厚且大多接受西方资产阶级文化,思想较为开明和活跃。面对民国以来严重的自然灾害,他们积极传播和践行新的救灾思想和救灾理念,通过多种方式募集救灾款物,以期帮助灾民渡过难关。西方传教士群体的"寓教于赈"、娱乐明星的"慈善义演"、曲艺组织的"演剧助赈",均是当时新兴的社会慈善现象。这些将慈善与娱乐相结合的多元化的救助活动,作为灾荒救助的重要组成方式,既传播了慈善救助的新理念,又提高了民众参与慈善救助的关注度,缓解了社会弱势群体面临的困难,取得了良好的社会效应。

---

① 江苏省地方志编纂委员会:《江苏省志·民政志》,方志出版社 2002 年版,第 453 页。

结　语

　　区域灾荒史是社会史研究的重要内容。中国是一个自然灾害频繁发生的国家,灾害的发生具有时间和空间上的普遍性和特殊性,所谓无处不荒,无年不荒,这是一个无法回避的社会问题。由灾而荒甚至会带来整个社会结构的波动,对正常的社会生活造成冲击,制约区域社会现代化的进程。"自然灾害不仅对千百万普通老百姓的生活带来巨大而深刻的影响,而且从灾荒同政治、经济、思想文化以及社会生活各个方面的相互关系中,可以揭示出有关社会历史发展的许多本质内容来。"[1]中国地大物博,幅员辽阔,各区域之间的社会差异极大。近代以来,在中国社会从传统向现代转型的过程中,许多重要的变化接踵而至,其中,自然灾害的应对方式便是一项极为复杂的社会系统工程。民国时期是中国社会变革的剧烈时期,受到欧风美雨的影响,各种社会新生事物不断显现。信息技术快速发展,国家与社会之间相互渗透,社会公共事业与西方外来事物相互交融,应对自然灾害的方式呈现出多元性和现代性的特征。苏州被誉为"人间天堂",自明清时期以来,一直是江南地区的经济和文化的中心。将自然灾害及其应对方式的演变与苏州地方社会相联系进行研究,能更好地反映出在社会转型过程中传统和现代、国家与社会之间关系的嬗变,从而加深对整体中国的再认识。

一、传统和现代灾赈方式的交相杂糅

　　传统与现代之间的关系问题,一直是学界研究的热点。传统因素在中国近代社会转型中的作用如何? 具体而言,传统因素在自然灾害救助上对现代化进程是起到消极作用,还是积极作用? 从民国时期苏州地区

---

[1]　李文海:《论近代中国灾荒史研究》,《中国人民大学学报》1988 年第 6 期,第 85 页。

自然灾害的应对方式来看,传统因素发挥了不可替代的重要作用。中国的现代化进程并不是与传统社会彻底断裂或将之抛弃的过程,而是在批判性地吸收传统的基础上向前推进的。两者之间并非截然相反,而是存在着一种复杂的互动关系。在历史发展的长河中,传统与现代处于不断的缠绕与纠葛之中,延续与断裂是历史进程必有的现象。① 但是,我们在分析传统与现代因素在推进社会转型过程中所起的作用时,有时往往只注意到两者之间的断裂,忽略了传统因素在现代化进程中的连续性。在诸如自然灾害应对举措方面,既有其变化的一面,也存在不变的方面。民国时期,苏州地区在应对自然灾害方面展现出向现代化迈进的趋势,成功地从传统的荒政体系过渡到现代的防灾、减灾机制,呈现出传统和现代两种赈灾方式交相杂糅的景象。这一转变与当时苏州地区特有的社会、经济和文化背景紧密相关。明清以降,苏州地区的工商业经济蓬勃发展,文化思想领域亦呈现出繁荣景象,使其在江南地区城市化进程中具有较高水平。这一时期,苏州地区的民族资本主义迅猛增长,地方社会力量也较为强大和雄厚。这些条件共同催生了自然灾害应对方式的变革,使得传统的荒政体系开始向现代救灾机制演变。

1. 救灾理念和思想

民国时期,政局动乱,战乱频仍,各种社会问题层见叠出、屡见不鲜,政治上的腐败和财政上的匮乏成为制约国家赈灾成效的重要因素。政府内部争权夺利,部分官员贪污腐败,克扣私吞赈灾款物,中饱私囊,这也影响了救灾资金的筹募和发放以及救助成效。面对严重的自然灾害,受灾民众通常会产生极度的恐惧心理,而当政府的救灾物资未能及时到位时,他们便会丧失理性,转向封建迷信活动,将希望寄托在信仰中可以祛灾逐疫的众神。在苏州地区,"人民重文轻武,民性柔顺。人口虽多,亦不愿向外移殖,因而安土重迁,缺乏冒险的精神。加上佛道流行,民间多迷信鬼神,信仰因果报应,因之相信命运"②。由此,传统的民间信仰成为受灾民众应对自然灾害、进行自我拯救的思想武器,祈神祷告成为对付灾荒的主要精神手段。各种求神祈雨、驱瘟逐疫、迎神赛会活动层出不穷,应接不

① 唐力行:《延续与断裂:徽州乡村的超稳定结构与社会变迁》,商务印书馆 2015 年版,第 381 页。
② 王树槐:《中国现代化的区域研究:江苏省,1860—1916》,"中研院"近代史研究所1984 年版,第 644-645 页。

暇。这些封建迷信活动虽然是消极的灾害应对方式，但在江南民众心中有着广泛的影响力，"他们肯在烈日之下迎龙，设坛祈求，乃至膜拜顶礼，只求上天赐惠，实在因为除此以外，不知有他法。农民的智识浅薄，是无法可掩的"①。进入民国以后，尤其是在 1927 年南京国民政府成立后，国家在救助灾荒上采取了较为积极的措施，同时提倡科学文化、祛除封建迷信活动在全国各地次第展开。随着科学知识的传播和西方文明的影响，人们对自然灾害发生的原因也有了新的认识，意识到自然灾害发生的原因是多方面的，如生态环境的破坏即为重要的因素之一，"尤以森林的采伐，而致气候变劣，不是久旱不雨，就是雨下成灾"②。由此，国民政府开始在全国推行植树造林活动，加大对自然环境的保护力度，维护生态平衡，防止自然灾害的发生。同时，各级政府还积极把现代科学技术应用在农田水利建设、大江大河的疏浚以及水旱灾害治理上，运用新兴技术加强对自然灾害的预防。在河道疏浚、内河航运和农田水利等方面广泛开展水文测量工程。如吴淞江下游旋浚旋淤的原因之一即为上游瓜泾口外东太湖底逐渐淤高，涨滩迭起，甚至已经和西太湖相隔断，这就导致水流不通，上下游湖水来源缓弱。为解决该问题，太湖流域水利委员会采用现代化技术对该流域雨量、气压、流量、水位和温度等内容进行实地测量，通过截弯取直、建筑大坝、设立水文站等措施以防洪涝，并详细测算了工程所需费用。③ 1931 年，长江流域大水灾期间，太湖流域水利委员会为准确测量太湖各处水位深浅，特地派员视察太湖水势，设立精密水准仪及增设永久流量站，并采用现代科技协助实测洞庭东西山间的太湖湖身。④ 再如，1941 年太仓海塘修建工程，也是采用了西方科学技术，施工人员对残缺塘身及壕洞填土工程进行勘测，计算所需石方，详制计划图表以及工程经费预算等。⑤

由此可见，这一时期，传统时代的灾害应对思想仍然存在且在广大地区和民众之间具有一定的影响力，在自然灾害应对中依然发挥较为重要的作用。同时，国家对防灾和救灾工作重要性的认识也更加深刻，灾害救

---

① 《求雨论》，《十日谈》1934 年第 36 期，第 441 页。

② 谢平横：《合作组织与救济灾荒》，《江苏合作》1936 年第 3 期，第 3 页。

③ 胡品元：《治理吴淞江初步计划》，《太湖流域水利季刊》1927 年第 1 卷第 1 期，"测量工程"第 46 页。

④ 《太湖水利会派员施测太湖》，《观海》1931 年第 3 期，第 44 页。

⑤ 江苏省政府秘书处：《江苏省政年刊》，苏州印务局 1941 年刊行，第 307 页。

助的态度也更为积极,在自然灾害救助措施上开始由治标向标本兼治转变,如在水利规划和治理上通过精密水准测量和建立雨量站、气象站、水文监测点等方式进行国家防灾和救灾基础设施的建设,这些手段和举措都显示出民国时期国家和地方民众的救灾理念和救灾思想均发生了较大的进步,也更加现代化和科学化。在社会力量和外来文化的双重作用下,这一时期苏州社会的救灾思想出现了新的变化,在延续传统荒政思想的同时,开始超越传统的救灾理念,救灾态度更加理性和乐观,呈现出传统和现代救灾思想相互碰撞、交错与融合的特征。

2. 救灾组织和团体

慈善组织和团体是灾荒救助体系中的有机组成部分,在救助灾民活动中起着重要的作用。在中国传统社会,自然灾害发生后国家注重发挥传统宗族组织以及民间慈善团体的作用,重视发挥他们对内救济的互助功能和对社会特定群体开展的救助活动,从而弥补国家财力有限所导致的救助力量不足的弊端。明清以来,苏州地区民间慈善团体数量众多,慈善救济事业发达,好善风气盛行。地方士绅阶层力量强大,积极参与地方社会事务,在地方慈善事业中发挥的作用尤为重要,他们中的有些人不仅是慈善组织的创办者和经营者,而且还是慈善活动的组织管理者。如吴江区施医局因故停办十余年,1924 年 7 月,杨秋水、周公才和庄颂美等吴江地方士绅发起重新开办号召,新址定在中新街米业公所内。施医局开办所需经费由诸士绅善士筹募,日常经营则由吴叔侯担任施诊。① 另外,拥有为数众多义庄和义田的宗族组织势力庞大,其雄厚和稳定的救助资金,能够有效保证灾荒之年对受灾族人的救济,使生者有所养、壮者能婚配、病者获医药、丧者得安葬。如吴县鲍氏传德义庄在吴县境内有义田 153 余亩,太仓境内有 352 余亩,田产岁收租息,除完赋、祭扫、庄祠修葺等用外,余悉以赡恤族中孤寡贫乏,其子弟之无力就学者量予补助学费。② 进入民国后,义庄数量虽然有所减少,但灾荒之年救助同族的宗旨并未发生改变。如苏州彭氏义庄在民国年间田租收入为 6235.87 元,其中完国课 1724.3 元,济困助学 2245 元,祭祀和修理费 607.1 元,管理人

① 《将有施医药局出现》,《吴江》1924 年 7 月 30 日,第 3 版。
② 王国平、唐力行:《明清以来苏州社会史碑刻集》,苏州大学出版社 1998 年版,第 269 页。

员报酬 900 元,留预备费 163 元,账上缺 593.47 元。[①] 可见,虽然已进入民国,但彭氏义庄在去除应交的国课部分后,在济困助学方面的支出仍占义庄全部可支配收入的一半,义庄的社会救助作用仍然较为显著。另外,苏州地区工商业发达,基于地缘和业缘组织建立起来的会馆和公所数量极多。就公所而言,江苏省博物馆在新中国成立初的调查数为 130 个,《苏州市志》的统计数是 199 个,均居全国商业城市之前列。[②] 为数众多的会馆和公所在灾荒之年积极开展慈善公益事业,为同行业中老年失业、贫困难堪、倘遇病故、棺殓无着以及孤寡无依之人提供救助。

　　民国时期,受西学东渐和欧风美雨的影响,加之社会经济发展引起的社会阶层的分化,一批新的社会群体和阶层应运而生,苏州地区的慈善组织也顺应时代变迁出现了新的发展和变化。民间义赈团体、西方来华传教士组织、娱乐明星群体等在防灾、救灾问题上均发挥了不容忽视的作用。华洋义赈会作为民国时期最具代表性的国际民间慈善组织,为赈灾事业竞相奔走呼号,为解决灾民困境竭尽全力,填补了政府官赈的空白。娱乐明星群体的慈善义演,通过演剧筹募赈资,将娱乐和慈善、教化和募捐有机结合,相得益彰,既筹措到了救灾款物,又传播了慈善救助理念。这些民间慈善团体在灾后对灾民的救助方面所发挥的作用和政府开展的官赈不相上下,在某些方面甚至超越了官赈。另外,与传统社会的同乡会、善会善堂不同,这些慈善组织受到近代西方社会博爱、仁慈观念的影响,对灾民的救助也不仅仅出于桑梓之情。同时,一些慈善组织的负责人开展慈善活动均为无偿付出、不求回报,这也和传统社会在地方上享有盛名的士绅阶层有所区别。而且,这一时期的慈善组织和慈善家群体大多财力雄厚,有的还是著名的绅商和社会活动家,社会影响力和号召力更强。因此,灾荒之年,士绅阶层在赈济家乡时所展现的财力与物力之雄厚,远非传统时代的士绅阶层所能比拟。他们积极投身于灾赈活动,有效地填补了政府在财政援助上的空缺,彰显了无私奉献的社会责任与担当。可见,民国时期,在信息技术和交通现代化网络的加持下,慈善组织的发展超越了传统时代的桎梏,展现出组织构成多元化、灾赈方式多样化的趋向。

---

① 民国《彭氏宗谱》,转引自刘宗志:《清代苏南义庄发展原因探析》,《黄河科技大学学报》2012 年第 4 期,第 76 页。

② 王国平、唐力行:《明清以来苏州社会史碑刻集》,苏州大学出版社 1998 年版,第 12 页。

3.救灾技术和手段

在传统时代,由于信息传递技术的落后,政府在自然灾害发生后很难第一时间获得信息,并做出迅速有效的反应。滞后的信息传递技术加上烦琐的赈灾流程,灾民获得救灾款物时,自然灾害往往已经发生几个月了。得不到及时救助的灾民有的因灾致死,有的为了活命而移村他适或者涌入城市,甚至有些被迫沦为盗匪,从而导致一系列严重的社会问题。而近代资本主义经济和文化的快速发展,则带来了科学技术和信息传递方面的变革。民国以来,报纸、电话以及电报等新兴传媒得到广泛普及和应用,这使得自然灾害发生后灾情信息能够得到快速有效的传播。政府和社会慈善组织可以及时获得灾况并采取相应的救助措施,为受灾民众筹募赈资,提供适时有效的救济。另外,自然灾害发生后,政府通常也会采用移粟救民的方式对灾民展开救助,也就是将其他地区的粮食等物资运到灾区实行赈济。然而,传统时代交通运输落后,运输方式简单,采取人挑牛驮或者车载船运等方式,不仅成本昂贵、效率低下,而且运送物资有限且耗时耗力。但是,"现代化的交通,是紧接着传统性的交通发展而来。传统性的交通,以河运为主,海运次之,中国亦然。近代交通,以机器动力为主,亦先朝着航运方面发展,次则在陆运方面发展铁路运输"①。因此,近代以来,火车、轮船和汽车等现代化交通工具的出现和使用,为远距离救灾物资的运输带来了便利,"移民就食则难,移食就民则易"②,既缩短了物资的运输时间,又能运载更多的救灾物资,对灾后重建和灾民救济起到了极大的推动作用。

晚清以来,由于财政短绌,传统荒政出现滞碍甚至荒废,以致无法达到正常的救灾成效,"财政紧张,吏治败坏,荒政诸弊丛生,救灾的效果远不如前"③,国家用于赈灾和扶助贫困的力量遭到进一步削弱,这种状况导致国家自然灾害应对的效果受到严重制约,大打折扣。农田水利和湖泊河道等工程的疏浚也因资金短缺而相继废弛,"由于工料价格上涨,修治水利设施的费用日益增加,国家财政日益削弱,维护水利设施的行动也

① 王树槐:《中国现代化的区域研究:江苏省,1860—1916》,"中研院"近代史研究所1984年版,第330页。
② (清)秦蕙田:《五礼通考》卷二百四十七《凶礼二》,浙江大学馆藏本,第47页。
③ 李向军:《清代荒政研究》,中国农业出版社1995年版,第107页。

越来越难以实施"①,由此带来水旱之年农田非旱即涝,非涝即旱,而民众却依然采用传统的戽水工具,救灾成效受到削弱。甚至灾民和一些官员受到传统天象示警观念的影响,把自然灾害看作上天对人们的惩罚,进而采取封建迷信的求神祈雨等方式禳灾驱疫。民国时期,国民政府的灾荒应对举措在一定程度上开始采用现代化的技术手段,展现了一种较为超前的趋向,从苏州地区的救灾实践来看,经济的繁荣是促成灾害应对措施发展变化的主要因素。如注重水利事业发展,重视防灾工程的建设,及时对一些大型河道实行疏浚治理;着力实行现代农业推广和农业技术改进,利用新式电力和机械戽水机抽水救旱,推广新型耐旱作物,利用节气补种改种。在筹募赈款上,保持传统募款方式的同时,开始采用发行赈灾公债和抵押贷款等具有现代化特色的新方法。在仓储积谷方面,为弥补常平仓等传统仓储的衰败,积极建设新式农业仓库和新型粮食仓储体系。吴县农业仓库成立后开展的第一步工作就是为农产储押米麦豆等,以备荒歉发生时拨资赈济。② 另外,这一时期的救灾人员大多具有现代知识储备,能够将现代化的救灾举措应用于救灾赈济中,从而实现赈务的现代化。如苏州著名的绅商施筠清,自幼习儒业,幼年入学,读《四书》《诗经》《古文观止》等,十四岁时开始经营商业,1930 年后任吴县商会主席委员,热心地方公益。同时兼任苏州济贫会负责人,兼任期间所立济贫会宗旨即为救济城市中以手工糊口的城市贫民。遗憾的是,天妒英才,1934 年苏州地区大旱期间,施筠清因多日奔波,劳累猝死,天不假年,英年早逝,"十月十八日,甫自娄门勘灾归而病,病一日即不起,年才四十有九"③。

综上可知,自然灾害应对方式的发展与政治、经济和社会三方面的关系密切,我们从民国时期苏州地区自然灾害的应对措施可以看出,这一时期,苏州地区在自然灾害应对思想、手段和组织等方面均呈现出变与不变的时代特征。灾前的防范和灾后救助工作方面比较成功,灾荒救助活动体现出由传统荒政向现代防灾、减灾机制的转变,传统的因素在其中发挥了不可或缺的作用,尤其是以士绅阶层为代表的地方精英和宗族制度在赈灾济贫中起到了尤为重要的作用。自然灾害的救助方式呈现出新旧融

---

① [法]魏丕信:《十八世纪中国的官僚制度与荒政》,徐建青译,江苏人民出版社 2002 年版,第 259 页。

② 《吴县农业仓库斜塘等七处定今日正式成立》,《苏州明报》1934 年 12 月 1 日,第 7 版。

③ 张一麐:《施君筠清传》,《吴县日报》1935 年 4 月 28 日,第 4 版。

合的时代和地域特征,既延续了传统时期的荒政举措,又采用了许多现代化的防灾、减灾和救灾手段,形成了赈灾体系的新格局,现代中蕴含着传统因子,变化中包含着不变的因素。这一时期,在灾害应对上传统和现代之间是继承和发展、并存和互补的关系,传承与创新共同构成了民国时期苏州地区自然灾害应对的主旋律。

二、国家和社会间的动态共生关系

作为后发外生型国家,中国的现代化进程与西方国家迥然不同。在赈灾济贫方面,国家与社会之间的互动也呈现出与西方社会截然不同的特点。近代以来,随着国门被打开,国家日益走向衰败,伴随着频发的自然灾害、蔓延城乡的瘟疫以及贫富分化加剧导致的盗匪横行,中国的现代化发展道路缓慢向前,步履蹒跚。与此同时,虽然民国时期在自然灾害的治理方式中产生了现代化的萌芽,但灾害治理的现代化之路仍然面临重重阻碍,被迫在艰难险阻中缓步前行。

明清以来,苏州经济发达,文化昌盛,为江南地区一大都会,"苏州是中国传统城市系统中的中心枢纽城市,是中国传统商品经济与资本主义萌芽最为发达的地方"[1]。鸦片战争以后,中国经济和社会文化的变动处于一种活跃的状态,上海开埠后,苏州在江南城市中的中心地位开始逐渐让位于上海,直到太平天国运动以后完全被上海所取代,即便如此,苏州仍不失为当时全国较为发达的城市。经济文化的繁荣给苏州地区慈善事业的开展提供了雄厚坚实的经济基础,有力促进了慈善救助活动的发展,当然这也与苏州地区乐善好施的传统有关,"大凡人心慈悲,便能关心社会,给他人以帮助。故旧时乐善好施之人,都热心公益事业,修桥铺路、凿井浚河、施粥赠药、埋骨施棺、助赈济困是也,以此功德,造福乡里者,千百年来举不胜举"[2]。另外,苏州地区社会慈善团体众多,据吴县政府社会调查处统计,20 世纪 30 年代在城慈善团体 62 个,在乡 31 个,均以救灾济贫为重要职责,广泛分布在苏州城乡之间。这些慈善团体不受政府部门管辖,不由政府主办,"主要靠地方有力人士的维持"[3],经费来源也以会

① 茅家琦:《城市现代化轨迹的多维探索——评张海林教授新著〈苏州早期城市现代化研究〉》,《江苏社会科学》2000 年第 5 期,第 186 页。
② 徐刚毅:《再读苏州》,广陵书社 2003 年版,第 148 页。
③ 梁其姿:《施善与教化——明清的慈善组织》,河北教育出版社 2001 年版,第 98 页。

员募集、热心人士和地方士绅捐助为主，并独立开展济贫救灾活动。可见，随着社会整合步伐的加快以及现代民族国家政权的构建，民间慈善组织开始主动地、有意识地分享原来被政府掌握的公共权力并承担相应的社会责任，在社会公共生活中所发挥的作用也更加强大。

"在中国现代化过程中，尽管不断有中央集中化的趋向和努力，但在大部分时间里，权力与资源仍然分散于地方和民间。"[①]晚清以来，以绅商为代表的苏州地方社会力量崛起，他们不仅经营工商业，同时也从事一些民间赈济、育婴、恤孤养老等地方慈善公益事业，活跃在自然灾害救助等"公"领域社会公益事业中，并发挥着重要作用，"苏省各属公款公产，本皆绅董经存，而出于慈善事业为多。如义学、善堂、恤嫠、育婴、义仓积谷及施衣粥医药等类，向来职任寄之于绅，所有出纳一切，亦绅任之"[②]。绅商阶层虽然处在政府之外，但却和官方有着千丝万缕的联系，甚至有时还会对政府的决策产生影响。另外，一部分绅商还同时拥有官方背景，所谓"亦官亦绅亦商"，政府在实行灾荒赈济时往往也主动寻求与其合作，绅商阶层成为沟通官民之间的桥梁和纽带。当灾荒发生后，灾民对救济有所诉求时，绅商等社会力量会代为转达呈请，有时甚至带领民众向政府请愿；同样，政府的有关法令有时也会请社会力量代为传达，而当出现官民冲突时，也多由民间社会力量出面居中调停，化解二者之间的矛盾和冲突。这一时期，尽管南京国民政府作为近代中国最具现代化的政权，国家权力不断向基层社会延伸，但是由于国家财政短绌，在自然灾害的救助中，也不得不让渡部分权力，借助于地方社会力量。这种"弱国家，强社会"的状况使得地方社会力量在自然灾害应对中往往起着关键的柔性作用。他们在灾荒救济中与地方政府积极互动、协同合作，将分散在民间的各种社会力量不断加以整合，充当国家在救灾济贫等方面的有效"替补者"角色。如宗族组织热心赡族济贫，踊跃捐款捐物；民间慈善团体施医送药、养老恤贫、修桥铺路；宗教组织尤其以基督教团体为代表开展卓有成效的卫生宣传防疫以及灾后募捐赈济工作，凡此种种都对民国时期苏州地区自然灾害的救助起到重要的促进作用，加速了社会力量和资源整合的步伐，弥补了政府在自然灾害救助中的不足之处。国家与社会通力合作，协同互助，从而发挥政府和地方社会的双重作用，二者在救灾济贫

①   许纪霖、陈达凯：《中国现代化史》(第一卷)，上海三联书店 1995 年版，第 11 页。
②   苏州市档案局：《苏州市民公社档案资料选编》，内部发行，时间不详，第 30 页。

活动中展开良性互动,加快国家对地方社会中自然灾害的救助进度。

　　然而,就自然灾害应对的现代化而言,国家应该在自然灾害的救助中充当组织者和领导者的角色,这本应是一个自上而下的被政府牢牢控制的过程,同时也是政府体现其政权合法性的一个途径。而在这一过程中,民间社会力量处于从属地位,不管是主动还是被动地接受政府的领导,均需自下而上地对国家的治理政策做出回应,这是一种"强国家、弱社会"的自然灾害应对模式。这种灾害应对模式在政局稳定、财政充足的情况之下,能够发挥积极的作用,达到灾害救助的最大成效。但是,国家权力过度扩张,政府对社会资源的强有力控制也会带来负面影响,削弱地方社会力量在救灾济贫等领域的作用发挥,"国家既未能有效地对经济增长和发展问题承担责任,又未能动员社会力量形成一个革新与进步的引力中心。国家在有意识地扶植和培养现代化民间力量方面建树甚微。……更有甚者,政府权力的过度膨胀,往往阻遏或摧垮了正在形成中的市民社会(civil society),无法维持国家与社会之间的适度平衡"①。可见,国家权力的无序扩张不仅不能促进自然灾害应对方式的现代化发展,反而会导致国家和社会之间的平衡被打破,造成社会系统的失序和功能紊乱,给自然灾害应对方式的现代化转型带来重重阻碍,进而影响区域社会稳定和现代化发展的步伐。

　　中国幅员辽阔,各地区在政治、经济和文化发展方面存在显著差异,这就导致了在应对自然灾害的措施以及国家与社会之间关系的处理上也呈现出差异性和多样性。任云兰在研究近代天津的慈善救济时指出:"1928 年以后,社会和国家之间的对抗日益加剧,随着国民政府颁布一系列强化慈善机构监管的政令法规。天津特别市步其后尘,不仅颁布了一系列改组方案,而且还组建了贫民救济院、妇女救济院,成立了以市政府各机关及各慈善团体和绅商善士为委员的慈善事业联合委员会,对育婴堂、广仁堂等进行整顿,育婴堂由市政府接归官办。国家通过各种法规条例将民间资源强力整合,将从前游离于官方管理之外的民间社会慈善团体纳入政府管辖范围,有的干脆就由政府接办。"②可见,政府颁布的一系列强化对民间机构实行管理的措施,压缩了慈善组织的活动空间,显然会

---

① 马敏:《官商之间:社会剧变中的近代绅商》,华中师范大学出版社 2003 年版,第 387-388 页。

② 参见任云兰:《近代天津的慈善与社会救济》,天津人民出版社 2007 年版,第 258-259 页。

遭到慈善机构的强烈抵制和反对。民国时期,苏州地区面对自然灾害时采取的措施,展现了政府主导与社会力量广泛参与相结合的特色,救灾手段日趋专业化、现代化和多样化,治理模式从以政府为唯一主体转变为国家与地方的协同治理。救灾主体也实现了从政府主导到政府与社会力量共同参与的多元化转变,其中地方社会力量形成了核心角色的多元化治理模式。国家适时将救灾权限下放,并向社会开放,这增强了传统民间社会在救灾和济贫方面的力量,有效弥补了政府在救济灾荒方面的资源不足,促进了政府与民间的共同合作,从而提高了自然灾害救助的效率。

彭志军在研究民国时期苏州的民办和官办消防事业后认为,"在中国,国家与社会的关系不能化约为简单的西方式二元结构对抗性互动方式,它们之间的关系可以是多维的,虽然有时存在摩擦与冲突,但融合与互助才是主流"①。此论对民国时期苏州地区自然灾害应对中国家和社会两者间的关系也是适用的。事实也证明,民国时期,在苏州地区的救灾济贫事业中,国家和社会二者有效合作,动态共存,政府适当让渡对社会资源和社会力量的控制,地方社会力量主动接受国家的监督和指导,从而有效发挥了两者在灾荒救助上的最大效用。马敏亦曾言,在中国传统"公"领域中,国家与社会的关系主要呈现出一种合作和协调的倾向,而不是相互对立乃至于对抗。② 可见,在自然灾害应对等地方事务的处理上,国家与社会的关系并非零和博弈,而是二者有机结合在一起,双方既互为依托,又相互争夺,它们之间存在着一种潜在的多维互动、动态共生的特点。在苏州地区,"随着社会的发展,非但没有出现国家和官府同社会力量的对立日趋严重的现象,相反却在兴办医药局和牛痘局之类的事业中出现更多、更为广泛的合作"③,国家和社会之间的良性互动可以使政府较快地了解地方上所遭受的灾害实情,及时有效地制定救灾举措,最大限度地减少自然灾害对地方社会带来的冲击和影响。

由此可知,民国时期,苏州地方社会力量"在追求自律结集的同时,也致力于成为国家权力的有益补充的'民间社会'。这样,作为以'共享国家

① 彭志军:《官民之间:苏州民办消防事业研究(1913—1954)》,上海师范大学博士学位论文,2012年,第217页。

② 马敏:《官商之间:社会剧变中的近代绅商》,华中师范大学出版社2003年版,第232页。

③ 余新忠:《清代江南的瘟疫与社会:一项医疗社会史的研究》,中国人民大学出版社2003年版,第351页。

权力的存在'自处的社会势力(民间社会精英)通过与国家权力结合而致力于'国家建设'"①。当然,在具体的灾荒救助中,国家政府除了以宣传号召的方式动员民间社会力量参与救灾工作外,还应加强对社会救助的管理和指导,合理利用民间救助模式的多元化特点,以制度化的手段规范协调,尽可能从制度上培育民间社会力量,充分发挥民间社会组织和力量在自然灾害救助中的作用,从而最大限度地实现灾荒救助成效。只有国家和社会协同合作、通力配合,才能实现两者在自然灾害救助过程中的良性互动,从而在推进现代化进程中构建一种国家与社会之间多维互动、动态共生的关系。

---

① 朴敬石:《南京国民政府救济水灾委员会的活动与民间义赈》,《江苏社会科学》2004
年第 5 期,第 225-226 页。

参考文献

（一）档案、碑刻资料

[1]《呈为东太湖浦北等乡呈请拆除太湖围田并拘拿首要据情转请》，吴江区档案馆馆藏，卷宗号：0204-003-1023-0054。

[2]《呈为天时亢旱河水干涸庤救无法，禾苗枯槁请求派员履勘由》，吴江区档案馆馆藏，卷宗号：0204-003-1232-0156。

[3]《呈为派员调查本月二十日吴县军民拆除民生开南两围去后忽又折回拆除七十股围及本县军警协助弹压农民骚动情形附送绘图祈》，吴江区档案馆馆藏，卷宗号：0204-003-0107-0057。

[4]《为决议救济湖滨灾民一案，附送劝募函稿请会核准还》，吴江区档案馆馆藏，卷宗号：0204-001-1025-0076。

[5]《呈为太湖老围拆除计划谨就研究结果历陈事实，仰祈重行审核暂维现状等情》，吴江区档案馆馆藏，卷宗号：0204-003-0048-0144。

[6]《江苏省政府布告》，吴江区档案馆馆藏，卷宗号：0204-003-1223-0082。

[7]《吴江第一区区长陶昌华呈第一次区务会议决，禁止私宰耕牛一案》，吴江区档案馆馆藏，卷宗号：0204-003-0671-0084。

[8]《中国农民银行办理小型农田水利贷款办法》，吴江区档案馆馆藏，卷宗号：0204-002-0092-0009。

[9]《函请准予贷谷一千市石以济社农由》，吴江区档案馆馆藏，卷宗号：0204-002-0459-0034。

[10]《为农村凋敝民食维艰函请转呈赐准贷谷以利春耕由》，吴江区档案馆馆藏，卷宗号：0204-002-0840-0021。

[11]《为呈请追加借贷积谷五百石以维农本而利生产仰祈》，吴江区档案馆馆藏，卷宗号：0204-002-0840-0026。

[12]《为联名请贷积谷五千石以济赤贫农民由》，吴江区档案馆馆藏，卷宗

号:0204-002-0840-0079。

[13]《吴江县政》,江苏省吴江县政府编印(1935年7月),1935年第2卷第2-3期,第17页,苏州市档案馆馆藏,卷宗号:I02-008-0044-001。

[14]《告知因各省洪水为灾,接交通部令第电话用话加收赈费大洋五角,明六个月为限,并请转在各商铺》,苏州市档案馆馆藏,卷宗号:I14-001-0603-136。

[15]《为分函劝募庄行行共灾赈款事函各业》,苏州市档案馆馆藏,卷宗号:I14-002-0351-050。

[16]《为全浙会馆演剧助赈事致道厅县函》,苏州市档案馆馆藏,卷宗号:I14-022-0163-077。

[17]《博习医院年根》,苏州市档案馆馆藏,卷宗号:I20-001-0004-001。

[18]《为救济贫民苏声社义演京剧希其赐办推销戏票》,苏州市档案馆馆藏,卷宗号:I14-005-0137-017。

[19]《为举行募捐演剧并奉送戏券事致吴县商会函》,苏州市档案馆馆藏,卷宗号:I14-002-0254-024。

[20]《为筹募冬赈施粥以济贫民请代销评弹书券由》,苏州市档案馆馆藏,卷宗号:I14-005-0151-139。

[21]《为准全浙会馆演剧助赈事复苏州总商会》,苏州市档案馆馆藏,卷宗号:I14-002-0163-078。

[22]《望亭镇遭受溃兵灾害,损失较大,请核转军民政长官予以救济》,苏州市档案馆馆藏,卷宗号:I14-001-0675-001。

[23]《江苏省二十年度筹办工赈简则》,苏州市档案馆馆藏,卷宗号:I14-002-0454-004。

[24]《为直鲁豫陕湘等省捐赈事函华洋义赈会》,苏州市档案馆馆藏,卷宗号:I14-002-0166-017。

[25]《为收到苦儿院捐助事函上海华洋义赈会》,苏州市档案馆馆藏,卷宗号:I14-002-0166-082。

[26]《米业公所为苏地米价上涨致苏商总会照会》,苏州市档案馆馆藏,卷宗号:I14-16-0081-08。

[27]《苏州市城市建设局档案》,苏州市档案馆馆藏,案卷号:C22-1-2。

[28]杨镜秋:《卫理公会传教士占据天赐庄八十年史话》,苏州市档案馆馆藏,卷宗号:C41-001-0021-038。

[29]章开沅、刘望龄、叶万忠:《苏州商会档案丛编(1905—1911)》(第一

辑)，华中师范大学出版社 1991 年版。

[30]马敏、祖苏:《苏州商会档案丛编(1912—1919)》(第二辑)，华中师范大学出版社 2004 年版。

[31]马敏、祖苏:《苏州商会档案丛编(1919—1927)》(第三辑)，华中师范大学出版社 2009 年版。

[32]马敏、肖芃:《苏州商会档案丛编(1928—1937)》(第四辑)，华中师范大学出版社 2009 年版。

[33]江苏省博物馆:《江苏省明清以来碑刻资料选集》，生活·读书·新知三联书店 1959 年版。

[34]苏州博物馆、江苏师范学院历史系、南京大学明清史研究所:《明清苏州工商业碑刻集》，江苏人民出版社 1981 年版。

[35]王国平、唐力行:《明清以来苏州社会史碑刻集》，苏州大学出版社 1998 年版。

[36]苏州市档案局:《苏州市民公社档案资料选编》，内部发行，时间不详。

（二）方志、资料集

[1]曹允源、李根源:《民国吴县志(一)》，江苏古籍出版社 1991 年版。

[2]詹一先:《吴县志》，上海古籍出版社 1994 年版。

[3]苏州市地方志编纂委员会:《苏州市志》(第一辑)，江苏人民出版社 1995 年版。

[4]苏州市地方志编纂委员会:《苏州市志》(第三辑)，江苏人民出版社 1995 年版。

[5]李文治:《中国近代农业史资料》(第一辑)，生活·读书·新知三联书店 1957 年版。

[6]章有义:《中国近代农业史资料》(第二辑)，生活·读书·新知三联书店 1957 年版。

[7]章有义:《中国近代农业史资料》(第三辑)，生活·读书·新知三联书店 1957 年版。

[8]陈翰笙、薛暮桥、冯和法:《解放前的中国农村》(第一辑)，中国展望出版社 1985 年版。

[9]陈翰笙、薛暮桥、冯和法:《解放前的中国农村》(第二辑)，中国展望出版社 1986 年版。

[10]洪焕椿:《明清苏州农村经济资料》，江苏古籍出版社 1988 年版。

[11]李文海、夏明方:《中国荒政全书》(第一辑),北京古籍出版社 2002 年版。

[12]李文海、夏明方:《中国荒政全书》(第二辑),北京古籍出版社 2004 年版。

[13]李文海、夏明方、朱浒:《中国荒政书集成》(第七册),天津古籍出版社 2010 年版。

[14](清)徐兆玮:《徐兆玮日记》,李向东、包岐峰、苏醒等标点,黄山书社 2013 年版。

(三)报刊

《申报》《客观》《农声》《农报》《苏报》《江苏》《警醒》《早报》《吴语》《吴江》《益世报》《新苏农》《新生命》《新黎里》《新盛泽》《大光明》《木铎周刊》《苏州明报》《吴县日报》《吴县晶报》《吴县夜报》《苏州中报》《苏州钢报》《河海周报》《江南正报》《太仓新报》《时事汇报》《时事旬报》《时事月报》《新中华》《苏州晚报》《麦克司光》《世界日报》《中华月报》《上海商报》《农矿通讯》《东南日报》《东方杂志》《新社会半月刊》《新生活周刊》《中央周报》《向导周报》

(四)政府公报

《江苏省政府公报》《江苏公报》《吴江县政》《吴县县政公报》《南汇县政公报》《江苏民政厅公报》《太湖流域水利季刊》

(五)著作

[1][美]白凯:《长江下游地区的地租、赋税与农民的反抗斗争(1840—1950)》,林枫译,上海书店出版社 2005 年版。

[2]蔡勤禹:《国家、社会与弱势群体:民国时期的社会救济(1927—1949)》,天津人民出版社 2003 年版。

[3]蔡勤禹:《民间组织与灾荒救治——民国华洋义赈会研究》,商务印书馆 2005 版。

[4]陈桦、刘宗志:《救灾与济贫:中国封建时代的社会救助活动(1750—1911)》,中国人民大学出版社 2005 年版。

[5]陈旭麓:《近代中国社会的新陈代谢》,上海人民出版社 1992 年版。

[6][英]陈学仁:《龙王之怒:1931 年长江水灾》,耿金译,上海人民出版社 2023 年版。

[7]陈业新:《明至民国皖北地区灾害环境与社会应对研究》,上海人民出

版社 2008 年版。

[8]邓拓:《中国救荒史》,北京出版社 1998 年版。

[9]邓正来、[英]J.C.亚历山大:《国家与市民社会———一种社会理论的研究路径》,上海人民出版社 2006 年版。

[10][美]杜赞奇:《文化、权力与国家:1900—1942 年的华北农村》,王福明译,江苏人民出版社 2003 年版。

[11]范金民:《明清江南商业的发展》,南京大学出版社 1998 年版。

[12]范金民、夏维中:《苏州地区社会经济史》(明清卷),南京大学出版社 1993 年版。

[13]费孝通:《江村经济———中国农民的生活》,商务印书馆 2001 年版。

[14]冯贤亮:《明清江南地区的环境变动与社会控制》,上海人民出版社 2002 年版。

[15][日]夫马进:《中国善会善堂史研究》,伍跃、杨文信、张学锋译,商务印书馆 2005 年版。

[16]复旦大学历史地理研究中心:《自然灾害与中国社会历史结构》,复旦大学出版社 2001 年版。

[17]郭常英、岳鹏星:《中国近代慈善义演》,社会科学文献出版社 2021 年版。

[18]黄鸿山:《中国近代慈善事业研究———以晚清江南为中心》,天津古籍出版社 2011 年版。

[19][美]黄宗智:《长江三角洲小农家庭与乡村发展》,中华书局 2000 年版。

[20][美]黄宗智:《华北的小农经济与社会变迁》,中华书局 2000 年版。

[21]来新夏:《林则徐年谱》,上海人民出版社 1981 年版。

[22]李文海、周源:《灾荒与饥馑(1840—1919)》,高等教育出版社 1991 年版。

[23]李向军:《清代荒政研究》,中国农业出版社 1995 年版。

[24]梁其姿:《变中谋稳:明清至近代的启蒙教育与施善济贫》,上海人民出版社 2017 年版。

[25]梁其姿:《施善与教化———明清的慈善组织》,河北教育出版社 2001 年版。

[26]马俊亚:《被牺牲的"局部":淮北社会生态变迁研究(1680—1949)》,四川人民出版社 2023 年版。

[27]马俊亚:《区域社会发展与社会冲突比较研究:以江南淮北为中心
　　(1680—1949)》,南京大学出版社 2014 年版。

[28]马敏:《官商之间:社会剧变中的近代绅商》,华中师范大学出版社
　　2003 年版。

[29]马敏、朱英:《传统与近代的二重变奏——晚清苏州商会个案研究》,
　　巴蜀书社 1993 年版。

[30]任云兰:《近代天津的慈善与社会救济》,天津人民出版社 2007 年版。

[31]单强:《江南区域市场研究》,人民出版社 1999 年版。

[32]苏新留:《民国时期河南水旱灾害与河南乡村社会》,黄河水利出版社
　　2004 年版。

[33]孙绍骋:《中国救灾制度研究》,商务印书馆 2004 年版。

[34]唐力行:《江南儒商与江南社会》,人民出版社 2002 年版。

[35]唐力行:《明清以来徽州区域社会经济研究》,安徽大学出版社 1999
　　年版。

[36]唐力行:《商人与中国近世社会》,商务印书馆 2006 年版。

[37]唐力行:《苏州与徽州:16—20 世纪两地互动与社会变迁的比较研
　　究》,商务印书馆 2007 年版。

[38]唐力行:《延续与断裂:徽州乡村的超稳定结构与社会变迁》,商务印
　　书馆 2015 年版。

[39]汪汉忠:《灾害、社会与现代化——以苏北民国时期为中心的考察》,
　　社会科学文献出版社 2005 年版。

[40]王健:《利害相关:明清以来江南苏松地区民间信仰研究》,上海人民
　　出版社 2010 年版。

[41]王龙章:《中国历代灾况与振济政策》,独立出版社 1942 年版。

[42]王日根:《乡土之恋:明清会馆与社会变迁》,天津人民出版社 1996
　　年版。

[43]王卫平:《明清时期江南城市史研究:以苏州为中心》,人民出版社
　　1999 年版。

[44]魏丕信:《十八世纪中国的官僚制度与荒政》,徐建青译,江苏人民出
　　版社 2003 年版。

[45]吴承明:《中国资本主义与国内市场》,中国社会科学出版社 1985
　　年版。

[46]吴滔:《清代江南市镇与农村关系的空间透视——以苏州地区为中

心》,上海古籍出版社 2010 年版。

[47]夏明方:《民国时期自然灾害与乡村社会》,中华书局 2000 年版。

[48]夏明方:《文明的"双相":灾荒与历史的缠绕》,广西师范大学出版社
　　2020 年版。

[49][日]小浜正子:《近代上海的公共性与国家》,葛涛译,上海古籍出版
　　社 2003 年版。

[50]小田:《在神圣与凡俗之间——江南庙会论考》,人民出版社 2002
　　年版。

[51]徐茂明:《江南士绅与江南社会》,商务印书馆 2004 年版。

[52]许纪霖、陈达凯:《中国现代化史》(第一卷),上海三联书店 1995
　　年版。

[53]杨琪:《民国时期的减灾研究(1912—1937)》,齐鲁书社 2009 年版。

[54]余新忠:《清代江南的瘟疫与社会:一项医疗社会史的研究》,中国人
　　民大学出版社 2003 年版。

[55]余英时:《士与中国文化》,上海人民出版社 2003 年版。

[56]张秉伦、方兆本:《淮河和长江中下游旱涝灾害年表与旱涝规律研
　　究》,安徽教育出版社 1998 年版。

[57]张崇旺:《明清时期江淮地区的自然灾害与社会经济》,福建人民出版
　　社 2006 年版。

[58]张海林:《苏州早期城市现代化研究》,南京大学出版社 1999 年版。

[59]张静:《国家与社会》,浙江人民出版社 1998 年版。

[60]张水良:《中国灾荒史》,厦门大学出版社 1990 年版。

[61]赵世瑜:《猛将还乡:洞庭东山的新江南史》,社会科学文献出版社
　　2022 年版。

[62]郑芸:《现代化视野中的早期市民社会——苏州市民公社个案分析》,
　　社会科学文献出版社 2008 年版。

[63]周振鹤:《释江南》,《中华文史论丛》(第四十九辑),上海古籍出版社
　　1992 年版。

(六)期刊论文

[1][日]寺田隆信:《关于北京歙县会馆》,潘宏立译,《中国社会经济史研
　　究》1991 年第 1 期。

[2]蔡勤禹:《民国时期慈善组织的联合与互动》,《安徽史学》2020 年第

6 期。

[3]曹化芝:《清代江南宗族义庄的备荒制度——以族谱为考察中心》,《齐齐哈尔大学学报》(哲学社会科学版)2007 年第 10 期。

[4]陈茂山:《试论清末民国时期太湖流域的水旱灾害和减灾活动的时代特征》,《古今农业》1993 年第 2 期。

[5]段伟、邹富敏:《赈灾方式差异与地理环境的关系——以清末苏州府民间赈济为例》,《安徽大学学报》(哲学社会科学版)2018 年第 4 期。

[6]冯筱才、夏冰:《民初江南慈善组织的新变化:苏城隐贫会研究》,《史学月刊》2003 年第 1 期。

[7]葛慧晔、王卫平:《清代文化世家从事慈善事业的原因——以苏州彭氏为例》,《苏州科技学院学报》(社会科学版)2007 年第 3 期。

[8]郭常英:《慈善义演:晚清以来社会史研究的新视角》,《清史研究》2018 年第 4 期。

[9]洪璞:《试述明清以来宗族的社会救助功能》,《安徽史学》1998 年第 4 期。

[10]胡孔发:《民国时期苏南自然灾害述论》,《池州学院学报》2013 年第 4 期。

[11]胡孔发、曹幸穗、张文教:《民国时期苏南水灾研究》,《农业考古》2010 年第 3 期。

[12]胡勇军:《"狂欢"中的"异声":民国知识分子对民间祈雨信仰的态度与认知》,《兰州学刊》2017 年第 7 期。

[13]胡勇军:《仪式中的国家:从祈雨看民国江南地方政权与民间信仰活动之关系》,《江苏社会科学》2017 年第 1 期。

[14]黄鸿山、王卫平:《清代社仓的兴废及其原因——以江南地区为中心的考察》,《学海》2004 年第 1 期。

[15]黄庆庆:《从 1934 年旱灾看民国时期的巫术救荒——以〈申报〉为中心》,《古今农业》2010 年第 3 期。

[16]李伯重:《简论"江南地区"的界定》,《中国社会经济史研究》1991 年第 1 期。

[17]李文海:《晚清义赈的兴起与发展》,《清史研究》1993 年第 3 期。

[18]林涓:《祈雨习俗及其地域差异——以传统社会后期的江南地区为中心》,《中国历史地理论丛》2003 年第 1 期。

[19]刘仰东:《近代中国社会灾荒中的神崇拜现象》,《学术论坛》1995 年

第 2 期。

[20]刘仰东:《灾荒:考察近代中国社会的另一个视角》,《清史研究》1995
年第 2 期。

[21]刘宗志:《清代苏南义庄发展原因探析》,《黄河科技大学学报》2012
年第 4 期。

[22]龙国存:《试论民国时期浙江的灾荒》,《文史博览(理论)》2009 年第
4 期。

[23]沈洁:《反迷信与社区信仰空间的现代历程——以 1934 年苏州的求
雨仪式为例》,《史林》2007 年第 2 期。

[24]苏新留:《民国时期河南水旱灾害初步研究》,《中国历史地理论丛》
2004 年第 3 期。

[25]唐力行:《从杭州的徽商看商人组织向血缘化的回归——以抗战前夕
杭州汪王庙为例论国家、民间社团、商人的互动与社会变迁》,《学术
月刊》2004 年第 5 期。

[26]唐力行:《徽州方氏与社会变迁——兼论地域社会与传统中国》,《历
史研究》1995 年第 1 期。

[27]唐力行:《徽州旅沪同乡会与社会变迁(1923—1953)》,《历史研究》
2011 年第 3 期。

[28]唐力行:《徽州商人的绅士风度》,《史学月刊》2003 年第 11 期。

[29]唐力行:《论徽商与封建宗族势力》,《历史研究》1986 年第 2 期。

[30]唐力行:《论徽州宗族社会的变迁与徽商的勃兴》,《中国社会经济史
研究》1997 年第 2 期。

[31]唐力行:《论明代徽州海商与中国资本主义萌芽》,《中国经济史研究》
1990 年第 3 期。

[32]唐力行:《论题:区域史研究的理论与实践》,《历史教学问题》2004 年
第 5 期。

[33]唐力行:《明清徽州的家庭与宗族结构》,《历史研究》1991 年第 1 期。

[34]唐力行:《明清以来苏州、徽州的区域互动与江南社会的变迁》,《史
林》2004 年第 2 期。

[35]唐力行、王健:《多元与差异:苏州与徽州民间信仰比较》,《社会科学》
2005 年第 3 期。

[36]唐力行、徐茂明:《明清以来徽州与苏州社会保障的比较研究》,《江海
学刊》2004 年第 3 期。

[37]汪志国:《自救与赈济:近代安徽民间社会对灾荒的救助》,《中国农史》2009年第3期。

[38]王方中:《1934年长江中下游的旱灾》,《近代中国》1999年第9辑。

[39]王加华:《1934年江南大旱灾中的各方矛盾与冲突——以农民内部及其与屠户、地主、政府间的冲突为例》,《中国农史》2010年第2期。

[40]王加华:《民国时期江南地区的螟虫为害与早稻推广》,《中国农史》2013年第3期。

[41]王加华:《农事的破坏与补救:近代江南地区的水旱灾害与农民群众的技术应对》,《中国农史》,2006年第2期。

[42]王加华:《清季至民国华北的水旱灾害与作物选择》,《中国历史地理论丛》2003年第1期。

[43]王军、王庆国:《地方社会力量在灾荒救济中的社会整合作用——以近代苏州地区为中心的考察》,《江苏大学学报》(社会科学版)2009年第5期。

[44]王林:《慈善与政治:南京国民政府时期慈善团体立案问题研究》,《福建论坛》(人文社会科学版)2019年第2期。

[45]王庆国:《近代城市转型中的火灾及其应对机制——以杭州为中心》,《城市史研究》2023年第46辑。

[46]王日根:《明清时代会馆的演进》,《历史研究》1994年第4期。

[47]王卫平:《慈风善脉:明末清代江南地区的慈善传承与发展》,《苏州大学学报》(哲学社会科学版)2016年第3期。

[48]王卫平:《论中国传统慈善事业的近代转型》,《江苏社会科学》2005年第1期。

[49]王卫平:《明清时期江南地区的民间慈善事业》,《社会学研究》1998年第1期。

[50]王卫平:《清代江南地区的慈善家系谱——以潘曾沂为中心的考察》,《学习与探索》2009年第3期。

[51]王卫平:《清代江南市镇慈善事业》,《史林》1999年第1期。

[52]王卫平:《清代苏州的慈善事业》,《中国史研究》1997年第3期。

[53]王卫平、黄鸿山:《继承与创新:清代前期江南地区的慈善事业——以彭绍升为中心的考察》,《苏州大学学报》(哲学社会科学版)2011年第3期。

[54]王卫平、黄鸿山:《清代江南地区的乡村社会救济——以市镇为中心

的考察》,《中国农史》2003年第4期。

[55]王卫平、马丽:《袁黄劝善思想与明清江南地区的慈善事业》,《安徽史学》2006年第5期。

[56]翁有为:《农村与农民(1927—1937)——以赋税与灾荒为研究视角》,《中国社会科学》2018年第7期。

[57]吴琦、黄永昌:《清代江南的义葬与地方社会——以施棺助葬类善举为中心》,《学习与探索》2009年第3期。

[58]吴滔:《明清时期苏松地区的乡村救济》,《中国农史》1998年第4期。

[59]吴滔:《清代嘉定宝山地区的乡镇赈济与社区发展模式》,《中国社会经济史研究》1998年第4期。

[60]吴滔:《清代江南地区社区赈济发展简况》,《中国农史》2001年第1期。

[61]吴滔:《清代江南社区赈济与地方社会》,《中国社会科学》2001年第4期。

[62]吴滔:《清至民初嘉定宝山地区分厂传统之转变——从赈济饥荒到乡镇自治》,《清史研究》2004年第2期。

[63]夏明方、康沛竹:《是岁江南旱——一九三四年长江中下游大旱灾》,《中国减灾》2008年第1期。

[64]徐茂明:《江南的历史内涵与区域变迁》,《史林》2002年第3期。

[65]杨剑利:《晚清社会灾荒救治功能的演变——以"丁戊奇荒"的两种赈济方式为例》,《清史研究》2000年第4期。

[66]余新忠:《清中后期乡绅的社会救济——苏州丰豫义庄研究》,《南开学报》1997年第3期。

[67]曾桂林:《义利之间:苏州商会与慈善公益事业(1905—1930)》,《南京社会科学》2014年第6期。

[68]张帆:《1934年亢旱中的江南祈雨——以信仰、参与者和方式为中心的考察》,《宁波大学学报》(人文科学版)2015年第6期。

[69]张帆:《论知识人笔下的1934年江南祈雨》,《绍兴文理学院学报》(哲学社会科学版)2017年第3期。

[70]张帆:《赈济与管控:1934年东南旱灾流民问题的应对》,《防灾科技学院学报》2016年第1期。

[71]周秋光:《近代慈善事业与中国东南社会变迁》,《史学月刊》2002年第11期。

[72]周章森:《三四十年代杭州的自然灾害和救灾救荒》,《杭州大学学报》(哲学社会科学版)1992年第4期。

(七)学位论文

[1]董强:《近代江南公共危机与社会应对》,苏州大学博士学位论文,2012年。

[2]胡吉伟:《民国时期太湖流域水系治理研究》,南京大学博士学位论文,2014年。

[3]陆晓雯:《留园义庄与苏州近代社会》,上海师范大学硕士学位论文,2011年。

[4]庞超飞:《近代南浔慈善事业研究》,杭州师范大学硕士学位论文,2018年。

[5]孙语圣:《民国时期自然灾害救治社会化研究——以1931年大水灾为重点的考察》,苏州大学博士学位论文,2006年。

[6]王加华:《近代江南地区的农事节律与乡村生活周期》,复旦大学博士学位论文,2005年。

[7]王梅:《近代青海社会救济研究》,陕西师范大学博士学位论文,2017年。

[8]王庆国:《苏州地区的灾荒救济研究(1912—1935)》,上海师范大学硕士学位论文,2006年。

[9]岳宗福:《理念的嬗变,制度的初创——近代中国社会保障立法研究(1912—1949)》,浙江大学博士学位论文,2004年。

[10]曾桂林:《民国时期慈善法制研究》,苏州大学博士学位论文,2009年。

[11]张帆:《民国地方社会的生存危机应对——基于1934年东南大灾荒的考察》,苏州大学博士学位论文,2017年。

[12]周启航:《民国时期江南灾害信仰研究》,苏州科技学院硕士学位论文,2010年。

[13]朱雯:《地方精英与民国太仓地方社会》,上海师范大学硕士学位论文,2013年。

[14]朱雪薇:《近代昆山慈善公益事业研究》,苏州大学硕士学位论文,2019年。

附 录

民国时期苏州地区自然灾害大事记[①]

1912 年(民国元年)

江苏水稻遭虫害歉收,昆山损失约二十万担,吴江损失约一百十余万担。

8 月,苏南大水,常熟、昭文两县,河水过岸高尺余,城外街衢田舍尽成泽国。

1913 年(民国二年)

4 月 4 日,江苏发生地震,波及苏州等地,邻省安徽全椒及浙江杭州均有感。苏州房屋震动,器具作响。

1914 年(民国三年)

入夏后,江苏先旱后蝗,继之以大水,灾情几遍全省。昆山、吴江、太仓等县灾情严重,灾民流离失所,缺衣少食。

1915 年(民国四年)

6—7 月,江苏各地发生蝗灾,苏州等地遭暴雨袭击,房塌船倾,人口伤亡,损失巨大。

常熟,低区飓风淫雨为灾,木棉歉收,继因多雨,棉铃烂脱,不过三四成收获。

---

① 根据《苏州地区自然灾害状况》(油印本)、《近代中国灾荒纪年》《近代中国灾荒纪年续编》《灾荒与饥馑》《吴江水利志》《昆山水利志》《苏州史志资料选辑》《吴县水利志》《申报》《农报》《东方杂志》《辛亥革命江苏地区史料》《徐兆玮日记》等资料整理。

1916 年(民国五年)

6 月 30 日后,江苏淫雨连绵,河湖并涨,苏州、吴县、吴江、昆山等地悉遭水患,"田庐尽被淹没,居民溺毙不少"。

据 7 月 9 日《申报》载:"苏州淫雨连旬,旧苏属吴江、吴县、昆山等处低洼田亩,皆已一片汪洋,尽成泽国,即高卓之田亦有淹没。"

常熟,淫雨不止,低区已成泽国。

1919 年(民国八年)

夏秋之际,太仓、吴县、吴江等地,因雨水过多,泛滥成灾。

吴县大雨成灾,"西山情形为尤甚,地处太湖之中,田亩被淹百分之八十至九十。补种不及,秋收绝望,沿湖村庄,尽成泽国。兼之秋阳酷烈,水势未退,蒸成疫疬,晨发夕死,蔓延全山,死人不少。……再加飓风为虐,花果树木,损失亦巨。"

吴江,"现有灾民十万以外,遍地皆是无衣无食,触目惊心"。

太仓县"六月十一日起,阴雨连绵,至今方息,河流泛涨,圩岸坍塌,以致低洼田亩,均多淹没"。

常熟,水灾之后,又闻疫气渐盛。虎列拉盛行,二三小时即毙者有之,始由沪上传染,蔓延各乡。木铎乡田口村受祸最烈,死亡十余人之多。

1920 年(民国九年)

吴县,秋大水,低区田庐尽淹。

1921 年(民国十年)

入夏后,江苏淫雨延绵,江河暴涨。9 月 8 日《申报》载:"苏省此次水灾,为近年来所未有,被灾区域,计有五十一县之多,以淮扬、徐海、苏常三道属,灾情最重。"

夏秋之交,雨水过多,加之飓风叠煽,沿江各处破堤决围,江水内灌,太湖合淀、泖诸湖之涨,所有下泄之路淤阻不畅,破堤坍地,不胜计数。8、9 两月雨量吴县 660.8 毫米;洞庭西山 679.1 毫米;吴江 351.4 毫米。苏州觅渡桥最高水位 4.08 米,沙洲绝对高潮位 6.74 米,常熟白茆口水位高达 3 米有奇。仅昆山一县,45 万亩农田秋熟无收。沙洲市溃决外堤 110 余处,庐舍漂没及坍塌者 500 余家,淹毙人口 14 人。

12 月 1 日,苏州地区发生地震。

1922 年(民国十一年)

8—9 月,多次迭起异常风潮暴雨,每次持续数昼夜不息。8 月 24 日,太仓县浏河口潮位涨至 5.6 米。8 处险工,4 处被八月底九月初风潮冲陷,造成缺口,洪潮泛滥。常熟一带,秋熟损伤甚巨。

1924 年(民国十三年)

入夏,苏南各县苦旱,河塘干涸,禾稻枯死,颗粒无收,旱灾面积遍及整个太湖流域。8 月 12 日,《晨报》载,"沪宁线一带苦旱,秋禾垂毙,常熟、武进、太平、吴县等县,均先后断屠祈雨,灾象已成"。8 月 25 日,《晨报》载,"江南各县已两月未得雨,天气亢旱,禾苗均先后枯槁垂毙,灾象已成"。

9 月,苏浙战争爆发,《申报》载,除战区九县外,常熟等灾区亦被殃及。"统观各县灾况,嘉定、太仓最重,宝山、青浦、昆山次之。"

1925 年(民国十四年)

受上年 9 月间苏浙战争影响,苏南各县春耕受到影响。昆山、常熟、吴县和吴江等县,或直接或间接遭受兵祸,最重之区,焚劫无遗,百姓流离乏食。

苏州夏季天气奇热,时疫盛行,传染之速与症象之险为从来所罕有,染疫施救稍迟,两小时即丧生命,以疫殒者城内外有二十余人之多。

1926 年(民国十五年)

入夏以后,苏南酷暑为五十余年来之最,蝗螟、时疫蔓延颇广。

4 月,江浙毗邻地区太仓、吴县、常熟、昆山等地螟虫为害。

5 月,继以白喉,死亡相继。上海闸北虎疫盛,下等棺木均售空。苏州亦蔓延,警厅管辖区域以内男女大小死于疫者竟有一百八十余人之多,为近三十年所未有,每日罹疫身亡者平均约一百二三十人。常熟城中虎疫、疫痢盛行,寺前街尤盛,几于道无行人,商肆皆闭户,日中如墟墓,闻之生栗。苏州各时疫医院,疫病患者最多者五十余号,最少者亦有二十余号。

6 月下旬后,苏南风雨为灾。

1928 年（民国十七年）

是年，全国被灾，各省迭遭水、旱、风、冰雹、霜、雪及疫疠等灾害，江苏省受旱、蝗、水等灾。

7 月中下旬，常熟、太仓、吴县、昆山、苏州等县遭遇蝗灾，稻田、棉田均受其害。

9 月 14 日至 16 日，狂风大雨，日夜不息，常熟沿江一带江潮泛滥，沙洲第六大堤溃决 30 余米，致使十圩、十一圩一片汪洋，千亩棉花、豆、水稻尽没。北横沥坝塌。白茆塘水倒灌成灾。常熟城中寺前街一带水漫街道。昆山 13—16 日降雨量达 333.9 毫米，灾情严重。吴县田泾、横泾、洞庭东山等各乡被水淹没田稻 2000 余亩，秋收完全无望。

1929 年（民国十八年）

是年，江苏大江南北，均有灾情，江南先遭风灾，后又发水灾。

6 月初，素有"鱼米之乡"之称的苏州因天久日晴，上年蝗子孵化成蝻，全县遭蝗灾。吴县各市乡，秋季发生虫灾，田稻被害颇巨，洞庭东西两山颗粒无收，全县被灾田亩约有七十万亩。

太仓，是年七月八日大汛雨止，而狂风继起，历三昼夜。潮随风涌，冲击尤猛。

1931 年（民国二十年）

入夏以后，江苏省风雨不息。苏南沿江滨湖一带水势倒灌，致四境田禾淹没，人畜漂流。7 月和 8 月之交，太湖流域发生水灾，交通阻断，田禾被淹，苏州全境农田被淹，蚕麦俱荒，受灾惨重。

7 月，雨水集中，雨日最少 13 天，最多 26 天，平均 20 天，各县总雨量为 250—600 毫米，最大雨量超过 600 毫米。吴江达 464 毫米，全县各乡无不被淹没，轮船一律停驶，受重灾良田 10 万亩；吴县达 430 毫米，不独田亩被淹，即城乡街衢亦均积水一二尺。昆山达 406 毫米，城厢内外，一片汪洋，不分水陆，全县受灾农田约 33 万亩。常熟 434 毫米，全县稻田只存十之四，棉田收获不及十之二。太仓西乡地势最低，灾情亦最重，水深处约有五尺，普通三四尺不等，房屋内亦有二尺左右。东乡地势稍高，然被水之处亦不少。全县重灾农田约 15 万亩。苏州境内最高水位发生在 7 月下旬至 8 月中旬，环湖望亭为 4.35 米，苏州运河为 3.97 米，八坼为

4.05 米;沿江浏河为 4.22 米,白茆为 4.38 米。

1932 年(民国二十一年)

继上年大雨后,本年转为天气亢旱,江南地区数月不雨,农田干裂,禾苗枯萎。

昆山、吴县等县传播霍乱,病势猛烈。

1934 年(民国二十三年)

江苏春季苦旱,夏季酷热,田土龟裂,蝗蝻蜂起。

6 月,黄梅时节不雨,反亢热,江南各地均苦旱。7 月,江南亢旱不解,田土龟裂,秧苗枯黄,农人蹙额浩叹。吴江、常熟、昆山、太仓、吴县被旱损失较重。常熟西南地区植稻,占农作物十之七,江潮难进,支河沟浜,干涸见底,禾苗枯萎,灾情较重。吴县山区缺水,未曾播种,水网区插秧虽有十之七八,但因亢旱过久,田土龟裂,人力牛力戽水均极疲乏,抽水机因水源不足,亦无能为力,灾情严重。东西洞庭两山,果树枯死者有十分之四。湖滨干涸,已成陆地,渔民失业者以万计。昆山地势低洼,河港密布,禾苗枯萎者约占十分之四,灾情与临县相比较轻。太仓农田十分之七植棉,比较耐旱,十分之三种稻,需水量甚巨。干河水低落,支流小河大都干涸。

入冬以后,苏南温暖异常,发现极烈性脑膜炎及白喉症。

1935 年(民国二十四年)

苏南遭水灾,沿江临湖区域被淹,吴江、昆山等地受灾严重。

苏南螟害甚烈,各县农田入秋后气候暴热,风雨时降,加以连降大雾,各县田禾,经此侵袭,害虫发生,茎叶枯黄,灾象已成。被害之区有镇江、苏州、吴江、常熟等地。

6 月,横泾、东山等乡,娄门、齐门等处发现大批蝗蝻,千万成群,积聚近寸。

7 月,昆山大风成灾,瓜类损失十分之六七,果类十分之三,稻作摧毁尤多。

1936 年(民国二十五年)

江苏省恶性疟疾流行,遍及大江南北,蔓延之广、为害之烈,多年未见,蔓延十数县,染疟疾已达数万人。苏州等地亦蔓延。

后　记

　　本书是在我的博士学位论文基础上进一步修改而成的。岁月不居，流光如驶，转眼间博士毕业已近两年。清晰地记得，当博士论文落下最后一个字符时，正是江南草长莺飞，一年中最美的时节。然而，当时我的心中却没有丝毫的喜悦，因为我深知这篇博士论文还存在诸多问题和不足，远远没有达到老师对我的要求和期许。算上硕士阶段的学习，前后加在一起，我在上海师范大学的求学时间已累计七年。师大校园里春天的玉兰花开、夏日的雨荷盛绽、秋天的丹桂飘香、冬日的寒梅怒放，陪我度过了七年求学间的每一个春夏秋冬。博士论文答辩的那个夏天，花开依旧，学思湖里的睡莲"倚槛风摆柄柄香"，而我却无心赏花，快点毕业吧，那是我内心深处最真实的想法。

　　感谢我的导师唐力行教授！前后十五年，能先后两次跟随唐老师学习是我人生旅途中最大的幸运，幸遇我师，幸有此学！2003年秋，我背负行囊从苏北小城负笈沪上，忝列唐老师门下，攻读硕士学位。三年后，硕士毕业，我来到杭州工作。尽管已离开繁华的上海，但我与唐老师之间的联系从未间断。无论是因公出差还是私人旅行到上海，我都会抽空去拜访恩师，分享我的近况。同样，唐老师也始终牵挂着我的工作进展、学习成果以及生活状态，这份师生情谊让我备感温暖。2019年，我因工作变动重回专业学院从事教学科研，来到学院后，我渐渐感到自己的学历和知识储备难以支撑新的工作，这促使我产生了攻读博士学位以提升自身学历水平的想法。而此时，我已接近不惑之年，又属于"半路出家"，通常来讲没有哪个老师愿意招收如此"大龄"的学生；此外，家庭、工作和孩子等众多问题也都是摆在我面前必须考虑的一座座大山。思许良久，最终我还是鼓起勇气，怀着忐忑不安的心情给唐老师写了一封邮件，在邮件中表达了自己的想法和顾虑。当时唐老师正在美国探亲，收到我的邮件后，很快便给了我回复。在回信中，唐老师对我的想法给予了极大的支持和鼓励,让我早做准备,安心复习备考,并叮嘱我尤其要在英语的学习上加倍努力,多下功夫。最终在唐老师的帮助下,2020 年秋季我如愿以偿,顺利入学,并有幸和陈琪伟一同成为唐老师在上海师范大学的关门弟子。

读博期间的生活充满着快乐和艰辛。如烟的往事,酸甜苦辣,尽在心头。公共课上听着讲台上诸位老师的高谈阔论、真知灼见;课后同学间的交流探讨、相互砥砺,都给枯燥的博士生活带来些许快乐。在博士学业的第一年,正值疫情肆虐之时,我每周乘坐火车往返于沪杭两地。车窗外,杭嘉湖平原上,一片片精耕细作的稻田,一排排粉墙黛瓦的民居,以及一栋栋烟囱直插云霄的厂房,不时映入我的眼帘,到处洋溢着生机与活力。然而,我却无心欣赏这些美景。望着这块千百年来人文荟萃的土地,我的脑海中不断地思索:自古以来,经济繁荣、文化昌盛,被誉为人间天堂的江南,为何历史上频发自然灾害,甚至遭遇数次百年难遇的严重水灾、旱灾和疫情? 江南地区赋税历来较全国其他地区更重,却为何没有成为阶级矛盾最为尖锐的地区?

恩师唐力行教授是一位治学严谨、知识渊博、德高望重的儒者。此篇论文从题目的选定、资料的搜集,到框架的构建、写作过程中思路的调整以及观点的凝炼,都得到了老师细心的指导和帮助。唐老师为该论文付出了大量的时间和精力,在我博士入学不久就多次找我聊博士论文的选题意向,询问我的想法。我硕士阶段的研究关注的是民国时期苏州地区的灾荒救济问题。一方面,考虑到博士阶段三年学习时间的紧迫性,加上我又是在职攻读学位的,还需兼顾工作单位中繁重的教学与科研任务。另一方面,我对苏州地区自然灾害及社会救助的相关资料也较为熟悉,因此向唐老师表示了想在硕士论文基础上拓展和深入研究的意愿。唐老师在听取我的想法后,不仅给予了支持,还提出了许多具有针对性的建议。江南地区作为社会经济史研究的重点区域,经过几代学者的辛勤耕耘,已经积累了丰富的研究成果。然而,想要在这一领域实现新的突破,确实面临着不小的学术挑战。如果没有唐老师的悉心教导和指点,我是无法顺利完成这篇博士论文的。

同时,感谢人文学院周育民教授、邵雍教授、徐茂明教授、洪煜教授、邢丙彦副教授、吴强华副教授和申浩副教授等在学业上对我的帮助与支持,他们渊博的知识和对学问孜孜不倦的追求让我受益匪浅。师母张翔凤教授和唐老师一样,在学习和生活上对我关怀备至,多次叮嘱我一定要注意身体,劳逸结合,并且还经常询问、关心我儿子的学习情况,殷殷叮咛,温暖心头,她的教导同样令我铭记终生。此外,还要感谢读博期间相识的诸多同窗好友,他们是宋波、陈景拴、王俐、沈俊杰、束晓冬、杨东健、史可欣、丁新宇、朱永清等,虽然在年龄上和他们相差较大,但是在相处的过程中亲切自然,他们年轻的头脑和睿智的思维给了我很多启发和鼓励。同门潘讯、彭庆鸿、戴昇、陈琪伟、严雯婷、季珩在开题报告和论文写作过程中给我提出了许多宝贵且富有洞见的修改建议,这也是我们同门长期以来互帮互助的传统,衷心地感谢他们!

在攻读博士学位期间,原工作单位的领导和同事给我提供了诸多帮助。杭州电子科技大学党委副书记戚明钧教授一直对我的工作与学习给予无私的帮助和支持;马克思主义学院党委书记黄核成教授以及"纲要"教研室主任范江涛副教授积极地帮助我协调教学安排,确保我有充足的时间和精力专注于博士论文撰写。另外,还要特别感谢刘伟彦和侯成成两位博士,他们在我博士第一学期替我分担教学任务,刘伟彦还把他搜集到的有关苏州的宝贵报纸资料毫无保留地送给了我。滴水之情,铭感于心!

博士毕业后,我进入杭州科技职业技术学院工作,得到了新单位众多领导的关心和照顾。学校党委副书记寿伟义研究员多次询问我是否适应新的环境,关心我在工作和生活上有无困难。同时,学校党委委员、宣传部部长、马克思主义学院院长卢杰骅教授,副院长李同乐副教授、熊蕾教授,办公室主任张满东副教授以及原院长吴太胜教授在工作上给予我力所能及的支持和帮助,使我能够尽快地融入新环境,安心开展工作。谨向以上各位先生致以最诚挚的谢意!

纸短情长,要感谢的人太多了。最后,感谢在我成长过程中给予我关怀及鼓励的父母、岳父母、兄弟姐妹和妻儿,没有他们一以贯之的支持,我将难以完成艰苦的学业。感谢他们长期以来的默默付出,让我有足够的勇气面对各种困难。小儿王一哲目前正处于高中阶段,这本小书的出版算是送给他的一份礼物,祈愿他在来年的高考中,能够如愿以偿踏入心仪的学府之门。

王庆国

2024 年 10 月 31 日于钱塘江畔